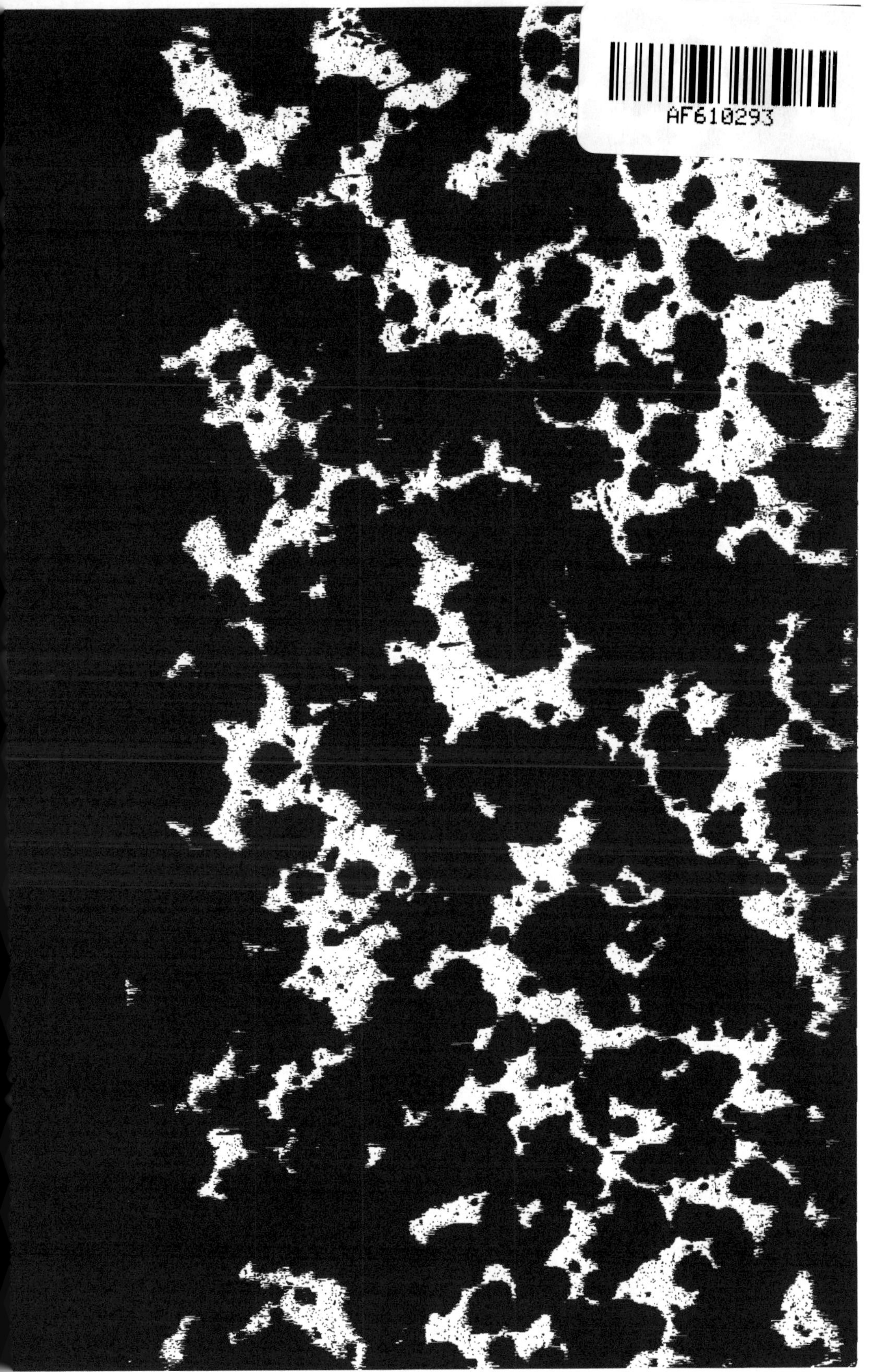

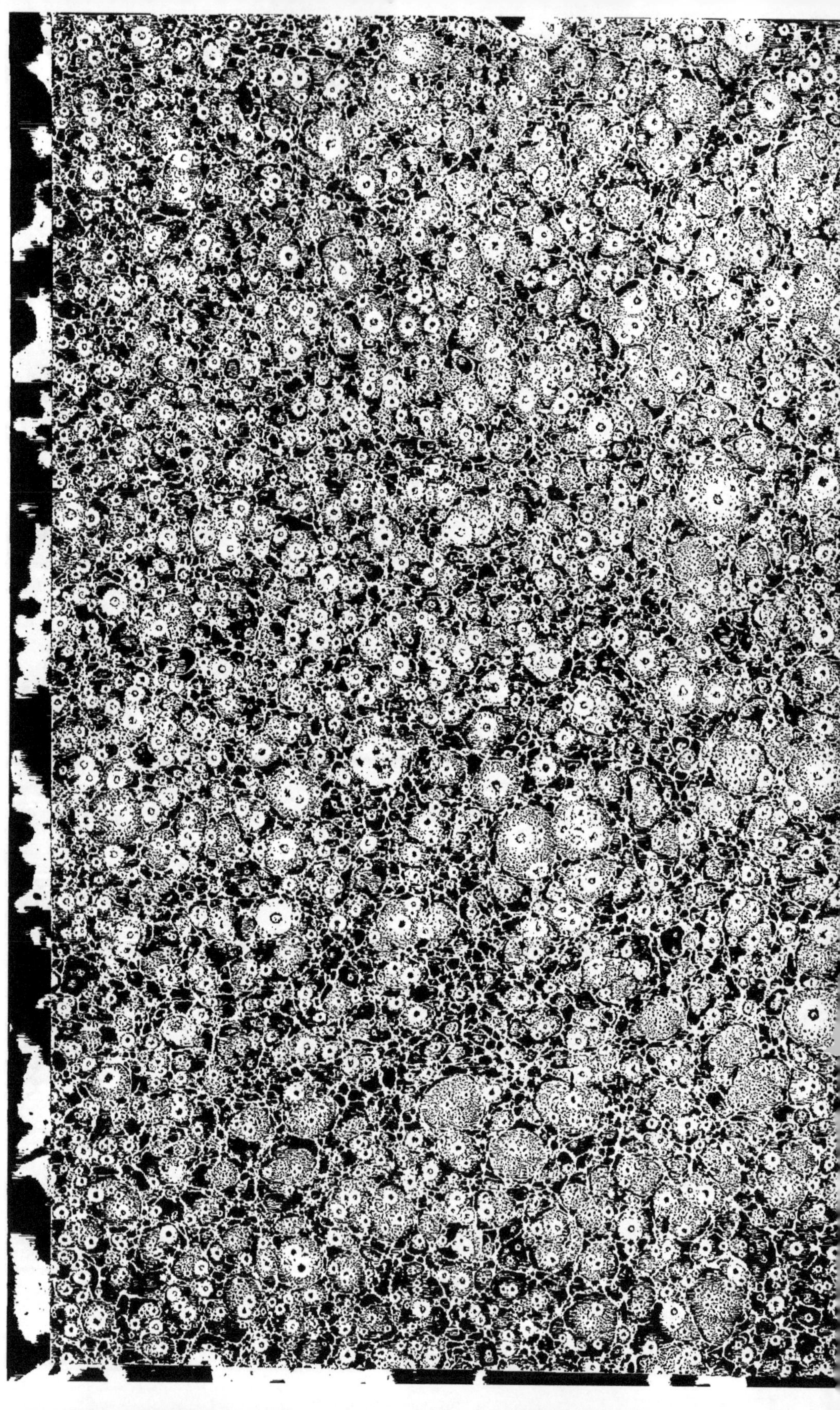

TRAITÉ
D'ARITHMÉTIQUE,

A L'USAGE

DE LA MARINE ET DE L'ARTILLERIE,

PAR BEZOUT;

AVEC DES NOTES ET DES TABLES DE LOGARITHMES,

PAR LE BARON REYNAUD,

Chevalier des ordres royaux de Saint-Michel, de la Légion-d'Honneur, etc.; Examinateur pour l'admission à l'École Polytechnique, à l'École spéciale Militaire et à l'École de Marine; Inspecteur des études de MM. les Pages du Roi, et des Élèves de l'association paternelle des chevaliers de Saint-Louis; Docteur de la Faculté des Sciences, Membre de plusieurs Académies, etc.

OUVRAGE ADOPTÉ PAR L'UNIVERSITÉ ROYALE.

TREIZIEME ÉDITION.

STÉRÉOTYPE.

PARIS,

BACHELIER (SUCCESSEUR DE Mme. Ve. COURCIER),

LIBRAIRE POUR LES MATHÉMATIQUES,

QUAI DES AUGUSTINS, No. 55;

Et à BRUXELLES, à la Librairie Parisienne.

1828.

IMPRIMERIE DE HUZARD-COURCIER,
rue du Jardinet, n°. 12.

PRÉFACE DE BEZOUT.

Le Cours de Mathématiques dont nous donnons aujourd'hui la première partie, doit rassembler les connaissances élémentaires nécessaires aux Gardes du Pavillon et de la Marine, pour être admis au rang d'officier de vaisseau.

Quelque utile qu'il soit d'instruire de bonne heure ces jeunes Élèves dans la pratique d'un art aussi étendu que celui de la Navigation, on ne peut douter que la connaissance préliminaire des principes sur lesquels portent les règles de l'art, ne doive contribuer beaucoup à faire fructifier les leçons qu'ils recevront ensuite de l'expérience, ne les dispose à y être plus attentifs, et par conséquent n'accélère beaucoup leurs progrès. D'ailleurs, il est si rare qu'un esprit accoutumé à obéir servilement aux seules règles de la pratique se replie ensuite assez sur lui-même, pour revenir avec succès à l'étude de la théorie, qu'on ne peut trop tôt le disposer à profiter des avantages qu'il peut retirer de celle-ci.

Presque toutes les méthodes de la navigation-pratique sont fondées sur des connaissances mathématiques; comment pourrait-on différer d'instruire des principes de cette science, ceux qui sont destinés à en diriger un jour l'application ?

Pour me conformer, autant qu'il est en moi, aux vues des personnes qui ont bien voulu me confier l'examen des études des Gardes du Pavillon et de la Marine, ainsi que la composition d'un Cours de Mathématiques à leur usage, j'ai cru devoir m'attacher à concilier ces deux points : la nécessité d'instruire ces Élèves sur les connaissances mathématiques relatives à leur objet, et celle de les en instruire dans un intervalle de temps qui ne leur fît rien perdre de l'avantage qu'il doit y avoir à aller de bonne heure à la mer.

Pour satisfaire à ces deux objets, je me suis proposé, 1°. de borner le cours des études d'obligation aux propositions directement utiles de la Navigation, et à celles qui seraient indispensables pour l'intelligence de celles-là; 2°. de faciliter cette étude, en la rendant plus intéressante par de fréquentes applications à la pratique, prises principalement dans la Marine; ce qui réunit encore l'avantage de disposer l'esprit des Commençans à saisir de bonne heure les liens qui unissent la théorie à la pratique.

Mais dans la vue de concourir, autant qu'il est possible, aux progrès d'un art aussi important, j'ai cru devoir ne pas perdre de vue ceux de ces jeunes Elèves qui, joignant à une noble émulation des dispositions plus marquées que les autres, auraient le désir de s'instruire plus parfaitement. C'est dans cette vue que j'aurai soin de répandre dans ce Cours des connaissances plus étendues, et spécialement celles qui peuvent faciliter l'intelligence des ouvrages de feu M. Bouguer, et de quelques autres ouvrages non moins utiles à la Marine, dont on n'a pas encore retiré, à beaucoup près, tout le fruit qu'en peut en espérer, parce que les études des Gardes n'y étaient pas dirigées aussi pleinement qu'on se propose de le faire.

Ces connaissances qu'il est louable d'acquérir et auxquelles on ne peut trop inviter les Gardes du Pavillon et de la Marine de s'appliquer, ces connaissances, dis-je, ne seront point d'obligation, et nous aurons soin de les distinguer de celles-ci par un *caractère* dont nous avertirons.

Le *Cours de Mathématiques* dont il s'agit ici, sera divisé en quatre parties :

La première traitera de l'Arithmétique;

La seconde traitera de la Géométrie, dans laquelle on comprendra la Trigonométrie rectiligne et la Trigonométrie sphétique;

La troisième aura pour objet l'Algèbre et l'application de l'Algèbre à la Géométrie;

La quatrième comprendra la Statique et le Mouvement, avec quelque propositions d'Hydrostatique et d'Hydraulique.

Nous avons préféré de faire succéder l'Algèbre à la Géométrie plutôt qu'à l'Arithmétique, parce que outre que l'Algèbre nous eût été d'une utilité très-médiocre dans la Géométrie élémentaire, les Commençans ne sont d'ailleurs pas encore assez exercés dans les raisonnemens mathématiques pour sentir la force des démonstrations algébriques, quoique celles-ci soient souvent plus simples que les démonstrations synthétiques; au lieu que dans la disposition que nous avons choisie, on a lieu de croire que les Commençans, déjà fortifiés par l'étude des deux premières Parties, en auront d'autant plus de facilité à généraliser leurs idées, et saisiront mieux les usages nombreux qu'on peut faire de l'Algèbre; d'ailleurs, ayant plus de connaissances acquises, ils seront plus à portée de se familiariser avec cette science par un plus grand nombre d'objets auxquels ils pourront l'appliquer.

Nous n'entrerons ici dans aucun détail sur l'exécution des trois dernières parties du Cours ; nous nous bornerons à rendre compte de celle-ci. Elle renferme sous un volume assez peu considérable, ce qu'il est nécessaire de savoir, non-seulement pour appliquer les connaissances mathématiques que nous enseignerons par la suite, mais encore pour satisfaire à divers autres usages. En exposant les méthodes, nous avons évité de les multiplier pour un même objet, parce qu'on ne peut veiller trop soigneusement à ne pas partager l'attention dans les commencemens ; c'est un abus de dire, en faveur de l'opinion contraire, qu'il est utile d'envisager un objet sous différens aspects : cela n'est vrai que lorsqu'on a acquis une certaine somme de connaissances. C'est par ce même principe que nous avons cru devoir resserrer les raisonnemens et les discours dans beaucoup d'endroits ; les Commençans, peu ou point du tout faits à raisonner méthodiquement, perdent, en parcourant un long échafaudage de logique, la force de tête qui leur est nécessaire pour saisir l'esprit d'une démonstration.

On a donc fait en sorte de ne donner aux raisonnemens, que l'étendue nécessaire pour être bien entendus, et d'en élaguer ces attentions scrupuleuses qui vont jusqu'à démontrer des axiomes, et qui, à force de supposer le lecteur inepte, conduisent enfin à le rendre tel.

J'ai tâché d'aplanir la route, soit en simplifiant des raisonnemens déjà employés, soit en leur en substituant de nouveaux qui m'ont paru plus clairs, soit enfin en employant un langage familier et simple. C'est au public à juger si j'ai réussi ; mais on ne doit pas s'attendre que le lecteur soit dispensé d'un certain degré d'attention : on ne fera jamais un livre de Mathématiques qui puisse être lu comme on lit un livre d'histoire.

Je ne suppose d'autres connaissances à mon lecteur, que celle des noms de nombres et quelques autres idées aussi familières, sur lesquelles j'établis les principes de la numération, tant des nombres entiers que des décimales. Je passe de là aux quatre opérations fondamentales, dont je donne le procédé et dont j'explique la nature et les principes, de manière à en faciliter l'application aux opérations plus composées qui en dépendent. A la suite de ces opérations, j'en indique quelques usages. Les fractions sont traitées à peu près de la même manière.

Les nombres complexes dont le calcul suppose, à la rigueur, la connaissance des fractions, succèdent à celles-ci. Quoique je n'aie pas parlé du Toisé, les règles que j'ai établies ne le renferment pas moins, mais la connaissance de la nature des unités des facteurs et du produit appartenant à la Géométrie, j'ai différé pour cette raison, d'en parler jusqu'à ce temps.

Quoique je ne désapprouve pas qu'on emprunte d'une science les notions qui peuvent faciliter celle que l'on traite (quelque subordination qu'on ait d'ailleurs coutume de mettre entre ces deux sciences), néanmoins je pense qu'on ne doit prendre ce parti, que lorsqu'il ne s'en offre pas de plus simple. Comme l'Arithmétique m'a paru fournir des ressources suffisantes pour l'explication des opérations de la racine carrée et de la racine cubique, je n'ai pas été puiser ailleurs que dans les principes mêmes de cette science.

Ce que j'expose des Rapports, Proportions et Progressions quoique court, me paraît renfermer ce qui nous sera nécessaire pour les trois parties qui doivent suivre. Cependant, comme nous pouvons, sans nous écarter de la loi que nous nous sommes imposée, revenir sur quelques propriétés des Progressions, que quelques lecteurs pourraient désirer, nous avertissons que nous les avons réservées pour application de l'Algèbre.

Les Logarithmes sont d'un trop grand usage dans la pratique de la Navigation, pour que nous n'ayons pas dû nous en occuper spécialement. Aussi, après avoir exposé la nature, la formation et ceux des usages de ces nombres, que nous pouvions exposer sans anticiper sur aucune autre science, nous avons donné les moyens d'étendre, dans le besoin, les secours qu'on peut tirer des tables ordinaires.

Quoiqu'on puisse faire un grand nombre d'applications de l'Arithmétique à la Navigation, ce n'est cependant pas dans l'Arithmétique même qu'elles peuvent trouver leur place, parce qu'elles supposent presque toutes, au moins la Géométrie. Néanmoins, dans le nombre des applications que nous avons données, nous avons pris quelques exemples dans le métier même. A mesure que nous avancerons, elles deviendront et plus nombreuses et plus importantes : on en trouvera d'ailleurs un très-grand nombre dans le *Traité de Navigation* qui forme la suite de ce Cours.

TABLE
DES MATIÈRES.

NOMBRES ENTIERS ET DÉCIMAUX.

FRACTIONS.

NOMBRES COMPLEXES.

PUISSANCES ET RACINES.

RAPPORTS, PROPORTIONS ET PROGRESSIONS.

THÉORIE DES LOGARITHMES.

FIN DE LA TABLE.

ARITHMÉTIQUE

A L'USAGE

DE LA MARINE ET DU COMMERCE.

Notions préliminaires sur la nature et les différentes espèces de Nombres.

1. On appelle, en général, *quantité*, tout ce qui est susceptible d'augmentation ou de diminution. L'étendue, la durée, le poids, etc., sont des quantités. Tout ce qui est quantité est de l'objet des Mathématiques; mais l'Arithmétique, qui fait partie de ces sciences, ne considère les quantités qu'en tant qu'elles sont exprimées en nombres.

2. L'Arithmétique est donc la science des nombres, elle en considère la nature et les propriétés. Son but est de donner des moyens aisés, tant pour représenter les nombres que pour les composer et décomposer; ce qu'on appelle *calculer*.

3. Pour se former une idée exacte des nombres, il faut d'abord savoir ce qu'on entend par *unité*.

4. L'unité est une quantité que l'on prend (le plus souvent arbitrairement) pour servir de terme de comparaison à toutes les quantités d'une même espèce : ainsi, lorsqu'on dit, un tel corps pèse *cinq* livres, la livre est l'unité, c'est la quantité à laquelle on compare le poids de ce corps; on aurait pu également prendre l'once pour unité, et alors le poids de ce corps eût été marqué par quatre-vingts.

5. Le nombre exprime de combien d'unités ou de parties d'unité une quantité est composée.

Si la quantité est composée d'unités entières, le nombre qui l'exprime s'appelle *nombre entier*; et si elle est composée d'unités entières et de parties de l'unité, ou simplement de parties de l'unité, alors le nombre est dit *fractionnaire* ou *fraction*; *trois et demi* font un nombre fractionnaire; *trois quarts* est une fraction.

6. Un nombre qu'on énonce sans désigner l'espèce des unités, comme quand on dit simplement *trois* ou *trois fois*, *quatre* ou *quatre fois*, s'appelle un *nombre abstrait*; et lorsqu'on énonce en même temps l'espèce des unités, comme quand on dit *quatre livres*, *cent tonneaux*, on l'appelle *nombre concret*.

Nous définirons les autres espèces de nombres à mesure qu'il en sera question.

De la Numération et des Décimales.

7. La numération est l'art d'exprimer tous les nombres par une quantité limitée de noms et de caractères : ces caractères s'appellent *chiffres*.

Nous nous dispenserons de donner ici le nom des nombres; c'est une connaissance familière à tout le monde.

Quant à la manière de représenter les nombres par des chiffres, plusieurs raisons nous engagent à en exposer les principes.

8. Les caractères dont on fait usage dans la numération actuelle, et les noms des nombres qu'ils représentent sont tels qu'on les voit ici :

zéro,	un,	deux,	trois,	quatre,	cinq,	six,	sept,	huit,	neuf.
0	1	2	3	4	5	6	7	8	9

Pour exprimer tous les autres nombres avec ces caractères, on est convenu que de dix unités on en ferait une seule, à laquelle on donnerait le nom de *dixaine*, et que l'on compterait par dixaines comme on compte par unités, c'est-à-dire que l'on compterait 2 dixaines, 3 dixaines, etc., jusqu'à 9; que pour représenter ces nouvelles unités, on emploierait les mêmes chiffres que pour les unités simples, mais qu'on les en distinguerait par la place qu'on leur ferait occuper, en les mettant à la gauche des unités simples.

Ainsi, pour représenter *cinquante-quatre*, qui renferment cinq dixaines et quatre unités, on est convenu d'écrire 54. Pour représenter *soixante*, qui contiennent un nombre exact de dixaines et point d'unités, on écrit 60, en mettant un zéro qui marque qu'il n'y a point d'unités simples et détermine le chiffre 6 à marquer un nombre de dixaines. On peut, par ce moyen, compter jusqu'à *quatre-vingt-dix-neuf* inclusivement.

9. Remarquons, en passant, cette propriété de la numération actuelle, savoir : qu'un chiffre placé à la gauche d'un autre, ou suivi d'un zéro, représente un nombre dix fois plus grand que s'il était seul.

10. Depuis 99 on peut compter jusqu'à *neuf cent quatre-vingt dix-neuf*, par une convention semblable. De dix dixaines on composera une seule unité qu'on nommera *centaine*, parce que dix fois dix font cent ; on comptera ces centaines depuis un jusqu'à neuf, et on les représentera par les mêmes chiffres, mais en plaçant ces chiffres à la gauche des dixaines.

Ainsi, pour marquer *huit cent cinquante-neuf*, qui contiennent huit centaines, cinq dixaines et neuf unités, on écrira 859. Si l'on avait *huit cent neuf*, qui contiennent huit centaines, point de dixaines, et neuf unités, on écrirait 809, c'est-à-dire que l'on mettrait un zéro pour tenir la place des dixaines qui manquent. Si les unités manquaient aussi, on mettrait deux zéro ; ainsi, pour marquer *huit cents*, on écrirait 800.

11. Remarquons encore qu'en vertu de cette convention, un chiffre suivi de deux autres, ou de deux zéro, marque un nombre cent fois plus grand que s'il était seul.

12. Depuis *neuf cent quatre-vingt-dix-neuf*, on peut compter, par le même artifice, jusqu'à *neuf mille neuf cent quatre-vingt-dix-neuf*, en formant de dix centaines une unité qu'on appelle *mille*, parce que dix fois cent font mille ; comptant ces unités comme ci-devant, et les représentant par les mêmes chiffres placés à la gauche des centaines.

Ainsi, pour marquer *sept mille huit cent cinquante-neuf*, on écrira 7859 ; pour marquer *sept mille neuf*, on écrira 7009 ; et pour *sept mille*, on écrira 7000. D'où l'on voit qu'un chiffre suivi de trois autres, ou de trois zéro, marque un nombre mille fois plus grand que s'il était seul.

13. En continuant ainsi de renfermer dix unités d'un certain ordre dans une seule unité, ou de placer ces nouvelles unités dans des rangs de plus en plus avancés sur la gauche, on parvient à exprimer d'une manière uniforme, et avec dix caractères seulement, tous les nombres entiers imaginables.

14. Pour énoncer facilement un nombre exprimé par tant de chiffres qu'on voudra, on le partagera, par la pensée, en tranches de trois chiffres chacune, en allant de droite à gauche ; on donnera à chaque tranche les noms suivans, en partant de la droite, *unités, mille, millions, billions, trillions, quatrillions, quintillions, sextillions*, etc. Le premier chiffre de chaque tranche, en partant toujours de la droite, aura le nom de la tranche, le second celui de dixaines, et le troisième celui de centaines.

Ainsi, en partant de la gauche, on énoncera chaque tranche comme si elle était seule, et l'on prononcera à la fin de chacune le nom de cette même tranche : par exemple, pour énoncer le nombre suivant :

quatrillions,	trillions,	billions,	millions,	mille,	unités,
23	456	789	234	565	456,

On dira vingt-trois *quatrillions*, quatre cent cinquante-six *trillions*, sept cent quatre-vingt-neuf *billions*, deux cent trente-quatre *millions*, cinq cent soixante-cinq *mille*, quatre cent cinquante-six *unités*.

15. De la numération que nous venons d'exposer, et qui est purement de convention, il résulte qu'à mesure qu'on avance de droite à gauche, les unités dont chaque nombre est composé sont de dix en dix fois plus grandes, et que par conséquent,

pour rendre un nombre dix fois, cent fois, mille fois plus grand, il suffit de mettre à la suite du chiffre de ses unités, un, deux, trois zéro : au contraire, à mesure qu'on rétrograde de gauche à droite, les unités sont de dix en dix fois plus petites.

16. Telle est la numération actuelle : elle est la base de toutes les autres manières de compter, quoique dans plusieurs arts on ne s'assujétisse pas toujours à compter uniquement par dixaines, par dixaines de dixaines, etc.

17. Pour évaluer les quantités plus petites que l'unité qu'on a choisie, on partage celle-ci en d'autres unités plus petites. Le nombre en est indifférent en lui-même, pourvu qu'on puisse mesurer les quantités qu'on a dessein d'évaluer ; mais ce qu'on doit avoir principalement en vue dans ces sortes de divisions, c'est de rendre les calculs le plus commodes qu'il sera possible ; c'est pour cette raison qu'au lieu de partager l'unité en un grand nombre de parties, afin de pouvoir évaluer les plus petites, on ne la partage d'abord qu'en un certain nombre de parties, et qu'on subdivise celles-ci en d'autres plus petites. C'est ainsi que dans les monnaies on partage la livre en 20 parties qu'on appelle *sous*, le sou en 12 parties que l'on appelle *deniers*. De même dans les mesures de poids, on partage la livre en 2 *marcs*, le marc en 8 *onces*, l'once en 8 *gros*, etc. ; en sorte que dans le premier cas on compte par vingtaines et par douzaines ; dans le second, par deuxaines et par huitaines, etc.

18. Un nombre qui est composé de parties rapportées ainsi à différentes unités, est ce qu'on appelle un nombre *complexe* ; et, par opposition, celui qui ne renferme qu'une seule espèce d'unités, s'appelle *nombre incomplexe*. $8^{\#}$, ou 8 livres, sont un nombre incomplexe. $8^{\#}$ 17^{s} 8^{d} ou 8 livres 17 sous 8 deniers, sont un nombre complexe.

19. Chaque art subdivise à sa manière l'unité principale qu'il s'est choisie. Les subdivisions de la toise sont différentes de celles de la livre ; celles de la livre différentes de celles du jour, de l'heure ; celles-ci différentes de celles du marc, et ainsi

de suite : nous les ferons connaître lorsque nous traiterons des nombres complexes.

20. Mais de toutes les divisions et subdivisions qu'on peut faire de l'unité, celle qui se fait par décimales, c'est-à-dire en partageant l'unité en parties de dix en dix fois plus petites, est incontestablement la plus commode dans tous les calculs (*). Elle est fort en usage dans la pratique des Mathématiques ; la formation et le calcul des décimales sont absolument les mêmes que pour les nombres ordinaires ou entiers : nous allons les faire connaître.

21. Pour évaluer en décimales les parties plus petites que l'unité, on conçoit que cette unité, telle qu'elle soit, livre, toise, etc., est composée de dix parties, comme on imagine la dixaine composée de dix unités simples, ou comme on imagine la livre composée de 20 sous. Ces nouvelles unités, par opposition aux dixaines, sont nommées *dixièmes* ; on les représente par les mêmes chiffres que les unités simples, et comme elles sont dix fois plus petites que celles-ci, on les place à la droite du chiffre qui représente les unités simples.

Mais pour prévenir l'équivoque, et ne point donner lieu de prendre ces dixièmes pour des unités simples, on est convenu en même temps de fixer, une fois pour toutes, la place des unités par une marque particulière : celle qui est le plus en usage est une virgule que l'on met à la droite du chiffre qui représente les unités, ou, ce qui est la même chose, entre les unités et les *dixièmes ;* ainsi, pour marquer *vingt-quatre unités et trois dixièmes*, on écrira 24,3.

22. On peut, de même, regarder actuellement les *dixièmes* comme des unités qui ont été formées de dix autres, chacune dix fois plus petite que les *dixièmes*, et par la même raison d'analogie, les placer à la droite des *dixièmes*. Ces nouvelles unités, dix fois plus petites que les *dixièmes*, seront cent fois

---

(*) Telles sont les nouvelles divisions des poids et mesures adoptées par le Gouvernement, divisions dont nous donnerons plus tard les dénominations et le calcul. (*Note de l'Éditeur.*)

plus petites que les unités principales ; et, pour cette raison, seront nommées *centièmes*. Ainsi, pour marquer *vingt-quatre unités trois dixièmes et cinq centièmes*, on écrira 24,35.

23. Concevons pareillement les *centièmes* comme formés de dix parties ; ces parties seront mille fois plus petites que l'unité principale, et pour cette raison seront nommées *millièmes* ; et comme dix fois plus petites que les *centièmes*, on les placera à la droite de celles-ci. En continuant de subdiviser ainsi de dix en dix, on formera de nouvelles unités qu'on nommera successivement des *dix-millièmes*, *cent-millièmes*, *millionièmes*, *dix-millionièmes*, *cent-millionièmes*, *billionièmes*, etc., et qu'on placera dans les rangs de plus en plus reculés sur la droite de la virgule.

24. Les parties de l'unité que nous venons de décrire, sont ce qu'on appelle les *décimales*.

25. Quant à la manière de les énoncer, elle est la même que pour les autres nombres. Après avoir énoncé les chiffres qui sont à la gauche de la virgule, on énonce les décimales de la même manière, mais on ajoute à la fin le nom des unités décimales de la dernière espèce : ainsi, pour énoncer ce nombre 34,572, on dirait trente-quatre unités et cinq cent soixante et douze *millièmes* ; si c'étaient des toises, par exemple, on dirait trente-quatre toises et cinq cent soixante et douze *millièmes* de toise.

La raison en est facile à apercevoir, si l'on fait attention que dans le nombre 34,572, le chiffre 5 peut indifféremment être rendu ou par cinq *dixièmes*, ou par cinq cent *millièmes*, puisque le *dixième* (22) valant dix *centièmes*, et le *centième* (23) valant dix *millièmes*, le *dixième* contiendra dix fois dix *millièmes*, ou cent *millièmes* ; ainsi les cinq *dixièmes* valent cinq cents *millièmes*. Par une raison semblable, le chiffre 7 pourra s'énoncer en disant soixante et dix *millièmes*, puisque (23) chaque *centième* vaut dix *millièmes*.

26. A l'égard de l'espèce des unités du dernier chiffre, on le trouvera toujours facilement en comptant successivement de

gauche à droite sur chaque chiffre depuis la virgule, les noms suivans : *dixièmes*, *centièmes*, *millièmes*, *dix-millièmes*, etc.

27. Si l'on n'avait pas d'unités entières, mais seulement des parties de l'unité, on mettrait un zéro pour tenir la place des unités ; ainsi, pour marquer cent vingt-cinq *millièmes*, on écrirait 0,125. Si l'on voulait marquer 25 *millièmes*, on écrirait 0,025 en mettant un zéro entre la virgule et les autres chiffres, tant pour marquer qu'il n'y a point de *dixièmes*, que pour donner aux parties suivantes leur véritable valeur. Par la même raison, pour marquer six *dix-millièmes*, on écrirait 0,0006.

28. Examinons maintenant les changemens qu'on peut faire naître dans un nombre par le déplacement de la virgule.

Puisque la virgule détermine la place des unités, et que tous les autres chiffres ont des valeurs dépendantes de leurs distances à cette même virgule, si l'on avance la virgule d'une, deux, trois, etc., places sur la gauche, on rend le nombre 10, 100, 1000, etc., fois plus petit ; et au contraire on le rend 10, 100, 1000, etc., fois plus grand, si l'on recule la virgule d'une, deux, trois, etc., places sur la droite.

En effet, si l'on a 4327,5264, et qu'en avançant la virgule d'une place sur la gauche, on écrive 432,75264, il est visible que les mille du premier nombre sont des centaines dans le nouveau ; les centaines sont des dixaines ; les dixaines, des unités ; les unités, des dixièmes ; les dixièmes, des centièmes ; et ainsi de suite. Donc chaque partie du premier nombre est devenue dix fois plus petite par ce déplacement. Si, au contraire, en reculant la virgule d'une place sur la droite, on eût écrit 43275,264, les mille du premier nombre se trouveraient changés en dixaines de mille, les centaines en mille, les dixaines en centaines, les unités en dixaines, les dixièmes en unités, et ainsi de suite. Donc le nouveau nombre serait dix fois plus grand que le premier.

29. Un raisonnement semblable fait voir qu'en avançant, sur la gauche, de deux ou de trois places, on rendrait le nombre, cent ou mille fois plus petit, et, au contraire, cent ou mille fois

plus grand, en reculant la virgule de deux ou trois places sur sa droite.

30. La dernière observation que nous ferons sur les décimales, est qu'on ne change point la valeur en mettant à la suite du dernier chiffre décimal tel nombre de zéro qu'on voudra. Ainsi 43,25 est la même chose que 43,250, ou que 43,2500, ou que 43,25000, etc.

Car chaque *centième* valant dix *millièmes* ou cent *dix-millièmes*, etc., les vingt-cinq *centièmes* vaudront deux cent cinquante *millièmes* ou deux mille cinq cent *dix-millièmes*, etc. En un mot, c'est la même chose que lorsqu'au lieu de dire 25 pistoles, on dit 250 livres; et que lorsqu'au lieu de dire 25 quintaux, on dit 2500 livres.

Des opérations de l'Arithmétique.

31. Ajouter, soustraire, multiplier et diviser, sont les quatre opérations fondamentales de l'Arithmétique. Toutes les questions qu'on peut proposer sur les nombres se réduisent à pratiquer quelques-unes de ces opérations, ou toutes ces opérations. Il est donc important de se les rendre familières, et d'en bien saisir l'esprit.

32. Le but de l'Arithmétique est, comme nous l'avons déjà dit, de donner des moyens de calculer facilement les nombres. Ces moyens consistent à réduire le calcul des nombres les plus composés à celui de nombres plus simples, ou exprimés par le plus petit nombre de chiffres possible. C'est ce qu'il s'agit d'exposer actuellement.

De l'Addition des Nombres entiers et des Parties décimales.

33. Exprimer la valeur totale de plusieurs nombres, par un seul, est ce qu'on appelle *faire une addition.*

Quand les nombres qu'on se propose d'ajouter n'ont qu'un seul chiffre, on n'a pas besoin de règle; mais lorsqu'ils ont plusieurs chiffres, on trouve leur valeur totale qu'on appelle *somme*, en observant la règle suivante :

Écrivez, les uns sous les autres, tous les nombres proposés, de manière que les chiffres des unités de chacun soient dans une même colonne verticale, qu'il en soit de même des dixaines, de même des centaines, etc. Soulignez le tout.

Ajoutez d'abord tous les nombres qui sont dans la colonne des unités; si la somme ne passe pas 9, écrivez-la au-dessous ; si elle surpasse neuf, elle renfermera des dixaines ; n'écrivez au-dessous que l'excédant du nombre des dixaines : comptez ces dixaines pour autant d'unités, et ajoutez-les avec les nombres de la colonne suivante : observez, à l'égard de la somme des nombres de cette seconde colonne, la même règle qu'à l'égard de la première, et continuez ainsi de colonne en colonne jusqu'à la dernière, au-dessous de laquelle vous écrirez la somme telle que vous la trouverez. Éclaircissons cette règle par des exemples

EXEMPLE I.

Qu'il soit question d'ajouter 54925 avec 2023 : j'écris ces deux nombres comme on le voit ici :

$$\begin{array}{r} 54925 \\ 2023 \\ \hline 56948 \end{array} \text{ somme.}$$

Et après avoir souligné le tout, je commence par les unités, en disant : 5 et 3 font 8, que j'écris sous cette même colonne.

Je passe à celle des dixaines, dans laquelle je dis 2 et 2 font 4, que j'écris au-dessous.

A la colonne des centaines, je dis : 9 et 0 font 9, que j'écris sous cette même colonne.

Dans la colonne des mille, je dis : 4 et 2 font 6, que j'écris sous cette colonne.

Enfin, dans la colonne des dixaines de mille, je dis : 5 et rien font 5, que j'écris de même au-dessous.

Le nombre 56948, trouvé par cette opération, est la somme des deux nombres proposés, puisqu'il en renferme les unités, les dixaines, les centaines, les mille, les dixaines de mille, que nous avons rassemblés successivement.

EXEMPLE II.

On demande la somme des quatre nombres suivans... 6903, 7854, 953, 7327; je les écris comme on les voit ici:

```
 6903
 7854
  953
 7327
-----
23037 somme.
```

Et en commençant comme ci-dessus par la droite, je dis: 3 et 4 font 7, et 3 font 10, et 7 font 17; j'écris les 7 unités sous la première colonne, et je retiens la dixaine pour la joindre, comme unité, aux nombres de là colonne suivante, qui sont aussi des dixaines.

Passant à cette seconde colonne, je dis: 1 que je retiens et o font 1, et 5 font 6, et 5 font 11, et 2 font 13; j'écris 3 sous la colonne actuelle, et je retiens pour la dixaine une unité que j'ajoute à la colonne suivante: en disant: une et 9 font 10, et 8 font 18, et 9 font 27, et 3 font 30; je pose o sous cette colonne, et je retiens, pour les trois dixaines, trois unités que j'ajoute à la colonne suivante, en disant pareillement: 3 et 6 font 9, et 7 valent 16, et 7 font 23; j'écris 3 sous cette colonne, et comme il n'y a plus d'autre colonne, j'avance d'une place les deux dixaines qui appartiendraient à la colonne suivante, s'il y en avait une. Le nombre 23037 est la somme des quatre nombres proposés.

34. S'il y a des parties décimales, comme elles se comptent, ainsi que les autres nombres, par dixaines, à mesure qu'on avance de droite à gauche, la règle pour les ajouter est absolument la même, en observant de mettre toujours les unités de même ordre dans une même colonne.

Ainsi, si l'on propose d'ajouter les trois nombres 72,957, 12,8 et 124,03, j'écrirai

72,957
12,8
124,03
209,787 somme.

En suivant la règle ci-dessus, j'aurai 209,787 pour la somme.

De la Soustraction des Nombres entiers et des Parties décimales.

35. La soustraction est l'opération par laquelle on retranche un nombre d'un autre nombre. Le résultat de cette opération s'appelle *reste*, *excès* ou *différence*.

Pour faire cette opération, on écrira le nombre qu'on veut retrancher au-dessous de l'autre, de la même manière que dans l'addition, et ayant souligné le tout, on retranchera, en allant de droite à gauche, chaque nombre inférieur de son correspondant supérieur; c'est-à-dire les unités des unités, les dixaines des dixaines, etc. : on écrira chaque reste au-dessous, dans le même ordre, et zéro lorsqu'il ne restera rien.

Lorsque le chiffre inférieur se trouvera plus grand que le chiffre supérieur correspondant, on ajoutera à celui-ci dix unités qu'on aura en empruntant, par la pensée, une unité sur son voisin à gauche, lequel doit, par cette raison, être regardé comme moindre d'une unité dans l'opération suivante.

EXEMPLE I.

On propose de retrancher 5432 de 8954; j'écris ces deux nombres comme il suit :

8954
5432
3522 reste.

Et en commençant par le chiffre des unités, je dis : 2 ôté de 4, il reste 2, que j'écris au-dessous; puis passant aux dixaines, je dis : 3 ôté de 5, il reste 2, que j'écris sous les dixaines. A la troisième colonne, je dis : 4 ôté de 9, il reste 5, que j'écris sous cette colonne. Enfin, à la quatrième, je dis : 5 ôté de 8, il reste 3, que j'écris sous 5, et j'ai 3522 pour le reste de 5432 retranché de 8954.

EXEMPLE II.

On veut ôter 7987 de 27646

On écrira. 27646
7987
19659 reste.

Comme on ne peut ôter 7 de 6, on ajoutera à 6 dix unités qu'on empruntera en prenant une unité sur son voisin 4, et on dira : 7 ôté de 16, il restera 9 qu'on écrira sous 7.

Passant aux dixaines, on ne dira plus, 8 ôté de 4, mais 8 ôté de 3 seulement, parce que l'emprunt qu'on a fait a diminué 4 d'une unité : comme on ne peut ôter 8 de 3, on ajoutera de même à 3 dix unités qu'on empruntera, en prenant une unité sur le chiffre 6 de la gauche, et on dira 8 ôté de 13, il reste 5 qu'on écrira sous 8. Passant à la troisième colonne, on dira de même, 9 ôté de 5, ou plutôt 9 ôté de 15 (en empruntant comme ci-dessus), il reste 6 pour écrire sous 9. A la quatrième colonne, on dira par la même raison, 7 ôté de 6, ou plutôt de 16, il reste 9, qu'on écrira sous 7; et comme il n'y a rien à retrancher dans la cinquième colonne, on écrira sous cette colonne, non pas 2, parce qu'on vient d'emprunter une unité sur ce 2, mais seulement 1, et on aura 19659 pour le reste.

36. Si le chiffre sur lequel on doit faire l'emprunt était un zéro, l'emprunt se ferait, non pas sur ce zéro, mais sur le premier chiffre significatif qui viendrait après; or, quoique ce soit alors emprunter 100, ou 1000, ou 10000, selon qu'il y a un, deux ou trois zéro consécutifs, on n'en opérera pas moins comme ci-dessus; c'est-à-dire qu'on ajoutera seulement 10 au chiffre pour lequel on emprunte, et comme ces 10 sont

censés pris sur les 100 ou 1000, etc., qu'on a empruntés, pour employer les 90 ou les 990, etc., qui restent, on comptera les zéro suivans pour autant de 9; c'est ce que l'exemple ci-après va éclaircir.

EXEMPLE III.

	99
Si de.	20064
on veut retrancher. . . .	17489
	2575 reste.

On dira d'abord : 9 ôté de 4, ou plutôt de 14 (en empruntant sur le chiffre suivant), il reste 5. Puis, pour ôter 8 de 5, comme cela ne se peut, et qu'il n'est pas possible non plus d'emprunter sur le chiffre suivant qui est un zéro, on empruntera sur le 2 une unité, laquelle vaut mille à l'égard du chiffre sur lequel on opère. De ce mille, on ne prendra que dix unités qu'on ajoutera à 5, et on dira : 8 ôté de 15, il reste 7.

Comme on n'a employé que dix unités sur mille qu'on a empruntées, on emploiera les 990 restantes, pour en retrancher les nombres qui répondent au-dessous des zéro; ce qui revient au même que de compter chaque zéro comme s'il valait 9. Ainsi l'on dira : 4 ôté de 9, reste 5; puis 7 ôté 9, reste 2; et enfin 1 ôté de 1, il ne reste rien.

37. S'il y a des parties décimales dans les nombres sur lesquels on veut opérer, on suivra absolument la même règle; mais pour éviter tout embarras dans l'application de cette règle, il n'y aura qu'à rendre le nombre des chiffres décimaux le même dans chacun des deux nombres proposés, en mettant un nombre suffisant de zéro à la suite de celui qui a le moins de décimales : cette préparation ne change rien à la valeur de ce nombre (30).

EXEMPLE IV.

De.	5403,25
on veut ôter.	385,6532

Je mets deux zéro à la suite des décimales du nombre supérieur ; après quoi j'opère sur les deux nombres ainsi préparés, précisément selon l'énoncé de la règle donnée pour les nombres entiers.

$$\begin{array}{r} 5403,2500 \\ 385,6532 \\ \hline 5017,5968 \end{array}$$

De la preuve de l'Addition et de la Soustraction.

38. Ce qu'on appelle preuve d'une opération arithmétique est une autre opération que l'on fait pour s'assurer de l'exactitude du résultat de la première.

La preuve de l'addition se fait en ajoutant de nouveau par parties, mais en commençant par la gauche, les sommes qu'on a déjà ajoutées. On retranche la totalité de la première colonne, de la partie qui lui répond dans la somme inférieure ; on écrit au-dessous le reste qu'on réduit, par la pensée, en dixaines, pour le joindre au chiffre suivant de cette même somme, et du total on retranche encore la totalité de la colonne supérieure ; on continue ainsi jusqu'à la dernière colonne, dont la totalité étant retranchée ne doit laisser aucun reste.

Ayant trouvé que ci-dessus les quatre nombres

$$\begin{array}{lr} & 6903 \\ & 7854 \\ & 953 \\ & 7327 \\ \hline \text{ont pour somme. . . . .} & 23037 \\ & \not{3}\not{1}\not{1}\not{0} \end{array}$$

Pour vérifier ce résultat, j'ajoute les mêmes nombres en commençant par la gauche, et je dis : 6 et 7 font 13, et 7 font 20, lesquels ôtés de 23, il reste 3 ou 3 dixaines, qui, avec le chiffre suivant zéro, font 30. Je passe à la seconde colonne, et je dis, 9 et 8 font 17, et 9 font 26, et 3 font 29, que j'ôte de 30 ; il reste 1 ou une dixaine, qui, jointe au chiffre suivant 3, fait 13.

J'ajoute tous les nombres de la troisième colonne, en disant : 5 et 5 font 10, et 2 font 12, qui ôtés de 13, il reste 1 ou une dixaine, laquelle, ajoutée au chiffre suivant 7, fait 17; j'ajoute pareillement tous les nombres de la dernière colonne, en disant, 3 et 4 font 7, et 3 font 10, et 7 font 17, qui, ôtés de 17, il ne reste rien : d'où je conclus que la première opération est exacte.

On est fondé à conclure que la première opération a été bien faite, lorsqu'après cette preuve il ne reste rien, parce qu'ayant ôté successivement tous les mille, toutes les centaines, toutes les dixaines et toutes les unités, dont on avait composé la somme, il faut qu'à la fin il ne reste rien.

39. La preuve de la soustraction se fait en ajoutant le reste trouvé par l'opération, avec le nombre retranché : si la première opération a été bien faite, on doit reproduire le nombre dont on a retranché : ainsi je vois que dans le troisième exemple donné ci-dessus, l'opération a été bien faite, parce qu'en ajoutant 17489 (nombre retranché) avec le reste 2575, je reproduis 20064, nombre dont on a retranché;

de.	20064
ôtez. . . .	17489
reste. . . .	2575
preuve. . .	20064

De la Multiplication.

40. Multiplier un nombre par un autre, c'est prendre le premier de ces deux nombres autant de fois qu'il y a d'unités dans l'autre. Multiplier 4 par 3, c'est prendre trois fois le nombre 4.

41. Le nombre qu'on doit multiplier s'appelle le *multiplicande*; celui par lequel on doit multiplier s'appelle le *multiplicateur*; et le résultat de l'opération s'appelle *produit*.

42. Le mot *produit* a communément une acception beaucoup plus étendue, mais nous avertissons expressément que

nous ne l'emploierons que pour désigner le résultat de la multiplication.

Le multiplicande et le multiplicateur se nomment aussi les *facteurs* du produit : ainsi 3 et 4 sont les facteurs de 12, parce que 3 fois 4 font 12.

43. Suivant l'idée que nous venons de donner de la multiplication, on voit qu'on pourrait faire cette opération en écrivant le multiplicande autant de fois qu'il y a d'unités dans le multiplicateur, et faisant ensuite l'addition. Par exemple, pour multiplier 7 par 3, on pourrait écrire

$$\begin{array}{r} 7 \\ 7 \\ \underline{7} \\ 21 \end{array}$$

et la somme 21 résultante de cette addition, serait le produit

Mais, lorsque le multiplicateur est tant soit peu considérable, l'opération devient fort longue. Ce que nous appelons proprement *multiplication*, est la méthode de parvenir à un même résultat par une voie plus courte.

44. Tant qu'on ne considère les nombres que d'une manière abstraite, c'est-à-dire sans faire attention à la nature de leurs unités, il importe peu lequel des deux nombres proposés pour la multiplication on prenne pour multiplicande ou pour multiplicateur. Par exemple, si l'on a 4 à multiplier par 3, il est indifférent de multiplier 4 par 3, ou 3 par 4 ; le produit sera toujours 12. En effet, 3 fois 4 n'est autre chose que le triple de 1 fois 4, et 4 fois 3 est le triple de 4 fois 1. Or il est évident que 1 fois 4 et 4 fois 1, sont la même chose, et on peut appliquer le même raisonnement à tout autre nombre.

45. Mais lorsque, par l'énoncé de la question, le multiplicateur et le multiplicande sont des nombres concrets, il importe de distinguer le multiplicande du multiplicateur : cette attention est principalement nécessaire dans la multiplication des nombres complexes dont nous parlerons par la suite.

Au reste, cela est toujours aisé à distinguer ; la question qui conduit à la multiplication dont il s'agit, fait toujours connaître quelle est la quantité qu'il faut répéter plusieurs fois, c'est-à-dire le multiplicande, et quelle est celle qui marque combien de fois on doit répéter le multiplicande, c'est-à-dire quel est le multiplicateur.

46. Comme le multiplicateur est destiné à marquer combien de fois on doit prendre le multiplicande, il est toujours un nombre abstrait : ainsi quand on demande ce que doivent coûter 52 toises de bois, à raison de 36 livres la toise, on voit que le multiplicande est 36 livres qu'il s'agit de répéter 52 fois, soit que ce 52 marque des toises, ou toute autre chose.

47. Le produit qui est formé de l'addition répétée du multiplicande, aura donc des unités de même nature que le multiplicande (*).

Après cette petite digression sur la nature des unités du produit et de ses facteurs, revenons à la méthode pour trouver ce produit.

48. Les règles de la multiplication des nombres les plus composés, se réduisent à multiplier un nombre d'un seul chiffre par un nombre d'un seul chiffre. Il faut donc s'exercer à trouver soi-même le produit des nombres exprimés par un seul chiffre, en ajoutant successivement un même nombre à lui-même. On peut aussi, si on le veut, faire usage de la table suivante, qu'on attribue à *Pythagore*.

(*) Nous n'en exceptons pas même la multiplication géométrique, dont nous ne parlerons qu'en Géométrie, comme cela nous paraît assez naturel. Les unités du multiplicateur ne sont jamais que des unités abstraites, comme dans toute autre multiplication.

Table de Multiplication.

1	2	3	4	5	6	7	8	9
2	4	6	8	10	12	14	16	18
3	6	9	12	15	18	21	24	27
4	8	12	16	20	24	28	32	36
5	10	15	20	25	30	35	40	45
6	12	18	24	30	36	42	48	54
7	14	21	28	35	42	49	56	63
8	16	24	32	40	48	56	64	72
9	18	27	36	45	54	63	72	81

La première bande de cette table se forme en ajoutant 1 à lui-même successivement.

La seconde en ajoutant 2 de même.

La troisième en ajoutant 3, et ainsi de suite.

49. Pour trouver, par le moyen de cette table, le produit de deux nombres exprimés par un seul chiffre chacun, on cherchera l'un de ces deux nombres, le multiplicande, par exemple, dans la bande supérieure, et en partant de ce nombre, on descendra verticalement jusqu'à ce qu'on soit vis-à-vis du multiplicateur qu'on trouvera dans la première colonne. Le nombre sur lequel on sera arrêté, sera le produit. Ainsi pour trouver, par exemple, le produit de 9 par 6, ou combien font 6 fois 9, je descends depuis le 9, pris dans la première bande, jusque vis-à-vis le 6 pris dans la première colonne: le nombre sur lequel je m'arrête est 54; par conséquent 6 fois 9 font 54.

En voilà autant qu'il en faut pour passer à la multiplication des nombres exprimés par plusieurs chiffres.

De la Multiplication par un nombre d'un seul chiffre.

50. Écrivez le multiplicateur, qu'on suppose ici d'un seul chiffre, sous le multiplicande, peu importe sous quel chiffre ; mais, pour fixer les idées, supposons que ce soit sous le chiffre des unités.

Multipliez d'abord le nombre des unités par votre multiplicateur, et si le produit ne contient que des unités, écrivez ce produit au-dessous ; s'il contient des unités et des dixaines, écrivez seulement les unités, et comptant les dixaines pour autant d'unités, retenez celles-ci.

Multipliez, de même, le nombre des dixaines du multiplicande, et au produit ajoutez les unités que vous avez retenues ; écrivez le tout au-dessous s'il peut être marqué par un seul chiffre, sinon n'écrivez que les unités de ce produit, et retenez-en les dixaines qui sont des centaines, pour les ajouter au produit suivant qui sera pareillement des centaines.

Continuez de multiplier successivement, suivant la même règle, tous les chiffres du multiplicande ; la suite des chiffres que vous aurez écrits marquera le produit.

EXEMPLE.

On demande combien 2864 toises valent de pieds ? La toise est de 6 pieds. La question se réduit à prendre 2864 pieds 6 fois.

J'écris donc.	2864	multiplicande.
	6	multiplicateur.
	17184	produit.

Et je dis, en commençant par les unités, 6 fois 4 font 24, j'écris 4, et je retiens deux unités pour les deux dixaines.

2°. 6 fois 6 font 36, et deux que j'ai retenues font 38 ; je pose 8, et je retiens 3.

3°. 6 fois 8 font 48, et 3 que j'ai retenues font 51 ; je pose 1, et je retiens 5.

4°. 6 fois 2 font 12, et 5 que j'ai retenues font 17 que j'écris en entier, parce qu'il n'y a plus rien à multiplier. Le nombre 17184 est le produit demandé, ou le nombre des pieds que valent les 2864 toises, puisqu'il renferme 6 fois les 4 unités, 6 fois les 6 dixaines, 6 fois les 8 centaines, 6 fois les 2 mille, et par conséquent 6 fois le nombre 2864.

De la Multiplication par un nombre de plusieurs chiffres.

51. Lorsque le multiplicateur a plusieurs chiffres, il faut faire successivement, avec chacun de ces chiffres, ce que l'on vient de prescrire lorsqu'il n'y en a qu'un, mais en commençant toujours par la droite. Ainsi on multipliera d'abord tous les chiffres du multiplicande par le chiffre des unités du multiplicateur ; puis par celui des dixaines, et l'on écrira ce second produit sous le premier ; mais comme il doit être un nombre de dixaines, puisque c'est par des dixaines qu'on multiplie, on portera le premier chiffre de ce produit sous les dixaines, et les autres chiffres toujours en avançant sur la gauche.

Le troisième produit, qui se fera en multipliant par les centaines, se placera de même sous le second, mais en avançant encore d'une place : on suivra la même loi pour les autres.

Toutes ces multiplications étant faites, on ajoutera les produits particuliers qu'elles ont donnés, et la somme sera le produit total.

EXEMPLE.

```
On propose de multiplier    65487
par. . . . . . . . . . . .   6958
                           ------
                           523896
                          327435
                         589383
                        392922
                        ---------
                        455658546 produit.
```

Je multiplie d'abord 65487 par le nombre 8 des unités du multiplicateur, et j'écris successivement sous la barre les chiffres du produit 523896 que je trouve en suivant la règle donnée pour le premier cas (50).

Je multiplie de même le nombre 65487 par le second chiffre 5 du multiplicateur, et j'écris le produit 327435 sous le premier produit, mais en plaçant le premier chiffre 5 sous les dixaines de ce premier produit.

Multipliant pareillement 65487 par le troisième chiffre 9, j'écris le produit 589383 sous le précédent, mais en plaçant le premier chiffre 3 au rang des centaines, parce que le nombre par lequel je multiplie est un nombre de centaines.

Enfin je multiplie 65487 par le dernier chiffre 6 du multiplicateur, et j'écris le produit 392922 sous le précédent, en avançant encore d'une place, afin que son premier chiffre occupe la place des mille, parce que le chiffre par lequel on multiplie marque des mille. Enfin j'ajoute tous ces produits, et j'ai 455658546 pour le produit de 65487 multiplié par 6958, c'est-à-dire pour la valeur de 65487 pris 6958 fois. En effet, on a pris 65487, 8 fois par la première opération, 50 fois par la seconde, 900 fois par la troisième, et 6000 fois par la quatrième.

52. Si le multiplicande ou le multiplicateur, ou tous les deux étaient terminés par des zéro, on abrégerait l'opération, en multipliant comme si ces zéro n'y étaient point ; mais on les mettrait tous à la suite du produit

EXEMPLE.

On propose de multiplier	6500
par.	350
	325
	195
	2275000

Je multiplie seulement 65 par 35, et je trouve 2275, à côté

duquel j'écris les trois zéro qui se trouvent, en tout, à la suite du multiplicande et du multiplicateur.

En effet, le multiplicande 6500 représente 65 centaines; ainsi quand on multiplie 65, on doit sous-entendre que le produit est des centaines. Pareillement, le multiplicateur 350 marque 35 dixaines; ainsi quand on multiplie par 35, on doit sous-entendre que le produit sera des dixaines. Il sera donc des dixaines de centaines, c'est-à-dire des mille, il doit donc avoir trois zéro. On appliquera un raisonnement semblable à tous les cas.

53. Lorsqu'il se trouve des zéro entre les chiffres du multiplicateur, comme la multiplication par ces zéro ne donnerait que des zéro, on se dispensera d'écrire ceux-ci dans le produit; et passant tout de suite à la multiplication par le premier chiffre significatif qui vient après ces zéro, on en avancera le produit sur la gauche d'autant de places plus une, qu'il y a de zéro qui se suivent dans le multiplicateur; c'est-à-dire de deux places s'il y a un zéro, de trois s'il y en a deux.

EXEMPLE.

Si l'on a.	42052
à multiplier par.	3006
	252312
	126156
	126408312

Après avoir multiplié par 6 et écrit le produit 252312, on multipliera tout de suite par 3; mais on écrira le produit 126156, de manière qu'il marque des mille; il faudra donc le reculer de trois places, c'est-à-dire d'une place de plus qu'il n'y a de zéro interposés aux chiffres du multiplicateur.

De la Multiplication des parties décimales.

54. Pour multiplier les parties décimales, on observera la même règle que pour les nombres entiers, sans faire aucune attention à la virgule; mais, après avoir trouvé le produit, on

en séparera sur la droite, par une virgule, autant de chiffres qu'il y a de décimales, tant dans le multiplicande que dans le multiplicateur.

EXEMPLE I.

On propose de multiplier	54,23
par.	8,3
	16269
	43384
	450,109

Je multiplierai 5423 par 83, le produit sera 450109; et comme il y a deux décimales dans le multiplicande, et une dans le multiplicateur, je séparerai trois chiffres sur la droite de ce produit qui par là deviendra 450,109, tel qu'il doit être.

La raison de cette règle est facile à saisir, en observant que si le multiplicateur était 83, le produit n'aurait en décimales que des *centièmes*, puisqu'on aurait répété 83 fois le multiplicande 54,23 dont les décimales sont des centièmes; mais comme le multiplicateur est 8,3 c'est-à-dire (21) dix fois plus petit que 83, le produit doit donc avoir des unités dix fois plus petites que les centièmes; le dernier chiffre de ces décimales doit donc (23) être des *millièmes*; il doit donc y avoir trois chiffres décimaux dans ce produit, c'est-à-dire autant qu'il y en a, tant dans le multiplicande que dans le multiplicateur.

On peut appliquer un raisonnement semblable à tout autre cas.

EXEMPLE II.

Si l'on avait.	0,12
à multiplier par.	0,3
	0,036

On multiplierait 12 par 3, ce qui donnerait 36. Comme la règle prescrit de séparer ici trois chiffres, on pourrait être embarrassé à y satisfaire, puisque ce produit 36 n'en a que deux; mais si l'on reprend le raisonnement que nous avons appliqué à l'exemple précédent, on verra facilement qu'il faut, comme on le voit ici, interposer un zéro entre 36 et la virgule. En effet, si l'on avait 0,12 à multiplier par 3, il est évident qu'on aurait 0,36; mais comme on n'a à multiplier que par 0,3, c'est-à-dire par un nombre dix fois plus petit que 3, on doit avoir un produit dix fois plus petit que 0,36, c'est-à-dire des millièmes, et c'est ce qui a eu lieu (28) lorsqu'on a écrit 0,036.

55. Comme on n'emploie ordinairement les décimales que dans la vue de faciliter les calculs, en substituant à un calcul rigoureux une approximation suffisante, mais prompte, il n'est pas inutile d'exposer ici un moyen d'abréger l'opération, lorsqu'on n'a besoin d'avoir le produit que jusqu'à un degré d'exactitude proposé.

Supposons, par exemple, qu'ayant à multiplier 45,625957 par 28,635, je n'ai besoin d'avoir le produit qu'à moins d'un millième près. J'écris ces deux nombres comme on le voit ci-dessous, c'est-à-dire qu'après avoir renversé l'ordre des chiffres de l'un des deux, je l'écris sous l'autre, en faisant répondre le chiffre 8 de ses unités sous la décimale immédiatement inférieure de deux degrés à celui auquel je veux borner mon produit. Je fais ensuite la multiplication, en négligeant, dans le multiplicande, tous les chiffres qui se trouvent a la droite de celui par lequel je multiplie; et à mesure que je change de chiffre dans le multiplicateur, je porte toujours le premier chiffre du nouveau produit sous le premier chiffre du premier. L'addition de tous ces produits étant faite, je supprime les deux derniers chiffres, en observant cependant d'augmenter le dernier de ceux qui restent, d'une unité, si les deux que je supprime passent 50; après quoi je place la virgule au rang fixé par l'espèce de décimales que je me proposais d'avoir

EXEMPLE.

Je veux multiplier.	45,625957
par.	28,635

mais je n'ai besoin d'avoir le produit qu'à un millième d'unité près.

J'écris ainsi ces deux nombres	45,625957
	53682
	91251914
	36500760
	2737554
	136875
	22810
	130649913
produit.	1306,499

Et si l'on avait fait la multiplication à l'ordinaire, on aurait eu. . . . . . 1306,4992786 95, qui s'accorde avec le précédent jusqu'à la troisième décimale, ainsi qu'on le demande.

S'il n'y avait pas assez de chiffres décimaux dans le multiplicande, pour faire correspondre le chiffre des unités du multiplicateur au chiffre auquel la règle prescrit de le faire correspondre, on y suppléerait en mettant des zéro.

EXEMPLE.

On doit multiplier. 54,236
par. 532,27
et l'on veut avoir le produit à un centième d'unité près.

J'écris. 54,236000
72235
———
271180000
16270800
1084720
108472
37961
———
288681953

produit. . . . . 28868,20 en ajoutant une unité au dernier chiffre, parce que les deux que l'on supprime passent 50.

Pour troisième exemple, supposons qu'on ait à multiplier
0,227538917
par. 0,5664178
et l'on ne veut avoir que 7 décimales au produit, on écrira.
0,227538917
87146650
———
. 0
113769455
13652334
1365228
91012
2275
1589
176
———
128882069

produit. 0,1288821

Sur quelques usages de la Multiplication.

56. Nous ne nous proposons pas de faire connaître tous les usages que l'on peut faire de la multiplication, nous en indiquerons seulement quelques-uns qui mettront sur la voie pour les autres.

La multiplication sert à trouver, en général, la valeur totale de plusieurs unités, lorsqu'on connaît la valeur de chacune. Par exemple : 1° Combien doivent coûter 5842 toises, à raison de 54# la toise? Il faut multiplier 54# par 5842, ou (44) 5842# par 54 : on aura 315468# pour le prix total demandé. 2° Combien 5954 pieds cubes (1) d'eau pèsent-ils en supposant que le pied cube pèse 72 ℔? Il faut multiplier 72 ℔ par 5954, ou 5954 ℔ par 72 ; on aura 428688 ℔ pour le poids de 5954 pieds cubes.

57. On emploie la multiplication pour convertir les unités d'une certaine espèce en unités d'une espèce plus petite. Par exemple, pour réduire les livres en sous, et ceux-ci en deniers ; les toises en pieds, ceux-ci en pouces, ces derniers en lignes ; les jours en heures, celles-ci en minutes, ces dernières en secondes. On a souvent besoin de ces sortes de conversions. Nous en donnerons quelques exemples.

Si l'on demande de convertir 8# 17ſ 7ᵭ en deniers ; comme la livre vaut 20ſ, on multipliera les 8# par 20 (52) ; ce qui donnera 160ſ auxquels joignant les 17ſ, on aura 177ſ qu'on multipliera par 12, parce que chaque sou vaut 12 deniers ; et on aura 2124 deniers, lesquels joints aux 7 deniers donnent 2131 deniers pour la valeur de 8# 17ſ 7ᵭ convertis en deniers.

Si l'on demande combien une année commune, ou 365 jours 5 heures 48 minutes, ou $365^j\ 5^h\ 48^m$ valent de minutes ; comme le jour est de 24 heures, on multipliera 24^h par 365, et au pro-

---

(1) Le pied cube est une mesure d'un pied de long sur un pied de large et sur un pied de haut, avec laquelle on évalue la capacité des corps, ainsi qu'on le verra en Géométrie.

duit 8760^h on ajoutera 5^h; on multipliera le total 8765 par 60 (52), parce que l'heure contient 60 minutes, et l'on aura 525900 minutes; auxquelles ajoutant 48 minutes, on aura 525948 pour le nombre de minutes contenues dans une année commune.

Cette conversion des parties du temps est utile dans quelques opérations du *pilotage*.

58. L'abréviation dont nous avons parlé (52) peut être employée pour réduire promptement en livres un certain nombre de *tonneaux*. Comme le tonneau de poids pèse 2000 livres, si l'on a, par exemple, 854 tonneaux, il n'y a qu'à doubler 854, et mettre les trois zéro à la suite du produit; on aura 1708000 pour le nombre de livres que pèsent 854 tonneaux.

Avant de terminer ce qui regarde la multiplication, faisons observer aux commençans que ces expressions *doubler*, *tripler*, *quadrupler*, etc., signifient la même chose que multiplier par 2, par 3, par 4, etc.

De la Division des nombres entiers et des parties décimales.

59. Diviser un nombre par un autre, c'est, en général, chercher combien de fois le premier de ces deux nombres contient le second.

Le nombre que l'on doit diviser s'appelle *dividende*, celui par lequel on doit diviser, *diviseur*, et celui qui marque combien de fois le dividende contient le diviseur s'appelle *quotient*.

On n'a pas toujours pour but, dans la division, de savoir combien de fois un nombre en contient un autre; mais on fait l'opération comme si elle tendait à ce but; c'est pourquoi on peut, dans tous les cas, la considérer comme l'opération par laquelle on trouve combien de fois le dividende contient le diviseur.

Il suit de là que si l'on multiplie le diviseur par le quotient, on doit reproduire le dividende, puisque c'est prendre ce diviseur autant de fois qu'il est dans le dividende: cela est général, soit que le quotient soit un nombre entier, soit qu'il soit un nombre fractionnaire.

Quant à l'espèce des unités du quotient, ce n'est ni par l'espèce de celles du dividende, ni par l'espèce de celles du diviseur, ni par l'une et l'autre qu'il faut en juger; car le dividende et le diviseur restant les mêmes, le quotient, qui sera aussi toujours le même numériquement, peut être fort différent pour la nature de ses unités, selon la question qui donne lieu à cette division.

Par exemple, s'il est question de savoir combien 8# contiennent 4#, le quotient sera un nombre abstrait qui marquera 2 fois; mais s'il est question de savoir combien pour 8# on fera faire d'ouvrage à raison de 4# la toise, le quotient sera 2 toises, qui est un nombre concret et dont l'espèce n'a aucun rapport ni avec le dividende ni avec le diviseur.

Mais on voit, en même temps, que la question seule qui conduit à faire la division dont il s'agit, décide la nature des unités du quotient.

De la Division d'un nombre composé de plusieurs chiffres, par un nombre qui n'en a qu'un.

60. L'opération que nous allons décrire suppose qu'on sache trouver combien de fois un nombre d'un ou de deux chiffres contient un nombre d'un seul chiffre. C'est une connaissance déjà acquise, quand on sait de mémoire les produits des nombres qui n'ont qu'un chiffre. On peut aussi, pour y parvenir, faire usage de la table que nous avons donnée ci-dessus (48). Par exemple, si je veux savoir combien de fois 74 contient 9, je cherche le diviseur 9 dans la bande supérieure, et je descends verticalement jusqu'à ce que je rencontre le nombre le plus approchant de 74 : c'est ici 72; alors le nombre 8 qui se trouve vis-à-vis 72 dans la première colonne, est le nombre de fois, ou le quotient que je cherche.

Cela supposé, voici comment se fait la division d'un nombre qui a plusieurs chiffres, par un nombre qui n'en a qu'un.

Écrivez le diviseur à côté du dividende; séparez l'un de l'autre par un trait, et soulignez le diviseur sous lequel vous écrirez les chiffres du quotient, à mesure que vous les trouverez.

Prenez le premier chiffre sur la gauche du dividende, ou les deux premiers chiffres, si le premier ne contient pas le diviseur.

Cherchez combien de fois ce premier ou ces deux premiers chiffres contiennent le diviseur, écrivez ce nombre de fois sous le diviseur.

Multipliez le diviseur par le quotient que vous venez d'écrire, et portez le produit sous la partie du dividende que vous venez d'employer.

Enfin, retranchez le produit de la partie supérieure du dividende à laquelle il répond, et vous aurez un reste.

A côté de ce reste abaissez le chiffre suivant du dividende principal, et vous aurez un second dividende partiel, sur lequel vous opérerez comme sur le premier; plaçant le quotient à droite de celui qu'on a déjà trouvé; multipliant de même le diviseur par ce quotient, écrivant et retranchant le produit comme ci-devant.

Vous abaisserez de même, à côté du reste de cette division, le chiffre du dividende qui suit celui que vous avez descendu, et vous continuerez toujours de la même manière jusqu'au dernier inclusivement.

Cette règle va être éclaircie par l'exemple suivant :

EXEMPLE.

On propose de diviser 8769 par 7.

J'écris ces deux nombres comme on les voit ci-après :

$$\begin{array}{r|l} \text{dividende } 8769 & 7 \text{ diviseur} \\ \hline 7 & 1252\,\frac{5}{7} \text{ quotient} \\ \hline 17 & \\ 14 & \\ \hline 36 & \\ 35 & \\ \hline 19 & \\ 14 & \\ \hline 5 & \end{array}$$

Et commençant par la gauche du dividende, je devrais dire, en 8 mille combien de fois 7 ; mais je dis simplement en 8 combien de fois 7? Il y est une fois. Ce 1 est naturellement mille; mais les chiffres qui viendront après lui donneront sa véritable valeur ; c'est pourquoi j'écris seulement 1 sous le diviseur.

Je multiplie le diviseur 7 par le quotient 1, et je porte le produit 7 sous la partie 8 que je viens de diviser ; faisant la soustraction, j'ai pour reste 1.

Ce reste 1 est la partie de 8 qui n'a pas été divisée, et est une dixaine à l'égard du chiffre suivant 7 ; c'est pourquoi j'abaisse ce même chiffre 7 à côté, et je continue l'opération, en disant, en 17 combien de fois 7 ? 2 fois. J'écris ce 2 à la droite du premier quotient 1 qu'a donné la première opération.

Je multiplie, comme dans la première opération, le diviseur 7 par le quotient 2 que je viens de trouver ; je porte le produit 14 sous mon dividende partiel 17, et faisant la soustraction, il me reste 3 pour la partie qui n'a pas pu être divisée.

A côté de ce reste 3, j'abaisse 6, troisième chiffre du dividende, et je dis, en 36 combien de fois 7 ? 5 fois. J'écris 5 au quotient.

Je multiplie le diviseur 7 par 5 ; et ayant écrit le produit 35 sous mon nouveau dividende partiel, je l'en retranche, et il me reste 1.

Enfin, à côté de ce reste 1, j'abaisse le chiffre 9 du dividende, et je dis, en 19 combien de fois 7 ? 2 fois. J'écris 2 au quotient.

Je multiplie le diviseur 7 par ce nouveau quotient 2, et ayant écrit le produit 14 sous mon dernier dividende partiel 19, j'ai pour reste 5.

Je trouve donc que 8769 contiennent 7 autant de fois que le marque le quotient que nous avons écrit, c'est-à-dire 1252 fois, et qu'il reste 5.

A l'égard de ce qui reste, nous nous contenterons, pour le présent, de dire qu'on l'écrit à côté du quotient, comme on le voit dans cet exemple, c'est à-dire en écrivant le diviseur au-dessous de ce reste, et séparant l'un de l'autre par un trait;

et alors on prononce *cinq septièmes*. Nous expliquerons par la suite la nature de ces sortes de nombres.

61. Si, dans la suite de l'opération, quelqu'un des dividendes partiels se trouvait ne pas contenir le diviseur, on écrira zéro au quotient, en omettant la multiplication, on abaisserait tout de suite un autre chiffre à côté de ce dividende partiel, et on continuerait la division.

EXEMPLE.

Il s'agit de diviser 14464 par 8.

```
14464 | 8
8     | 1808
-----
 64
 64
 --
  064
   64
   --
    0
```

Je prends ici les deux premiers chiffres du dividende, parce que le premier ne contient pas le diviseur.

Je trouve que 14 contient 8 une fois ; j'écris 1 au quotient : je multiplie 8 par 1, et je retranche le produit 8 de 14, ce qui me donne pour reste 6, à côté duquel j'abaisse le troisième chiffre 4 du dividende.

Je continue en disant : en 64 combien de fois 8 ? huit fois ; j'écris 8 au quotient ; en faisant la multiplication, j'ai pour produit 64 que je retranche du dividende partiel 64, il me reste 0 à côté duquel j'abaisse 6, quatrième chiffre du dividende ; et comme 6 ne contient pas 8, j'écris 0 au quotient, et j'abaisse tout de suite à côté de 6 le dernier chiffre du dividende qui est ici 4, pour dire en 64 combien de fois 8 ? Il y est 8 fois : après avoir écrit 8 au quotient, je fais la multiplication, et je retranche le produit 64 ; et comme il ne reste rien, j'en conclus que 14464 contiennent 8 fois 1808.

De la Division par un nombre de plusieurs chiffres.

62. Lorsque le diviseur aura plusieurs chiffres, on se conduira de la manière suivante :

Prenez sur la gauche du dividende autant de chiffres qu'il est nécessaire pour contenir le diviseur.

Cela posé, au lieu de chercher, comme ci-devant, combien la partie du dividende que vous avez prise, contient votre diviseur entier, cherchez seulement combien de fois le premier chiffre de votre diviseur est compris dans le premier chiffre de votre dividende, ou dans les deux premiers, si le premier ne suffit pas ; marquez ce quotient sous le diviseur, comme ci-devant.

Multipliez successivement, selon la règle donnée (50), tous les chiffres de votre diviseur par ce quotient, et portez à mesure les chiffres du produit sous les chiffres correspondans de votre dividende partiel. Faites la soustraction, et à côté du reste abaissez le chiffre suivant du dividende, pour continuer l'opération de la même manière.

Nous allons éclaircir ceci par quelques exemples, et prévenir en même temps les cas qui peuvent causer quelque embarras.

EXEMPLE I.

On propose de diviser 75347 par 53.

```
75347 | 53
53    |-----------
      | 1421 34/53
------
 223
 212
------
 114
 106
------
   87
   53
------
   34
```

Je prends seulement les deux premiers chiffres du dividende, parce qu'ils contiennent le diviseur, et au lieu de dire en 75 combien de fois 53, je cherche seulement combien les sept dixaines de 75 contiennent les cinq dixaines de 53, c'est-à-dire combien 7 contient 5; je trouve une fois, et j'écris 1 au quotient.

Je multiplie 53 par 1, et je porte le produit 53 sous 75 : la soustraction faite, il reste 22, à côté duquel j'abaisse le chiffre 3 du dividende, et je poursuis, en disant pour plus de facilité : en 22 combien de fois 5 ? (au lieu de dire : en 223 combien de fois 53); je trouve 4 fois, j'écris 4 au quotient.

Je multiplie successivement par 4 les deux chiffres du diviseur, et je porte le produit 212 sous mon dividende partiel 223, la soustraction faite, j'ai pour reste 11; j'abaisse à côté de ce reste, le chiffre 4 du dividende, et je dis simplement comme ci-dessus, en 11 combien de fois 5 ? 2 fois; j'écris 2 au quotient, et je multiplie 53 par 2, ce qui me donne 106 que j'écris sous le dividende partiel 114; faisant la soustraction, j'ai pour reste 8, à côté duquel j'abaisse le dernier chiffre 7; je divise de même 87; et, continuant comme ci-dessus, je trouve 1 pour quotient, et 34 pour reste, que j'écris à côté du quotient de la manière qui a été indiquée plus haut (60).

63. On devrait, à la rigueur, chercher combien de fois chaque dividende partiel contient le diviseur entier; mais cette recherche serait souvent longue et pénible; on se contente, comme on vient de le voir, de chercher combien la partie la plus forte de ce dividende contient la partie la plus forte du diviseur. Le quotient qu'on trouve par cette voie n'est pas toujours le véritable; parce qu'en prenant ce parti, on ne fait réellement qu'une estimation approchée; mais, outre que cette estimation met presque toujours sur le but, et que, dans les cas où elle n'y met pas, elle s'en écarte peu, la multiplication qui vient ensuite sert à redresser ce qu'il peut y avoir de défectueux dans ce jugement. En effet, si le dividende partiel contenait réellement le diviseur 3 fois, par exemple, et que par l'essai qu'on fait, on eût trouvé qu'il le contient 4 fois, il est facile de voir qu'en fai-

sant la multiplication par 4, on aurait un produit plus grand que le dividende, puisqu'on prendrait le diviseur plus de fois qu'il n'est réellement dans ce dividende, et par conséquent la soustraction deviendra impossible ; alors on diminuera le quotient successivement d'une, deux, etc., unités, jusqu'à ce qu'on trouve un produit qu'on puisse retrancher ; au contraire, si l'on n'avait mis que 2 au quotient, le reste de la soustraction se trouverait plus grand que le diviseur ; ce qui prouverait que le diviseur y est encore contenu, et par conséquent le quotient est trop faible.

Au reste, on acquiert en peu de temps l'usage de prévoir de combien on doit diminuer ou augmenter le quotient que donne la première épreuve.

EXEMPLE II.

propose de diviser 189492 par 375.

```
189492 | 375
1875   |--------
------ | 505 117/375
  1992 |
  1875 |
------ |
   117 |
```

Je prends les quatre premiers chiffres du dividende, parce que les trois premiers ne contiennent pas le diviseur.

Je dis ensuite, en 18 seulement combien de fois 3 ? il y est réellement 6 fois ; mais en multipliant 375 par 6, j'aurais plus que mon dividende 1894 ; c'est pourquoi j'écris seulement 5 au quotient. Je multiplie 375 par 5 ; et après avoir écrit le produit sous 1894, je fais la soustraction, et j'ai pour reste 19.

J'abaisse à côté de 19 le chiffre 9 du dividende ; et comme 199 que j'ai alors ne contient pas 375, je pose 0 au quotient, et j'abaisse à côté de 199 le chiffre 2 du dividende, ce qui me donne 1992 pour lequel je dis, en 19 seulement combien de fois 36 fois. Mais par la même raison que ci dessus, je n'écris au quotient que 5 ; et après avoir opéré comme ci-devant, j'ai pour reste 117.

64. Voici une réflexion qui peut servir à éviter, dans un grand nombre de cas, les tentatives inutiles. On est principalement exposé à ces essais douteux, lorsque le second chiffre du diviseur est sensiblement plus grand que le premier. Dans ce cas, au lieu de chercher combien le premier chiffre du diviseur est contenu dans la partie correspondante du dividende, il faut chercher combien ce premier chiffre augmenté d'une unité, se trouve contenu dans la partie correspondante du dividende : cette épreuve sera toujours beaucoup plus approchante que la première.

EXEMPLE.

On propose de diviser 1832 par 288.

1832	288
1728	$6 \frac{104}{288}$
104	

Au lieu de dire, en 18 combien de fois 2 ? je dirai, en 18 combien de fois 3 ? parce que le diviseur 288 approche beaucoup plus de 300 que de 200 ; je trouve 6, qui est le véritable quotient ; au lieu que j'aurais trouvé 9, et j'aurais par conséquent été obligé de faire trois essais inutiles.

Moyen d'abréger la Méthode précédente.

65. C'est pour rendre la méthode plus facile à saisir, que nous avons prescrit d'écrire sous chaque dividende partiel, le produit qu'on trouve en multipliant le diviseur par le quotient ; mais comme le but de l'Arithmétique doit être d'abréger les opérations, nous croyons devoir faire remarquer qu'on peut se dispenser d'écrire ces produits, et faire la soustraction à mesure qu'on a multiplié chaque chiffre du diviseur. L'exemple suivant suffira pour faire entendre comment se fait cette soustraction.

EXEMPLE.

On veut diviser 756984 par 932.

Dividende	Diviseur
756984	932
1138	812 $\frac{200}{932}$
2064	
200	

Après avoir pris les quatre premiers chiffres du dividende qui sont nécessaires pour contenir le diviseur, je trouve que 75 contient 9, 8 fois; c'est pourquoi j'écris 8 au quotient, et au lieu de porter sous 7569, le produit de 932 par 8, je multiplie d'abord 2 par 8, ce qui me donne 16; mais comme je ne puis ôter 16 de 9, j'emprunte sur le chiffre suivant 6, une dixaine, qui, jointe à 9, me donne 19, desquels ôtant 16, il me reste 3, que j'écris au-dessous.

Pour tenir compte de cette dixaine empruntée, au lieu de diminuer d'une unité le chiffre 6 sur lequel j'ai emprunté, je retiens cette unité que je vais ajouter au produit suivant; ainsi continuant la multiplication, je dis 8 fois 3 font 24, et 1 que j'ai retenu font 25; comme je ne puis ôter 25 de 6, j'emprunte sur le chiffre suivant 5 du dividende, deux dixaines qui, jointes à 6, me donnent 26, desquels j'ôte 25, et il me reste 1 que j'écris sous 6; par là j'ai tenu compte de la première dixaine dont j'aurais dû diminuer 6, parce que j'ai retranché une dixaine de plus. Je tiendrai, de même, compte des deux dixaines que je viens d'emprunter. Je continue donc en disant : 8 fois 9 font 72, et 2 que j'ai empruntés font 74, lesquels ôtés de 75, il reste 1.

J'abaisse à côté du reste 113 le chiffre 8 du dividende, et je continue de la même manière, en disant : en 11 combien de fois 9? 1 fois; puis une fois 2 fait 2, qui ôtés de 8 il reste 6; une fois 3 fait 3, qui ôtés de 3 il reste 0; une fois 9 est 9, qui ôtés de 11, il reste 2. J'abaisse le chiffre 4 à côté du reste 206, et je dis en 20 combien de fois 9? 2 fois; et faisant la multiplication, 2 fois 2 font 4, qui ôtés de 4, il reste 0; 2 fois 3 font 6, qui ôtés de 6 reste o ; et enfin 2 fois 9 font 18, qui ôtés de 20, il reste 2.

66. Il peut arriver dans le cours de ces divisions partielles, que le dividende contienne le diviseur plus de 9 fois ; cependant on ne doit jamais mettre plus de 9 au quotient ; car si l'on pouvait seulement mettre 10, ce serait une preuve que le quotient trouvé par l'opération précédente serait faux, puisque la dixaine qu'on trouverait dans le quotient actuel, appartiendrait à ce premier quotient.

67. Si le dividende et le diviseur étaient suivis de zéro, on pourrait en ôter à l'un et à l'autre autant qu'il y en a à la suite de celui qui en a le moins. Par exemple, pour diviser 8000 par 400, je diviserai seulement 80 par 4 ; car il est évident que 80 centaines ne contiennent pas plus 4 centaines, que 80 unités ne contiennent 4 unités.

De la Division des parties décimales.

68. Pour ne point nous arrêter à des distinctions superflues, nous réduirons l'opération de la division des décimales à cette règle seule.

Mettez à la suite de celui des deux nombres proposés, qui a le moins de décimales, un nombre de zéro suffisant pour que le nombre des décimales soit le même dans chacun ; cela ne changera rien à la valeur de ce nombre (30) ; supprimez la virgule dans l'un et dans l'autre, et faites l'opération comme pour les nombres entiers ; il n'y aura rien à changer au quotient que vous trouverez.

EXEMPLE.

On propose de diviser 12,52 par 4,3.

J'écris.	12,52	4,3
Ou plutôt.	12,52	4,30

en complétant le nombre des décimales.

Supprimant la virgule, j'ai 1252 à diviser par 430 ; faisant l'opération

$$\begin{array}{r|l} 1252 & 430 \\ \hline 392 & 2\,\frac{392}{430} \end{array}$$

Je trouve 2 pour quotient, et 392 pour reste, c'est-à-dire que le quotient est 2 et $\frac{392}{430}$.

Mais comme l'objet qu'on se propose, quand on se sert de décimales, est d'éviter les fractions ordinaires, au lieu d'écrire le reste 392 sous la forme de fraction, comme on vient de le faire, on continuera l'opération comme dans l'exemple suivant.

EXEMPLE.

$$\begin{array}{r|l} 1252 & 430 \\ \hline & 2{,}9116 \\ 3920 & \\ 500 & \\ 700 & \\ 2700 & \\ 120 & \end{array}$$

Après avoir trouvé le quotient en entier, qui est ici 2, on mettra à côté du reste 392, un zéro qui, à la vérité, rendra ce reste dix fois trop grand; on continuera de diviser par 430, et ayant trouvé qu'il faudrait mettre 9 au quotient, on l'y mettra en effet, mais après avoir marqué la place des unités entières, en mettant une virgule après le 2; par ce moyen, le 9 ne marquera plus que des dixièmes : après la multiplication et la soustraction faites, on mettra à côté du reste 50 un zéro, ce qui est la même chose que si l'on en avait mis d'abord deux à côté du dividende; mais en mettant après le 9 le quotient 1 qu'on trouvera, on lui donnera par là sa véritable valeur, puisqu'alors il marque des centièmes; on continuera ainsi tant qu'on le jugera nécessaire. En s'en tenant à deux décimales, on a la valeur du quotient à moins d'un centième d'unité près; en poussant jusqu'après trois chiffres, on a le quotient à moins d'un millième près, et ainsi de suite, puisqu'on n'aurait pas pu mettre une unité de plus ou de moins, sans rendre le quotient trop fort ou trop faible.

Tous les restes de division peuvent être réduits ainsi en décimales.

Il reste à expliquer pourquoi la suppression de la virgule dans le dividende et dans le diviseur ne change rien au quotient, lorsqu'on a rendu le nombre des décimales le même dans chacun de ces deux nombres : c'est ce qu'il est aisé d'apercevoir, parce que dans l'exemple ci-dessus le dividende 12,52 et le diviseur 4,30 ne sont autre chose que 1252 centièmes et 430 centièmes, puisque les unités entières valent des centaines de centièmes (22) ; or, il est clair que 1252 centièmes ne contiennent pas autrement 430 centièmes, que 1252 unités ne contiennent 430 unités ; donc la considération de la virgule est inutile quand on a complété le nombre des décimales.

69. Lorsqu'on n'a besoin de connaître le quotient d'une division que jusqu'à un degré d'exactitude proposé, on peut abréger le calcul par la méthode suivante. Nous supposerons d'abord qu'on n'a besoin de connaître ce quotient qu'à une unité près ; nous ferons voir ensuite comment on doit appliquer la méthode, pour l'avoir aussi près qu'on voudra : voici la règle.

Supprimez sur la droite du dividende, autant de chiffres, moins un, qu'il y en a dans le diviseur : faites ensuite la division comme à l'ordinaire : s'il n'y a point de reste, vous mettrez à la suite du quotient autant de zéro que vous avez supprimé de chiffres dans le dividende. Mais s'il y a un reste, vous continuerez de diviser, non pas par le même diviseur qu'auparavant, ce qui n'est plus possible, mais par ce diviseur dont vous aurez supprimé le dernier chiffre de la droite : après cette division, vous diviserez le nouveau reste par le diviseur précédent, dont vous supprimez le dernier chiffre sur la droite ; et vous continuerez ainsi de diviser, en supprimant à chaque division un chiffre sur la droite du diviseur.

EXEMPLE.

On veut savoir, à moins d'une unité près, le quotient de 8789236487 divisé par 64423. Je supprime les quatre premiers chiffres de la droite du dividende, et je divise 878923 par le diviseur proposé 64423

```
878923 | 64423
       |-------
234693 | 136430
 41424...6442
  2772...644
   196...64
     4...6
```

Je trouve d'abord 13 pour quotient, et 41424 pour reste : je divise donc 41424 par 6442, en supprimant le dernier chiffre 3 du diviseur : j'ai pour quotient 6 que j'écris à la suite du premier quotient 13; et le reste est 2772 que je divise par 644, en supprimant encore un chiffre sur la droite du diviseur primitif : j'ai pour quotient 4, que j'écris à la suite du quotient principal 136; le reste est 196 que je divise par 64, en supprimant encore un chiffre dans le diviseur : le quotient est 3, et le reste 4. Enfin, je divise par 6, et j'ai o pour quotient; en sorte que le quotient de 8789236487 divisé par 64423, est 136430, à moins d'une unité près. En effet, le quotient exact est 136430 $\frac{6597}{64423}$.

Il n'est pas indispensable d'écrire à chaque fois comme nous l'avons fait le nouveau diviseur; on peut se contenter de barrer, dans le diviseur primitif, chaque chiffre à mesure qu'on passe à une nouvelle division : ce n'a été que pour rendre l'opération plus sensible, que nou avons écrit ces diviseurs à côté des restes successifs.

72. Si le reste de la première division se trouvait plus petit que n'est le diviseur après qu'on en a supprimé le dernier chiffre, on mettrait zéro au quotient; et s'il se trouvait encore plus petit que ne serait ce diviseur, après qu'on en a encore ôté le dernier des chiffres restans, on mettrait encore un zéro au quotient, et ainsi de suite.

EXEMPLE.

Pour avoir, à moins d'une unité près, le quotient de 55106054 divisé par 643, je divise, comme à l'ordinaire, la partie 551060 qui reste après la suppression des deux derniers chiffres du dividende proposé

551060	643
3666	85701
4510	
009...64	
9...6	
3	

J'ai pour quotient 857, et 9 pour reste : il faut donc diviser ce reste par 64, seulement; comme 9 ne contient pas ce diviseur, je mets o au quotient, et j'ai encore pour reste 9, que je divise par 6 seulement, en sorte que le quotient cherché est 85701, à moins d'une unité près.

71. Si lorsqu'au commencement de l'opération on supprime sur la droite du dividende les chiffres que la règle prescrit de supprimer, il se trouve que les chiffres restans ne contiennent pas le diviseur, on supprimera tout de suite, sur la droite du diviseur, autant de chiffres qu'il est nécessaire pour que le diviseur y soit contenu.

EXEMPLE.

On veut avoir, à moins d'une unité près, le quotient de 1611527 divisé par 64524.

Je supprime les quatre chiffres 1527 de la droite du dividende. Mais comme les chiffres restans 161 ne peuvent pas être divisés par 64524, je supprime, dans ce diviseur, les trois derniers chiffres 524 qui doivent être supprimés pour que ce diviseur soit contenu dans le dividende restant 161 ; ainsi je divise 161 par 64, en opérant comme dans l'exemple précédent,

```
161 | 64
    |----
    | 25
 33 .... 6
  3
```

et j'ai 25 pour le quotient de 1611527 divisé par 64524, à moins d'une unité près : en effet, le quotient exact est $24 \frac{62951}{64524}$ qui est beaucoup plus près de 25 que de 24.

72. A mesure qu'on supprime un chiffre dans le diviseur, il convient, pour plus d'exactitude, d'augmenter d'une unité le dernier de ceux qui restent, si celui qu'on supprime est au-dessus de 5 ou égal à 5. On augmentera, de même, d'une unité, le dernier des chiffres qui restent dans le dividende, après la suppression que la règle prescrit, si ceux-ci surpassent ou 5, ou 50, ou 500, selon qu'il y en a 1, ou 2, ou 3, etc.

EXEMPLE.

On veut avoir, à moins d'une unité près, le quotient de 8657627 divisé par 1987.

Je divise donc 8658 par 1987, comme il

```
8658 | 1987
     |-----
     | 4357
 710 .... 199
 113 .... 20
  13 .... 2
```

c'est-à-dire qu'au lieu de diviser le reste 710 par 198 seulement, je le divise par 199, parce que le dernier chiffre 7, que je supprime, est au-dessus de 5. Même raison pour la division suivante. Mais comme le dernier diviseur qui est contenu 6 fois $\frac{1}{2}$ dans 13, est un peu trop fort, je mets 7 au quotient.

73. Maintenant il est facile de voir ce qu'il y a à faire, lorsqu'on veut avoir le quotient beaucoup plus exactement. Par exemple, si l'on voulait

avoir le quotient à un dix-millième d'unité près, la question se réduirait à mettre autant de zéro (ici ce serait quatre) à la suite du dividende, qu'on veut avoir de décimales au quotient ; après quoi on fera la division selon la méthode actuelle. Et lorsqu'on aura trouvé le quotient, à moins d'une unité près, on en séparera sur la droite, par une virgule, autant de chiffres qu'on voulait avoir de décimales.

EXEMPLE.

On veut avoir, à moins d'un dix-millième d'unité près, le quotient de 6927 divisé par 4532 ; je mets quatre zéro à la suite de 6927, et la question se réduit à avoir, à moins d'une unité près, le quotient de 69270000 divisé par 4532, c'est-à-dire conformément à la règle ci-dessus, à diviser 69270 par 4532, comme il suit :

```
69270 | 4532
23950 | 15285
 1290....453
  384....45
   24....5
```

le quotient cherché est donc 1,5285, à moins d'un dix-millième d'unité près.

S'il y avait des décimales dans le dividende, ou dans le diviseur, ou dans tous les deux, on les ramènerait d'abord à n'en point avoir, selon ce qui a été dit (68); après quoi on opérerait comme dans ce dernier exemple.

Donc si l'on voulait réduire une fraction proposée, en décimales, on y parviendrait promptement par cette méthode, ayant égard à ce qui a été dit (71).

Ainsi, si l'on veut réduire $\frac{4253}{9678}$ en décimales, et en avoir la valeur à moins d'un millième d'unité près, on aura 4253000 à diviser par 9678 ; ce qui (69) se réduira à diviser 4253 par 9678, et (71 et 72) à diviser 4253 par 968, selon la méthode actuelle. On trouvera donc 439; en sorte qu'on aura 0,439 pour la valeur de $\frac{4253}{9678}$, à moins d'un millième près.

Il pourrait néanmoins arriver que le quotient trouvé d'après ces règles fût fautif de 1, 2, ou 3 unités dans le dernier chiffre. Quoique ce cas doive se rencontrer très-rarement, il n'est pas inutile de faire observer qu'on peut toujours le prévenir facilement, en ne séparant, au commencement de l'opération, sur la droite du dividende, qu'autant de chiffres moins deux qu'il y en a dans le diviseur, en opérant du reste comme ci-dessus. Lorsque le quotient sera trouvé, on en supprimera le dernier chiffre, en observant d'ajouter une unité au dernier de ceux qui resteront, si celui qu'on supprime est plus grand que 5.

Preuve de la Multiplication et de la Division.

74. On peut tirer de la définition même que nous avons donnée de chacune de ces deux opérations, le moyen d'en faire la preuve.

Puisque dans la multiplication on prend le multiplicande autant de fois que le multiplicateur contient d'unités, il s'ensuit que si l'on cherche combien de fois le produit contient le multiplicande, c'est-à-dire (59) si l'on divise le produit par le multiplicande, on doit trouver, pour quotient, le multiplicateur, et *vice versâ*; en général, *si l'on divise le produit d'une multiplication par l'un de ses facteurs, on doit trouver pour quotient l'autre facteur.*

Par exemple, ayant trouvé ci-dessus (50) que 2864 multiplié par 6 a donné 17184, je divise 17184 par 2864; je dois trouver, et je trouve en effet, 6 pour quotient.

Pareillement, puisque le quotient d'une division marque combien de fois le dividende contient le diviseur, il s'ensuit que si l'on prend le diviseur autant de fois qu'il est marqué par le quotient, c'est-à-dire si l'on multiplie le diviseur par le quotient, on doit reproduire le dividende, lorsque la division a été faite sans reste, et que, dans le cas où il y a un reste, si l'on multiplie le diviseur par le quotient, et qu'au produit on ajoute le reste de la division, on doit reproduire le dividende.

Par exemple, nous avons trouvé ci-dessus (63) que 189492 divisé par 375, donnait 505 pour quotient, et 117 pour reste. En multipliant 375 par 505, on trouve 189375, auquel ajoutant le reste 117, on retrouve le dividende 189492.

Ainsi la multiplication et la division peuvent se servir de preuve réciproquement.

Mais on peut vérifier ces opérations par un moyen plus prompt que nous allons exposer; il ne faut pas, pour cela, négliger les réflexions que nous venons de faire; elles seront utiles dans beaucoup d'autres occasions.

Preuve par 9.

75. Supposons qu'après avoir multiplié 65498 par 454, et trouvé que le produit est 29736092, on veuille éprouver si ce produit est exact.

On ajoutera tous les chiffres 6,5,4,9,8, du multiplicande comme s'ils ne contenaient que des unités simples, et on retranchera 9 à mesure qu'il se trouvera dans la somme : on aura un reste qui sera ici 5.

On ajoutera pareillement les chiffres 4,5,4 du multiplicateur, et retranchant pareillement tous les 9 que produira cette addition, on aura pour reste 4.

On multipliera le reste 5 du multiplicande par le reste 4 du multiplicateur, et du produit 20 on retranchera les 9 qu'il peut renfermer; il restera 2.

Si le produit est exact, il faut qu'ajoutant de même tous les chiffres 2,9,7,3,6,0,9,2, de ce produit, et retranchant tous les 9, il ne reste aussi que 2; ce qui a lieu en effet.

Cette règle est fondée sur ce principe que, pour avoir le reste de la soustraction de tous les 9 qu'un nombre peut renfermer, il n'y a qu'à chercher le reste que ses chiffres, ajoutés comme des unités simples, donneraient après la suppression des 9.

En effet, si d'un nombre exprimé par un seul chiffre suivi de plusieurs zéro on retranche tous les 9, le reste sera exprimé par ce seul chiffre. Si de 4000, ou de 500, ou de 60000, vous retranchez tous les 9, le reste sera 4, ou 5, ou 6, etc., ce qui est aisé à voir.

Donc le reste que donnerait, par la suppression des 9, un nombre tel que 65498 (qui est la même chose que 60000, plus 5000, plus 400, plus 90, plus 8) sera le même que celui que donneraient 6, plus 5, plus 4, plus 9, plus 8; c'est-à-dire le même que si l'on ajoutait ces chiffres contenant des unités simples.

En voici maintenant l'application à la preuve de la multiplication.

Puisque 65498 est composé d'un certain nombre de 9 et d'un reste 5, et que le multiplicateur 453 est composé aussi d'un certain nombre de 9 et d'un reste 4, il ne peut s'en falloir que du produit de 5 par 4 ou 20, que le produit total ne soit divisible par 9, ou, en ôtant les 9, il ne doit s'en falloir que de 2 que le produit total ne soit divisible par 9 : donc il doit rester au produit la même quantité que dans le produit des deux restes, après la suppression des 9 qu'il renferme.

On pourrait faire aussi cette épreuve de la même manière par le nombre 3.

A l'égard de la division, elle devient facile à éprouver d'après ce qui a été dit (74). Après avoir ôté du dividende le reste qu'a donné la division, on regardera le résultat comme un produit dont le diviseur et le quotient sont les facteurs, et par conséquent on y appliquera la preuve par 9, de la même manière qu'on vient de le faire.

A parler exactement, cette vérification n'est pas infaillible, parce que dans la multiplication, par exemple, si l'on s'était trompé de quelques unités sur quelque chiffre du produit, et qu'en même temps on eût fait une erreur égale, mais en sens contraire, sur quelque autre chiffre du même produit ; comme cela ne changerait rien au reste que l'on aurait après la suppression des 9, cette règle ne ferait point apercevoir l'erreur ; mais comme il faut, ainsi qu'on le voit, au moins deux erreurs, et deux erreurs qui se compensent, ou qui ne diffèrent que d'un certain nombre de fois 9, les cas où cette vérification serait fautive sont très-rares dans l'usage.

Quelques usages de la Règle précédente.

76. La division sert non-seulement à trouver combien de fois un nombre en contient un autre, mais encore à partager un nombre en parties égales. Prendre la moitié, le tiers, le quart, le cinquième, le vingtième, le trentième, etc., d'un nombre, c'est diviser ce nombre par 2, 3, 4, 5, 20, 30, etc., ou le partager en 2, 3, 4, 5, 6, 20, 30, etc., parties égales, pour prendre une de ses parties.

La division sert encore à convertir les unités d'une certaine espèce, en unités d'une espèce supérieure ; par exemple, un certain nombre de deniers en sous, et ceux-ci en livres. Pour réduire 5864 deniers en sous, on remarquera que, puisqu'il faut 12 deniers pour faire un sou, autant de fois il y aura 12 deniers dans 5864 deniers, autant il y aura de sous; il faut donc diviser par 12, et on trouvera 488 sous et 8 deniers de reste. Pour réduire en livres les 488 sous, on divisera 488 par 20, puisqu'il faut 20 sous pour faire la livre, et on aura en total 24 livres 8 sous 8 deniers.

A l'occasion de cette division par 20, nous remarquerons que quand on a à diviser par un nombre suivi de zéro, on peut abréger l'opération en séparant sur la droite du dividende autant de chiffres qu'il y a de zéro; on divise la partie qui reste à gauche par les chiffres significatifs du diviseur; s'il y a un reste, on écrit à sa suite les chiffres qu'on a séparés, ce qui donne le reste total. Par exemple, pour diviser 5834 par 20, je sépare le dernier chiffre 4, et je divise par 2 la partie restante 583; j'ai pour quotient 291, et 1 pour reste; j'écris à côté de ce reste 1 le chiffre séparé 4, ce qui me donne 14 pour reste total, en sorte que le quotient est 291 $\frac{14}{20}$.

Cette observation peut être appliquée à la réduction de la charge d'un navire en tonneaux de poids. Si l'on sait que la charge est de 2584954 ℔ : pour la réduire en tonneaux, c'est-à-dire pour diviser par 2000, on séparera les trois derniers chiffres de la droite; et prenant la moitié des autres, on aura 1292 tonneaux et 954 ℔.

Quand on veut évaluer en livres et sous le vingtième d'un nombre de livres proposé, il suit de cette règle que l'opération se réduit à compter le dernier chiffre pour des sous, et prendre moitié des autres chiffres que l'on comptera pour des livres. Si, en prenant cette moitié, il reste une unité, on la comptera pour une dixaine de sous qu'on placera à la gauche du chiffre qu'on a séparé d'abord. Par exemple, si l'on veut avoir le vingtième de 54672 livres, on séparera le dernier chiffre 2 que l'on comptera pour 2 sous; et prenant la moitié de 5467, qui est 2733, avec une unité de reste, on écrira 2733 livres 12 sous : la raison de cette règle est évidente, en faisant attention que 54672 est 54660 livres, plus 12 livres; or, le vingtième de 54660 est évidemment 2733, et celui de 12 livres est 12 sous, puisque le vingtième d'une livre est un sou. S'il y avait des sous et deniers dans la somme proposée, on négligerait les deniers, dont la vingtième partie ne peut jamais faire un denier. A l'égard des sous, on les triplerait; et prenant le cinquième, on les porterait aux deniers. Ainsi le vingtième de 54672 liv. 17 s. 7 den. est 2733 liv. 12 s. 10 deniers.

S'il s'agissait d'avoir le dixième d'un nombre de livres, on séparerait le dernier chiffre, et l'ayant doublé, on le compterait pour des sous ; et on compterait comme des livres tous les chiffres restans sur la gauche. Ainsi le dixième de 67987 liv. est 6798 liv. 14 s. La raison pour laquelle on double le dernier chiffre est que le dixième d'une livre est 2 sous.

On a assez souvent besoin de prendre les 4 deniers pour livre d'une somme proposée : céla se réduit à en prendre d'abord le vingtième, comme il vient d'être dit ; puis prendre le tiers de ce vingtième. Ainsi pour avoir les quatre deniers pour livre de 8762 livres, j'en prends le vingtième qui est 438 liv. 2 sous, dont le tiers 146 liv. 0 s. 8 den forme les quatre deniers pour livre de 8762 liv. En effet, les quatre deniers pour livre ne sont autre chose que le soixantième, puisque 4 deniers sont contenus 60 fois dans la livre. Or le soixantième est le tiers du vingtième.

Des Fractions.

77. Les fractions considérées arithmétiquement sont des nombres par lesquels on exprime les quantités plus petites que l'unité.

78. Pour se faire une idée nette des fractions, il faut concevoir que la quantité qu'on a prise d'abord pour unité, est elle-même composée d'un certain nombre d'unités plus petites, comme l'on conçoit, par exemple, que la livre est composée de vingt parties ou de vingt unités plus petites qu'on appelle *sous*.

Une ou plusieurs de ces parties forment ce qu'on appelle une *fraction de l'unité*. On donne aussi ce nom aux nombres qui représentent ces parties.

79. Une fraction peut être exprimée en nombres de deux manières qui sont chacune en usage.

La première manière consiste à représenter, comme les nombres entiers, les parties de l'unité que contient la quantité dont il s'agit ; mais alors on donne un nom particulier à ces parties : ainsi pour marquer 7 parties dont on en conçoit 20 dans la livre, on emploierait le chiffre 7, mais on prononcerait 7 sous, et on écrira 7 : cette manière de marquer les parties de l'unité a lieu dans les nombres *complexes*, dont nous parlerons par la suite.

80. Mais comme il faudra un signe particulier pour chaque

division qu'on pourrait faire de l'unité, on évite cette multiplication de signes, en marquant une fraction par deux nombres placés l'un au-dessous de l'autre, et séparés par un trait. Ainsi pour marquer les 7 parties dont il vient d'être question, on écrit $\frac{7}{20}$; c'est-à-dire, qu'en général, on écrit d'abord le nombre qui marque combien la quantité dont il s'agit contient de parties de l'unité, et on écrit au-dessous de ce nombre, celui qui marque combien on conçoit de ces parties dans l'unité.

81. Et pour énoncer une fraction, on énonce d'abord le nombre supérieur qui s'appelle le *numérateur*, ensuite le nombre inférieur qui s'appelle le *dénominateur*; mais on ajoute au nom de celui-ci la terminaison *ième*. Par exemple, pour énoncer $\frac{7}{20}$, on prononcera *sept vingtièmes*; pour énoncer $\frac{4}{5}$, on prononcera *quatre cinquièmes*; et par cette expression *quatre cinquièmes*, on doit entendre quatre parties, dont il en faudrait 5 pour composer l'unité.

Il faut seulement excepter de la terminaison générale, les fractions dont le dénominateur est 2 ou 3 ou 4, qui se prononcent *moitiés* ou *demies*, *tiers*, *quarts*. Ainsi ces fractions $\frac{1}{2}$, $\frac{2}{3}$, $\frac{3}{4}$, se prononceraient *demi*, *deux tiers*, *trois quarts*.

82. Le numérateur marque donc combien la quantité représentée par la fraction contient de parties de l'unité; et le dénominateur fait connaître de quelle valeur sont ces parties, en marquant combien il en faut pour composer l'unité. On lui donne le nom de dénominateur, parce que c'est lui en effet qui donne le nom à la fraction, et qui fait que dans ces deux fractions, par exemple, $\frac{3}{5}$ et $\frac{2}{7}$, les parties de la première s'appellent des *cinquièmes*, et les parties de la seconde des *septièmes*.

83. Le numérateur et le dénominateur s'appellent aussi, d'un nom commun, les *deux termes de la fraction*.

Des Entiers considérés sous la forme de Fraction.

84. Les opérations qu'on fait sur les fractions conduisent souvent à des résultats fractionnaires, dont le numérateur est plus grand que le dénominateur, par exemple, à des résultats tels que $\frac{8}{8}$, $\frac{27}{5}$, etc.

Ces sortes d'expressions ne sont pas des fractions proprement dites, mais ce sont des nombres entiers joints à des fractions.

85. Pour extraire les entiers qui s'y trouvent renfermés, il faut diviser le numérateur par le dénominateur. Le quotient marquera les entiers, et le reste de la division sera le numérateur de la fraction qui accompagne ces entiers. Ainsi $\frac{27}{5}$ donneront $5\frac{2}{5}$, c'est-à-dire cinq entiers et deux cinquièmes.

En effet, dans l'expression $\frac{27}{5}$, le dénominateur 5 fait connaître que l'unité est composée de 5 parties; donc autant de fois il y aura 5 dans 27, autant il y aura d'unités entières dans la valeur de la fraction $\frac{27}{5}$.

86. Les multiplications et les divisions des nombres entiers joints aux fractions, exigent, du moins pour la facilité, qu'on convertisse ces entiers en fractions.

On fait cette conversion en multipliant le nombre entier par le dénominateur de la fraction en laquelle on veut réduire cet entier. Par exemple, si l'on veut convertir 8 entiers en cinquièmes, on multipliera 8 par 5, et on aura $\frac{40}{5}$. En effet, lorsqu'on veut convertir 8 en cinquièmes, on regarde l'unité comme composée de 5 parties; les 8 unités en contiendront donc 40; pareillement, $7\frac{4}{9}$ convertis en neuvièmes feront $\frac{67}{9}$.

Des changemens qu'on peut faire subir aux deux termes d'une Fraction sans changer sa valeur.

87. Il est visible que plus on concevra de parties dans l'unité, et plus il faudra de ces parties pour composer une même quantité.

88. Donc on peut rendre le dénominateur d'une fraction double, triple, quadruple, etc., sans rien changer à la valeur de la fraction, pourvu qu'en même temps on rende aussi le numérateur double, triple, quadruple, etc.

On peut donc dire, en général, qu'*une fraction ne change point de valeur, quand on multiplie ses deux termes par un même nombre.*

Ainsi $\frac{3}{4}$ est la même chose que $\frac{6}{8}$; $\frac{1}{2}$ la même chose que $\frac{2}{4}$, que $\frac{3}{6}$, que $\frac{5}{10}$, etc.

89. Par un raisonnement semblable, on voit que moins on supposera de parties dans l'unité, moins il faudra de ces parties pour former une même quantité; que, par conséquent, on peut, sans changer une fraction, rendre son dénominateur 2, 3, 4, etc., fois plus petit, pourvu qu'en même temps on rende son numérateur, 2, 3, 4, etc. fois plus petit; et en général, *une fraction ne change point de valeur quand on divise ses deux termes par un même nombre.*

Pour voir distinctement la vérité de ces deux propositions, il suffit de se rappeler ce que c'est que le dénominateur, et ce que c'est que le numérateur d'une fraction.

Remarquons donc que multiplier ou diviser les deux termes d'une fraction par un même nombre, n'est point multiplier ou diviser la fraction, puisque, comme nous venons de le dire, elle ne change point de valeur par ces opérations.

Les deux principes que nous venons de poser sont la base des deux réductions suivantes qui sont d'un très-grand usage.

Réduction des Fractions à un même dénominateur.

90. 1°. Pour réduire deux fractions à un même dénominateur, multipliez les deux termes de la première, chacun par le dénominateur de la seconde, et les deux termes de la seconde, chacun par le dénominateur de la première.

Par exemple, pour réduire à un même dénominateur les deux fractions $\frac{2}{3}$, $\frac{3}{4}$, je multiplie 2 et 3 qui sont les deux termes de la première fraction, chacun par 4, dénominateur de la seconde, et j'ai $\frac{8}{12}$ qui (88) est de même valeur que $\frac{2}{3}$.

Je multiplie de même les deux termes 3 et 4 de la seconde fraction, chacun par 3, dénominateur de la première, et j'ai $\frac{9}{12}$ qui est de même valeur que $\frac{3}{4}$, en sorte que les fractions $\frac{2}{3}$ et $\frac{3}{4}$ sont changées en $\frac{8}{12}$ et $\frac{9}{12}$, qui sont respectivement de même valeur que celles-là, et qui ont le même dénominateur entre elles.

Il est aisé de voir que par cette méthode, le dénominateur sera toujours le même pour chacune des deux nouvelles fractions ; puisque dans chaque nouvelle opération le nouveau dénominateur est formé de la multiplication des deux dénominateurs primitifs.

91. 2°. Si l'on a plus de deux fractions, on les réduira toutes au même dénominateur, en multipliant les deux termes de chacune par le produit résultant de la multiplication des dénominateurs des autres fractions.

Par exemple, pour réduire à un même dénominateur les quatre fractions $\frac{2}{3}$, $\frac{3}{4}$, $\frac{4}{5}$, $\frac{5}{7}$, je multiplierai les deux termes 2 et 3 de la première, par le produit des trois dénominateurs 4, 5, 7, des autres fractions ; produit que je trouve en disant : 4 fois 5 font 20, puis 7 fois 20 font 140 ; je multiplie donc 2 et 3 chacun par 140, et j'ai $\frac{280}{420}$ qui est de même valeur que $\frac{2}{3}$ (88).

Je multiplie pareillement les deux termes 3 et 4 de la seconde fraction, par le produit de 3, 5, 7, produit que je forme en disant : 3 fois 5 font 15, puis 7 fois 15 font 105 ; je multiplie donc 3 et 4, chacun par 105, ce qui me donne $\frac{315}{420}$, fraction de même valeur que $\frac{3}{4}$.

Passant à la troisième fraction, je multiplie ses deux termes 4 et 5 chacun par 84, produit des trois dénominateurs 3, 4, et 7, et j'ai $\frac{336}{420}$ au lieu de $\frac{4}{5}$.

Enfin pour la quatrième, je multiplierai 5 et 7, chacun par le produit 60 des dénominateurs, 3, 4, 5, des trois premières fractions, et j'aurai $\frac{300}{420}$ au lieu de $\frac{5}{7}$; en sorte que les quatre fractions $\frac{2}{3}$, $\frac{3}{4}$, $\frac{4}{5}$, $\frac{5}{7}$ sont changées en $\frac{280}{420}$, $\frac{315}{420}$, $\frac{336}{420}$, $\frac{300}{420}$, moins simples, à la vérité, que celles-là ; mais de même valeur qu'elles, et susceptibles, par leur dénominateur commun, des opérations de l'addition et de la soustraction.

Remarquons que le dénominateur de chaque nouvelle fraction étant formé du produit de tous les dénominateurs primitifs, ce nouveau dénominateur ne peut manquer d'être le même pour chaque fraction.

Réduction des Fractions à leur plus simple expression.

92. Une fraction est d'autant plus simple, que ses deux termes sont de plus petits nombres. Il est souvent possible d'amener une fraction proposée à être exprimée par de moindres nombres, et cela lorsque son numérateur et son dénominateur peuvent être divisés par un même nombre ; comme cette opération n'en change point la valeur (89), c'est une simplification qu'on ne doit point négliger.

Voici le procédé qu'il faudra suivre :

93. On divisera le numérateur et le dénominateur chacun par 2; et on répétera cette division tant qu'elle pourra se faire exactement.

On divisera ensuite les deux termes par 3, et on continuera de diviser l'un et l'autre par 3, tant que cela pourra se faire.

On fera la même chose successivement avec les nombres 5, 7, 11, 13, 17, etc., c'est-à-dire avec les nombres qui n'ont aucun diviseur qu'eux-mêmes, ou l'unité, et qu'on appelle *nombres premiers*.

Ainsi la seule difficulté qu'il y ait, est de savoir quand on pourra diviser par 2, 3, 5, etc.

On pourra, dans cette recherche, s'aider des principes suivants :

94. Tout nombre qui finit par un chiffre pair est divisible par 2.

Tout nombre dont la somme des chiffres ajoutés ensemble, comme s'ils étaient des unités simples, fera 3 ou un *multiple* de 3, c'est-à-dire un nombre exact de fois 3, sera divisible par 3.

Par exemple, 54231 est divisible par 3, parce que ses chiffres 5, 4, 2, 3, 1, font 15, qui est 5 fois 3.

La même chose a lieu pour le nombre 9, si les chiffres ajoutés ensemble font 9 ou un multiple de 9.

Cette propriété du nombre 3 se démontre comme celle du nombre 9, à très-peu de chose près, et l'un et l'autre se démontrent comme on l'a fait à la preuve de 9 (75).

Tout nombre terminé par un 5 ou par un zéro est divisible par 5.

A l'égard du nombre 7 et des suivans, quoiqu'il soit facile de trouver de pareilles règles, comme l'examen qu'elles supposent est aussi long que la division, il faudra essayer la division.

Proposons-nous, par exemple, de réduire la fraction $\frac{2016}{5796}$. Je divise les deux termes par 2, parce que les deux derniers chiffres de chacun sont pairs, et j'ai $\frac{1008}{2898}$. Je divise encore par

2 et j'ai $\frac{504}{1449}$. Ce qui a été dit ci-dessus m'apprend que je puis diviser par 3; je divise en effet, et j'ai $\frac{168}{483}$; je divise encore par 3, ce qui me donne $\frac{56}{161}$; enfin j'essaie de diviser par 7; la division réussit, et me donne $\frac{8}{23}$.

La raison pour laquelle nous prescrivons de ne tenter la division que par les nombres premiers, 2, 3, 5, 7, etc., c'est qu'après avoir épuisé la division par 2, par exemple, il est inutile de tenter de diviser par 4, puisque si celle-ci pouvait réussir, à plus forte raison la division par 2 aurait-elle encore pu se faire.

95. De tous les moyens qu'on peut employer pour réduire une fraction à une expression plus simple, le plus direct est celui de diviser les deux termes par le plus grand diviseur commun qu'ils puissent avoir : voici la règle pour trouver ce plus grand diviseur commun.

Divisez le plus grand des deux termes par le plus petit; s'il n'y a point de reste, c'est le plus petit terme qui est le plus grand diviseur commun.

S'il y a un reste, divisez le plus petit terme par ce reste, et si la division se fait exactement, c'est ce premier reste qui est le plus grand diviseur commun.

Si cette seconde division donne un reste, divisez le premier reste par le second, et continuez toujours de diviser le reste précédent par le dernier reste, jusqu'à ce que vous arriviez à une division exacte. Alors le dernier diviseur que vous aurez employé sera le plus grand diviseur des deux termes de la fraction.

Si le dernier diviseur se trouve être l'unité, c'est une preuve que la fraction ne peut être réduite.

Prenons pour exemple la fraction $\frac{3760}{9024}$.

Je divise 9024 par 3760; j'ai pour quotient 2, et pour reste 1504.

Je divise 3760 par 1504; j'ai pour quotient 2, et pour reste 752.

Je divise le premier reste 1504 par le second reste 752; la division réussit, et j'en conclus que 752 peut diviser les deux termes de la fraction $\frac{3760}{9024}$, et la réduire à sa plus simple expression, qu'on trouve, en faisant l'opération, être $\frac{5}{12}$.

En effet, on a trouvé que 752 divise 1504; il doit donc diviser 3760 qu'on a vu être composé de deux fois 1504 et de 752 : on voit de même qu'il doit diviser 9024, puisque 9024 est composé de deux fois 3760 et de 1504.

On voit de plus que 752 est le plus grand commun diviseur que puissent avoir 3760 et 9024 ; car il ne peut y avoir de diviseur commun entre 9024 et 3760, qui ne le soit en même temps de 3760 et 1504 ; et entre ces deux-ci il ne peut y en avoir un qui ne soit en même temps diviseur commun de 1504 et de 752 ; mais il est évident qu'entre ces deux-ci il ne peut y avoir de diviseur commun plus grand que 752 ; donc, etc.

Différentes manières dont on peut envisager une Fraction, et conséquences qu'on peut en tirer.

96. L'idée que nous avons donnée jusqu'ici d'une fraction, est que le dénominateur représente de combien de parties l'unité est composée ; et le numérateur, combien il y a de ces parties dans la quantité que la fraction exprime.

On peut encore envisager une fraction sous un autre point de vue ; on peut considérer le numérateur comme représentant une certaine quantité qui doit être divisée en autant de parties qu'il y a d'unités dans le dénominateur. Par exemple, dans $\frac{4}{5}$, on peut considérer 4 comme représentant 4 choses quelconques, 4 liv., par exemple, qu'il s'agit de partager en cinq parties ; car il est évident que c'est la même chose de partager 4 liv. en cinq parties pour prendre une de ces parties, ou de partager une liv. en cinq parties pour prendre 4 de ces parties.

97. On peut donc considérer le numérateur d'une fraction comme un dividende, et le dénominateur comme un diviseur. On voit par là ce que signifient les restes de divisions mis sous la forme que nous leur avons donnée (60).

98. Il suit de là, 1°. qu'un entier peut toujours être mis sous la forme d'une fraction, en faisant de cet entier le numérateur, et lui donnant l'unité pour dénominateur ; ainsi 8 ou $\frac{8}{1}$ sont la même chose ; 5 ou $\frac{5}{1}$ sont la même chose.

99. 2°. Que pour convertir une fraction quelconque en décimales, il n'y a qu'à considérer le numérateur comme un reste de division où le dénominateur était diviseur, et opérer par con-

séquent comme il a été dit (68, exemple II), en observant de mettre d'abord un zéro au quotient pour tenir la place des unités; c'est ainsi qu'on trouvera que $\frac{3}{5}$ valent en décimales 0,6; que $\frac{5}{9}$ valent 0,555, etc., que $\frac{1}{25}$ vaut 0,04, et ainsi de suite.

C'est ainsi qu'on peut réduire en décimales tout nombre complexe proposé. Par exemple, il s'agit de réduire $3^T\ 5^p\ 8^p\ 7^L$ en décimales de la toise, de manière à ne pas négliger une demi-ligne; j'observe que la toise contient 864 lignes, et par conséquent 1728 demi-lignes; il faut donc, pour ne pas négliger les demi-lignes, porter l'exactitude au delà des millièmes, c'est-à-dire jusqu'aux dix-millièmes.

Cela posé, je réduis les $5^P\ 8^p\ 7^L$ tout en lignes, et j'ai 823 lignes, ou $\frac{823}{864}$ de la toise; réduisant cette fraction en décimales, comme il vient d'être dit, on a 0,9525, et par conséquent $3^T,9525$ pour le nombre proposé.

Des opérations de l'Arithmétique sur les Fractions.

100. On fait sur les fractions les mêmes opérations que sur les nombres entiers. Les deux premières opérations, l'addition et la soustraction, exigent le plus souvent une opération préparatoire; les deux autres n'en exigent point.

De l'addition des Fractions.

101. Si les fractions ont le même dénominateur, on ajoutera tous les numérateurs, et l'on donnera à la somme le dénominateur commun de ces fractions. Ainsi, pour ajouter $\frac{2}{7}$, $\frac{3}{7}$, $\frac{5}{7}$, j'ajoute les numérateurs 2, 3, 5, et j'ai par conséquent $\frac{10}{7}$ que je réduis à $1\frac{3}{7}$ (85).

102. Si les fractions n'ont pas le même dénominateur, on commencera par les y réduire par ce qui a été enseigné (90) et (91), après quoi on ajoutera ces nouvelles fractions de la manière qui vient d'être prescrite. Ainsi, si l'on propose d'ajouter $\frac{3}{4}$, $\frac{2}{3}$, $\frac{4}{5}$, je change ces trois fractions en trois autres $\frac{45}{60}$, $\frac{40}{60}$, $\frac{48}{60}$, dont la somme est $\frac{133}{60}$ qui se réduit à $2\frac{13}{60}$ (85).

De la soustraction des Fractions.

103. Si les deux fractions proposées ont le même dénominateur, on retranchera le numérateur de l'une du numérateur de l'autre, et on donnera au reste le dénominateur commun de ces deux fractions. S'il est question de retrancher $\frac{5}{9}$ de $\frac{8}{9}$, le reste sera $\frac{3}{9}$ qui se réduit à $\frac{1}{3}$ (93).

104. Si de $9\frac{5}{8}$ on voulait retrancher $4\frac{7}{8}$; comme on ne peut ôter $\frac{7}{8}$ de $\frac{5}{8}$, on emprunterait sur 9 une unité, laquelle réduite en huitièmes et ajoutée à $\frac{5}{8}$, ferait $\frac{13}{8}$, desquels ôtant $\frac{7}{8}$, il resterait $\frac{6}{8}$; ôtant ensuite 4 de 8 qui restent après l'emprunt, il resterait en tout $4\frac{6}{8}$ ou $4\frac{3}{4}$.

105. Si les fractions n'ont pas le même dénominateur, on les y réduira (90) et (91); après quoi on fera la soustraction comme il vient d'être dit. Ainsi, pour ôter $\frac{2}{3}$ de $\frac{3}{4}$, je change ces fractions en $\frac{8}{12}$ et $\frac{9}{12}$, et retranchant 8 de 9, il me reste $\frac{1}{12}$

De la multiplication des fractions

106. *Pour multiplier une fraction par une fraction, il faut multiplier le numérateur de l'une par le numérateur de l'autre, et le dénominateur par le dénominateur.* Par exemple, pour multiplier $\frac{2}{3}$ par $\frac{4}{5}$; on multipliera 2 par 4, ce qui donnera 8 pour numérateur; multipliant pareillement 3 par 5, on aura 15 pour dénominateur, et par conséquent $\frac{8}{15}$ pour le produit.

Pour sentir la raison de cette règle, il faut se rappeler que multiplier un nombre par un autre, c'est prendre le multiplicande autant de fois que le multiplicateur contient d'unités. Ainsi multiplier $\frac{2}{3}$ par $\frac{4}{5}$, c'est prendre $\frac{4}{5}$ de fois la fraction $\frac{2}{3}$, ou plus exactement, c'est prendre 4 fois le cinquième de $\frac{2}{3}$; or, en multipliant le dénominateur 3 par 5, on change les tiers en quinzièmes, c'est-à-dire en parties cinq fois plus petites; et en multipliant le numérateur 2 par 4, on prend ces nouvelles parties quatre fois; on prend donc quatre fois la cinquième partie de $\frac{2}{3}$: on multiplie donc en effet $\frac{2}{3}$ par $\frac{4}{5}$.

107. Si l'on avait un entier à multiplier par une fraction, ou une fraction à multiplier par un entier, on mettrait l'entier sous la forme de fraction, en lui donnant l'unité pour dénominateur; par exemple, si j'ai 9 à multiplier par $\frac{4}{7}$, cela se réduit à multiplier $\frac{9}{1}$ par $\frac{4}{7}$, ce qui, selon la règle qu'on vient de donner, produit $\frac{36}{7}$ qui se réduisent à $5\frac{1}{7}$.

On voit donc que pour multiplier une fraction par un entier, ou un entier par une fraction, l'opération se réduit à multiplier le numérateur de cette fraction par l'entier.

108. S'il y avait des entiers joints aux fractions, il faudrait, avant de faire la multiplication, réduire ces entiers chacun en fraction de même espèce que celle qui l'accompagne. Par exemple, si l'on a 12 $\frac{3}{5}$ à multiplier par 9 $\frac{3}{4}$, je change (86) le multiplicande en $\frac{63}{5}$ et le multiplicateur en $\frac{39}{4}$, et je multiplie $\frac{63}{5}$ par $\frac{39}{4}$ selon la règle ci-dessus (106), ce qui me donne $\frac{2457}{20}$ qui valent 122 $\frac{17}{20}$.

Division des Fractions.

109. *Pour diviser une fraction par une fraction, il faut renverser les deux termes de la fraction qui sert de diviseur, et multiplier la fraction dividende par cette fraction ainsi renversée.*

Par exemple, pour diviser $\frac{4}{5}$ par $\frac{2}{3}$, je renverse la fraction $\frac{2}{3}$, ce qui me donne $\frac{3}{2}$; je multiplie $\frac{4}{5}$ par $\frac{3}{2}$ selon la règle donnée (106), et j'ai $\frac{12}{10}$ pour le quotient de $\frac{4}{5}$ divisé par $\frac{2}{3}$.

Pour apercevoir la raison de cette règle, il faut observer que diviser $\frac{4}{5}$ par $\frac{2}{3}$, c'est chercher combien de fois $\frac{4}{5}$ contiennent $\frac{2}{3}$. Or il est facile de voir que, puisque le diviseur est 2 tiers, il sera contenu dans le dividende trois fois autant que s'il était 2 entiers; donc il faut diviser d'abord par 2, et multiplier en suite par 3, ce qui n'est autre chose que prendre trois fois la moitié du dividende, ou le multiplier par $\frac{3}{2}$ qui est la fraction du diviseur renversée.

110. Si l'on avait une fraction à diviser par un entier, ou un entier à diviser par une fraction, on commencerait par mettre l'entier sous la forme de fraction, en lui donnant l'unité pour

dénominateur : par exemple, si l'on a 12 à diviser par $\frac{5}{7}$, on réduira l'opération à diviser $\frac{12}{1}$ par $\frac{5}{7}$, ce qui, selon la règle qu'on vient de donner, se réduit à multiplier $\frac{12}{1}$ par $\frac{7}{5}$, et donne $\frac{84}{5}$ ou $16\frac{4}{5}$. Pareillement, si l'on avait $\frac{3}{4}$ à diviser par 5, on réduirait l'opération à diviser $\frac{3}{4}$ par $\frac{5}{1}$, c'est-à-dire, à multiplier $\frac{3}{4}$ par $\frac{1}{5}$, ce qui donne $\frac{3}{20}$.

On voit donc que lorsqu'on a une fraction à diviser par un entier, l'opération se réduit à multiplier le dénominateur par cet entier.

111. S'il y avait des entiers joints aux fractions, on réduirait ces entiers chacun en fraction de même espèce que celle qui l'accompagne. Par exemple, si l'on avait $54\frac{3}{5}$ à diviser par $12\frac{2}{3}$, on changerait le dividende en $\frac{273}{5}$ et le diviseur en $\frac{38}{3}$, et l'opération serait réduite à diviser $\frac{273}{5}$ par $\frac{38}{3}$, c'est-à-dire (109) à multiplier $\frac{273}{5}$ par $\frac{3}{38}$, ce qui donnerait $\frac{819}{190}$ ou $4\frac{59}{190}$.

Quelques applications des Règles précédentes.

112. Après ce que nous avons dit (96), il est aisé de voir comment on peut évaluer une fraction. Qu'on demande, par exemple, ce que valent les $\frac{5}{7}$ d'une livre ? Puisque les $\frac{5}{7}$ d'une livre sont la même chose (96) que le septième de 5 livres, je réduis les 5 livres en sous (57), et je divise les 100 sous qu'elles me donnent par 7, ce qui me donne 14 sous pour quotient, et 2 sous de reste ; je réduis ces 2 sous en deniers, et je divise

24 deniers par 7 ; j'ai 3 deniers $\frac{3}{7}$. Ainsi les $\frac{5}{7}$ d'une livre sont 14 sous 3 deniers et $\frac{3}{7}$ de denier.

Si l'on demandait les $\frac{5}{7}$ de 24 livres, il est visible qu'on pourrait d'abord prendre, comme nous venons de le faire, les $\frac{5}{7}$ d'une livre, et multiplier ensuite par 24 ce qu'aurait donné cette opération ; mais il est plus commode de multiplier d'abord $\frac{5}{7}$ par 24 livres, ce qui (107) donne $\frac{120}{7}$ livres, et d'évaluer ensuite cette dernière fraction qu'on trouvera valoir 17 livres 2 sous 10 deniers $\frac{2}{7}$.

113. Les fractions décimales n'ayant point de dénominateur, sont encore plus faciles à évaluer. Si l'on demande, par exemple, combien valent 0,532 de toise : comme la toise est de 6 pieds, je multiplierai 0,532 par 6, ce qui me donnera 3,192 pieds; c'est-à-dire 3^{p} et 0,192 de pied ; multipliant cette dernière fraction par 12 pour évaluer en pouces, on aura 2,304 pouces, c'est-à-dire 2^{p} et 0,304 de pouce; enfin multipliant celle-ci par 12 pour réduire en lignes, on aura 3,648 ou 3^{l} et 0,648 de ligne, c'est-à-dire que la valeur de la fraction 0,532 de toise sera $3^{p}\ 2^{p}\ 3^{l}$ et 0,648 de ligne.

114. L'évaluation des fractions nous conduit naturellement à parler des *fractions de fractions*. On appelle ainsi une suite de fractions séparées les unes des autres par l'article *de*. Par exemple, $\frac{2}{3}$ *de* $\frac{3}{4}$, $\frac{2}{3}$ *de* $\frac{3}{4}$ *de* $\frac{5}{6}$, etc., sont des fractions de fractions. On les réduit à une seule fraction, en multipliant tous les numérateurs entre eux et tous les dénominateurs entre eux : en sorte que la fraction $\frac{2}{3}$ *de* $\frac{3}{4}$ se réduit à $\frac{6}{12}$ ou $\frac{1}{2}$; la fraction $\frac{2}{3}$ *de* $\frac{3}{4}$ *de* $\frac{5}{6}$ se réduit à $\frac{30}{72}$ ou $\frac{5}{12}$.

En effet, il est facile de voir que prendre les $\frac{2}{3}$ de $\frac{3}{4}$ n'est autre chose que multiplier $\frac{3}{4}$ par $\frac{2}{3}$, puisque c'est prendre $\frac{2}{3}$ de fois la fraction $\frac{3}{4}$. Pareillement prendre les $\frac{2}{3}$ *des* $\frac{3}{4}$ *de* $\frac{5}{6}$, revient à prendre les $\frac{6}{12}$ *de* $\frac{5}{6}$, puisque $\frac{2}{3}$ *de* $\frac{3}{4}$ reviennent à $\frac{6}{12}$; et ce que l'on vient de dire fait connaître que les $\frac{6}{12}$ *de* $\frac{5}{6}$ reviennent à $\frac{30}{72}$ ou $\frac{5}{12}$.

Si l'on demandait les $\frac{3}{4}$ *de* $5\frac{3}{8}$, on convertirait l'entier 5 en huitièmes, et la question serait réduite à évaluer la fraction de fraction $\frac{3}{4}$ *de* $\frac{43}{8}$ qu'on trouverait être $\frac{129}{32}$ ou $4\frac{1}{32}$.

Ajoutons à tout ce que nous avons dit sur les fractions, un exemple qui renferme plusieurs des règles que nous avons établies.

Supposons qu'on veuille construire un vaisseau de 140 pieds $\frac{2}{3}$ de longueur, que les distances entre les sabords, en y comprenant l'espace entre le premier sabord et la rablure de l'étrave, et l'espace entre le dernier sabord et la rablure de l'étambot, fassent 108 $\frac{3}{4}$ pieds : on demande si l'on peut percer 12 sabords à la première batterie de chaque bord.

De 140 pieds $\frac{2}{3}$ je retranche 108 $\frac{3}{4}$ (103 *et suiv.*), il me reste 31 $\frac{11}{12}$ pour les sabords; je divise 31 $\frac{11}{12}$ par 12, c'est-à-dire $\frac{383}{12}$ par $\frac{12}{1}$ (86) et (110), j'ai pour quotient $\frac{383}{144}$ de pied, qui valent 2 pieds et $\frac{95}{144}$, fraction qui, évaluée en pouces et lignes, vaut 7 pouces 11 lignes; ainsi il faudrait donner à chaque sabord 2 pieds 7 pouces 11 lignes, c'est-à-dire 2 pieds 8 pouces à peu près ; ce qui est une mesure convenable pour un vaisseau de 140 pieds $\frac{2}{3}$.

115. Lorsqu'une fraction, exprimée par des nombres un peu considérables, n'est pas réductible par la méthode donnée (95), et qu'on peut se contenter d'en avoir une valeur approchée, on peut y parvenir par la méthode suivante, qui donne alternativement des fractions plus grandes et plus petites que la proposée, mais toujours de plus en plus approchées, en sorte qu'à la dernière opération on retombe sur la fraction proposée. Prenons, par exemple, la fraction $\frac{100000}{314159}$, qui, comme on le verra en Géométrie, exprime le rapport très-approché du diamètre à la circonférence ; et proposons-nous d'exprimer cette fraction par d'autres fractions, moins exactes à la vérité, mais exprimées par des nombres plus simples.

Divisez le numérateur et le dénominateur par le numérateur ; vous aurez $\frac{1}{3\frac{14159}{100000}}$. Pour avoir une première valeur approchée, négligez la fraction qui accompagne 3, et vous aurez $\frac{1}{3}$ pour première valeur approchée, mais un peu trop forte.

Pour avoir une valeur plus approchée, divisez le numérateur et le dénominateur de la fraction qui accompagne 3, chacun par le numérateur de cette fraction, et vous aurez $\frac{1}{3\frac{1}{7\frac{887}{14159}}}$; négligez la fraction qui accompagne 7, et vous aurez $\frac{1}{3\frac{1}{7}}$, ou (86) $\frac{1}{\frac{22}{7}}$, ou (110) $\frac{7}{22}$ pour seconde valeur, qui est plus approchée que la première, mais un peu trop faible.

Pour avoir une valeur encore plus approchée, divisez le numérateur et le dénominateur de la fraction qui accompagne 7, chacun par le numérateur de cette fraction, vous aurez $\frac{1}{3\frac{1}{7\frac{1}{15\frac{854}{887}}}}$; supprimez la fraction qui accompagne 15, et vous aurez $\frac{1}{3\frac{1}{7\frac{1}{15}}}$ qui revient à $\frac{106}{333}$, valeur plus approchée, mais un peu trop forte.

Pour avoir une valeur encore plus rapprochée, divisez les deux termes de la fraction qui accompagne 15 chacun par le numérateur 854, et vous aurez $\cfrac{1}{3+\cfrac{1}{7+\cfrac{1}{15+\cfrac{1}{1+\cfrac{33}{854}}}}}$; négligeant la fraction $\frac{33}{854}$, vous aurez pour valeur plus approchée $\frac{113}{355}$, mais qui est un peu trop faible. On voit, à présent, comment on peut continuer

Des Nombres complexes.

116. Quoique les règles que nous avons exposées jusqu'ici puissent servir aussi à calculer les nombres complexes, nous croyons cependant devoir considérer ceux-ci d'une manière plus particulière, parce que la division qu'on y fait de l'unité principale en facilite souvent le calcul.

Il y a plusieurs sortes de nombres complexes, et les règles pour les calculer tiennent beaucoup à la division qu'on a faite de l'unité : cependant il n'est pas nécessaire d'examiner toutes ces espèces pour être en état de les calculer, mais il importe de savoir quels rapports leurs différentes parties ont tant entre elles, qu'à l'égard de l'unité principale ; c'est par cette raison que nous donnons ici une table des nombres complexes dont l'usage est le plus fréquent.

Table des unités de quelques espèces, et caractères par lesquels on représente ces différentes unités.

POUR LES MONNAIES.	
# signifie. . . . . livre.	1 livre vaut. . . . . . 20 sous.
ſ. . . . . sou.	1 sou vaut. . . . . . 12 den.
POUR LES POIDS.	
℔ signifie. . . . . livre.	1 livre (poids) vaut. . . 2 marcs.
M. . . . . marc.	1 marc. . . . . 8 onces.
O. . . . . once.	1 once. . . . . 8 gros.
G. . . . . gros.	1 gros. . . 3 deniers ou scrupules.
D. . . . . . . denier ou scrupule.	1 denier. . . . . 24 grains.
g . . . . grain.	

POUR L'ÉTENDUE DES LIGNES.

T signifie	toise.	1 toise vaut.	6 pieds.
P.	pied.	1 pied.	12 pouces.
p.	pouce.	1 pouce.	12 lignes.
l.	ligne.	1 ligne.	12 points.
pt.	point.		

POUR LE TEMPS.

J signifie.	jour.	1 jour vaut.	24 heures.
H.	heure.	1 heure.	60 minutes.
'.	minute.	1 minute.	60 secondes
''.	seconde.	1 seconde.	60 tierces.

Nous donnerons en Géométrie les divisions des mesures relatives aux superficies et aux capacités des corps.

Addition des nombres complexes.

117. Pour faire cette opération, on écrit tous les nombres proposés les uns au-dessous des autres, de manière que toutes les parties d'une même espèce se trouvent chacune dans une même colonne verticale; et après avoir souligné le tout, on commence l'addition par les parties de l'espèce la plus petite; si leur somme ne compose pas une unité de l'espèce immédiatement supérieure, on l'écrit sous les unités de son espèce; si elle renferme assez de parties pour composer une ou plusieurs unités de l'espèce immédiatement supérieure, on n'écrit au-dessous de cette colonne que l'excédant d'un nombre juste d'unités de cette seconde espèce, et l'on retient celles-ci pour les ajouter avec leurs semblables, sur lesquelles on procède de la même manière.

EXEMPLE.

On propose d'ajouter. . .	227#	14s	8d	
	2549	18	5	
	184	11	11	
	17	10	7	
	2979#	15	7d	somme.

La somme des deniers est 31d, qui renferme deux douzaines de deniers, ou 2 sous et 7 deniers, je pose les 7 deniers, et je retiens 2 sous que j'ajoute avec les unités de sous, ce qui donne 15 sous, dont je pose seulement le chiffre 5, et je retiens la dixaine pour l'ajouter aux dixaines, ce qui me donne 5; et comme il faut deux dixaines de sous pour faire une livre, je prends la moitié de 5 qui est 2, avec un pour reste; je pose ce reste, et je porte les 2 livres à la colonne des livres que j'ajoute comme à l'ordinaire.

EXEMPLE II.

On propose d'ajouter. . .	54^{T}	2^{P}	3^{p}	9^{l}
	15	5	4	11
	9	4	11	11
	5	2	9	10
	85^{T}	3^{P}	6^{p}	5^{l}

La somme des lignes monte à 41, qui font 3 pouces 5 lignes, je pose 5 lignes, et je retiens les 3 pouces que j'ajoute avec les pouces; le tout me donne 30, qui valent 2 pieds 6 pouces; je pose les 6 pouces, et je retiens les 2 pieds qui, ajoutés avec les pieds, me donnent 15 pieds qui valent $2^{T}\ 3^{P}$; je pose les 3^{P}, et j'ajoute les deux toises avec les toises : le tout monte à 85, en sorte que la somme est $85^{T}\ 3^{P}\ 6^{p}\ 5^{l}$.

Soustraction des Nombres complexes.

118. Écrivez les nombres proposés comme dans l'addition, et commencez la soustraction par les unités de l'espèce la plus basse. Si le nombre inférieur peut être retranché du nombre supérieur, écrivez le reste au-dessous. S'il ne peut être retranché, empruntez sur l'espèce immédiatement supérieure une unité que vous réduirez à l'espèce dont il s'agit, et que vous ajouterez au nombre dont vous ne pouvez retrancher. Faites la même chose pour chaque espèce, et lorsque vous aurez été obligé d'emprunter, diminuez d'une unité le nombre sur lequel vous avez fait cet emprunt. Enfin, écrivez chaque reste, à mesure que vous le trouverez, au-dessous du nombre qui l'a donné.

EXEMPLE I.

De.	143#	17ˢ	6ᵈ
on veut ôter.	75	12	9
reste. . . .	68#	4ˢ	9ᵈ

Ne pouvant ôter 9ᵈ de 6ᵈ, j'emprunte 1ˢ qui vaut 12ᵈ, et

5.

6 font 18, desquels ôtant 9, il reste 9; j'ôte ensuite 12^{s}, non pas de 17^{s}, mais de 16 qui restent après l'emprunt; et il reste 5; enfin je retranche 75 liv. de 143 liv., et il me reste 68 liv.

EXEMPLE II.

De.	163#	0^{s}	5^{d}
on veut ôter.	84	8	9
reste.	78#	11^{s}	8^{d}

Comme je ne puis pas ôter 9^{d} de 5^{d}, et que d'ailleurs il n'y a pas de sous sur lesquels je puisse emprunter, j'emprunte 1 liv. sur 163 liv.; mais j'en laisse, par la pensée, 19 sous à la place du zéro, après quoi j'opère comme ci-dessus.

Multiplication des Nombres complexes.

119. On peut réduire généralement la multiplication des nombres complexes à la multiplication d'une fraction par une fraction, multiplication dont nous avons donné la règle (106). Par exemple, si l'on demande ce que doivent coûter $54^{T}\ 3^{P}$ d'ouvrage, à raison de 42 liv. 17 sous 8 den. la toise; on peut réduire le multiplicande 42 liv. 17 sous 8 den. tout en deniers (57), ce qui donnera 10292 deniers, et comme le denier est la 240e. partie de la livre, le multiplicande peut être représenté par $\frac{10292}{240}$ de la livre; pareillement on réduira le multiplicateur $54^{T}\ 3^{P}$ tout en pieds, ce qui donnera 327^{P}, et comme le pied est la sixième partie de la toise, on aura pour multiplicateur $\frac{327}{6}$ de toise; en sorte que la question est réduite à multiplier $\frac{10292}{240}$ par $\frac{327}{6}$, ce qui (106) donnera $\frac{3365484}{1440}$ de livre, qui (112) valent 2337 liv. 2 sous 10 den.

Cette méthode s'étend à toute espèce de nombres complexes, mais elle exige plus de calculs que celle que nous allons exposer, c'est pourquoi nous ne nous y arrêterons pas davantage.

120. Un nombre qui est contenu exactement dans un autre, est dit partie *aliquote* de cet autre : ainsi 3 est partie aliquote de 12 : il en est de même de 2, de 4 et 6.

Rappelons-nous que multiplier n'est autre chose que prendre le multiplicande un certain nombre de fois ; multiplier par $8\frac{3}{4}$, par exemple, c'est prendre le multiplicande 8 fois, et le prendre encore $\frac{3}{4}$ de fois, ou en prendre les $\frac{3}{4}$. Or on peut prendre ces $\frac{3}{4}$ ou en prenant d'abord le quart et l'écrivant 3 fois, ou bien en prenant d'abord la moitié et ensuite la moitié de cette moitié : ainsi, pour multiplier 84 par $8\frac{3}{4}$,

j'écrirais. . . . .

$$\begin{array}{r} 84 \\ 8\frac{3}{4} \\ \hline 672 \\ 42 \\ 21 \\ \hline 735 \end{array} \text{ produit.}$$

En multipliant 84 par 8, j'aurais d'abord 672. Ensuite pour prendre les $\frac{3}{4}$ de 84, je prendrais d'abord la moitié qui est 42 ; puis je prendrais la moitié de 42 qui est 21, et réunissant ces trois produits particuliers, j'aurais 735 pour le produit total.

121. Pour appliquer ceci aux nombres complexes, il faut remarquer que les différentes espèces d'unités au-dessous de l'unité principale, sont des fractions les unes à l'égard des autres, et à l'égard de cette unité principale ; que par conséquent, pour multiplier facilement par ces sortes de nombres, il faut faire en sorte de les décomposer en parties aliquotes de l'unité principale, de manière que ces parties aliquotes puissent être employées commodément, ou de les décomposer en parties aliquotes les unes des autres ; et si cette décomposition ne fournit que des parties aliquotes qui ne soient pas commodes dans le calcul, on y suppléera par de faux produits ; c'est ce que nous allons développer dans les exemples suivans.

EXEMPLE I.

On demande combien doivent coûter 54^{T} 3^{P}, à raison de 72 liv. la toise.

Il faut multiplier. .	72#		
par.	54^{T}	3^{P}	
	288#	0ſ	0₰
	3600		
	36		
	3924#	0ſ	0₰

On multipliera d'abord, selon les règles ordinaires, 72 liv. par 54. Ensuite pour multiplier par 3^{P}, qui sont la moitié de la toise, et qui par conséquent ne doivent donner que la moitié du prix de la toise, on prendra la moitié de 72 liv., et additionnant, on aura 3924 liv. pour produit total.

EXEMPLE II.

Si l'on avait.	72#		
à multiplier par. . . .	54^{T}	5^{P}	
	288#	0ſ	0₰
	3600		
	36		
	24		
	3948#	0ſ	0₰

On multipliera d'abord 72 liv. par 54. Ensuite au lieu de multiplier par $\frac{5}{6}$, parce que 5 pieds font les $\frac{5}{6}$ de la toise, on décomposera 5^{P}, en 3^{P} et 2^{P}, dont le premier est la moitié, et le second le $\frac{1}{3}$ de la toise, on prendra donc d'abord la moitié de 72 liv., et ensuite le $\frac{1}{3}$ de 72 liv., et l'on aura, en réunissant tous ces produits particuliers, 3948 liv. pour produit total.

EXEMPLE III.

Que l'on ait.	72₶		
à multiplier par.	5^{T}	4^{P}	8^{p}
	360₶	0ſ	0đ
	36		
	12		
	4		
	4		
	416₶	0ſ	0đ

Après avoir multiplié par 5^{T}, on multipliera par 4^{P}, et pour cet effet, on décomposera ce nombre en 3^{P} et 1^{P} ; pour 3^{P} on prendra la moitié de 72 livres, qui est 36 liv.; et pour 1 pied, on remarquera que c'est le $\frac{1}{3}$ de 3 pieds, et par conséquent on prendra le $\frac{1}{3}$ de 36 liv., qui est de 12 liv. Ensuite, pour multiplier par 8 pouces, au lieu de comparer ces 8 pouces à la toise, on les comparera au pied, et on les décomposera en 4 pouces et 4 pouces qui sont chacun le $\frac{1}{3}$ du pied, et qui par conséquent donneront chacun le $\frac{1}{3}$ de 12 liv. Enfin réunissant, on aura 416 liv. o sou o den. pour produit.

122. Si le multiplicande est aussi un nombre complexe, on se conduira comme il va être expliqué dans l'exemple suivant.

EXEMPLE IV.

Si l'on a.	72₶	6ſ	6đ
à multiplier par. . . .	27^{T}	4^{P}	8^{P}
	504₶	0ſ	0đ
	1440		
	6	15	0
	1	7	0
	0	13	6
	36	3	3
	12	1	1
	4	0	4 $\frac{1}{3}$
	4	0	4 $\frac{1}{3}$
	2009₶	0ſ	6đ $\frac{2}{3}$

On multipliera d'abord 72 liv. par 27. Ensuite pour multiplier 6 sous par 27, on décomposera ces 6 sous en 5 sous et 1 sou. Les 5 sous faisant le quart de la livre, doivent, étant multipliés par 27, donner 27 fois le quart de la livre ou le quart de 27 liv.; on prendra donc le quart de 27 liv. qui est 6 liv. 15 sous. Pour multiplier 1 sou par 27, on remarquera qu'un sou est la cinquième partie de 5 qu'on vient de multiplier; ainsi on prendra le cinquième des 5 liv. 15 sous, qui sera 1 liv. 7 sous.

A l'égard des 6 deniers, on fera attention qu'ils sont la moitié d'un sou, et par conséquent on prendra la moitié de 1 liv. 7 sous qu'on a eue pour un sou.

Jusque-là tout le multiplicande est multiplié par 27.

Pour multiplier par 4 pieds, on s'y prendra de la même manière que dans l'exemple précédent, c'est-à-dire que pour les 4^p on prendra d'abord pour 3^p la moitié de 36 liv. 3 sous 3 den. de multiplicande, et pour 1^p le tiers de ce que donnent les 3^p.

Enfin, pour 8^p on prendra 2 fois pour 4, c'est-à-dire qu'on écrira 2 fois le tiers de ce qu'on vient d'avoir pour 1^p. en réunissant toutes ces différentes parties, on aura 2009 liv. 0 sou 6 d. $\frac{2}{3}$ pour produit total.

123. Jusqu'ici les parties du multiplicande qu'il a fallu prendre ont été assez faciles à évaluer; mais, dans le cas où ces parties seraient plus composées, on se conduirait comme dans l'exemple suivant.

EXEMPLE V.

A raison de.	34#	10ſ	2ᵭ la toise
combien doivent coûter	17^T		
	238#	0ſ	0ᵭ
	340		
	8	10	
	~~0~~	~~17~~	
	0	2	10
	586#	12ſ	10ᵭ

Après avoir multiplié 34 liv. par 17, et ensuite les 10 sous par 17 en prenant la moitié de 17, on multipliera 2 deniers qui sont la sixième partie d'un sou, et par conséquent la sixième partie de la dixième partie ou (114) la 60e partie de dix sous; mais au lieu de prendre la 60e partie de 8 liv. 10 sous, il sera plus commode de faire un faux produit, et de prendre d'abord le dixième de ce qu'ont donné 10 sous, c'est-à-dire le dixième de 8 liv. 10 sous; ce dixième, qui est 0 liv. 17 sous, est pour 1 sou; mais comme il ne faut que pour le sixième d'un sou, on barrera ce faux produit, et on écrira le sixième au-dessous.

EXEMPLE VI.

Combien pour 34 liv. 10 sous 2 den. fera-t-on faire d'ouvrage à raison de 1 liv. pour 17 toises?

Il faut multiplier 17 toises par 34 liv. 10 sous 2 den., c'est-à-dire prendre 17 toises autant de fois que la livre est contenue dans 34 liv. 10 sous 2 den.

17^T					
$34^{\#}$	10^s	2^d			
68^T	0^P	0^p	0^l	0^{pts}	
510					
8	3				
~~0~~	~~8~~	~~1~~	~~2~~	~~4~~	~~$\frac{4}{5}$~~
0	0	10	2	4	$\frac{4}{5}$
585^T	3^P	10^p	2^l	4^{pts}	$\frac{4}{5}$

Ainsi on multipliera d'abord 17 toises par 34; ensuite, pour multiplier 17 toises par 10 sous, on prendra la moitié de 17 toises, parce que 10 sont la moitié de la livre, et l'on aura 8 toises 3 pieds. Pour multiplier par 2 deniers, on cherchera, pour plus de facilité, ce que donnerait 1 sou, en prenant le dixième de ce qu'ont donné 10 sous; ce dixième est 0 toise

5 pieds 1 pouce 2 lignes 4 points et $\frac{8}{10}$ ou $\frac{4}{5}$ de point; on le barrera, comme ne devant pas faire partie du produit, mais on en prendra le sixième pour avoir le produit de 2 deniers, et on écrira au-dessous ce sixième, qui est 0 toise, 0 pied 10 pouces 2 lignes 4 points et $\frac{24}{30}$ ou $\frac{4}{5}$.

Nous avons donné cet exemple, principalement pour confirmer ce que nous avons dit (45), qu'il importait de distinguer le multiplicande du multiplicateur, lorsqu'ils sont tous les deux concrets. En effet, dans l'exemple précédent, ainsi que dans celui-ci, les facteurs du produit sont également 17 toises et 34 livres 10 sous 2 deniers; cependant les deux produits sont différens.

Division d'un Nombre complexe par un Nombre incomplexe.

124. Si le dividende seul est complexe, et si en même temps le dividende et le diviseur ont les unités de différente espèce, on divisera d'abord les unités principales du dividende, selon la règle ordinaire; ce qui restera de cette division, on le réduira (57) en unités de la seconde espèce, qu'on ajoutera avec celles de même espèce qui se trouveront dans le dividende, et on divisera le tout comme à l'ordinaire: on réduira pareillement le reste de cette division en unités de la troisième espèce, auxquelles on ajoutera celles de la même espèce qui se trouveront dans le dividende, et on divisera le tout comme ci-dessus; on continuera de réduire les restes en unités de l'espèce suivante, tant qu'il s'en trouvera d'inférieures dans le dividende.

EXEMPLE.

On a donné 4783 livres 3 sous 9 deniers pour paiement de 87 toises d'ouvrage; on demande à combien revient la toise?

```
4783# 3s 9d | 87
433         |-----------
 85         | 54# 19s 7d
------------
1703
 833
  50
------------
609d
000
```

Il faut diviser 4783 livres 3 sous 9 deniers par 87, en commençant par les livres.

Les 4783 livres divisées par 87, selon la règle ordinaire, donneront 54 livres pour quotient, et 85 livres pour reste : ces 85 livres réduites en sous (57), donneront avec les 3 sous du dividende 1703 sous, qui, divisés par 87, donneront 19 sous pour quotient, et 50 sous pour reste : ces 50 sous réduits en deniers donnent, avec les 9 deniers du dividende, 609 deniers, lesquels divisés par 87, donnent enfin 7 deniers pour quotient.

125. Mais si le dividende et le diviseur ont des unités de même espèce, il faut, avant de faire la division, examiner si le quotient doit être ou ne pas être de même espèce qu'eux, ce que l'état de la question décide toujours.

126. Dans le cas où le dividende et le diviseur étant de même espèce, le quotient devra aussi être de même espèce qu'eux, la division se fera précisément comme dans le cas précédent ; par exemple, si l'on proposait cette question : 1243 liv. ont produit un bénéfice de 7254 livres, à combien cela revient-il par livre ? Il est évident que le quotient doit avoir des unités de même espèce que le dividende et le diviseur, c'est-à-dire, doit être des livres, et qu'on doit diviser 7254 livres par 1243, en réduisant, comme dans l'exemple précédent, le reste de cette division en sous, et le second reste en deniers, et on trouvera 5 livres 16 sous 8 deniers $\frac{760}{1243}$ pour réponse à la question.

127. Mais lorsque le dividende et le diviseur étant de même

espèce, le quotient devra être d'espèce différente, alors il faudra commencer par réduire (57) le dividende et le diviseur chacun à la plus petite espèce qui soit dans le dividende; après quoi on fera la division comme dans le cas précédent, et on y traitera les unités du dividende, comme si elles étaient de même espèce que celles que doit avoir le quotient; par exemple, si l'on proposait cette question : combien pour 7954 livres 11 sous 8 deniers fera-t-on faire d'ouvrage, à raison de 72 livres la toise? Il est clair, par la nature de la question, que le quotient doit être des toises et parties de toise. On réduira donc 7954 livres 11 sous 8 deniers tout en deniers, ce qui donnera 1909100; on réduira pareillement 72 livres en deniers, et on aura 17280; on divisera 1909100 considérés comme des toises, par 17280, et on aura pour quotient 110 toises 2 pieds 10 pouces 7 lignes $\frac{19}{20}$.

Division d'un Nombre complexe par un Nombre complexe.

128. Lorsque le diviseur est aussi un nombre complexe, il faut le réduire à sa plus petite espèce (57), multiplier le dividende par le nombre qui exprime combien il faut de parties de la plus petite espèce du diviseur pour composer l'unité principale de ce même diviseur; alors la division sera réduite au cas précédent où le diviseur était incomplexe.

EXEMPLE.

57 toises 5 pieds 5 pouces d'ouvrage ont été payés 854 livres 17 sous 11 deniers; on demande à combien cela revient la toise? Il faut diviser 854 livres 17 sous 11 deniers par 57 toises 5 pieds 5 pouces, et pour cet effet je réduis en pouces, les 57 toises 5 pieds 5 pouces, ce qui me donne 4169 pour nouveau diviseur; et comme il faut 72 pouces pour faire la toise, qui est l'unité principale du diviseur, je multiplie le dividende proposé 854 livres 17 sous 11 deniers par 72 (121) ce qui me donne

61552 livres 10 sous pour nouveau dividende, en sorte que je divise comme il suit :

Dividende	Diviseur et quotient
$61552^{\#}\ 10^{s}$	4169
19862	$14^{\#}\ 15^{s}\ 3^{d}\ \frac{1833}{4169}$
3186	
63730^{s}	
22040	
1195	
14340^{d}	
1833	

Les 61552 livres divisées par 4169 donnent 14 livres pour quotient, et 3186 pour reste. Ces 3186 livres réduites en sous donnent, avec les 10 sous du dividende, 63730 sous qui, divisés par 4169, donnent 15 sous pour quotient, et 1195 sous de reste. Ces 1195 sous réduits en deniers valent 14340 deniers, lesquels, divisés par 4169, donnent 3 deniers pour quotient, et 1833 deniers pour reste : en sorte que le quotient est 14 livres 15 sous 3 deniers $\frac{1833}{4169}$ de denier.

Pour entendre la raison de cette règle, il faut faire attention que les 57 toises 5 pieds 5 pouces valent 4169 pouces, et le pouce étant la spixante-douzième partie de la toise, le diviseur est $\frac{4169}{72}$ de la toise ; or, pour diviser par une fraction, il faut (109) renverser la fraction diviseur, et multiplier ensuite par cette fraction ainsi renversée ; il faut donc ici multiplier par $\frac{72}{4169}$; ce qui revient à multiplier d'abord par 72, et à diviser ensuite par 4169, ainsi que le prescrit la règle que nous donnons.

Comme la division par un nombre complexe se réduit, ainsi qu'on vient de le voir, à la division par un nombre incomplexe, on doit avoir les mêmes attentions à l'égard de la nature des unités que nous avons eues (126) et (127).

Ce serait ici le lieu de parler du toisé ou de la multiplication et de la division géométriques : ces opérations ne diffèrent en rien, pour le procédé, de celles que nous venons d'exposer ;

en sorte qu'il n'y aurait ici d'autre chose à ajouter, que d'expliquer quelle est la nature des unités, des facteurs et du produit; mais cela appartient à la Géométrie. Nous remettrons donc à en parler jusqu'à ce que nous soyons arrivés à la Géométrie.

De la formation des nombres carrés et de l'extraction de leurs racines.

129. On appelle *carré* d'un nombre, le produit qui résulte de la multiplication de ce nombre par lui-même; ainsi 25 est le carré de 5, parce que 25 résulte de la multiplication de 5 par 5.

130. La *racine carrée* d'un nombre proposé, est le nombre qui, multiplié par lui-même, reproduirait ce même nombre proposé : ainsi 5 est la racine carrée de 25; 7 est la racine carré de 49.

131. Un nombre que l'on carre est donc tout à la fois multiplicande et multiplicateur; il est donc deux fois facteur (42) du produit; c'est pour cela qu'on appelle aussi ce produit ou carré la *seconde puissance* de ce nombre.

Il ne faut d'autre art pour carrer un nombre, que de le multiplier par lui-même selon les règles ordinaires de la multiplication; mais pour extraire la racine carrée d'un nombre, c'est-à-dire pour revenir du carré à la racine, il faut une méthode, du moins lorsque le nombre ou carré proposé a plus de deux chiffres.

Lorsque le nombre proposé n'a qu'un ou deux chiffres, sa racine, en nombre entier, est quelqu'un des nombres. . . . .

1, 2, 3, 4, 5, 6, 7, 8, 9,

dont les carrés sont

1, 4, 9, 16, 25, 36, 49, 64, 81.

Ainsi la racine carrée de 72, par exemple, est 8 en nombre entier, parce que 72 étant entre 64 et 81, sa racine est entre les racines de ceux-ci, c'est-à-dire entre 8 et 9, et elle est 8 et une fraction; fraction qu'à la vérité on ne peut pas assigner exactement, mais dont on peut approcher continuellement, ainsi que nous le verrons dans peu.

132. La racine carrée d'un nombre qui n'est point un carré parfait, s'appelle un nombre *sourd* ou *irrationnel* ou *incommensurable*.

133. Venons aux nombres qui ont plus de deux chiffres.

C'est en observant ce qui se passe dans la formation du carré, que nous trouverons la méthode qu'on doit suivre pour revenir à la racine.

Pour carrer un nombre tel que 54, par exemple :

$$\begin{array}{r} 54 \\ \underline{54} \\ 216 \\ \underline{270} \\ 2916 \end{array}$$

Après avoir écrit le multiplicande et le multiplicateur, comme on le voit ici, nous multiplions, comme à l'ordinaire, le 4 supérieur par le 4 inférieur, ce qui fait évidemment le *carré des unités*.

Nous multiplions ensuite le 5 supérieur par le 4 inférieur, ce qui fait le *produit des dixaines par les unités*.

Nous passons après cela, au second chiffre du multiplicateur, et nous multiplions le 4 supérieur par le 5 inférieur, ce qui fait le produit des unités par les dixaines, ou (44) *le produit des dixaines par les unités*.

Enfin nous multiplions le 5 supérieur par le 5 inférieur, ce qui fait *le carré des dixaines*.

Nous ajoutons ces produits, et nous avons pour carré le nombre 2916, que nous voyons donc être composé *du carré des dixaines, plus deux fois le produit des dixaines par les unités, plus le carré des unités* du nombre 54.

134. Ce que nous venons d'observer étant une conséquence immédiate des règles de la multiplication, n'est pas plus particulier au nombre 54 qu'à tout autre nombre composé de dixaines et d'unités ; en sorte qu'on peut dire généralement que

le carré de tout nombre composé de dixaines ou d'unités, renfermera les trois parties que nous venons d'énoncer; savoir : le carré des dixaines de ce nombre, deux fois le produit des dixaines par les unités, et le carré des unités.

135. Cela posé, comme le carré des dixaines est des centaines (puisque 10 fois 10 font 100), il est visible que ce carré des dixaines ne peut faire partie des deux derniers chiffres du carré total.

Pareillement le produit du double des dixaines multipliées par les unités, étant nécessairement des dixaines, ne peut faire partie du dernier chiffre du carré total.

136. Donc pour revenir du carré 2916 à sa racine, on peut raisonner ainsi :

EXEMPLE I.

```
2916 | 54 racine.
 416
 104
----
 000
```

Commençons par trouver les dixaines de cette racine : or, la formation du carré nous apprend qu'il y a dans 2916 le carré de ces dixaines, et que ce carré ne peut faire partie de ses deux derniers chiffres ; il est donc dans 29 ; et comme la racine carrée de 29 ne peut être plus de 5, concluons-en que le nombre des dixaines de la racine est 5, et portons-le à côté de 2916, comme on le voit ci-dessus.

Je carre 5, et je retranche le produit 25 de 29 ; il me reste 4, à côté duquel j'abaisse les deux autres chiffres 16 du nombre proposé 2916.

Pour trouver maintenant les unités de la racine, je fais attention à ce que renferme le reste 416 ; il ne contient plus que deux parties du carré, savoir : le double des dixaines de la racine, multipliées par les unités, et le carré des unités de cette même racine. De ces deux parties, la première suffit pour nous faire trouver les unités que nous cherchons, car puisqu'elle est formée du double des dixaines multipliées par les unités, si on la divise par le double des dixaines que nous connaissons elle doit (74) donner pour quotient les unités : il ne s'agit donc plus que de savoir dans quelle partie de 416 est renfermé ce double des dixaines multipliées par les unités ; or, nous avons remarqué ci-dessus qu'il ne pouvait faire partie du dernier chiffre ; il est donc dans 41 ; il faut donc diviser 41 par le double 10 des dixaines trouvées ; j'écris donc sous 41 le double 10 des dixaines, et faisant la division, le quotient 4 que je trouve est le nombre des unités que je porte à la droite des 5 dixaines trouvées, en sorte que la racine cherchée est 54.

Mais il faut observer que quoique le quotient 4 que nous venons de trouver soit en effet celui qui convient, cependant il peut arriver quelquefois que le quotient trouvé de cette manière soit plus fort qu'il ne convient : parce que 41 (c'est-à-dire la partie qui reste après la séparation du dernier chiffre) renferme non-seulement le double des dixaines multipliées par les unités, mais encore les dixaines provenant du carré des unités ; c'est pourquoi, pour n'avoir aucun doute sur le chiffre des unités, il faut employer la vérification suivante.

Après avoir trouvé le chiffre 4 des unités, et l'avoir écrit à la racine, je le porte à côte du double 10 des dixaines ; ce qui fait 104, dont je multiplie successivement tous les chiffres par le même nombre 4, et je retranche les produits successifs des parties correspondantes de 416 ; comme il ne reste rien, j'en conclus que la racine est en effet 54.

S'il restait quelque chose, la racine n'en serait pas moins la vraie racine en nombre entier, à moins que ce reste ne fût plus grand que le double de la racine, augmenté de l'unité ; mais c'est ce qu'on n'a point à craindre, quand on prend le quotient toujours au plus fort.

La vérification que nous venons d'enseigner est fondée sur la formation même du carré ; car, quand on multiplie 104 par 4, il est évident qu'on forme le carré des unités, et le double des dixaines multiplié par les unités, c'est-à-dire ce qui complète le carré parfait.

137. De ce que nous venons de dire, il faut conclure que

pour extraire la racine carrée d'un nombre qui n'a pas plus de quatre chiffres, ni moins de trois, il faut, après en avoir séparé deux sur la droite, chercher la racine carrée de la tranche qui reste à gauche; cette racine sera le nombre des dixaines de la racine totale cherchée, et on l'écrira à côté du nombre proposé, en l'en séparant par un trait.

On soustraira de cette même tranche le carré de la racine qu'on vient de trouver; et après avoir écrit le reste au-dessous de cette tranche, on abaissera à côté de ce reste les deux chiffres qu'on avait séparés.

On séparera par un point le chiffre des unités de la tranche qu'on vient d'abaisser, et l'on divisera ce qui se trouve sur la gauche par le double des dixaines qu'on écrira au-dessous.

On écrira le quotient à côté du premier chiffre de la racine, et on le portera ensuite à côté du double des dixaines qui a servi de diviseur.

Enfin on multipliera par ce même quotient tous les chiffres qui se trouvent sur cette dernière ligne, et on retranchera leurs produits, à mesure qu'on les trouvera, des chiffres qui leur correspondent dans la ligne au-dessus.

Achevons d'éclaircir ceci par un exemple.

EXEMPLE II.

On demande la racine carrée de 7569.

```
  7 5.6 9 | 87 racine.
  1 1 6.9
    1 6 7
  -------
    0 0 0
```

Je sépare les deux chiffres 69, et je cherche la racine carrée de 75; elle est 8; j'écris 8 à côté, je carre 8 et je retranche de 75 le carré 64; il me reste 11 que j'écris au-dessous de 75, et j'abaisse à côté de ce même 11, les chiffres 69 que j'avais séparés.

Je sépare dans 1169, le dernier chiffre 9, pour avoir dans 116 la partie que je dois diviser pour trouver les unités.

Je forme mon diviseur, en doublant les 8 dixaines que j'ai trouvées, et j'écris ce diviseur au-dessous de 116, la division me donne pour quotient 7 que j'écris à la racine, à la droite de 8.

Je porte aussi ce quotient à côté du diviseur 16; je multiplie 167, qui forme la dernière ligne, par ce même quotient 7, et je retranche les produits à mesure que je les trouve : de 1169, il ne reste rien, ce qui prouve que 7569 est un carré parfait et le carré de 87.

138. Il faut bien remarquer qu'on ne doit diviser par le double des dixaines que la seule partie qui reste à gauche, après qu'on a séparé le dernier chiffre; en sorte que si elle ne contenait pas le double des dixaines, il ne faudrait pas pour cela employer le chiffre séparé; on mettrait 0 à la racine. Si au contraire on trouvait que le double des dixaines y est plus de 9 fois, on ne mettrait cependant pas plus de 9; la raison en est la même que pour la division (66).

139. Après avoir bien compris ce que nous venons de dire sur la racine carrée des nombres qui n'ont pas plus de 4 chiffres, on saisira facilement ce qu'il convient de faire lorsque le nombre des chiffres est plus grand. De quelque nombre de chiffres que la racine doive être composée, on peut toujours la concevoir composée de deux parties dont l'une soit des dixaines et l'autre des unités; par exemple, 874 peut être considéré comme représentant 87 dixaines et 4 unités.

Cela posé, quand on a trouvé les deux premiers chiffres de la racine, par la méthode qu'on vient d'exposer, on peut aussi trouver le troisième par la même méthode, en considérant ces deux premiers chiffres comme ne faisant qu'un seul nombre de dixaines, et leur appliquant, pour trouver le troisième, tout ce qui a été dit du premier pour trouver le second.

Pareillement, quand on aura trouvé les trois premiers chiffres, s'il doit y en avoir un quatrième, on considérera les trois premiers comme ne faisant qu'un seul nombre de dixaines, auquel on appliquera, pour trouver le quatrième, le même raisonnement qu'on appliquait aux deux premiers pour trouver le troisième, et ainsi de suite.

Mais pour procéder avec ordre, il faut commencer par partager le nombre proposé en tranches de deux chiffres chacune, en allant de droite à gauche : la dernière pourra n'en contenir qu'un.

La raison de cette préparation est fondée sur ce que, considérant la racine comme composée de dixaines et d'unités, il faut, suivant ce qui a été dit ci-dessus (135 *et suiv.*), commencer par séparer les deux derniers chiffres sur la droite, pour avoir, dans la partie qui reste à gauche, le carré des dixaines; mais comme cette partie est elle-même composée de plus de deux chiffres, un raisonnement semblable conduit à en séparer encore deux sur la droite, et ainsi de suite.

Donnons un exemple de cette opération.

EXEMPLE III.

On demande la racine carrée de 76807696.

```
7 6.8 0.7 6.9 6 | 8764
1 2 8.0
  1 6 7
---------------
  1 1 1 7.6
    1 7 4 6
---------------
      7 0 0 9.6
      1 7 5 2 4
---------------
      0 0 0 0 0
```

Après avoir partagé le nombre proposé en tranches de deux chiffres chacune, en allant de droite à gauche, je cherche quelle est la racine carrée de la tranche 76 qui est le plus à gauche, je trouve qu'elle est 8, et j'écris 8 à côté du nombre proposé; je carre 8, et je retranche le carré 64 de 76; j'ai pour reste 12 que j'écris au-dessous de 76; à côté de ce reste j'abaisse la tranche 80 dont je sépare le dernier chiffre par un point; et au-dessous de la partie 128, j'écris 16, double de la racine trouvée; puis disant, en 128 combien de fois 16, je trouve qu'il y est 7 fois; j'écris 7 à la suite de la racine 8, et à côté du double 16; je multiplie 167 par ce même nombre 7, et je retranche de 1280 le produit de cette multiplication ; il me reste 111, à côté duquel j'abaisse la tranche 76, ce qui forme 11176 ; je sépare le dernier chiffre 6 de ce nombre, et sous la partie 1117 qui reste à gauche, j'écris 174, double de la racine 87 ; je divise 1117 par 174, et ayant trouvé 6 pour quotient, j'écris 6 à la racine et à côté du double 174 ; je multiplie 1746 par ce même nombre 6, et je retranche 10476 de 11176, il reste 700 ; à côté de ce reste j'abaisse 96 dont je sépare le dernier chiffre ; au-dessous de 7009, qui reste à gauche, j'écris 1752, double de la racine trouvée 876 ; et divisant 7009 par 1752, je trouve pour quotient 4 que j'écris à la racine et à côté du double 1752. Je multiplie 17524 par ce même nombre 4, et je retranche de 70096 le produit de cette multiplication ; il ne reste rien ; ainsi la racine carrée de 76807696 est exactement 8764.

140. Lorsque le nombre proposé n'est point un carré parfait, il y a un reste à la fin de l'opération, et la racine carrée qu'on a trouvée est la racine carrée du plus grand carré contenu dans le nombre proposé : alors il n'est pas possible d'extraire la racine carrée exactement ; mais on peut en approcher si près qu'on le juge à propos, c'est-à-dire de manière que l'erreur qui en résulterait dans le carré, soit au-dessous de telle quantité qu'on voudra.

Cette approximation se fait commodément par le moyen des décimales. Il faut concevoir à la suite du nombre proposé deux fois autant de zéro qu'on voudra avoir de décimales à la racine, faire l'opération comme à l'ordinaire, et séparer ensuite par une virgule, sur la droite de la racine, moitié autant de décimales qu'on a mis de zéro à la suite du nombre proposé. En effet (54), le produit de la multiplication devant avoir autant de décimales qu'il y en a dans les deux facteurs ensemble, le carré (dont les deux facteurs sont égaux) doit donc en avoir le double de ce qu'a l'un des facteurs ; c'est-à-dire le double de ce que doit avoir la racine.

EXEMPLE IV.

On demande la racine carrée de 87567 à moins d'un millième près.

Pour faire des millièmes, il faut trois décimales; on doit donc mettre 6 zéro au carré 87567; ainsi il faut tirer la racine carrée de 87567000000.

```
8.7 5.6 7.0 0.0 0.0 0.0 | 295917
4 7.5
 4 9
---------------------------
  3 4 6.7
   5 8 5
---------------------------
   5 4 2 0.0
    5 9 0 9
---------------------------
     1 0 1 9 0.0
      5 9 1 8 1
---------------------------
      4 2 7 1 9 0.0
       5 9 1 8 2 7
---------------------------
        1 2 9 1 1 1
```

En faisant l'opération comme dans les exemples précédens, on trouve pour racine carrée, à moins d'une unité près, le nombre 295917; cette racine est celle de 87567000000; mais comme il s'agit de celle de 87567 ou de 87567,000000, je sépare moitié autant de décimales dans la racine, que j'ai mis de zéro au carré; ce qui me donne 295,917 pour la racine carrée de 87567, à moins d'un millième près.

Pareillement, si l'on demande la racine carrée de 2 à moins d'un dix-millième près, on tirera la racine carrée de 200000000 qu'on trouvera être 14142; séparant les quatre chiffres de la droite par une virgule, on aura 1,4142 pour la racine carrée de 2, approchée à moins d'un dix-millième près.

141. On a vu (106) que pour multiplier une fraction par une fraction, il fallait multiplier numérateur par numérateur, et dénominateur par dénominateur; par conséquent pour carrer une fraction, il faut carrer le numérateur et le dénominateur; ainsi le carré de $\frac{2}{3}$ est $\frac{4}{9}$, celui de $\frac{4}{5}$ est $\frac{16}{25}$.

142. Donc réciproquement, pour tirer la racine carrée d'une fraction, il faut tirer la racine carrée du numérateur et celle du dénominateur; ainsi, la racine carrée de $\frac{9}{16}$ est $\frac{3}{4}$, parce que celle de 9 est 3, et celle de 16 est 4.

143. Mais il peut arriver que le numérateur ou le dénominateur, ou tous les deux, ne soient point des carrés parfaits; s'il n'y a que le numérateur qui ne soit point un carré, on en tirera la racine approchée par la méthode qu'on vient d'exposer, et ayant tiré la racine du dénominateur, on la donnera pour dénominateur à la racine du numérateur; ainsi, si l'on demande la racine de $\frac{2}{9}$, on tirera la racine approchée du numérateur 2 qu'on trouvera 1,4 ou 1,41 ou 1,414 ou 1,4142, etc., selon qu'on voudra en approcher plus ou moins; et comme la racine carrée de 9 est 3, on aura pour racine approchée de $\frac{2}{9}$, la quantité $\frac{1,4}{3}$ ou $\frac{1,41}{3}$ ou $\frac{1,414}{3}$ ou $\frac{1,4142}{3}$, etc.

Mais si le dénominateur n'est pas un carré, on multipliera les deux termes de la fraction par ce même dénominateur, ce qui ne changera rien à la valeur de la fraction, et rendra le nouveau dénominateur un carré; alors on opérera comme dans le cas précédent. Par exemple, si l'on demande la racine carrée de $\frac{3}{5}$, on changera cette fraction en $\frac{15}{25}$; tirant la racine carrée de 15 jusqu'à 3 décimales, par exemple, on aura 3,872; et comme la racine carrée de 25 est 5, la racine carrée de $\frac{15}{25}$ sera $\frac{3,872}{5}$.

144. Pour ne pas avoir plusieurs sortes de fractions à la fois, on réduira le résultat $\frac{3,872}{5}$, uniquement en décimales, en divisant 3,872 par 5, ce qui donnera 0,774 pour la racine de $\frac{3}{5}$, exprimée purement en décimales (99).

145. Enfin, si l'on avait des entiers joints à des fractions, on réduirait ces entiers en fractions (86), et on opérerait comme il vient d'être dit pour une fraction. Ainsi, pour tirer la racine carrée de $8\frac{3}{7}$, on changerait $8\frac{3}{7}$ en $\frac{59}{7}$, et celle-ci (143) en $\frac{413}{49}$, dont on trouverait que la racine approchée est $\frac{20,322}{7}$ ou 2,903.

146. On peut aussi réduire en décimales la fraction qui accompagne l'entier ; mais il faut observer d'y employer un nombre de décimales pair et double de celui qu'on veut avoir à la racine ; parce que le produit de la multiplication de deux nombres qui ont des décimales, devant y avoir autant de décimales qu'il y en a dans les deux facteurs (54), le carré d'un nombre qui a des décimales, doit en avoir deux fois autant que ce nombre. En appliquant cette méthode à $8\frac{3}{7}$, on le transforme en 8,428571 (99) dont la racine est 2,903, comme ci-dessus.

147. Si l'on avait à tirer la racine carrée d'une quantité décimale, il faudrait avoir soin de rendre le nombre des décimales pair, s'il ne l'est pas ; ce qui se fera en mettant à la suite de ses décimales, 1, ou 3, ou 5, etc., zéro : cela n'en change pas la valeur (30). Ainsi, pour tirer la racine carrée de 21,935 à moins d'un millième près, je tire la racine carrée de 21,935000 qui est 4,683 ; c'est aussi celle de 21,935. On trouvera de même que celle de 0,542 est à moins d'un millième près 0,736, et que celle de 0,0054 est à moins d'un millième près 0,073.

148. Quand on a trouvé, par la méthode qui vient d'être exposée, les trois premiers chiffres de la racine, on peut en avoir plusieurs autres avec plus de facilité et de promptitude par la division seule, en cette manière.

Prenons pour exemple 763703556823 : je commence par chercher les trois premiers chiffres de la racine par la méthode ci-dessus : je trouve 873 pour cette racine, et 1574 pour reste : je mets à côté de ce reste les deux chiffres 55 qui suivent la partie 763703 qui a donné les trois premiers chiffres. (Je mettrais les trois chiffres suivans, si j'avais quatre chiffres de la racine ; quatre si j'en avais cinq, et ainsi de suite.) Je divise 157455 que j'ai alors, par le double 1746 de la racine ; je trouve pour quotient 90 ; ce sont deux nouveaux chiffres à mettre à la suite de la racine qui par là devient 87390. Je carre cette racine, et je retranche son carré 7637012100 de la partie 7637035568 dont 87390 est la racine ; il me reste 23468.

Si je veux avoir de nouveaux chiffres à la racine, comme j'en ai déjà cinq, je puis, par la seule division, en trouver 4 ; je mettrai, pour cet effet, à la suite du reste 23468 les deux chiffres restans 23 du nombre proposé et deux zéro, et divisant 2346823oo par le double 174780 de la racine trouvée, j'aurai 1342 pour les quatre nouveaux chiffres que je dois joindre à la racine ; mais en partageant le nombre proposé en tranches, de la manière qui a été dite ci-dessus, on voit que la racine ne doit avoir que six chiffres pour les nombres entiers ; donc cette racine est 873901,342, à moins d'un millième près.

On peut, le plus souvent, pousser chaque division jusqu'à un chiffre de plus, c'est-à-dire jusqu'à autant de chiffres qu'on en a déjà à la racine ; mais il y a quelques cas, rares à la vérité, où l'erreur sur le dernier chiffre pourrait aller jusqu'à cinq unités, au lieu qu'en se bornant à un chiffre de moins, comme nous venons de le faire, on n'a jamais à craindre même une unité d'erreur sur le dernier chiffre.

Si après avoir trouvé les premiers chiffres de la racine par la méthode ordinaire, ce qui reste après l'opération faite, se trouvait égal au double de ces premiers chiffres, il faudrait, pour éviter tout embarras, en déterminer encore un par la même méthode ordinaire ; après quoi, on trouverait les autres par la méthode abrégée que nous venons d'exposer, qui, comme on le voit assez, s'applique également aux décimales.

Si la racine devait avoir des zéro parmi ses chiffres intermédiaires, dans le cas où ces zéro seraient du nombre des chiffres qu'on détermine par la division, il peut arriver, s'ils doivent être les premiers chiffres du quotient, qu'on ne s'en aperçoive pas, parce que dans la division on ne marque pas les zéro qui doivent précéder sur la gauche du quotient : le moyen de le distinguer est de faire attention qu'on doit avoir toujours autant de chiffres au quotient qu'on en a mis à la suite du reste ; et par conséquent, quand il y en aura moins, il en faudra compléter le nombre par des zéro placés sur la gauche de ce quotient.

Au reste, l'abrégé que nous venons d'exposer est une suite de ce principe général qu'il est aisé de déduire de ce qu'on a vu (134), savoir, que le carré d'une quantité quelconque composée de deux parties, renferme le carré de la première partie, deux fois la première partie multipliée par la seconde, et le carré de la seconde.

De la formation des Nombres cubes et de l'extraction de leur Racine.

149. Pour former ce qu'on appelle le cube d'un nombre, il

faut d'abord multiplier ce nombre par lui-même, et multiplier ensuite par ce même nombre le produit résultant de cette première multiplication.

Ainsi le cube d'un nombre est, à proprement parler, le produit du carré d'un nombre multiplié par ce même nombre : 27 est le cube de 3, parce qu'il résulte de la multiplication de 9 (carré de 3) par le même nombre 3.

Le nombre que l'on cube est donc trois fois facteur dans le cube ; c'est pour cette raison que le cube est aussi nommé *troisième puissance* ou *troisième degré* de ce nombre.

150. En général, on dit qu'un nombre est élevé à sa seconde, troisième, quatrième, cinquième, etc., puissance, quand on l'a multiplié par lui-même 1, 2, 3, 4, 5, etc., fois consécutives, ou lorsqu'il est 2 fois, 3 fois, 4 fois, 5 fois, etc., facteur dans le produit.

151. La racine cubique d'un cube proposé est le nombre qui, multiplié par son carré, produit ce cube : ainsi 3 est la racine cubique de 27.

152. On n'a donc pas besoin de règles pour former le cube d'un nombre ; mais pour revenir du cube à sa racine, il faut une méthode. Nous déduirons cette méthode de l'examen de ce qui se passe dans la formation du cube.

Observons cependant qu'on n'a besoin de méthode pour extraire la racine cubique en nombres entiers, que lorsque le nombre proposé a plus de trois chiffres ; car 1000 étant le cube de 10, tout nombre au-dessous de 1000, et par conséquent de moins de quatre chiffres, aura pour racine moins que 10, c'est-à-dire moins de deux chiffres.

Ainsi tout nombre qui tombera entre deux de ceux-ci :

1, 8, 27, 64, 125, 216, 343, 512, 729,

aura sa racine cubique, en nombre entier, entre les deux nombres correspondans de cette suite :

1 2 3 4 5 6 7 8 9,

dont la première contient les cubes.

153. Tout nombre n'a pas de racine cubique ; mais on peut approcher continuellement d'un nombre qui, étant cubé, approche aussi de plus en plus de reproduire ce premier nombre ; c'est ce que nous verrons après avoir appris à trouver la racine d'un cube parfait.

154. Voyons donc de quelles parties peut être composé le cube d'un nombre qui contiendrait des dixaines et des unités.

Puisque le cube résulte du carré d'un nombre multiplié par ce même nombre, il est essentiel de se rappeler ici (134) *que le carré d'un nombre composé de dixaines et d'unités, renferme, 1º le carré des dixaines ; 2º deux fois le produit des dixaines par les unités ; 3º le carré des unités.*

Pour former le cube, il faut donc multiplier ces trois parties par les dixaines et par les unités du même nombre.

Afin d'apercevoir plus distinctement les produits qui en résulteront, donnons à cette opération simulée la forme suivante :

1º.

Le carré des dixaines Deux fois le produit des dixaines par les unités Le carré des unités	étant multiplié par les dixaines, donnera.......	Le cube des dixaines. Deux fois le produit du carré des dixaines multiplié par les unités. Le produit des dixaines par le carré des unités.

2º.

Le carré des dixaines Deux fois le produit des dixaines par les unités Le carré des unités	étant multiplié par les unités, donnera......	Le produit du carré des dixaines multiplié par les unités. Deux fois le produit des dixaines par le carré des unités. Le cube des unités.

Donc en rassemblant ces six résultats et réunissant ceux qui sont semblables, on voit que le cube d'un nombre composé de dixaines et d'unités contient quatre parties, savoir : *le cube des dixaines, trois fois le carré des dixaines multiplié par les unités, trois fois les dixaines multipliées par le carré des unités, et enfin le cube des unités*

Formons, d'après cela, le cube d'un nombre composé de dixaines et d'unités, de 43, par exemple,

$$\begin{array}{r} 64000 \\ 14400 \\ 1080 \\ 27 \\ \hline 79507 \end{array}$$

Nous prendrons donc le cube de 4 qui est 64 ; mais comme ce 4 est des dixaines, son cube sera des mille, parce que le cube de 10 est 1000 ; ainsi le cube de quatre dixaines sera 64000.

3 fois 16, ou 3 fois le carré des 4 dixaines, étant multiplié par les 3 unités, donnera 144 centaines, parce que le carré de 10 est 100 ; ainsi ce produit sera 14400.

3 fois 4, ou 3 fois les dixaines étant multipliées par le carré 9 des unités, donneront des dixaines, et ce produit sera 1080.

Enfin le cube des unités se terminera à la place des unités, et sera 27.

En réunissant ces quatre parties, on aura 79507 pour le cube de 43, cube qu'on aurait trouvé sans doute plus facilement en multipliant 43 par 43, et le produit 1849 encore par 43 ; mais il ne s'agit pas tant ici de trouver la valeur du cube, que de reconnaître, par l'examen des parties qui le composent, la manière de revenir à sa racine.

155. Cela posé, voici le procédé de l'extraction de la racine cubique.

EXEMPLE I.

Soit donc proposé d'extraire la racine cubique de 79507

Cube.	*Racine.*
7 9. 5 0 7	43
1 5 5. 0 7	
4 8	

Pour avoir la partie de ce nombre qui renferme le cube des dixaines de la racine, j'en sépare les trois derniers chiffres, dans lesquels nous venons de voir que ce cube ne peut être compris, puisqu'il vaut des mille.

Je cherche la racine cubique de 79, elle est 4 que j'écris à côté.

Je cube 4, et j'ôte le produit 64 de 79 ; il me reste 15 que j'écris au-dessous de 79.

A côté de 15 j'abaisse 507, ce qui me donne 15507, dans lequel il doit y avoir 3 fois le carré des 4 dixaines trouvées, multiplié par les unités que nous cherchons, plus 3 fois ces mêmes dixaines multipliées par le carré des unités, plus enfin le cube des unités.

Je sépare les deux derniers chiffres 07 ; la partie 155 qui reste à gauche renferme trois fois le carré des dixaines multiplié par les unités ; c'est pourquoi, afin d'avoir les unités (74), je vais diviser cette partie 155 par le triple du carré des 4 dixaines, c'est-à-dire par 48.

Je trouve que 48 est 3 fois dans 155 ; j'écris donc 3 à la racine.

Pour éprouver cette racine, et connaître le reste, s'il y en a, nous pourrions composer les 3 parties du cube qui doivent se trouver dans 15507, et voir si elles forment 15507, ou de combien elles en diffèrent : mais il est aussi commode de faire cette vérification en cubant tout de suite 43, c'est-à-dire en multipliant 43 par 43, ce qui produit 1849, et multipliant ce produit par 43, ce qui donne enfin 79507. Ainsi 43 est exactement la racine cubique.

Si le nombre proposé a plus de 6 chiffres, on raisonnera comme dans l'exemple ci-après.

EXEMPLE II.

Soit proposé d'extraire la racine cubique de 596947688.

```
5 9 6.9 4 7.6 8 8 | 842
  8 4 9.4 7       |
   1 9 2
5 9 2 7 0 4
-------------------
    4 2 4 3 6.8 8
    2 1 1 6 8
5 9 6 9 4 7 6 8 8
-------------------
0 0 0 0 0 0 0 0 0
```

On considérera sa racine comme composée de dixaines et d'unités, et par cette raison on commencera par séparer les trois derniers chiffres.

La partie 596947 qui renferme le cube des dixaines, ayant plus de trois chiffres, sa racine en aura plus d'un, et par conséquent elle aura des dixaines et des unités. Il faut donc pour trouver le cube de ces premières dixaines, séparer les trois chiffres 947.

Cela posé, je cherche la racine cubique de 596; elle est 8, j'écris ce 8 à côté.

Je cube 8, et je retranche le produit 512 de 596, il reste 84, que j'écris au-dessous de 596.

A côté de 84 j'abaisse 947, ce qui me donne 84947 dont je sépare les deux derniers chiffres.

Au-dessous de la partie 849, j'écris 192 qui est le triple carré de la racine 8, et je divise 849 par 192; je trouve pour quotient 4 que j'écris à la racine.

Pour vérifier cette racine, et avoir en même temps le reste, je cube 84, et je retranche le produit 592704 du nombre 596947; j'ai pour reste 4243.

A côté de ce reste j'abaisse la tranche 688, et considérant la racine 84 comme un seul nombre qui marque les dixaines de la racine cherchée, je sépare les deux derniers chiffres 88 de la tranche abaissée, et je divise la partie 42436 par le triple carré de 84, c'est-à-dire, par 21168; je trouve pour quotient 2 que j'écris à la suite de 84.

Pour vérifier la racine 842, et avoir le reste, s'il y en a, je cube 842, et je retranche le produit 596947688 du nombre proposé 596947688; et comme il ne reste rien, j'en conclus que 842 est la racine exacte de 596947688.

Il faut encore observer, 1°. que dans le cours de ses opérations, on ne doit jamais mettre plus de 9 à la racine.

2°. Si le chiffre qu'on porte à la racine était trop fort, on s'en apercevrait à ce que la soustraction ne pourrait se faire, et alors on diminuerait la racine successivement de 1, 2, 3, etc., unités, jusqu'à ce que la soustraction devînt possible.

Lorsque le nombre proposé n'est pas un cube parfait, la racine qu'on trouve n'est qu'une racine approchée, et il est rare qu'il soit suffisant de l'avoir en nombre entier. Les décimales sont encore d'un usage très-avantageux pour pousser cette approximation beaucoup plus loin, et aussi loin qu'on le désire, sans que cependant on puisse jamais atteindre à une racine exacte.

156. Pour approcher aussi près qu'on le voudra de la racine cubique d'un cube imparfait, il faut mettre à la suite de ce nombre trois fois autant de zéro qu'on veut avoir de décimales à la racine ; faire l'extraction comme dans les exemples précédens, et après l'opération faite, séparer par une virgule sur la droite de la racine, autant de chiffres qu'on voulait avoir de décimales.

EXEMPLE III.

On demande d'approcher de la racine cubique de 8755 jusqu'à moins d'un centième près. Pour avoir des centièmes à la racine, c'est-à-dire deux décimales, il faut que le cube ou le nombre proposé en ait six (54) ; il faut donc mettre six zéro à la suite de 8755.

Ainsi la question se réduit à tirer la racine cubique de 8755000000.

```
8.755.000.000 | 2061
07.55
12
8000
------------
7550.00
1200
8741816
------------
    1318400.00
    127308
8754552981
------------
      447019
```

Suivant ce qui a été dit ci-dessus, je partage ce nombre en tranches de trois chiffres chacune, en allant de droite à gauche.

Je tire la racine cubique de la dernière tranche 8, elle est 2, que j'écris à la racine. Je cube 2, et je retranche le produit de 8; j'ai pour reste 0, à côté duquel j'abaisse la tranche 755, dont je sépare les deux derniers chiffres 55 : au-dessous de la partie restante 7, j'écris 12, triple carré de la racine; et divisant 7 par 12, je trouve 0 pour quotient que j'écris à la racine.

Je cube la racine 20, ce qui me donne 8000 que je retranche de 8755; j'ai pour reste 755, à côté duquel j'abaisse la tranche 000, dont je sépare deux chiffres sur la droite; au-dessous de la partie restante 7550 j'écris 1200, triple carré de la racine 20, et divisant 7550 par 1200, j'ai pour quotient 6 que j'écris à la racine.

Je cube la racine 206, et je retranche le produit de 8755000; j'ai pour reste 13184, à côté duquel j'abaisse la dernière tranche 000, dont je sépare les deux derniers chiffres. Au-dessous de la partie restante 131840, j'écris 127308, triple carré de la racine trouvée 206. Je divise 131840 par 127308; je trouve pour quotient 1, que j'écris à la suite de 206. Je cube 2061, et ayant retranché de 8755000000 le produit 8754552981, j'ai pour reste 447019.

La racine cubique approchée de 8755000000 est donc 2061; donc celle de 8755,000000 est 20, 61, puisque le cube a trois fois autant de décimales que sa racine (54).

Si l'on voulait pousser l'approximation plus loin, on mettrait à la suite du reste trois zéro, et on continuerait comme on a fait à chaque fois qu'on a descendu une tranche.

57. Puisque pour multiplier une fraction par une fraction, il faut multiplier numérateur par numérateur, et dénominateur par dénominateur, il faudra donc, pour cuber une fraction, cuber son numérateur et son dénominateur. Donc réciproquement pour extraire la racine cubique d'une fraction, il faudra extraire la racine cubique du numérateur et la racine cubique du dénominateur. Ainsi la racine cubique de $\frac{27}{64}$ est $\frac{3}{4}$, parce que la racine cubique de 27 est 3, et celle de 64 est 4.

158. Mais si le dénominateur seul est un cube, on tirera la

racine approchée du numérateur, et on donnera à cette racine pour dénominateur la racine cubique du dénominateur. Par exemple, si l'on demande la racine cubique de $\frac{143}{343}$, comme le numérateur n'est pas un cube, j'en tire la racine approchée, qui sera 5,22 à moins d'un centième près; et tirant la racine de 343 qui est 7, j'ai $\frac{5,22}{7}$ pour la racine approchée de $\frac{143}{343}$; ou bien en réduisant en décimales (90), j'ai 0,74 pour cette racine approchée à moins d'un centième près.

159. Si le dénominateur n'est pas un cube, on multipliera les deux termes de la fraction par le carré de ce dénominateur, et alors le nouveau dénominateur étant un cube, on se conduira comme il vient d'être dit. Par exemple, si l'on demande la racine cubique de $\frac{3}{7}$, je multiplie le numérateur et le dénominateur par 49, carré du dénominateur 7, j'ai $\frac{147}{343}$, qui est de même valeur que $\frac{3}{7}$. La racine cubique de $\frac{147}{343}$ est $\frac{5,27}{7}$, ou en réduisant purement en décimales, 0,75. La racine cubique de $\frac{3}{7}$ est donc 0,75 à moins d'un centième près.

S'il y avait des entiers joints aux fractions, on convertirait le tout en fraction, et la question serait réduite à tirer la racine cubique d'une fraction (157 *et suiv.*)

On pourrait aussi, soit qu'il y ait des entiers, soit qu'il n'y en ait point, réduire la fraction en décimales; mais il faut avoir soin de pousser cette réduction jusqu'à trois fois autant de décimales qu'on veut en avoir à la racine. Ainsi, si l'on demandait la racine cubique de $7\frac{3}{11}$ approchée jusqu'à moins d'un millième, on changerait la fraction $\frac{3}{11}$ en 0,272727272; en sorte que pour avoir la racine cubique de $7\frac{3}{11}$, on tirerait celle de 7,272727272 qu'on trouvera être 1,937.

160. Pour tirer la racine cubique d'un nombre qui aura des décimales, il faudra le préparer par un nombre suffisant de zéro mis à sa suite, de manière que le nombre de ces décimales soit ou 3, ou 6, ou 9, etc.; alors on en tirera la racine comme s'il n'y avait point de virgule; et après l'opération faite, on séparera sur la droite de la racine, par une virgule, un nombre de chiffres qui soit le tiers du nombre des décimales de la quantité proposée, en sorte que si la racine n'avait pas suffisamment de chiffres pour que cette règle eût son exécution, on y suppléerait par des zéro placés sur la gauche de cette racine. Ainsi pour tirer la racine cubique de 6,54 à moins d'un millième près, je mettrai sept zéro, et je tirerai la racine cubique de 654000000 qui sera 1870; j'en séparerai trois chiffres, puisqu'il y a 9 décimales au cube, et j'aurai 1,870, ou simplement 1,87 pour la racine cubique de 6,54. On trouvera de même que celle de 0,0006, approchée à moins d'un centième près, est 0,08.

161. Quand on a trouvé les quatre premiers chiffres de la racine cubique par la méthode qu'on vient d'expliquer, on peut trouver les autres plus promptement par la division, et cela de la manière suivante.

Qu'on demande la racine cubique de 5264627832723456 : j'en cherche les quatre premiers chiffres par la méthode ordinaire; ils sont 1739, et le reste de opération est 5681413; à côté de ce reste, je mets les deux chiffres 72 qui suivent la partie 5264627832 qui a donné les quatre premiers chiffres. (Je mettrais les trois chiffres qui suivent cette même partie, si la racine trouvée avait cinq chiffres, et les quatre si elle en avait six.) Je divise 568141372 par 9072363, triple carré de la racine 1739; j'ai pour quotient 62, et ce sont deux nouveaux chiffres à mettre à la suite de 1739; en sorte que 173962 est, en nombre entier, la racine cubique du nombre proposé.

Si l'on voulait pousser plus loin, on cuberait cette racine, et ayant retranché le produit du nombre proposé, on mettrait à la suite du reste quatre zéro, et on diviserait le tout par le triple du carré de 173962, ce qui donnerait quatre décimales pour la racine.

On fera ici la même observation qu'on a faite (148) sur le cas où la division ne donne pas autant de chiffres qu'elle doit en donner. Et dans ces divisions on s'aidera de la règle abrégée qui a été donnée (69 *et suiv.*).

Des raisons, Proportions et Progressions, et de quelques règles qui en dépendent.

162. Les mots *raison* et *rapport* ont la même signification en Mathématiques; et l'un et l'autre expriment le résultat de la comparaison de deux quantités.

163. Si dans la comparaison de deux quantités on a pour but de connaître de combien l'une surpasse l'autre, ou en est surpassée, le résultat de cette comparaison, qui est la différence de ces deux quantités, se nomme leur *Rapport arithmétique.*

Ainsi, si je compare 15 avec 8 pour connaître leur différence 7, ce nombre 7, qui est le résultat de la comparaison, est le rapport arithmétique de 15 à 8.

Pour marquer que l'on compare deux quantités sous ce point de vue, on sépare l'une de l'autre par un point, en sorte que 15.8 marque que l'on considère le rapport arithmétique de 15 à 8.

164. Si, dans la comparaison de deux quantités, on se propose de connaître combien l'une contient l'autre, ou est contenue en elle, le résultat de cette comparaison se nomme leur *Rapport géométrique.* Par exemple, si je compare 12 à 3 pour savoir combien de fois 12 contient 3, le nombre 4 qui exprime ce nombre de fois est le rapport géométrique de 12 à 3.

Pour marquer que l'on compare deux quantités sous ce point de vue, on sépare l'une de l'autre par deux points : cette expression 12 : 3 marque que l'on considère le rapport géométrique de 12 à 3.

165. Des deux quantités que l'on compare, celle qu'on énonce ou qu'on écrit la première, se nomme *antécédent*, et la seconde se nomme *conséquent.* Ainsi dans le rapport 12 : 3, 12 est l'antécédent, et 3 est le conséquent; l'un et l'autre s'appellent les *termes* du rapport.

166. Pour avoir le rapport arithmétique de deux quantités,

il n'y a autre chose à faire qu'à retrancher la plus petite de la plus grande.

167. Et pour avoir le rapport géométrique de deux quantités, il faut diviser l'une par l'autre.

168. Nous évaluerons ce rapport, dorénavant, en divisant l'antécédent par le conséquent : ainsi le rapport de 12 à 3 est 4, et le rapport de 3 à 12 est $\frac{3}{12}$ ou $\frac{1}{4}$.

169. Un rapport arithmétique ne change point quand on ajoute à chacun de ses deux termes, ou qu'on en retranche une même quantité, parce que la différence (en quoi consiste le rapport) reste toujours la même.

170. Un rapport géométrique ne change point quand on multiplie ou quand on divise ses deux termes par un même nombre ; car le rapport géométrique consistant (168) dans le quotient de la division de l'antécédent par le conséquent, est une quantité fractionnaire qui (88) ne peut changer par la multiplication ou la division de ses deux termes par un même nombre. Ainsi le rapport 3 : 12 est le même que celui 6 : 24 que l'on a en multipliant les deux termes du premier par 2 ; il est le même que celui 1 : 4 que l'on a en divisant par 3.

171. Cette propriété sert à simplifier les rapports. Par exemple, si j'avais à examiner le rapport de $6\frac{3}{4}$ à $10\frac{2}{3}$, je dirais, en réduisant tout en fraction, ce rapport est le même que celui de $\frac{27}{4}$ à $\frac{32}{3}$, ou en réduisant au même dénominateur, le même que celui de $\frac{81}{12}$ à $\frac{128}{12}$, ou enfin en supprimant le dénominateur 12 (ce qui revient au même que de multiplier les deux termes du rapport par 12), ce rapport est le même que celui de 81 à 128.

172. Lorsque quatre quantités sont telles que le rapport des deux premières est le même que le rapport des deux dernières, on dit que ces quatre quantités forment une *proportion*, et cette

proportion est arithmétique ou géométrique, selon que le rapport qu'on y considère est arithmétique ou géométrique.

Les quatre quantités 7, 9, 12 et 14 forment une proportion arithmétique; parce que la différence des deux premières est la même que celle des deux dernières. Pour marquer qu'elles sont en proportion arithmétique, on les écrit ainsi, 7.9 : 12.14, c'est-à-dire qu'on sépare par un point les deux termes de chaque rapport, et les deux rapports par deux points. Le point qui sépare les deux termes de chaque rapport, signifie *est à*, et les deux points qui séparent les deux rapports, signifient *comme*; en sorte que pour énoncer la proportion ainsi décrite, on dit, 7 *est à* 9 *comme* 12 *est à* 14.

Les quatre quantités 3, 15, 4, 20 forment une proportion géométrique, parce que 3 est contenu dans 15, comme 4 l'est dans 20. Pour marquer qu'elles sont en proportion géométrique, on les écrit ainsi, 3 : 15 :: 4 : 20, c'est-à-dire qu'on sépare les deux termes de chaque rapport par deux points, et les deux rapports par quatre points. Les deux points signifient *est à*, et les quatre points signifient *comme*; de sorte qu'on dit 3 *est à* 15, *comme* 4 *est à* 20.

Il faut absolument observer que dans la proportion arithmétique, on fait précéder le mot *comme* du mot *arithmétiquement*.

173. Le premier et le dernier terme de la proportion se nomment les *extrêmes*; le 2e. et le 3e. se nomment les *moyens*.

Comme il y a deux rapports, et par conséquent deux antécédens et deux conséquens, on dit, pour le premier rapport, *premier antécédent*, *premier conséquent*; et pour le second, *second antécédent*, *second conséquent*.

174. Quand les deux termes moyens d'une proportion sont égaux, la proportion se nomme proportion *continue*; 3.7 : 7.11 forment une proportion arithmétique continue; on l'écrit ainsi ÷ 3 . 7 . 11 : les deux points et la barre qui précèdent sont pour avertir que dans l'énoncé on doit répéter le terme moyen qui est ici 7.

La proportion 5 : 20 :: 20 : 80 est une proportion géométrique continue, que par abréviation on écrit ainsi ∺ 5 : 20 : 80; l'usage des quatre points et de la barre est le même que dans la proportion arithmétique continue.

175. Il suit de ce que nous venons de dire sur les proportions arithmétique et géométrique :

1°. Que si, dans une proportion arithmétique, on ajoute à chacun des antécédens, ou si l'on en retranche la différence ou raison qui règne dans cette proportion, selon que l'antécédent sera plus petit ou plus grand que son conséquent, chaque antécédent deviendra égal à son conséquent; car c'est donner au plus petit terme de chaque rapport ce qui lui manque pour égaler son voisin, ou retrancher du plus grand ce dont il surpasse son voisin. Ainsi dans la proportion 3 . 7 : 8 . 12, ajoutez la différence 4 au premier et au troisième terme, vous aurez 7.7 : 12.12, et il est aisé de sentir que cela est général.

2°. Si, dans une proportion géométrique, vous multipliez chacun des deux conséquens par le rapport, vous les rendrez pareillement égaux chacun à son antécédent; car multiplier le conséquent par le rapport, c'est le prendre autant de fois qu'il est contenu dans l'antécédent : ainsi, dans la proportion 12 : 3 : : 20 : 5, multipliez 3 et 5 chacun par 4, et vous aurez 12 : 12 : : 20 : 20; pareillement, dans la proportion 15 : 9 : : 45 : 27, multipliez 9 et 27 chacun par $\frac{15}{9}$ ou $\frac{5}{3}$ qui est le rapport, vous aurez .... 15 : 15 : : 45 : 45.

Propriétés des Proportions arithmétiques.

176. La propriété fondamentale des proportions arithmétiques est que *la somme des extrêmes est égale à la somme des moyens*; par exemple, dans cette proportion 3 . 7 : 8 . 12, la somme 3 et 12 des extrêmes, et celle 7 et 8 des moyens, sont également 15.

Voici comment on peut s'assurer que cette propriété est générale.

Si les deux premiers termes étaient égaux entre eux et les

deux derniers aussi égaux entre eux, comme dans cette proportion :

7 . 7 : 12 . 12

il est évident que la somme des extrêmes serait égale à celle des moyens.

Or, toute proportion arithmétique peut être ramenée à cet état (175), en ajoutant à chaque antécédent, ou en ôtant la différence qui règne dans la proportion. Cette addition qui augmentera également la somme des extrêmes et celle des moyens, ne peut rien changer à l'égalité de ces deux sommes ; ainsi, si elles deviennent égales par cette addition, c'est qu'elles étaient égales sans cette même addition. Le raisonnement est le même pour le cas de la soustraction.

177. Puisque dans la proportion continue les deux termes moyens sont égaux, il suit de ce qu'on vient de démontrer, que dans cette même proportion, la somme des extrêmes est double du terme moyen, ou que le terme moyen est la moitié de la somme des extrêmes. Ainsi, pour avoir un moyen arithmétique entre 7 et 15, par exemple, j'ajoute 7 à 15, et prenant la moitié de la somme 22, j'ai 11 pour le terme moyen ; en sorte que ÷ 7 . 11 . 15.

Propriétés des Proportions géométriques.

178. La propriété fondamentale de la proportion géométrique est que *le produit des extrêmes est égal au produit des moyens* ; par exemple, dans cette proportion 3 : 15 : : 7 : 35, le produit de 35 par 3, et celui de 15 par 7, sont également 105.

Voici comment on peut se convaincre que cette propriété a lieu dans toute proportion géométrique.

Si les antécédens étaient égaux à leurs conséquens, comme dans cette proportion :

3 : 3 : : 7 : 7

il est évident que le produit des extrêmes serait égal au produit des moyens.

Mais on peut toujours ramener une proportion à cet état (175), en multipliant les deux conséquens par la raison. Cette multiplication fera, à la vérité, que le produit des extrêmes sera un certain nombre de fois plus grand qu'il n'aurait été, ou sera un certain nombre de fois plus petit, si le rapport est une fraction ; mais elle produira le même effet sur celui des moyens ; donc, puisque après cette multiplication le produit des extrêmes serait égal au produit des moyens, ces deux produits doivent aussi être égaux sans cette même multiplication.

On peut donc prendre le produit des extrêmes pour celui des moyens, et réciproquement.

Donc, *dans la proportion continue, le produit des extrêmes est égal au carré du terme moyen;* car les deux moyens étant égaux, leur produit est le carré de l'un d'eux. Donc pour avoir un moyen géométrique entre deux nombres proposés, il faut multiplier ces deux nombres l'un par l'autre, et tirer la racine carrée de ce produit. Ainsi, pour avoir un moyen géométrique entre 4 et 9, je multiplie 4 par 9, et la racine carrée 6 du produit 36 est le moyen proportionnel cherché.

179. De la propriété fondamentale de la proportion géométrique, il suit que si, connaissant les trois premiers termes d'une proportion, on voulait déterminer le quatrième, il faudrait *multiplier le second par le troisième, et diviser le produit par le premier;* car il est évident (74) qu'on aurait le quatrième terme en divisant le produit des deux extrêmes par le premier terme ; or ce produit est le même que celui des moyens ; donc on aura aussi le quatrième terme en divisant le produit des moyens par le premier terme.

Ainsi, si l'on demande quel serait le quatrième terme d'une proportion dont les trois premiers seraient 3, 8, 12 ; je multiplie 8 par 12, ce qui me donne 96 que je divise par 3 ; le quotient 32 est le quatrième terme demandé ; en sorte que 3, 8, 12, 32, forment une proportion : en effet, le premier rapport est, $\frac{3}{8}$ et le second est $\frac{12}{32}$ qui (89), en divisant les deux termes par 4, est aussi $\frac{3}{8}$.

Par un semblable raisonnement, on voit qu'on peut trouver tout autre terme de la proportion, lorsqu'on en connaît trois. *Si le terme qu'on veut trouver est un des extrêmes, il faudra multiplier les deux moyens, et diviser par l'extrême connu : si, au contraire, on veut trouver un des moyens, il faudra multiplier les deux extrêmes, et diviser par le terme moyen connu.*

180. Cette propriété de l'égalité entre le produit des extrêmes et celui des moyens ne peut appartenir qu'à quatre quantités en proportion géométrique. En effet, si l'on avait quatre quantités qui ne fussent point en proportion géométrique, en multipliant les conséquens par le rapport des deux premiers, il n'y aurait que le premier antécédent qui deviendrait égal à son conséquent. Par exemple, si l'on avait 3, 12, 5, 10, en multipliant les conséquens 12 et 10 par la raison $\frac{1}{4}$ des deux premiers termes 3 et 12, on aurait 3,3,5 $\frac{10}{4}$, dans lesquels il est évident que le produit des extrêmes ne peut être égal à celui des moyens; donc ces produits ne pourraient pas être égaux non plus, quand même on n'aurait pas multiplié les conséquens par la raison $\frac{1}{4}$. Il est visible que ce raisonnement peut s'appliquer à tous les cas.

Donc, *si quatre quantités sont telles que le produit des extrêmes soit égal au produit des moyens, ces quatre quantités sont en proportion.*

De là nous conclurons cette seconde propriété des proportions.

181. *Si quatre quantités sont en proportion, elles y seront encore si l'on met les extrêmes à la place des moyens, et les moyens à la place des extrêmes.*

182. La même chose aura lieu, c'est-à-dire que *la proportion subsistera si l'on échange les places des extrêmes ou celles des moyens.*

En effet, dans tous les cas, il est aisé de voir que ce produit des extrêmes sera toujours égal à celui des moyens.

Ainsi la proportion 3 : 8 :: 12 : 32 peut fournir toutes les proportions suivantes par la seule permutation de ses termes.

3 : 8 :: 12 : 32; 3 : 12 :: 8 : 32; 32 : 12 :: 8 : 3; 32 : 8 :: 12 : 3;
8 : 3 :: 32 : 12; 8 : 32 :: 3 : 12; 12 : 3 :: 32 : 8; 12 : 32 :: 3 : 8.

Et il en est de même de toute autre proportion.

183. Puisqu'on peut mettre le troisième terme à la place du second, et réciproquement, on doit en conclure *qu'on peut, sans troubler une proportion, multiplier ou diviser les deux antécédens par un même nombre; et qu'il en est de même à l'égard des conséquens;* car, en faisant cette permutation, les deux antécédens de la proportion donnée formeront le premier rapport, et les deux conséquens le second. Ainsi multiplier les deux antécédens de la première proportion, revient alors à multiplier les deux termes d'un rapport chacun par un même nombre, ce qui (170) ne change point ce rapport. Par exemple, si j'ai la proportion 3 : 7 :: 12 : 28, je puis, en divisant les deux antécédens par 3, dire 1 : 7 :: 4 : 28, parce que de la proportion 3 : 7 :: 12 : 28 on peut (182) conclure 3 : 12 :: 7 : 28, et en divisant les deux termes du premier rapport par 3, 1 : 4 :: 7 : 28, qui (182) peut être changée en 1 : 7 :: 4 : 28.

184. *Tout changement fait dans une proportion, de manière que la somme de l'antécédent et du conséquent, ou leur différence, soit comparée à l'antécédent ou au conséquent, de la même manière dans chaque rapport, formera toujours une proportion.*

Par exemple, si l'on a la proportion

12 : 3 :: 32 : 8,

on en pourra conclure les proportions suivantes :

12 *plus* 3 : 3 :: 32 *plus* 8 : 8,
ou 12 *moins* 3 : 3 :: 32 *moins* 8 : 8,
ou 12 *plus* 3 : 12 :: 32 *plus* 8 : 32,
ou 12 *moins* 3 : 12 :: 32 *moins* 8 : 32,

Car si c'est au conséquent que l'on compare, il est facile de voir que l'antécédent augmenté ou diminué du conséquent contiendra ce conséquent une fois de plus ou une fois de moins qu'auparavant ; et comme cette comparaison se fait de la même manière pour le second rapport, qui, par la nature de la proportion, est égal au premier, il s'ensuit nécessairement que les deux nouveaux rapports seront aussi égaux entre eux.

Si c'est à l'antécédent que l'on compare, le même raisonnement aura encore lieu, en concevant que dans la proportion sur laquelle on fait ce changement, on ait mis l'antécédent de chaque rapport à la place de son conséquent, et le conséquent à la place de l'antécédent ; ce qui est permis (181).

185. Puisqu'en mettant le troisième terme d'une proportion à la place du second, et réciproquement, il y a encore proportion (182), on doit conclure que les deux antécédens se contiennent l'un l'autre autant de fois que les conséquens se contiennent aussi l'un l'autre.

Donc, *la somme des deux antécédens de toute proportion contient la somme des deux conséquens, ou est contenue en elle autant qu'un des antécédens contient son conséquent, ou est contenu en lui.*

Par exemple, dans la proportion

12 : 3 : : 32 : 8

12 plus 32 : 3 plus 8 : : 32 : 8, ce qui est évident.

Mais, pour s'en convaincre généralement, il n'y a qu'à faire attention que si le premier antécédent contient le second quatre fois, par exemple, la somme des deux antécédens contiendra le second cinq fois ; et, par la même raison, la somme des conséquens contiendra le second conséquent cinq fois ; donc la somme des antécédens contiendra celle des conséquens, comme le quintuple d'un des antécédens contient le quintuple de son conséquent ; c'est-à-dire (170), comme un des antécédens contient son conséquent.

On prouverait de même que la différence des antécédens est à la différence des conséquens, comme un antécédent est à son conséquent.

186. Il est évident que la proposition qu'on vient de démontrer revient à celle-ci, si l'on a deux rapports égaux, par exemple, celui

de. . . . . 4 : 12
et celui de. . . . . 7 : 21
11 : 33

On aura encore le même rapport, en ajoutant antécédent à antécédent, et conséquent à conséquent.

Donc, *si l'on a plusieurs rapports égaux, la somme de tous les antécédens est à la somme de tous les conséquens, comme l'un des antécédens est à son conséquent.* Par exemple, si on a les rapports égaux 4 : 12 : : 7 : 21 : : 2 : 6, on peut dire que 4 *plus* 7 *plus* 2 sont à 12 *plus* 21 *plus* 6, comme 4 est à 12, ou comme 7 est à 21, etc.

Car, après avoir ajouté entre eux les antécédens des deux premiers rapports, et leur conséquens aussi entre eux, le nouveau rapport qui, selon ce qu'on vient de voir, sera le même que chacun des deux premiers, sera aussi le même que le troisième : par conséquent, on pourra l'ajouter de même avec celui-ci, et il en résultera encore le même rapport, et ainsi de suite.

187. On appelle *rapport composé* celui qui résulte de deux ou d'un plus grand nombre de rapports dont on multiplie les antécédens entre eux, et les conséquens entre eux. Par exemple, si l'on a les deux rapports 12 : 4 et 25 : 5, le produit des antécédens 12 et 25 sera 300, celui des conséquens 4 et 5 sera 20; le rapport de 300 à 20 est ce qu'on appelle rapport composé des rapports de 12 à 4, et de 25 à 5.

188. Ce rapport est le même que si l'on avait évalué séparément chacun des rapports composans, et qu'on eût multiplié entre eux les nombres qui expriment ces rapports. En effet, le rapport de 12 à 4 est 3, celui de 25 à 5 est 5 : or, 3 fois 5 font 15, qui est le rapport de 300 à 20; et l'on peut voir que cela est général, en faisant attention que le rapport est mesuré (168) par une fraction qui a l'antécédent pour numérateur, et le conséquent pour dénominateur : ainsi le rapport composé doit être

une fraction qui ait pour numérateur le produit des deux antécédens, et pour dénominateur le produit des deux conséquens; c'est donc (106) le produit des deux fractions qui expriment les rapports composans.

189. Si les rapports que l'on multiplie sont égaux, le rapport composé est dit *rapport doublé*, si l'on n'a multiplié que deux rapports; *rapport triplé*, si l'on en a multiplié trois; *quadruplé*, si l'on en a multiplié quatre, et ainsi de suite. Par exemple, si l'on multiplie le rapport de 2 à 3 par celui de 4 à 6 qui lui est égal, on aura le rapport composé 8 : 18 qui sera dit rapport *doublé* du rapport de 2 à 3, ou de 4 à 6.

190. *Si l'on a deux proportions, et qu'on les multiplie par ordre, c'est-à-dire, le premier terme de l'une par le premier terme de l'autre, le second par le second, et ainsi de suite, les quatre produits qui en résulteront seront en proportion.*

Car, en multipliant ainsi deux proportions, c'est multiplier deux rapports égaux par deux rapports égaux (172); donc les deux rapports composés qui en résultent doivent être égaux; donc les quatre produits doivent être en proportion (172).

191. Concluons de là que *les carrés, les cubes, et en général les puissances semblables de quatre quantités en proportion, sont aussi en proportion*, puisque, pour former ces puissances, il ne faut que multiplier la proportion par elle-même plusieurs fois de suite.

192. *Les racines carrées, cubiques, et en général les racines semblables de quatre quantités en proportion sont aussi en proportion;* car le rapport des racines carrées des deux premiers termes n'est autre chose que la racine carrée du rapport de ces deux termes (142 et 167); et il en est de même du rapport des racines carrées des deux derniers termes; donc puisque les deux rapports primitifs sont supposés égaux, leurs racines carrées sont égales; donc le rapport des racines carrées des deux premiers termes sera égal au rapport des racines carrées des deux derniers. On prouvera de même pour les racines cubiques, quatrièmes, etc.

Usage des Propositions précédentes.

193. Les propositions que nous venons de démontrer, et qu'on appelle les *Règles des proportions*, ont des applications continuelles dans toutes les parties des Mathématiques. Nous nous bornerons ici à celles qui appartiennent l'Arithmétique, et nous commencerons par celles qu'on peut faire de ce qui a été établi (179), et qui est la base de presque toutes les autres.

De la Règle de Trois *directe et simple.*

194. On distingue plusieurs sortes de règles de *Trois* : elles ont toutes pour objet de faire connaître un terme d'une proportion dont on en connaît trois.

Celle qu'on appelle *règle de Trois directe et simple* est nommée *simple*, parce que l'énoncé des questions auxquelles on l'applique ne renferme jamais plus de quatre quantités, dont trois sont connues, et la quatrième est à trouver.

On l'appelle *directe*, parce que des quatre quantités qu'on y considère, il y en a toujours deux qui, non-seulement sont relatives aux deux autres, mais qui en dépendent de manière que, de même qu'une des quantités contient l'autre, ou est contenue en elle, de même aussi la quantité relative à la première contient la quantité relative à la seconde, ou est contenue en elle; c'est-à-dire, d'une manière plus abrégée, qu'une quantité et sa relative peuvent toujours être, toutes deux, ou antécédens ou conséquens dans la proportion; ce qui n'a pas lieu dans la Règle de Trois inverse, comme nous le verrons dans peu.

La méthode pour trouver le quatrième terme d'une proportion, et par conséquent pour faire la règle de Trois directe et simple, est suffisamment exposée (179); mais il est à propos de faire connaître, par quelques exemples, l'usage qu'on peut faire de cette règle.

EXEMPLE I.

40 ouvriers ont fait, en un certain temps, 268 toises d'ou-

vrage ; on demande combien 60 ouvriers pourraient en faire dans le même temps.

Il est clair que le nombre des toises doit augmenter à proportion du nombre des ouvriers ; en sorte que celui-ci devenant double, triple, quadruple, etc., le premier doit devenir aussi double, triple, quadruple, etc. Ainsi l'on voit que le nombre de toises cherché doit contenir les 268 toises, autant que le nombre 60, relatif au premier, contient le nombre 40 relatif au second : il faut donc chercher le quatrième terme d'une proportion qui commencerait par ces trois-ci :

$$40 : 60 :: 268^{T} :$$

Ou, en divisant ces deux premiers termes par 20, ce qui est permis (170), par ces trois autres :

$$2 : 3 :: 268^{T} :$$

Ainsi, selon ce qui a été dit (179), je multiplie 268^{T} par 3, et je divise le produit 804 par 2 ; ce qui donne pour quotient 402^{T}, et par conséquent 402^{T} pour l'ouvrage que feraient les 60 ouvriers.

EXEMPLE II.

Un navire a fait, avec un même vent, 275 lieues en 3 jours ; on demande en combien de temps il en ferait 2000, toutes les autres circonstances demeurant les mêmes.

Il est évident qu'il faut plus de temps, à proportion du nombre de lieues, et que par conséquent le nombre de jours cherché doit contenir 3 jours, autant que 2000 lieues contiennent 275 lieues : il faut donc chercher le quatrième terme d'une proportion qui commence par ces trois-ci :

$$275 : 2000 :: 3 :$$

Multipliant 2000 par 3, et divisant le produit 6000 par 275, on aura 21 jours $\frac{9}{11}$.

EXEMPLE III.

$52^T\ 4^P\ 5^p$ d'ouvrage ont été payés $168^{\#}\ 9^ſ\ 4^{\mathfrak{d}}$; on demande combien on doit payer pour $77^T\ 1^P\ 8^p$.

Le prix de $77^T\ 1^P\ 8^p$ doit contenir le prix $168^{\#}\ 9^ſ\ 4^{\mathfrak{d}}$ des $52^T\ 4^P\ 5^p$, autant que $77^T\ 1^P\ 8^p$ doit contenir $52^T\ 4^P\ 5^p$. Il faut donc chercher le quatrième terme d'une proportion qui commencerait par ces trois-ci :

$$52^T\ 4^P\ 5^p : 77^T\ 1^P\ 8^p :: 168^{\#}\ 9^ſ\ 4^{\mathfrak{d}} :$$

C'est-à-dire qu'il faut multiplier $168^{\#}\ 9^ſ\ 4^{\mathfrak{d}}$ par $77^T\ 1^P\ 8^p$, et diviser le produit par $52^T\ 4^P\ 5^p$, ce qu'on peut faire par ce qui a été dit (122 et 128.)

Mais il sera encore plus simple de réduire les deux premiers termes à leur plus petite espèce, c'est-à-dire en pouces; et la question sera réduite à chercher le quatrième terme d'une proportion qui commencerait par ces trois autres :

$$3797 : 5564 :: 168^{\#}\ 9^ſ\ 4^{\mathfrak{d}} :$$

Alors multipliant $168^{\#}\ 9^ſ\ 4^{\mathfrak{d}}$ par 5564, on aura $937348^{\#}\ 10^ſ\ 8^{\mathfrak{d}}$, et divisant par 3797, le quotient $246^{\#}\ 17^ſ\ 3^{\mathfrak{d}}\ \frac{2789}{3797}$ sera ce qu'on doit payer pour les $77^T\ 1^P\ 8^p$.

S'il y avait des fractions, après avoir réduit les deux termes de même espèce à leur plus petite unité, comme dans cet exemple, on simplifierait le rapport de ces deux termes de la manière qui a été enseignée (171).

De la Règle de Trois *inverse et simple.*

195. La *règle de Trois inverse et simple* diffère de la règle de Trois directe, dont nous venons de parler, en ce que des quatre quantités qui entrent dans l'énoncé de la question pour laquelle on fait cette opération, les deux principales doivent se contenir l'une l'autre, dans un ordre tout opposé à celui des deux autres quantités qui leur sont relatives; en sorte que, lorsque par l'examen de la question, on a donné à ces quantités la disposition convenable pour former une proportion, l'une des quantités

principale et sa relative forment les extrêmes, et l'autre quantité principale avec sa relative, forment les moyens.

Au reste, cela n'introduit aucune différence dans la manière de faire l'opération; c'est toujours le quatrième terme d'une proportion qu'il s'agit de trouver, ou du moins on peut toujours amener la chose à ce point.

Quelques arithméticiens ont prescrit, pour le cas présent, une règle assujettie à l'énoncé de la question : nous ne suivrons point leur exemple; c'est la nature de la question, et non pas son énoncé (qui souvent est vicieux), qui doit diriger dans la résolution.

EXEMPLE I.

30 hommes ont fait un certain ouvrage en 25 jours : combien faudrait-il d'hommes pour faire le même ouvrage en 10 jours?

On voit qu'il faut, dans ce second cas, d'autant plus d'hommes que le nombre de jours est moindre; ainsi le nombre d'hommes cherché doit contenir le nombre 30 d'hommes, autant que le nombre 25 de jours, relatif à ceux-ci, contient le nombre 10 de jours, relatif à ceux-là. Il ne s'agit donc que de trouver le quatrième terme d'une proportion qui commencerait par ces trois-ci :

$$10_j : 25_j :: 30_{ho} :$$

c'est-à-dire de multiplier 30 par 25, et de diviser le produit 750 par 10; ce qui donne 75 ou 75 hommes.

EXEMPLE II.

Un équipage n'a plus que pour 15 jours de vivres; mais les circonstances doivent encore lui faire tenir la mer pendant 20 jours; on demande à combien on doit réduire la totalité des rations par jour.

Représentons par l'unité la totalité des vivres que l'on consomme par jour; on voit que ce à quoi on doit se restreindre doit être d'autant moindre que cette unité, que le nombre 20 des jours pendant lesquels cette économie doit durer, est plus grand que le nombre 15 de jours; que par conséquent, de même que 20 jours contiennent 15 jours, de même la totalité des vivres que l'on aurait consommés pendant chacun de ces quinze jours, doit contenir celle des vivres que l'on consommera pendant chacun des 20 jours; il faut donc chercher le quatrième terme d'une proportion qui commencerait par les trois suivans :

$$20j : 15j :: 1 :$$

Ce quatrième terme sera $\frac{15}{20}$ ou $\frac{3}{4}$; il faut donc se réduire aux $\frac{3}{4}$ de ce qu'on aurait consommé par jour.

De la Règle de Trois *composée.*

196. Dans les deux règles de Trois que nous venons d'exposer, la quantité cherchée et la quantité de même espèce qui entre dans l'énoncé de la question, ont entre elles un rapport simple et déterminé par celui des deux autres quantités qui entrent pareillement dans l'énoncé de la question.

Dans la règle de Trois composée, le rapport de la quantité cherchée à la quantité de même espèce qui entre dans l'énoncé de la question, n'est pas donné par le rapport simple de deux autres quantités seulement, mais par plusieurs rapports simples qu'il s'agit de composer (187) d'après l'examen de la question.

Quand une fois ces rapports ont été composés, la règle est réduite à une règle de Trois simple; les exemples suivans vont éclaircir ce que nous disons.

EXEMPLE I.

30 hommes ont fait 132 toises d'ouvrage en 18 jours; combien 54 hommes en feront-ils en 28 jours?

On voit que l'ouvrage dépend ici non-seulement du nombre des hommes, mais encore du nombre des jours.

Pour avoir égard à l'un et à l'autre, il faut considérer que 30 hommes travaillant pendant 18 jours ne font qu'autant que 18 fois 30 hommes, c'est-à-dire, que 540 hommes qui travailleraient pendant un jour.

Pareillement, 54 hommes travaillant pendant 28 jours ne font qu'autant que feraient 28 fois 54 hommes, ou 1512 hommes travaillant pendant un jour.

La question est donc changée en celle-ci : 540 hommes ont fait 132 toises d'ouvrage, combien 1512 hommes en feraient-ils dans le même temps ? c'est-à-dire qu'il faut chercher le quatrième terme d'une proportion qui commence par ces trois-ci :

$$540^h : 1512^h :: 132 :$$

Multipliant 1512 par 132, et divisant le produit par 540, on trouvera pour réponse à la question $369^T\ 3^p\ 7^p\ 2^l\ \frac{2}{5}$.

EXEMPLE II.

Un homme, marchant 7 heures par jour, a mis 30 jours à faire 230 lieues ; s'il marchait 10 heures par jour, combien emploierait-il de jours pour faire 600 lieues, allant toujours avec la même vitesse ?

S'il marchait pendant le même nombre d'heures par jour, dans chaque cas, on voit qu'il emploierait d'autant plus de jours qu'il a plus de chemin à faire ; mais comme il marche pendant un plus grand nombre d'heures chaque jour, dans le second cas, il lui faudra moins de temps par cette raison ; ainsi l'opération tient en partie à la règle de Trois directe et à la règle de Trois inverse.

On la réduira à une règle de Trois simple, en considérant que marcher pendant 30 jours, et employer 7 heures chaque jour, c'est marcher pendant 30 fois 7 heures, ou 210 heures ; ainsi on peut changer la question en cette autre : il fallu 210 heures pour faire 230 lieues ; combien en faudra-t-il pour faire 600 lieues ? Quand on aura trouvé le nombre d'heures qui satisfait à cette question, en le divisant par 10, on aura le nombre de jours demandé, puisque l'homme dont il s'agit emploie 10 heures par jour.

Ainsi il faut chercher le quatrième terme de la proportion, dont les 3 premiers sont :

$$230^l : 600^l :: 210^h :$$

On trouvera que ce quatrième terme est 547 heures et $\frac{19}{23}$, lesquelles divisées par 10, nombre des heures que cet homme emploie chaque jour, donnent 54 jours et $\frac{180}{230}$ ou $54^j \frac{18}{23}$.

De la Règle de Société.

197. La règle de Société est ainsi nommée, parce qu'elle sert à partager entre plusieurs associés le bénéfice ou la perte résultant de leur société.

Son but est de partager un nombre proposé en parties qui aient entre elles des rapports donnés.

La règle que l'on donne pour cet effet est fondée sur ce que nous avons établi (186) : nous allons la déduire de ce principe, dans l'exemple suivant :

EXEMPLE I.

Supposons, par exemple, qu'il s'agisse de partager 120 en trois parties qui aient entre elles les mêmes rapports que les nombre 4, 3, 2; l'énoncé de la question fournit ces deux proportions :

4 : 3 : : la 1re. partie : la 2e.,
4 : 2 : : la 1re. partie : la 3e.;

ou (182) ces deux autres :

4 : la 1re. partie : : 3 : la 2e.,
4 : la 1re. partie : : 2 : la 3e.

De sorte qu'on a ces trois rapports égaux

4 : la 1re. partie : : 3 : la 2e. : : 2 : la 3e.

Or on a vu (186) que la somme des antécédens de plusieurs rapports égaux est à la somme des conséquens, comme un antécédent est à son conséquent : on peut donc dire ici que la somme 9 des trois parties proportionnelles à celles que l'on cherche est à la somme 120 de celles-ci, comme l'une quelconque des trois parties proportionnelles est à la partie de 120 qui lui répond.

La règle se réduit donc, 1°. à faire une totalité des parties proportionnelles données ; 2°. à faire autant de règles de Trois qu'il y a de parties à trouver, et dont chacune aura, pour premier terme, la somme des parties proportionnelles données ; pour second terme, le nombre proposé à diviser ; et pour troisième terme, l'une des parties proportionnelles données : ainsi, dans la question que nous avons prise pour exemple, on aurait ces trois règles de Trois à faire,

$$9 : 120 :: 4 :$$
$$9 : 120 :: 3 :$$
$$9 : 120 :: 2 :$$

dont on trouvera (179) que les quatrièmes termes sont $53\frac{1}{3}$, 40, $26\frac{2}{3}$ qui ont entre eux les rapports demandés, et qui composent en effet le nombre 120.

Mais il est aisé de remarquer qu'il n'est pas absolument nécessaire de faire autant de règles de Trois qu'il y a de parties à trouver ; on peut se dispenser de la dernière, en retranchant du nombre proposé la somme des autres parties, quand on les a trouvées.

EXEMPLE II.

Trois personnes ont à partager le bénéfice de la prise d'un vaisseau. La première a fait un fonds de 20000#; la seconde, de 60000#; la troisième, de 120000# : on demande combien il revient à chacun sur la prise estimée 800000#, tous frais faits.

On voit qu'il s'agit de partager 800000# en parties qui aient entre elles les mêmes rapports que 20000#, 60000#, 120000#, ou (170) que 2, 6, 12, puisque chacun doit avoir proportionnellement à sa mise ; il faut donc ajouter les trois parties proportionnelles 2, 6, 12, et faire les trois proportions suivantes, ou seulement deux.

20 : 800000 :: 2# : la 1re. partie,
20 : 800000 :: 6# : la 2e. partie,
20 : 800000 :: 12# : la 3e. partie.

Ces trois parties seront 80000#, 240000#, 480000#.

La question pourrait être plus compliquée, et cependant être ramenée aux mêmes principes, comme dans l'exemple qui suit.

EXEMPLE III.

Trois personnes ont mis en société, la première, 3000#, qui ont été pendant six mois dans la société; la seconde 4000#, qui y ont été pendant cinq mois, et la troisième 8000#, qui y ont resté pendant neuf mois; combien chacun doit-il avoir sur le bénéfice, qui monte à 12050# ?

On réduira toutes les mises à un même temps, en cette manière :

La mise de 3000# a dû produire pendant six mois autant que 6 fois 3000#, ou 18000# pendant un mois.

La mise de 4000# a dû produire pendant cinq mois autant que cinq fois 4000# ou 20000# pendant un mois.

Enfin la mise de 8000# a dû produire en neuf mois autant que 9 fois 8000# ou 72000# pendant un mois.

Ainsi la question est réduite à cette autre : les mises de trois associés sont 18000#, 20000#, 72000#, combien revient-il à chacun sur le gain de 12050. ?

En procédant comme dans l'exemple ci-dessus, on trouvera

1971# 16ſ 4ð $\frac{4}{11}$, 2190# 18ſ 2ð $\frac{2}{11}$, 7887# 5ſ 5ð $\frac{5}{11}$.

Remarque au sujet de la Règle précédente.

198. Il n'est pas inutile d'examiner un cas qui peut embarrasser les commençans. Si l'on proposait cette question : partager 650 en trois parties, dont la 1re. soit à la 2e. : : 5 : 4, et dont la 1re. soit à la 3e. : : 7 : 3.

On ne peut pas appliquer ici la règle précédente sans une préparation qui consiste à rendre la même, dans chaque rapport donné, la partie proportionnelle de l'une des trois parts cherchées; par exemple, celle de la première. Cela s'exécute aisément, en multipliant les deux termes de chaque rapport par le premier terme de l'autre rapport ; ainsi les deux rapports 5 : 4 et 7 : 3, seront ramenés à avoir un même premier terme, en multipliant les deux termes du premier par 7, et les deux termes du second par 5, ce qui n'en change pas la valeur (170) et donne les rapports 35 : 28 et 35 : 15 ; en sorte que la question se réduit à partager 650 en trois parties qui soient entre elles comme les nombres 35, 28 et 15 ; ce qui se fera aisément par la règle précédente.

Si l'on demandait de partager un nombre en quatre parties, dont la première fût à la seconde : : 5 : 4, la première à la troisième : : 9 : 5, et la première à la quatrième : : 7 : 3, on réduirait ces rapports à avoir un même premier terme, en multipliant les deux termes de chacun par le produit des premiers termes des deux autres ; ainsi, dans cet exemple, on changerait ces trois rapports en ces trois autres, 315 : 252, 315 : 175, 315 : 135 ; en sorte que la question se réduit à partager le nombre proposé en quatre parties qui soient entre elles comme les nombres 315, 252, 175 et 135.

De quelques autres Règles dépendantes des Proportions.

* 199. Quoique les règles suivantes soient d'un usage moins fréquent que les précédentes, nous ne pouvons cependant les omettre absolument : outre qu'elles ne sont pas sans utilité par elles-mêmes, elles sont d'ailleurs propres à faire sentir l'étendue des usages des proportions.

200. La première dont nous parlerons est la Règle *d'une fausse position*. On l'applique souvent à résoudre des questions qui appartiennent à la règle de Société, dont elle diffère en ce qu'au lieu de prendre les parties proportionnelles telles qu'elles sont données par l'énoncé de la question, elle en prend une arbitrairement, et y subordonne les autres conformément à la question, ce qui rend le calcul un peu plus facile.

EXEMPLE I.

Partager 640# entre trois personnes, dont la seconde ait le quadruple de la première, et la troisième deux fois et $\frac{1}{3}$ autant que les deux autres ensemble

Je prends arbitrairement, pour représenter la première partie, le nombre 3 dont je puis prendre commodément le $\frac{1}{3}$.

La première partie étant 3, la seconde sera 12, et la troisième sera 35.

La question est réduite à partager 640 en trois parties, qui soient entre elles comme les trois nombres 3, 12 et 35, ce qui se fera comme il a été dit (197).

La règle d'une fausse position sert aussi à résoudre des questions qui sont, en quelque façon, l'inverse de celles de la règle de Société, puisqu'il s'agit de revenir de la somme de quelques parties d'un nombre à ce nombre même, comme dans l'exemple qui suit.

EXEMPLE II.

On demande de trouver un nombre dont le $\frac{1}{3}$, le $\frac{1}{5}$ et les $\frac{3}{7}$, fassent 808. Je prends un nombre dont je puisse avoir commodément le $\frac{1}{3}$, le $\frac{1}{5}$ et le $\frac{1}{7}$ (ce qui est facile en multipliant les trois dénominateurs). Ce nombre sera 105; j'en prends le $\frac{1}{3}$ qui est 35, le $\frac{1}{5}$ qui est 21, et les $\frac{3}{7}$ qui sont 45; j'ajoute ces trois nombres, et j'ai 101, qui est composé des parties de 105, de la même manière que 808 l'est de celles du nombre en question : donc le nombre en question doit avoir même rapport à 808, que 105 à 101; il doit donc être le quatrième terme d'une proportion qui commencerait par ces trois-ci :

$$101 : 105 :: 808 :$$

Ce quatrième terme est 840, dont 808 renferme en effet le $\frac{1}{3}$, le $\frac{1}{5}$ et les $\frac{3}{7}$.

201. La seconde règle dont nous parlerons est celle des deux fausses positions. Elle sert dans les questions où il s'agit de partager, non pas le nombre même proposé, mais seulement une partie de ce nombre, en parties proportionnelles à des nombres donnés; l'exemple suivant fera connaître la règle et son usage.

EXEMPLE.

Il s'agit de partager 6954# entre trois personnes, de manière que la seconde ait autant que la première, et 54# de plus, et que la troisième ait autant que les deux autres ensemble, et 78# de plus.

Sans les 54# et les 78#, il est clair qu'il ne s'agirait que de partager le nombre proposé en parties proportionnelles aux nombres 1, 1 et 2; mais puisqu'il faut prélever sur la somme, 54# pour la seconde personne et 54# plus 78# pour la troisième, il est évident qu'il n'y a qu'une partie du nombre proposé qu'on doit partager en parties proportionnelles à 1, 1 et 2 : comme cette partie, qui est facile à trouver dans l'exemple actuel, peut être plus difficile à apercevoir dans d'autres circonstances, on suit la méthode que voici :

Supposons, pour la première part, tel nombre que nous voudrons, par exemple, 1#, la seconde part sera 1# plus 54#, c'est-à-dire 55#; et la troisième sera 1# plus 55# plus 78#; c'est-à-dire 134# : la totalité de ces parts est 190#.

S'il n'eût été question que de partager en parties proportionnelles à 1, 1 et 2; la première part étant toujours supposée 1#, la seconde serait 1#, la troisième serait 2#, et la totalité serait 4#, dont la différence avec 190#, c'est-à-dire 186# est ce qu'il faut prélever sur la somme proposée 6954#, ce qui la réduit à 6768# ; il reste donc à partager 6768# en parties proportionnelles à 1, 1 et 2, selon les règles ci-dessus; et ayant trouvé que la première partie est 1692#, on en conclut que les deux autres parts demandées sont 1746# et 3516# ; en effet, la totalité de ces trois parts est 6954#.

202. On trouve encore chez les Arithméticiens plusieurs autres règles qui ne sont autre chose que l'application des règles de Trois, à différentes questions, telles que les questions d'*Intérêt*, de *Change*, d'*Escompte*, etc.

Nous n'entrerons pas dans ces détails qui ne peuvent avoir de difficulté pour ceux qui, ayant bien saisi les principes établis ci-dessus, auront en même temps l'état de la question présent à l'esprit. Nous nous bornerons à un seul exemple.

Une personne a fait à un marchand un billet de 2854#, payable dans un an ; elle vient acquitter son billet au bout de 7 mois, et le marchand consent de diminuer pour les 5 mois restans les intérêts qui ont été compris dans le billet, à raison de 6 pour cent pour 12 mois ; on demande pour quelle somme le marchand doit rendre le billet.

Puisque 12 mois produisent 6 pour 100 d'intérêt, 7 mois ont dû produire un intérêt qu'on trouvera en cherchant le quatrième terme d'une proportion, dont les trois premiers sont :

$$12 : 7 :: 6 :$$

Ce quatrième terme sera $\frac{42}{12}$ ou $3\frac{1}{2}$. Or, quand l'intérêt a été pris à 6 pour 100, on a compté pour 106# ce qui ne valait que 100#, donc quand l'intérêt est à $3\frac{1}{2}$, on compte pour $103\frac{1}{2}$, ce qui ne vaut que 100 ; il faut donc actuellement que ce qui devait être payé 106 ne soit plus payé que $103\frac{1}{2}$. Ainsi la somme cherchée doit être le quatrième terme d'une proportion dont les trois premiers sont

$$106 : 103\frac{1}{2} :: 2854 :$$

Ce quatrième terme est 2786 13^{s} 9^{d} $\frac{30}{106}$ ou $\frac{15}{53}$, c'est la somme que le débiteur doit donner pour retirer son billet.

De la Règle d'Alliage.

203. Les questions qui appartiennent à cette règle sont de deux sortes.

Dans l'une, il s'agit de trouver la valeur moyenne de plusieurs sortes de choses, dont le nombre et la valeur particulière de chacune sont connus.

Dans la seconde, il s'agit de connaître les quantités de chaque espèce de choses qui entrent dans un ou plusieurs mélanges, lorsqu'on connaît le prix ou la valeur de chaque espèce, et le prix ou la valeur totale de chaque mélange.

Nous réservons les questions de la seconde sorte pour l'Algèbre.

Quant aux questions de la première, voici la règle pour les résoudre.

Multipliez la valeur de chaque espèce de choses, par le nombre des choses de cette espèce, ajoutez tous les produits et divisez la somme par le nombre total des choses de toutes les espèces.

EXEMPLE.

On emploie 200 ouvriers, dont 50 sont payés à raison de 40 sous par jour; 70 à raison de 30 sous; 50 à raison de 25 sous, et 30 à raison de 20 sous : à combien chaque ouvrier revient-il par jour, l'un portant l'autre?

50 ouvriers, à 40 sous par jour, font une dépense

de.	2000^{s}
70 à 30^{s}.	2100
50 à 25.	1250
30 à 20.	600
	5950^{s}

La dépense de 200 ouvriers est donc de 5950^{s} par jour, et par conséquent (en divisant par 200), chaque ouvrier revient, l'un portant l'autre, à $29^{s}\ 9^{d}$ par jour. Les autres questions de cette espèce sont si faciles à résoudre d'après cet exemple, que nous croyons à propos de ne pas insister sur cette matière.

Des Progressions arithmétiques.

204. La progression arithmétique est une suite de termes dont chacun surpasse celui qui le précède, ou en est surpassé, de la même quantité.

Par exemple cette suite....

$$\div 1 . 4 . 7 . 10 . 13 . 16 . 19 . 22 . 25 . \text{ etc.}$$

est une progression arithmétique, parce que chaque terme y surpasse celui qui le précède, d'une même quantité qui est ici 3.

Les deux points séparés par une barre qu'on voit ici à la tête de la progression, sont destinés à marquer qu'en énonçant cette progression, on doit répéter chaque terme, excepté le premier et le dernier, en cette manière, 1 *est à* 4, *comme* 4 *est à* 7, *comme* 7 *est à* 10, etc.

La progression est dite *croissante* ou *décroissante*, selon que les termes vont en augmentant ou en diminuant ; mais comme les propriétés de l'une et de l'autre sont les mêmes, en changeant seulement les mots *plus* en *moins*, *ajouter* en *soustraire*, nous la considérerons ici uniquement comme croissante.

205. On voit donc, d'après la définition de la progression arithmétique, qu'avec le premier terme et la différence commune, ou la raison de la progression, on peut faire tous les autres termes, en ajoutant consécutivement cette raison ; et que, par conséquent :

Le second terme est composé du premier, plus la raison.

Le troisième est composé du second, plus la raison ; et par conséquent du premier, plus deux fois la raison.

Le quatrième est composé du troisième, plus la raison ; et par conséquent du premier, plus trois fois la raison ; et ainsi de suite.

206. De sorte qu'on peut dire, en général, qu'*un terme quelconque d'une progression arithmétique est composé du premier, plus autant de fois la raison qu'il y a de termes avant lui.*

207. Donc si le premier terme était zéro, tout autre terme de la progression serait égal à autant de fois la raison qu'il y aurait de termes avant lui.

208. Ce principe peut avoir les deux applications suivantes :

1°. Il sert à trouver un terme quelconque d'une progression sans qu'on soit obligé de calculer ceux qui le précèdent. Qu'on demande, par exemple, quel serait le 100e. terme de cette progression :

$$\div 4 . 9 . 14 . 19 . 24 . \text{ etc.}$$

Puisque le terme cherché doit être le centième, il y a donc 99 termes avant lui; il est donc composé du premier terme 4 et de 99 fois la raison 5, il est donc 4 plus 495, c'est-à-dire 499.

209. 2°. Ce même principe sert à lier deux nombres quelconques par une suite de tant d'autres nombres qu'on voudra, de manière que le tout forme une progression arithmétique; ce qu'on appelle *insérer* entre deux nombres donnés plusieurs *moyens proportionnels arithmétiques*, ou simplement plusieurs *moyens arithmétiques*.

Par exemple, on peut lier 1 et 7 par 5 nombres qui fassent une progression arithmétique avec 1 et 7; ces nombres sont 2, 3, 4, 5, 6; mais comme il n'est pas toujours aisé de voir, du premier coup d'œil, quels doivent être ces nombres, voici comment on peut les trouver à l'aide du principe que nous venons de poser.

Il ne s'agit que de trouver la raison qui doit régner dans cette progression.

Or le plus grand des deux nombres proposés devant être le dernier terme de la progression, doit être composé du premier, c'est-à-dire du plus petit de ces deux nombres, plus autant de fois la raison qu'il y a de termes avant lui; donc si du plus grand de ces deux nombres on retranche le plus petit, le reste sera composé d'autant de fois la raison qu'il doit y avoir de termes avant le plus grand, c'est-à-dire qu'il est le produit de la multiplication de cette raison par le nombre des termes qui précèdent le plus grand : donc (74) si l'on divise ce reste par le nombre des termes qui doivent précéder le plus grand, on aura cette raison.

Or le nombre des termes qui doivent précéder le plus grand est plus grand d'une unité que le nombre des moyens qu'on veut insérer entre les deux : donc, *pour insérer entre deux nombres donnés autant de moyens arithmétiques qu'on voudra, il faut retrancher le plus petit de ces deux nombres, du plus grand, et diviser le reste par le nombre des moyens augmenté d'une unité.*

Le quotient sera la différence ou la raison qui doit régner dans la progression.

Par exemple, si entre 4 et 11 on demande d'insérer 8 moyens arithmétiques, je retranche 4 de 11, il me reste 7 que je divise par 9, nombre des moyens augmenté de l'unité ; le quotient $\frac{7}{9}$ est la différence qui doit régner dans la progression, qui sera par conséquent :

$$\div\ 4.4\frac{7}{9}.5\frac{5}{9}.6\frac{3}{9}.7\frac{1}{9}.7\frac{8}{9}.8\frac{6}{9}.9\frac{4}{9}.10\frac{2}{9}.11.$$

Pareillement, si l'on demandait neuf moyens arithmétiques entre 0 et 1, retranchant 0 de 1, il reste 1 qu'il faudrait diviser par 10, nombre des moyens augmenté de l'unité, ce qui donne $\frac{1}{10}$ ou 0, 1 pour la raison. Et par conséquent la progression sera

$$\div\ 0.0,\ 1.0,\ 2.0,\ 3.0,\ 4.0,\ 5.0,\ 6.0,\ 7.0,\ 8.0,\ 9.\ 1.$$

210. On voit par-là qu'entre deux nombres, si voisins qu'ils puissent être l'un de l'autre, on peut toujours insérer tant de moyens arithmétiques qu'on voudra.

Nous n'en dirons pas davantage sur les progressions arithmétiques que nous ne traitons ici que par rapport aux logarithmes dont nous parlerons plus bas ; nous aurons occasion d'y revenir ailleurs.

Des Progressions géométriques.

211. La progression géométrique est une suite de termes dont chacun contient celui qui le précède, ou est contenu en lui, le même nombre de fois. Par exemple, cette suite :

$$\because\!\because\ 3 : 6 : 12 : 24 : 48 : 96 : 192$$

est une progression géométrique, parce que chaque terme contient celui qui le précède, le même nombre de fois qui y est ici 2.

Ce nombre de fois est ce qu'on appelle *la raison* de la progression.

Les quatre points qui précèdent la progression ont la même signification que les deux points qui précèdent la progression arithmétique (204). Mais on en met quatre pour avertir que la progression est géométrique.

La progression est dite *croissante* ou *décroissante*, selon que les termes vont en augmentant ou en diminuant.

Nous considérerons toujours la progression géométrique comme croissante, parce que les propriétés sont les mêmes dans l'une et dans l'autre, en changeant le mot de *multiplier* en celui de *diviser*, et celui de *contenir* en celui de *être contenu*.

Puisque le second terme contient le premier autant de fois qu'il y a d'unités dans la raison, il est donc composé du premier multiplié par la raison.

Puisque le troisième terme contient le premier autant de fois qu'il y a d'unités dans la raison, il est donc composé du second multiplié par la raison, et par conséquent du premier multiplié par la raison, et encore multiplié par la raison ; c'est-à-dire, du premier multiplié par le carré, ou la seconde puissance de la raison.

Puisque le quatrième terme contient le troisième autant de fois qu'il y a d'unités dans la raison, il est donc composé du troisième multiplié par la raison, et par conséquent du premier multiplié par le carré de la raison, et encore multiplié par la raison ; c'est-à-dire, multiplié par le cube, ou la troisième puissance de la raison.

Par exemple, dans la *progression ci-dessus*, 6 est composé du premier terme 3 multiplié par la raison 2 ; 12 est composé du premier terme 3 multiplié par le carré 4 de la raison 2 ; 24 est composé du premier terme 3 multiplié par le cube 8 de la raison 2.

212. En continuant le même raisonnement, on voit qu'*un terme quelconque de la progression géométrique est composé du premier multiplié par la raison élevée à une puissance marquée par le nombre des termes qui précèdent ce terme quelconque.*

Donc, si le premier terme de la progression est l'unité, chaque autre terme sera formé de la raison même élevée à une puissance marquée par le nombre des termes qui le précèdent, car la multiplication par le premier terme qui est l'unité, n'augmente point le produit.

Pour élever un nombre à une puissance proposée, à la septième, par exemple, il faut, suivant l'idée que nous avons donnée des puissances, multiplier ce nombre par lui-même six fois consécutives. Ainsi, pour élever 2 à la septième puissance, je dirai 2 fois 2 font 4, 2 fois 4 font 8, 2 fois 8 font 16, 2 fois 16 font 32, 2 fois 32 font 64, 2 fois 64 font 128, ce qui serait la septième puissance de 2 ; mais on peut abréger l'opération en diverses manières; par exemple, je puis d'abord carrer 2, ce qui fait 4 ; cuber 4 ce qui donne 64, et multiplier 64 par 2, ce qui fait 128 ; ou bien je puis cuber 2, ce qui donne 8 ; carrer 8, ce qui donne 64, et multiplier 64 par 2, ce qui donne 128 ; en un mot, peu importe de quelle façon on s'y prenne, pourvu que 2 se trouve 7 fois facteur dans le produit.

213. Le principe que nous venons de poser (212) sur la formation d'un terme quelconque d'une progression, et la remarque que nous venons de faire, peuvent servir à calculer tel terme qu'on voudra de la progression, sans être obligé de calculer ceux qui le précèdent. Si l'on demande, par exemple, quel serait le douzième terme de la progression

$$\div\div 3 : 6 : 12 : 24 : \text{etc.}$$

Comme je sais (212) que ce douzième terme doit être composé du premier, multiplié par la raison élevée à une puissance marquée par le nombre des termes qui précèdent ce douzième, je vois que, pour le former, il faut multiplier 3 par la onzième puissance de la raison 2. Pour former cette onzième puissance, je cube 2, ce qui me donne 8 ; je cube 8, ce qui me donne 512 pour la neuvième puissance, et enfin je multiplie 512, neuvième puissance de la raison, par 4, seconde puissance, et j'ai 2048 pour la onzième puissance de 2 ; je multiplie donc 2048 par 3, et j'ai 6144 pour le douzième terme de la progression.

214. Une autre application qu'on peut faire du même principe, c'est pour trouver tant de moyens proportionnels géométriques qu'on voudra entre deux nombres donnés. Si l'on demandait trois moyens géométriques entre 4 et 64 ; avec un peu

d'attention, on voit que ces trois moyens géométriques sont 8, 16, 32. En effet, ∺ 4 : 8 : 16 : 32 : 64 forment une progression géométrique ; mais si l'on proposait d'autre nombre que 4 et 64, ou que l'on demandât tout autre nombre de moyens géométriques, on ne les trouverait pas aussi facilement.

Or, voici comment on peut les trouver en vertu du principe dont il s'agit.

La question se réduit à trouver la raison qui doit régner dans la progression, parce que, quand elle sera trouvée, on formera aisément les termes par des multiplications successives par cette raison.

Qu'il soit question, par exemple, de trouver neuf moyens géométriques entre 2 et 2048.

2048 sera donc le dernier terme d'une progression géométrique qui commencerait par 2, et qui doit avoir neuf termes entre le premier et le dernier, 2048 est donc composé du premier terme 2 multiplié par la raison élevée à une puissance marquée par le nombre des termes qui doivent précéder 2048; donc (69) si l'on divise 2048 par le premier terme, le quotient sera la raison élevée à une puissance marquée par le nombre des termes qui doivent précéder 2048 ; donc en cherchant quelle est la racine de cette puissance, on aura la raison : or cette puissance doit être la dixième, puisque devant y avoir neuf termes entre 2 et 2048, il y en a nécessairement dix avant 2048 ; donc il faut extraire la racine dixième du quotient qu'aura donné le plus grand nombre 2048 divisé par le plus petit 2.

215. comme on peut faire le même raisonnement dans tous les cas, concluons donc en général que, *pour insérer entre deux nombres donnés tant de moyens géométriques qu'on voudra, il faut diviser le plus grand de ces deux nombres par le plus petit, ce qui donnera un quotient; on extraira de ce quotient une racine du degré marqué par le nombre des moyens augmenté de l'unité.*

Ainsi, pour revenir à notre exemple, je divise 2048 par 2,

ce qui me donne 1024, dont je cherche la racine dixième (*), elle est 2; donc la raison est 2. Ainsi, pour former les moyens en question, je multiplie le premier terme 2 continuellement par la raison 2; et après avoir formé neuf moyens, je retombe sur 2048, comme on le voit ici :

$$\div 2 : 4 : 8 : 16 : 32 : 64 : 128 : 256 : 512 : 1024 : 2048.$$

Pareillement, si l'on demandait de trouver quatre moyens géométriques entre 6 et 48, je diviserais 48 par 6, et du quotient 8 je tirerais la racine cinquième; comme 8 n'a pas de racine cinquième exacte, on ne peut jamais assigner exactement en nombres quatre moyens géométriques entre 6 et 48; mais on peut approcher de cette racine si près qu'on le voudra, par une méthode analogue à celles de la racine carrée et de la racine cubique, et que nous ferons connaître dans l'Algèbre. En attendant, il suffit qu'on conçoive qu'il est possible de trouver un nombre qui, multiplié quatre fois de suite par lui-même, approche de plus en plus de reproduire 8; et qu'il en est de même pour tout autre nombre et pour tout autre racine; de là nous conclurons qu'entre deux nombres quelconques, on peut toujours trouver tant de moyens géométriques qu'on voudra, soit exactement, soit par une approximation poussée à tel degré qu'on voudra, et c'est tout ce qu'il nous faut pour passer aux logarithmes.

Des Logarithmes.

216. Les *Logarithmes* sont des nombres en progression arith-

(*) Nous n'avons pas donné de méthode pour extraire la racine dixième d'un nombre, mais il en est de celle-ci comme de la racine carrée et de la racine cubique : la racine carrée ne doit avoir qu'un chiffre, lorsque le nombre proposé n'en a pas plus de 2; la racine cubique ne doit avoir qu'un chiffre, lorsque le nombre proposé n'en a pas plus de trois; pareillement la racine dixième n'aura jamais qu'un chiffre, tant que le nombre proposé n'en aura pas plus de dix : il en est de même pour les autres racines; la trentième, par exemple, n'aura qu'un chiffre, si le nombre proposé n'a pas plus de trente chiffres; cela se démontre comme on l'a fait pour la racine carrée et la racine cubique.

métique, qui répondent, terme pour terme, à une pareille suite de nombres en progression géométrique. Si l'on a, par exemple, la progression géométrique et la progression arithmétique suivantes :

$$\div 2 : 4 : 8 : 16 : 32 : 64 : 128 : 256, \text{ etc.}$$
$$\div 3 . 5 . 7 . 9 . 11 . 13 . 15 . 17, \text{ etc.},$$

chaque terme de la suite inférieure est dit le logarithme du terme qui est à pareille place dans la suite supérieure.

217. Un même nombre peut donc avoir une infinité de logarithmes différens, puisqu'à la même progression géométrique on peut faire correspondre une infinité de progressions arithmétiques différentes. Comme nous ne considérons ici les logarithmes que par rapport à l'usage qu'on peut en faire dans les calculs numériques, nous ne nous arrêterons pas à considérer les différentes progressions géométriques et arithmétiques qu'on pourrait comparer entre elles ; nous passons tout de suite à celles qu'on a considérées dans la formation des Tables de Logarithmes.

218. On a choisi pour progression géométrique la progression décuple, et pour progression arithmétique, la suite naturelle des nombres, c'est-à-dire qu'on a choisi les deux progressions suivantes :

$$\div 1 : 10 : 100 : 1000 : 10000 : 100000 : 1000000, \text{ etc.}$$
$$\div 0 . 1 . 2 . 3 . 4 . 5 . 6, \text{ etc.}$$

219. Ainsi, il sera toujours aisé de reconnaître quel est le logarithme de l'unité suivie de tant de zéro qu'on voudra ; il a toujours autant d'unités qu'il y a de zéro à la suite de cette unité.

Nous n'enseignerons pas ici la méthode qu'on a suivie pour trouver les logarithmes des termes intermédiaires de la progression décuple ; elle dépend de principes que nous ne pouvons exposer ici ; mais nous allons expliquer cette formation par une voie qui, à la vérité, ne serait pas la plus expéditive pour calculer ces logarithmes, mais qui suffit, tant pour concevoir cette formation que pour rendre raison des usages auxquels on emploie ces nombres artificiels.

220. D'après la définition que nous avons donnée des logarithmes, on voit que pour avoir le logarithme d'un nombre quelconque, de 3, par exemple, il faut que ce nombre puisse faire partie de la progression géométrique fondamentale. Or, quoiqu'on ne voie pas que trois puisse faire partie de la progression géométrique ∺ 1 : 10 : 100, etc.; cependant on conçoit que si, entre 1 et 10, on insérait un très-grand nombre de moyens géométriques (214), comme on monterait alors de 1 à 10 par des degrés d'autant plus serrés que le nombre de ces moyens serait plus grand, il arriverait de deux choses l'une : ou que quelqu'un de ces moyens se trouverait être précisément le nombre 3 : ou que du moins il s'en trouverait deux consécutifs, entre lesquels le nombre 3 serait compris, et dont chacun différerait d'autant moins de 3, que le nombre des moyens insérés serait plus grand.

Cela posé, si l'on insérait pareillement entre 0 et 1 autant de moyens arithmétiques qu'on a inséré de moyens géométriques entre 1 et 10, chaque terme de la progression géométrique ayant pour logarithme le terme correspondant de la progression arithmétique, on prendrait dans celle-ci pour logarithme de 3 le nombre qui s'y trouverait à pareille place que 3 se trouve dans la progression géométrique; ou si 3 n'était pas exactement quelqu'un des termes de celle-ci, on prendrait, dans la progression arithmétique, le terme qui répondrait à celui de la progression géométrique qui approche le plus du nombre 3.

C'est ainsi qu'on pourrait s'y prendre en effet, si l'on n'avait pas de moyens plus expéditifs. Quoi qu'il en soit, c'est à cela que revient le calcul des logarithmes.

221. Il faut donc se représenter qu'ayant inséré 10000000 moyens géométriques entre 1 et 10, pareil nombre entre 10 et 100, pareil nombre entre 100 et 1000, etc., on a inséré aussi pareil nombre de moyens arithmétiques entre 0 et 1, pareil

nombre entre 1 et 2, pareil nombre entre 2 et 3 ; qu'ayant rangé tous les premiers sur une même ligne, et tous les seconds au-dessous, on a cherché dans la première le nombre le plus approchant de 2, et on a pris dans la suite inférieure le nombre correspondant ; qu'on a cherché de même dans la première le nombre le plus approchant de 3, et qu'on a pris dans la suite inférieure le nombre correspondant ; qu'on en a fait de même successivement pour les nombres 4, 5, 6, etc. ; qu'enfin, ayant transporté dans une même colonne, comme on le voit dans la table ci-jointe, les nombres 1, 2, 3, 4, 5, etc., on a écrit dans une colonne à côté les termes de la progression arithmétique, qu'on a trouvés correspondant à ceux-là, ou du moins à ceux qui en approchaient le plus ; alors on aura l'idée de la formation des logarithmes et de leur disposition dans les tables ordinaires.

Table des Logarithmes des Nombres naturels depuis 1 jusqu'à 200.

Nomb.	*Logar.*	*Nomb.*	*Logar.*	*Nomb.*	*Logar.*	*Nomb.*	*Logar.*
0	Inf. nég.	51	1,707570	102	2,008600	153	2,184691
1	0,000000	52	1,716003	103	2,012837	154	2,187521
2	0,301030	53	1,724276	104	2,017033	155	2,190332
3	0,477121	54	1,732394	105	2,021189	156	2,193125
4	0,602060	55	1,740363	106	2,025306	157	2,195900
5	0,698970	56	1,748188	107	2,029384	158	2,198657
6	0,778151	57	1,755875	108	2,033424	159	2,201397
7	0,845098	58	1,763428	109	2,037427	160	2,204120
8	0,903090	59	1,770852	110	2,041393	161	2,206826
9	0,954243	60	1,778151	111	2,045323	162	2,209515
10	1,000000	61	1,785330	112	2,049218	163	2,212188
11	1,041393	62	1,792392	113	2,053078	164	2,214844
12	1,079181	63	1,799341	114	2,056905	165	2,217484
13	1,113943	64	1,806180	115	2,060698	166	2,220108
14	1,146128	65	1,812913	116	2,064458	167	2,222716
15	1,176091	66	1,819544	117	2,068186	168	2,225309
16	1,204120	67	1,826075	118	2,071882	169	2,227887
17	1,230449	68	1,832509	119	2,075547	170	2,230449
18	1,255273	69	1,838849	120	2,079181	171	2,232996
19	1,278754	70	1,845098	121	2,082785	172	2,235528
20	1,301030	71	1,851258	122	2,086360	173	2,238046
21	1,322219	72	1,857333	123	2,089905	174	2,240549
22	1,342423	73	1,863323	124	2,093422	175	2,243038
23	1,361728	74	1,869232	125	2,096910	176	2,245513
24	1,380211	75	1,875061	126	2,100371	177	2,247973
25	1,397940	76	1,880814	127	2,103804	178	2,250420
26	1,414973	77	1,886491	128	2,107210	179	2,252853
27	1,431364	78	1,892095	129	2,110590	180	2,255273
28	1,447158	79	1,897627	130	2,113943	181	2,257679
29	1,462398	80	1,903090	131	2,117271	182	2,260071
30	1,477121	81	1,908485	132	2,120574	183	2,262451
31	1,491362	82	1,913814	133	2,123852	184	2,264818
32	1,505150	83	1,919078	134	2,127105	185	2,267172
33	1,518514	84	1,924279	135	2,130334	186	2,269513
34	1,531479	85	1,929419	136	2,133539	187	2,271842
35	1,544068	86	1,934498	137	2,136721	188	2,274158
36	1,556303	87	1,939519	138	2,139879	189	2,276462
37	1,568202	88	1,944483	139	2,143015	190	2,278754
38	1,579784	89	1,949390	140	2,146128	191	2,281033
39	1,591065	90	1,954243	141	2,149219	192	2,283301
40	1,602060	91	1,959041	142	2,152288	193	2,285557
41	1,612784	92	1,963788	143	2,155336	194	2,287802
42	1,623249	93	1,968483	144	2,158362	195	2,290035
43	1,633468	94	1,973128	145	2,161368	196	2,292256
44	1,643453	95	1,977724	146	2,164353	197	2,294466
45	1,653213	96	1,982271	147	2,167317	198	2,296665
46	1,662758	97	1,986772	148	2,170262	199	2,298853
47	1,672098	98	1,991226	149	2,173186	200	2,301030
48	1,681241	99	1,995635	150	2,176091		
49	1,690196	100	2,000000	151	2,178977		
50	1,698970	101	2,004321	152	2,181844		

Les logarithmes renfermés dans cette table n'ont que six chiffres après la virgule : ils en ont sept dans les tables ordinaires; mais cette différence ne nuit en rien à l'usage que nous en ferons ci-après.

222. Remarquons, au sujet de cette table, que le premier chiffre de la gauche de chaque logarithme s'appelle la *Caractéristique*, parce que c'est par ce chiffre qu'on peut juger dans quelle décade est compris le nombre auquel appartient ce logarithme ; par exemple, si un nombre a pour caractéristique 3, je sais qu'il appartient à des mille, parce que le logarithme de 1000 est 3, et que celui de 10000 étant 4, tout nombre depuis 1000 jusqu'à 10000 ne peut avoir pour logarithme que 3 et une fraction ; il a donc 3 pour caractéristique, et les autres chiffres expriment cette fraction réduite en décimales.

Propriétés des Logarithmes.

223. Comme il ne s'agit ici que des logarithmes tels qu'ils sont dans les tables ordinaires, les propriétés que nous allons exposer ne regardent que les progressions géométriques qui ont l'unité pour premier terme, et les progressions arithmétiques qui ont zéro pour premier terme.

Comparons donc encore, terme à terme, une progression géométrique quelconque, mais dont le premier terme soit l'unité, avec une progression arithmétique aussi quelconque, mais dont le premier terme soit zéro ; par exemple, les deux progressions suivantes :

$$\div\!\div 1 : 3 : 9 : 27 : 81 : 243 : 729 : 2187 : 6561, \text{ etc.}$$
$$\div\, 0 . 4 . 8 . 12 . 16 . 20 . 24 . 28 . 32, \text{ etc.}$$

Il suit de la nature et de la correspondance parfaite de ces deux progressions, qu'autant de fois la raison de la première est facteur dans l'un quelconque des termes de cette progression, autant de fois la raison de la seconde est contenue dans le terme correspondant de cette seconde ; par exemple, dans le terme 2187, la raison 3 est sept fois facteur; et dans le terme 28, la raison 4 est contenue sept fois.

En effet, selon ce qui a été dit (206 et 212), la raison est facteur dans un terme quelconque de la première, autant de fois qu'il y a de terme dans celui-là ; et dans la seconde, un terme quelconque est composé d'autant de fois la raison qu'il y a de termes avant lui. Or, il y a le même nombre de termes de part et d'autre.

Concluons de là, qu'un terme quelconque de la progression géométrique aura toujours pour correspondant, dans la progression arithmétique, un terme qui contiendra la raison de celle-ci, autant de fois que la raison de la première est facteur dans le terme quelconque dont il s'agit.

224. Donc, *si l'on multiplie, l'un par l'autre, deux termes de la progression géométrique, et si l'on ajoute en même temps les deux termes correspondans de la progression arithmétique, le produit et la somme seront deux termes qui se correspondront dans ces progressions.*

Car il est évident que la raison sera facteur dans le produit, autant qu'elle l'est, tant dans l'un des termes multipliés que dans l'autre ; et que la raison de la progression arithmétique sera contenue dans la somme, autant qu'elle l'est, tant dans l'un des termes ajoutés que dans l'autre.

225. Donc on peut, par l'addition seule des deux termes de la progression arithmétique, connaître le produit des deux termes correspondans de la progression géométrique, en supposant ces deux progressions prolongées suffisamment.

Par exemple, en ajoutant les deux termes 8 et 24, qui répondent à 9 et à 729, j'ai 32 qui répond à 6561 ; d'où je conclus que le produit de 729 par 9 est 6561 ; ce qui est en effet.

226. Donc, puisque les nombres naturels qui composent la première colonne de la table ci-dessus, ont été tirés d'une progression géométrique qui commence par l'unité, et puisque leurs logarithmes sont les termes correspondans d'une progression arithmétique qui commence par zéro, il faut en conclure qu'*en ajoutant les logarithmes de deux nombres, on a le logarithme de leur produit.*

De là il est aisé de conclure les usages suivans.

Usage des Logarithmes.

227. *Pour faire une multiplication par logarithmes, il faut ajouter le logarithme du multiplicande au logarithme du multiplicateur, la somme sera le logarithme du produit; c'est pourquoi, cherchant cette somme parmi les logarithmes des tables, on trouvera le produit à côté.* Par exemple si l'on propose de multiplier 14 par 13.

Je trouve dans la petite table ci-dessus que le logarithme de 14

est..........................	1,146128
et que celui de 13 est.....	1,113943
La somme.............	2,260071

répond dans la même table au nombre 182 qui est en effet le produit.

228. Pour carrer un nombre, il suffit donc de doubler son logarithme, puisqu'il faudrait ajouter ce logarithme à lui-même, pour multiplier le nombre par lui-même.

229. Par une raison semblable, pour cuber un nombre, il faudra tripler son logarithme; et en général, pour élever un nombre à une puissance quelconque, il faudra prendre son logarithme autant de fois qu'il y a d'unités dans le nombre qui marque cette puissance; c'est-à-dire multiplier son logarithme par le nombre qui marque cette puissance; par exemple, pour élever un nombre à la septième puissance, il faudra multiplier par 7 le logarithme de ce nombre.

230. Donc réciproquement, pour extraire la racine carrée, cubique, quatrième, etc., d'un nombre proposé, il faudra diviser le logarithme de ce nombre par 2, 3, 4, etc., c'est-à-dire, en général, par le nombre qui marque le degré de la racine qu'on veut extraire.

Par exemple, si l'on demande la racine carrée de 144; ayant trouvé, dans la table, que le logarithme de ce nombre est 2,158362, j'en prends la moitié 1,079181; je cherche parmi les logarithmes, à quel endroit se trouve 1,079181; il répond à 12, qui est par conséquent la racine de 144.

Si l'on demande la racine septième de 128, je cherche dans la table son logarithme que je trouve être 2,107210; j'en prends le septième, ou je le divise par 7, et je cherche à quoi répond dans la table le quotient 0,301030; il répond à 2 qui est en effet la racine septième de 128.

231. *Pour trouver le quotient de la division d'un nombre par un autre, il faut retrancher le logarithme du diviseur, du logarithme du dividende; chercher dans la table à quel nombre répond le logarithme restant; ce nombre sera le quotient.*

Par exemple, si l'on veut diviser 187 par 17, je cherche dans la table les logarithmes de ces deux nombres, et je trouve

Le logarithme de 187.	2,271842
Celui de 17.	1,230449
La différence.	1,041393

répond, dans la table, à 11 qui est en effet le quotient.

Si la division ne pouvait pas être faite exactement, le logarithme restant ne se trouverait qu'en partie dans la table; mais nous allons enseigner, ci-après, ce qu'il faut faire dans ce cas.

La raison de cette règle est fondée sur ce que le quotient multiplié par le diviseur, devant reproduire le dividende (74), le logarithme du quotient, ajouté (227) au logarithme du diviseur, doit composer le logarithme du dividende; et par conséquent, le logarithme du quotient vaut le logarithme du dividende, moins celui du diviseur.

232. D'après ce que nous venons de dire, il est très-facile de voir que pour faire une règle de Trois par logarithmes, il faut ajouter le logarithme du second terme au logarithme du troisième, et de la somme retrancher le logarithme du premier.

233. Remarquons que lorsqu'on cherche, dans les tables ordinaires, un logarithme résultant de quelques opérations sur d'autres logarithmes, si l'on ne trouve de différence entre ce logarithme et celui de la table, que sur le dernier chiffre seulement, on doit regarder cette différence comme nulle, parce que les logarithmes de tous les nombres intermédiaires à la

progression décuple, ne sont qu'approchés à environ une demi-unité décimale du septième ordre près.

Des Nombres dont les logarithmes ne se trouvent point dans les Tables.

234. Les fractions et les nombres entiers joints à des fractions n'ont pas leurs logarithmes dans les tables ; il en est de même des racines carrées, cubiques, etc., des nombres qui ne sont pas des puissances parfaites du degré de ces racines.

Si l'on demande le logarithme d'un nombre entier joint à une fraction, il faut d'abord réduire le tout en fraction, et ensuite retrancher le logarithme du dénominateur, du logarithme du numérateur. Par exemple, pour avoir le logarithme de $8\frac{3}{11}$, je cherche celui de $\frac{91}{11}$, que je trouve en retranchant 1,041393 logarithme de 11, de 1,959041 logarithme de 91 ; le reste 0,917648 est le logarithme de $8\frac{3}{11}$, puisque $8\frac{3}{11}$ ou $\frac{91}{11}$ n'est autre chose que 91 divisé par 11.

235. La même raison prouve que pour avoir le logarithme d'une fraction, il faut retrancher pareillement le logarithme du dénominateur, du logarithme du numérateur ; mais comme cette soustraction ne peut se faire, puisque le logarithme du dénominateur sera plus grand que celui du numérateur, on retranchera au contraire le logarithme du numérateur de celui du dénominateur ; le reste, qui marquera ce dont il s'en faut que la soustraction n'ait pu se faire, sera le logarithme de la fraction en appliquant à ce reste un signe qui marque que la soustraction n'a pas été entièrement faite. Ce signe est celui-ci — qu'on énonce *moins*. Ainsi le logarithme de la fraction $\frac{11}{91}$ serait — 0,917648 (*).

(*) Les nombres précédés du signe — se nomment nombres *négatifs*. Nous

236. Ce signe est destiné à rappeler dans le calcul, que les logarithmes des fractions doivent être employés selon une règle tout opposée à celle que nous avons prescrite pour les logarithmes des nombres entiers, ou des nombres entiers joints à des fractions; c'est-à-dire que si l'on a à multiplier par une fraction, il faut retrancher le logarithme de cette fraction; si, au contraire, l'on a à diviser par une fraction, il faut ajouter son logarithme.

La raison en est, pour la multiplication, que multiplier par une fraction, revient à multiplier par le numérateur, et à diviser ensuite par le dénominateur : donc, lorsqu'on opère par logarithmes, on doit ajouter le logarithme du numérateur, et retrancher ensuite celui du dénominateur, ou, ce qui revient au même, on doit seulement retrancher l'excès du logarithme du dénominateur sur le logarithme du numérateur : or, cet excès est précisément le logarithme de la fraction. A l'égard de la division, la raison en est aussi facile à saisir; en effet, diviser par $\frac{3}{4}$, par exemple, revient (109) à multiplier par $\frac{4}{3}$, donc en opérant par logarithmes, il faut ajouter le logarithme de $\frac{4}{3}$, c'est-à-dire (234) la différence du logarithme de 4, au logarithme de 3, ou du logarithme du dénominateur de la fraction proposée, au logarithme de son numérateur.

237. Il peut arriver, et il arrive assez souvent, qu'en convertissant en une seule fraction l'entier et la fraction dont on cherche le logarithme, il peut arriver, dis-je, que le numérateur soit un nombre qui passe les limites des tables. Par exemple, si l'on demande le logarithme de $53\frac{821}{5704}$, ce nombre réduit en fraction, revient à $\frac{303133}{5704}$, dont le numérateur passe les limites des tables les plus étendues.

---

les ferons connaître plus particulièrement dans l'Algèbre; en attendant nous prévenons que c'est en prendre une idée fausse, que de les regarder comme des nombres au-dessous de zéro. Il n'y a rien au-dessous de zéro.

Il est donc à propos de savoir comment on peut trouver le logarithme d'un nombre qui passe ces limites.

La méthode que nous allons donner n'est pas rigoureuse; mais elle est plus que suffisante pour les usages ordinaires. Avant que de l'exposer, observons :

238. 1°. Qu'en ajoutant 1, 2, 3, etc., unités à la caractéristique du logarithme d'un nombre, on multiplie ce nombre par 10, 100, 1000, etc., puisque c'est ajouter le logarithme de 10, ou de 100, ou de 1000, etc. (219 et 227).

2°. Au contraire, si l'on retranche 1, 2, 3, etc., unités de la caractéristique d'un logarithme, c'est diviser le nombre correspondant par 10, 100, 1000, etc.

239. Cela posé, qu'il soit question de trouver le logarithme de 357859, par exemple.

Je séparerai, par une virgule, sur la droite de ce nombre, autant de chiffres qu'il est nécessaire pour que le reste puisse se trouver dans les tables (*). Ici, par exemple, j'en séparerai deux, ce qui me donnera 3578,59, qui est cent fois plus petit que le nombre proposé 357859.

Je cherche dans les tables le logarithme de 3578, que je trouve être 3,5536403; je prends en même temps à côté de ce logarithme (**) la différence 1214, entre ce même logarithme et celui de 3579; après quoi je fais cette règle de Trois : si pour 1, unité de différence entre les deux nombres 3579 et 3578,

On a 1214 de différence entre leurs logarithmes;

Combien pour 0,59, différence entre les deux nombres 3578,59 et 3578,

Aura-t-on de différence entre leurs logarithmes? c'est-à-dire

---

(*) Nous supposons ici que l'on ait entre les mains des Tables ordinaires de logarithmes qui aillent jusqu'à 20000, ou au moins jusqu'à 10000. Celles de M. Rivard et celles de feu M. l'abbé de la Caille sont exactes et commodes.

(**) Ces différences se trouvent dans les Tables, à côté des logarithmes mêmes.

que je cherche le quatrième terme d'une proportion dont les trois premiers sont :

$$1 : 1214 :: 0,59 :$$

Ce quatrième terme est 716,26, ou simplement 716, en négligeant les décimales; j'ajoute donc 716 au logarithme 3,5536403 de 3578, et j'ai 3,5537119 pour le logarithme de 3578,59; il ne s'agit plus, pour avoir celui de 357859, que d'ajouter deux unités à la caractéristique du logarithme qu'on vient de trouver; et on aura 5,5537119 pour le logarithme cherché, puisque 357859 est 100 fois plus grand que 3578,59. Si les chiffres qu'on doit séparer sur la droite étaient tous des zéro, après avoir trouvé, dans les tables, le logarithme de la partie qui reste à gauche, il n'y aurait autre chose à faire qu'à ajouter autant d'unités à la caractéristique, qu'on aurait séparé de zéro.

240. S'il s'agit du logarithme d'un nombre accompagné de décimales, on cherchera ce logarithme, comme si le nombre proposé n'avait point de virgule; et après l'avoir trouvé, soit immédiatement dans les tables, soit par la méthode qu'on vient de donner (239), on ôtera autant d'unités à la caractéristique, qu'il y a de décimales dans le nombre proposé, parce qu'ayant considéré le nombre comme s'il n'y avait point de virgule, c'est-à-dire, comme 10, ou 100, ou 1000, etc., fois plus grand qu'il n'est, on doit le rappeler à sa valeur par une diminution convenable sur la caractéristique de son logarithme (238).

241. Enfin, s'il n'y a que des décimales dans le nombre proposé, on cherchera encore ce nombre dans les tables, comme s'il n'y avait pas de virgule; et ayant pris le logarithme correspondant, on le retranchera d'autant d'unités qu'il y a de décimales dans ce même nombre, et on fera précéder le reste du signe —; par exemple, pour avoir le logarithme de 0,03, je cherche celui de 3 qui est 0,477121; je le retranche de deux unités, et appliquant au reste le signe —, j'ai — 1,522879 pour logarithme de 0,03. En effet, 0,03 n'est autre chose que $\frac{3}{100}$;

or, pour avoir le logarithme de $\frac{3}{100}$, il faut (235) retrancher le logarithme de 3, de celui de 100, et appliquer au reste le signe —.

Des Logarithmes dont les nombres ne se trouvent point dans les Tables.

242. Cette recherche n'est pas moins nécessaire que la précédente. Par exemple, pour la division, il arrive rarement que le quotient soit un nombre entier. Or, si l'on fait l'opération par logarithme, on ne trouvera dans les tables le logarithme restant que quand le quotient sera un nombre entier. Il y a une infinité d'autres cas de la même espèce.

243. Proposons-nous d'abord de trouver à quel nombre répond un logarithme proposé, soit qu'il excède les limites des tables, soit qu'il tombe entre les logarithmes des tables.

On retranchera de la caractéristique autant d'unités qu'il sera nécessaire, pour qu'on puisse trouver, dans les tables, les premiers chiffres du logarithme proposé, ainsi préparé. Si tous les chiffres se trouvent alors dans les tables, le nombre cherché sera le nombre même qu'on trouve à côté dans les tables, mais en mettant à sa suite autant de zéro qu'on aura ôté d'unités à la caractéristique (238).

Par exemple, le logarithme 7,2273467 se trouve (après avoir ôté trois unités à la caractéristique) répondre au nombre 16879; j'en conclus que le logarithme proposé 7,2273467 répond à 16879000.

Si l'on ne trouve dans les tables que les premiers chiffres du logarithme, on se conduira comme l'exemple qui suit.

Pour trouver à quel nombre appartient le logarithme 5,2432768, j'ôte deux unités à la caractéristique; le logarithme 3,2432768 que j'ai alors, tombe entre les logarithmes de 1750 et 1751 : le nombre auquel il répond est donc 1750 et une fraction.

Afin d'avoir cette fraction, je retranche de mon logarithme

3,2432768, le logarithme de 1750, et j'ai pour différence 2388.

Je prends aussi dans les tables la différence 2481 entre les logarithmes de 1751 et 1750, après quoi je fais cette règle de Trois :

Si 2481 de différence entre les logarithmes de 1751 et 1750,
Répondent à 1, unité de différence entre ces nombres,
A quelle différence de nombres doit répondre la différence 2388 entre mon logarithme et celui de 1750?

Je trouve pour quatrième terme $\frac{2388}{2481}$; ainsi le logarithme 3,2432768 appartient au nombre 1750 $\frac{2388}{2481}$, à très-peu de chose près; par conséquent, le logarithme proposé qui appartient à un nombre 100 fois plus grand (238), a pour nombre correspondant 175000 $\frac{238800}{2481}$, c'est-à-dire 175096 $\frac{624}{2481}$, ou en réduisant en décimales, il a pour nombre correspondant 175096,25.

244. Si le logarithme proposé tombait entre ceux des tables, il n'y aurait aucune unité à retrancher à la caractéristique, et par conséquent point de zéro à ajouter à la fin de l'opération, qu'on ferait d'ailleurs de la même manière.

245. Mais, comme la proportion que nous employons dans cette méthode n'est pas rigoureusement exacte (*), et qu'elle n'approche de la vérité qu'autant que les nombres cherchés sont grands, si le logarithme proposé tombait au-dessous de celui de 1500, il faudrait, pour plus d'exactitude, ajouter à sa caractéristique autant d'unités qu'on pourrait le faire sans passer les bornes des tables; et ayant trouvé le nombre qui approche le plus d'y répondre dans ces tables, on en sépare-

(*) Cette proportion suppose que les différences des logarithmes sont proportionnelles aux différences des nombres, ce qui n'est jamais exactement vrai, mais approche assez, quand les nombres sont un peu grands, et cela suffit pour les usages ordinaires.

rait sur la droite autant de chiffres par une virgule qu'on aurait ajouté d'unités à la caractéristique, ce qui suffira le plus souvent; mais si l'on veut avoir plus de décimales, on fera la proportion comme ci-dessus (243), et réduisant le quatrième terme en décimales, on mettra celles-ci à la suite de celles qu'on a déjà trouvées.

Par exemple, si l'on demande à quel nombre appartient le logarithme 0,5432725; comme ce logarithme tombe entre ceux de 3 et de 4, et que le nombre auquel il appartient est par conséquent beaucoup au-dessous de 1500, je cherche ce logarithme avec trois unités de plus à sa caractéristique, c'est-à-dire que je cherche 3,5432725; je trouve qu'il tombe entre les logarithmes de 3493 et 3494, d'où je conclus que le nombre cherché est 3,493, à moins d'un millième près. Mais si cette approximation ne suffit pas, je prendrai la différence entre mon logarithme et celui de 3493, c'est-à-dire 739; je prendrai pareillement la différence 1243 entre les logarithmes de 3494 et 3493, et je chercherai, en raisonnant comme ci-dessus (243), le quatrième terme d'une proportion qui commencerait par ces trois-ci :

$$1243 : 1 :: 739 :$$

ce quatrième terme évalué en décimales est 0,594; donc le nombre cherché est 3,493594.

Au reste, cette seconde approximation est bornée, parce que les logarithmes des tables n'étant exacts qu'à environ une demi-unité décimale du septième ordre près, les différences sont affectées de ce léger défaut; mais on peut toujours pousser l'approximation avec confiance jusqu'à trois décimales : au surplus, il est rare qu'on ait besoin d'aller jusque-là; mais la remarque que nous faisons doit diriger aussi dans l'usage que nous avons fait ci-dessus (239 et 243) de la même proportion.

246. Si l'on veut avoir la fraction à laquelle répond un logarithme négatif proposé, on retranchera ce logarithme de 1, ou 2, ou 3, ou 4, etc., unités, selon l'étendue des tables; et après avoir trouvé le nombre qui répond au logarithme res-

tant, on en séparera sur la droite, par une virgule, autant de chiffres qu'il y aura eu d'unités dans le nombre dont on aura retranché le logarithme.

Par exemple, si l'on demande à quelle fraction appartient —1,532732, je retranche 1,532732 de 4, et il me reste 2,467268, qui, dans la table, se trouve entre les logarithmes de 293 et de 294; j'en conclus que la fraction cherchée est entre 0,0294 et 0,0293, c'est-à-dire qu'elle est 0,0293, à moins d'un dix-millième près. En effet, retrancher de 4 le logarithme proposé 1,532732, c'est (236) multiplier 10000 par la fraction à laquelle appartient ce même logarithme proposé, ou (ce qui est la même chose) c'est multiplier cette fraction par 10000; donc le nombre qu'on trouve est 10000 fois plus grand; il faut donc le compter pour des dix-millièmes.

Tout ce que nous venons de dire, trouvera abondamment des applications par la suite. Bornons-nous, quant à présent, à donner une idée, par quelques exemples, de l'avantage que les logarithmes procurent pour la facilité et la promptitude des calculs.

EXEMPLE I.

On demande le quotient de 17954 divisé par 13836, approché jusqu'à moins d'un dix-millième près.

Logarithme de 17954.	4,254161
Logarithme de 13836.	4,108430
Reste.	0,145731

Ce reste, cherché dans les tables, avec une caractéristique plus forte de quatre unités, répond à 13987; donc (238) le quotient cherché est 1,3987.

EXEMPLE II.

On demande la racine cubique de 53, à moins d'un millième près.

Le logarithme de 53 est. . .	1,724276
Son tiers (230) est.	0,574759

Ce dernier cherché dans les tables avec une caractéristique

plus forte de trois unités répond à 3756 ; donc (238) la racine cherchée est 3,756.

Pour juger de l'avantage des logarithmes, on n'a qu'à chercher cette racine par la méthode donnée (156). Il ne faut pas pour cela regarder cette dernière comme inutile; car elle s'étend à une infinité de nombres auxquels les logarithmes n'atteindraient pas, par rapport aux bornes des tables.

EXEMPLE III.

Veut-on avoir, à moins d'un centième près, la racine cinquième du cube de 5736.

On triplera le logarithme 3,758609, de 5736, et on aura 11,275827, pour le logarithme du cube de 5736. Prenant le cinquième de ce dernier logarithme, on a 2,255165, pour logarithme de la racine cinquième du cube de 5736. Ce logarithme cherché dans les tables, avec une caractéristique plus forte de deux unités, pour avoir des centièmes, répond entre les nombres 17995 et 17996 ; la racine cherchée est donc 179,95 à moins d'un centième près.

EXEMPLE IV.

Qu'il soit question de trouver quatre moyens proportionnels géométriques entre $\frac{2}{3}$ et $5\frac{3}{4}$.

Il faudrait (215) pour avoir la raison qui doit régner dans la progression, diviser $5\frac{3}{4}$ par $2\frac{2}{3}$, et extraire la racine cinquième du quotient.

Par logarithmes, cette opération est très-simple. Je détermine, par les tables, le logarithme de $5\frac{3}{4}$ ou $\frac{23}{4}$; c'est 0,759668.

Je détermine pareillement le logarithme de $2\frac{2}{3}$; c'est 0,425969.

Je retranche (231) ce logarithme du premier, et j'obtiens 9,333699 ; prenant donc (230) le cinquième de ce dernier, j'ai

0,066740 pour le logarithme de la raison cherchée. Ce logarithme, cherché dans les tables, avec une caractéristique plus forte de 4 unités, pour avoir 4 décimales, répond à 11661, à moins d'une unité près; donc la raison est 1,1661, à moins d'un dix-millième près. Il ne s'agit donc plus pour avoir les moyens proportionnels, que de multiplier le premier terme $2\frac{2}{3}$ par 1,1661, puis le produit par 1,1661, et ainsi de suite.

Mais ces opérations peuvent être faites beaucoup plus promptement, à l'aide des logarithmes, en ajoutant successivement au logarithme 0,425969 du premier terme $2\frac{2}{3}$, le logarithme 0,066740 de la raison, son double, son triple et son quadruple, en sorte qu'on aura 0,492709; 0559449; 0626189; 0692929 pour les logarithmes des quatres moyens proportionnels demandés; et si l'on cherche ces logarithmes dans les tables, avec trois unités de plus à la caractéristique, on trouve que ces quatre moyens proportionnels sont 3,109; 3,626; 4,228; 4,931.

REMARQUE.

Lorsque dans une opération où l'on fait usage des logarithmes, il s'en trouve quelques-uns que l'on doit retrancher, on peut simplifier l'opération par l'observation suivante.

Lorsqu'on a à retrancher un nombre quelconque d'un autre qui est l'unité suivie d'autant de zéro qu'il y a de chiffres dans le premier, l'opération se réduit à écrire la différence entre 9 et chacun des chiffres du nombre proposé, à l'exception du dernier, pour lequel on écrit la différence entre 10 et ce chiffre. Par exemple, si j'ai 526927 à retrancher de 1000000, je retranche successivement les chiffres 5, 2, 6, 9, 2, de 9; et le dernier chiffre 7, je le retranche de 10; et j'ai 473073 pour reste.

Ce reste est ce qu'on appelle le *complément arithmétique* du nombre poposé.

La soustraction faite de cette manière, étant trop simple pour pouvoir être comptée pour une opération, il s'ensuit que lorsqu'on aura à former un résultat de l'addition et de la soustraction de plusieurs nombres, on pourra toujours réduire l'opération à l'addition. Par exemple, s'il s'agissait d'ajouter les deux nombres 672736, 426452 et de retrancher de leur somme les deux nombres 432752, 18675, ce qui exige deux additions et une soustraction, je substitue à ces opérations la suivante :

	672736
	426452
Complément arith. de 432752. . .	567248
Complément arith. 18675. . .	981325
Somme.	2647761

C'est-à-dire que j'ajoute ensemble les deux premiers nombres proposés, et les complémens arithmétiques des deux derniers : la somme est 2647761. Il faut en supprimer le premier chiffre 2 ; et les chiffres restans 647761 sont le résultat cherché.

La raison de cette opération est facile à sentir, en remarquant que si, au lieu de retrancher 432752, comme on le proposait, j'ajoute son complément arithmétique, c'est-à-dire 1000000 moins 432452, je fais en même temps la soustraction proposée et une augmentation de 1000000, c'est-à-dire d'une dixaine au premier chiffre du résultat ; donc pour chaque complément arithmétique que j'ai introduit, j'aurai une dixaine de trop à l'égard du premier chiffre du résultat.

L'application de ceci aux logarithmes est évidente.

Qu'il soit question, par exemple, de diviser 3760, par 79. Il faudrait retrancher le logarithme de 79, de celui de 3760. Au lieu de cette opération, j'écris

Log. 3760.	3,575188
Complément arithm. du log. 79. .	8,102373
Somme.	11,677561

Ainsi 1,677561 est le logarithme du quotient, et répond à 47,59 à moins d'un centième près.

Supposons, pour second exemple, qu'il soit question de multiplier $\frac{675}{527}$ par $\frac{952}{377}$; il faudrait (106) multiplier 675 par

952, et 527 par 377; puis, diviser le premier produit par le second. Par logarithmes, on opérera ainsi

Log. 675	2,829304
Log. 952	2,978637
Complément arithmét. du log. 527	7,278189
Complément arithmét. du log. 377	7,423659
Somme	20,509789

Le Logarithme du produit est donc 0,509789 qui, cherché avec trois unités de plus à la caractéristique, répond à 3,234.

On peut faire usage du complément arithmétique pour mettre les logarithmes de fractions sous la même forme que ceux des nombres entiers, et les employer de même dans le calcul; par là on évitera la distinction des logarithmes négatifs et des logarithmes positifs. Il suffira de se souvenir que la caractéristique du logarithme des fractions proprement dites, est trop forte de 10 unités.

Par exemple, pour avoir le logarithme de $\frac{3}{4}$ qui n'est (96) autre chose que 3 divisé par 4, au lieu de retrancher le logarithme de 4 de celui de 3, c'est-à-dire de retrancher le logarithme de 3 de celui de 4 et de donner au reste le signe — (235); au logarithme de 3, j'ajoute le complément arithmétique du logarithme de 4;

Log. 3	0,477121
Complément arithmétique du log. 4....	9,397940
Somme	9,875061

Cette somme est le logarithme de $\frac{3}{4}$ dont la caractéristique est trop forte de 10 unités. Or, il n'est pas nécessaire de faire actuellement la diminution, on peut la rejeter à la fin des opérations dans lesquelles on emploiera ce logarithme. La même règle s'applique aux fractions décimales; ainsi, pour avoir le logarithme de 0,575 qui n'est autre chose que $\frac{575}{1000}$, au logarithme de 575, j'ajouterai le complément arithmétique du logarithme de 1000. En employant ainsi les complémens arithmétiques, au lieu des logarithmes négatifs des fractions, il n'en est pas plus difficile de trouver, dans les tables, les valeurs en décimales, de ces mêmes fractions. Dès que je saurai qu'un logarithme proposé est ou renferme un ou plusieurs complémens arithmétiques, je sais que sa caractéristique est trop forte d'autant de dixaines qu'il y entre de complémens arithmétiques; ainsi, si elle passe ce nombre de dixaines, il sera facile de la diminuer et de trouver le nombre auquel appartient ce logarithme, et qui sera un nombre entier, ou un nombre entier joint à une fraction. Mais si la caractéristique est au-dessous du nombre de dixaines qu'elle est censée renfermer de trop, elle appartient certainement à une fraction que je trouverai de cette manière : je chercherai, par ce qui a été dit, à quel nombre répond le logarithme proposé, et lorsque je l'aurai trouvé, j'en séparerai par une virgule, autant de dixaines de chiffres sur la droite qu'il y aura de dixaines de trop dans la caractéristique. Par exemple, si l'on me donnait 8,732235 pour logarithme résultant d'une opération dans laquelle il est entré un complément arithmétique, je vois, puisque sa caractéristique est au-dessous d'une dixaine, qu'il appartient à une fraction. Je cherche d'abord (242) à quel nombre répond 8,732235, considéré comme logarithme d'un nombre entier; je trouve qu'il répond à 539802500; séparant 10 chiffres, j'ai 0,0539802500 pour valeur très approchée de la fraction qui répond au logarithme proposé.

Mais, comme il est très rarement nécessaire d'avoir ces fractions à un tel degré de précision, on abrégera en diminuant tout de suite la caractéristique du logarithme proposé, autant qu'il est nécessaire pour la faire tomber parmi celles des tables; et prenant seulement le nombre correspondant, on séparera autant de chiffres de moins que ne le prescrit la règle précédente, autant de moins, dis-je, qu' on aura ôté d'unités à la caractéristique. Ainsi, dans le cas présent, je diminuerai la caractéristique de 5 unités, et ayant trouvé que le nombre correspondant est 5398, j'en séparerais seulement 5 chiffres, et j'aurais 0,05398.

Dans les élévations aux puissances, il faudra observer qu'en multipliant (229) le logarithme par le nombre qui marque le degré de la puissance, il se trouvera qu'on multipliera aussi ce dont la caractéristique se trouvera être trop forte. Ainsi, en élevant au cube, par exemple, s'il entre un complément arithmétique dans le logarithme proposé, c'est-à-dire si la caractéristique est trop forte de dix unités, celle du logarithme du cube sera trop forte de 30 unités, et ainsi des autres. Il sera donc facile de la ramener à sa juste valeur.

Dans les extractions des racines, pour éviter toute méprise, lorsqu'il entrera des complémens arithmétiques dans les logarithmes dont on fera usage, on aura soin d'ajouter ou d'ôter à la caractéristique autant de dixaines qu'il est nécessaire pour que ce dont elle sera trop forte soit précisément d'autant de dixaines qu'il y a d'unités dans le nombre qui marque le degré de la racine; et ayant, conformément à la règle ordinaire, divisé par le nombre qui marque le degré de la racine, la caractéristique sera trop forte précisément de 10 unités. Par exemple, si l'on demande la racine cubique de $\frac{276}{547}$, au logarithme de 276, j'ajoute le complément arithmétique de celui de 547.

Log. 276..........................	2,440909
Complément arith. du log. 547.....	7,262013
Somme..................	9,702922

à la caractéristique de laquelle j'ajoute 20

afin qu'elle devienne trop forte de 3 dixaines, et j'ai 29,702922 dont le tiers 9,900974 est le logarithme de la racine cubique demandée, mais avec dix unités de trop à la caractéristique;

conformément à ce qui a été observé ci-dessus, je trouve que cette racine cubique est 0,7961, à moins d'un millième près.

L'usage des complémens arithmétiques est principalement utile dans les calculs de la trigonométrie, et par conséquent dans plusieurs opérations du Pilotage que l'on veut faire avec une certaine exactitude.

FIN DE L'ARITHMÉTIQUE DE BEZOUT.

NOTES

SUR

L'ARITHMÉTIQUE;

PAR LE BARON REYNAUD,

Chevalier des Ordres royaux de Saint-Michel et de la Légion-d'Honneur; Inspecteur des Études de MM. les Pages du Roi, et des Élèves de l'Association paternelle des Chevaliers de Saint-Louis; Examinateur pour l'admission à l'École Polytechnique et aux Écoles de Saint-Cyr, d'Angoulême et des Forêts; Docteur de la Faculté des Sciences, Membre de plusieurs Académies, etc.

TREIZIÈME ÉDITION.

PARIS,

BACHELIER, SUCCESSEUR DE Mme Ve COURCIER,

LIBRAIRE POUR LES MATHÉMATIQUES,

QUAI DES AUGUSTINS, N° 55.

1826

Ouvrages de M. le Baron Reynaud.

1°. *Traité d'Arithmétique* à l'usage des Ingénieurs du Cadastre, 5 fr.

2°. *Traité d'Arithmétique* à l'usage des Élèves qui se destinent aux Écoles royales Polytechnique, Militaire, de Marine, et des Forêts (12e édit.), 3 fr. 50 c.

3°. *Traité d'Algèbre* (5e édition), 5 fr. 50 c.

4°. *Trigonométrie rectiligne et sphérique*, suivie des Tables de logarithmes de Lalande (2e édition), 3 fr.

5°. *Traité d'Application* de l'Algèbre à la Géométrie, 6 fr.

6°. *Manuel de l'Ingénieur du Cadastre*, in-4°, 12 fr.

7°. *Problèmes et développemens* sur les diverses parties des Mathématiques, 6 fr.

8°. *Traité élémentaire de Mathématiques, de Physique et de Chimie*, suivi de quelques notions d'Astronomie, à l'usage de MM. les Pages du Roi, et des Élèves qui se préparent aux examens pour le Baccalauréat ès-lettres, 6 fr.

9°. *Fragmens sur l'Algèbre et la Trigonométrie.* (Épuisé.)

10°. *Traité d'Arpentage* de Lagrive, avec les Notes de Reynaud, 7 fr.

Notes sur Bezout.

Arithmétique de Bezout avec les notes (13e édition), 3 fr. 50 c.

Géométrie de Bezout avec des notes contenant un grand nombre de Problèmes, et les Élémens de la Géométrie descriptive (3e édition), 6 fr.

Algèbre et Application de l'Algèbre à la Géométrie, avec les notes (6e édition), 6 fr.

Les Notes sur l'Arithmétique, sur la Géométrie et sur l'Algèbre, se vendent séparément.

Nota. L'*Arithmétique* (13e édition), l'*Algèbre* (6e édition), l'*Application de l'Algèbre à la Géométrie*, comprenant la *Trigonométrie*, et les Notes sur l'*Algèbre* et sur la *Géométrie* de Bezout, sont particulièrement destinées aux Élèves qui se proposent d'entrer à l'École royale Polytechnique, et à l'École spéciale Militaire. Ces ouvrages renferment les solutions des principales difficultés relatives aux examens.

AVERTISSEMENT.

Mon but, en publiant cette nouvelle édition des *Notes sur l'Arithmétique*, a été de réunir dans un petit volume toute la partie de l'Arithmétique nécessaire aux Candidats de l'École Polytechnique et des Écoles militaires. J'ose espérer que ce *Traité* sera, par sa concision, utile aux élèves qui voudront se préparer aux examens d'admission à ces écoles.

La clarté des *méthodes arithmétiques* convient à la faiblesse des commençans, et les formes variées dont elles sont susceptibles, en exerçant l'esprit des jeunes gens, les disposent à saisir les considérations abstraites de l'Algèbre.

Les procédés algébriques, employés de trop bonne heure, accoutument les élèves à se laisser aveuglément conduire par le MÉCANISME *des transformations*, tandis que les considérations fines et ingénieuses qu'exigent les solutions arithmétiques fortifient le raisonnement et le préparent aux artifices brillans de l'analyse. Ces motifs m'ont déterminé à *présenter toutes les démonstrations sous une forme entièrement arithmétique*, car je pense qu'*on ne doit avoir recours à l'Algèbre qu'à l'instant où les ressources de l'Arithmétique deviennent insuffisantes*.

Les *Notes* sont divisées en huit chapitres:

Le *premier chapitre* renferme la numération et le calcul des nombres entiers abstraits.

Le *deuxième chapitre* traite des propriétés des facteurs d'un produit et de la divisibilité des nombres.

Le *troisième chapitre* traite des fractions et des décimales.

Le *quatrième chapitre* est consacré aux mesures anciennes et nouvelles, et au calcul des nombres concrets complexes et incomplexes.

Le *cinquième chapitre* a pour objet de faire voir comment on peut résoudre les problèmes d'arithmétique les plus compliqués, à l'aide des seules combinaisons des quatre règles.

Le *sixième chapitre* traite de la formation des quarrés et des cubes, de l'extraction de la racine quarrée et de la racine cubique, des puissances et des racines.

Le *septième chapitre* se compose des rapports, des proportions et des progressions. J'ai principalement insisté sur les propriétés des proportions et des progressions qui sont en usage dans la *Géométrie*, et qui servent de base à la théorie des logarithmes.

Le *huitième chapitre* contient la théorie arithmétique des logarithmes; on y fait connaître les limites des erreurs qui peuvent résulter de leur emploi. Il est terminé par de nombreux exemples qui mettront les élèves en état de lever toutes les difficultés relatives à l'usage des logarithmes.

Le *neuvième chapitre* donne la théorie générale des différens systèmes de numération, et en particulier du *système duodécimal*.

On trouve à la fin de ce volume des *Tableaux* qui contiennent les rapports des mesures et des monnaies des différens pays, ainsi qu'une *Table des logarithmes* jusqu'à 10,000.

Les numéros placés entre parenthèses indiquent les renvois aux articles correspondans de cette nouvelle édition. Par exemple, dans la page 21, le signe (n° 7) indique un renvoi au principe établi dans l'article 7 de la page 9.

TABLE DES MATIÈRES

CONTENUES DANS LES NOTES

SUR L'ARITHMÉTIQUE.

CHAPITRE PREMIER.

Numération, Addition, Soustraction, Multiplication et Division des Nombres entiers.

CHAPITRE DEUXIÈME.

Propriété des Facteurs d'un produit. Divisibilité des Nombres.

CHAPITRE TROISIÈME.

Des Fractions et des Décimales.

CHAPITRE QUATRIÈME.

Mesures anciennes et nouvelles. Calcul des nombres concrets.

CHAPITRE CINQUIÈME.

Problèmes d'Arithmétique.

CHAPITRE SIXIÈME.

Des Quarrés et de la Racine quarrée, des Cubes et de la Racine cubique. Des Puissances et des Racines.

CHAPITRE SEPTIÈME.

Des Rapports, des Proportions et des Progressions.

CHAPITRE HUITIÈME.

Théorie des Logarithmes.

CHAPITRE NEUVIÈME.

FIN DE LA TABLE DES NOTES.

NOTES

SUR L'ARITHMÉTIQUE. (*)

CHAPITRE PREMIER.

Numération, Addition, Soustraction, Multiplication, et Division des nombres entiers.

1. Tout ce qui est susceptible d'augmentation et de diminution se nomme *quantité*. Il serait impossible de prendre une idée exacte des grandeurs des quantités de même espèce, si l'on ne choisissait pas parmi elles une certaine quantité qui pût leur servir de terme de comparaison; cette quantité se nomme *unité*; la réunion de plusieurs unités de même grandeur compose un *nombre entier*. La manière de former les nombres entiers, de les énoncer et de les écrire, est l'objet de la *numération*, et la science qui a pour but d'enseigner à effectuer diverses *rations* sur les nombres se nomme *Arithmétique*.

De la Numération.

2. Pour *former les nombres entiers*, on part de l'unité; l'unité ajoutée à elle-même, donne le nombre *deux*; et en ajoutant successivement l'unité à chaque nombre obtenu, on compose les

(*) Nous ferons usage dans ces Notes des *signes*

+	−	×	=

qui signifient respectivement

plus	*moins*	*multiplié par*	*égale.*

nombres *trois, quatre, cinq, six, sept, huit, neuf.* Ce dernier augmenté d'un, donne le nombre *dix;* la collection de dix unités forme un nouvel *ordre* d'unités nommé *dixaine;* et de même qu'on a compté depuis une unité jusqu'à neuf unités, on a compté aussi depuis une dixaine jusqu'à neuf dixaines; mais au lieu des mots, une dixaine, deux dixaines, trois dixaines, quatre dixaines, cinq dixaines, six dixaines, sept dixaines, huit dixaines, neuf dixaines, on dit : *dix, vingt, trente, quarante, cinquante, soixante, soixante-dix, quatre-vingt, quatre-vingt-dix.* On substitue quelquefois aux trois derniers mots ceux de *septante, octante, nonante.*

Pour exprimer les nombres compris entre deux dixaines consécutives, on énonce successivement les dixaines et les unités; ainsi, la collection de trois dixaines et de sept unités, se nomme *trente - sept.* Il faut excepter de ce système les six premiers nombres compris entre dix et vingt, car au lieu des mots, dix-un, dix-deux, dix-trois, dix-quatre, dix-cinq, dix-six, on dit : *onze, douze, treize, quatorze, quinze, seize.* La collection de neuf dixaines et de neuf unités forme le nombre *quatre-vingt-dix-neuf;* celui-ci augmenté d'un, donne le nombre *cent,* composé de dix dixaines, et la réunion de dix dixaines se nomme *centaine.* On compte depuis une centaine jusqu'à neuf centaines, et pour désigner les nombres compris entre deux centaines consécutives, on ajoute aux noms, cent, deux cents,....., neuf cents, ceux des quatre-vingt-dix-neuf premiers nombres. On parvient ainsi au nombre neuf cent quatre-vingt-dix-neuf; celui-ci augmenté d'un, donne dix centaines; cette collection de dix centaines forme une nouvelle unité principale nommée *mille;* et de même qu'on a compté par unités, dixaines et centaines d'unités, depuis une unité jusqu'à mille unités, on compte par unités, dixaines et centaines de mille, depuis une unité de mille jusqu'à mille unités de mille, nommées *million.* Quant aux nombres compris entre deux mille consécutifs, on ajoute au nom des mille, les noms des neuf cent quatre-vingt-dix-neuf premiers nombres. Le nombre, neuf cent quatre-vingt-dix-neuf mille neuf cent quatre-vingt-dix-neuf, augmenté d'un, donne une collection de mille mille, ou un *million*; mille millions forment un *billion*; et ainsi de suite.

D'après ce système de *numération parlée*, le nom d'un nombre ne dépend que de la combinaison des noms des neuf cent quatre-vingt-dix-neuf premiers nombres, avec les mots *mille*, *million*, *billion*, *etc.*; de sorte que *l'énoncé d'un nombre n'exprime jamais plus de neuf unités, neuf dixaines et neuf centaines de chaque espèce.*

Les UNITÉS SIMPLES ou du premier ordre, les MILLE ou unités du quatrième ordre, les MILLIONS ou unités du septième ordre, etc., sont les unités des *ordres ternaires*, parce qu'elles se succèdent de trois en trois.

La simplicité du système de la *numération parlée*, résultant du petit nombre de mots qu'il a suffi de créer pour exprimer tous les nombres, a fourni l'idée de les écrire à l'aide de quelques *signes* nommés *chiffres*. Ainsi, de même qu'on employa neuf noms pour énoncer les neuf premiers nombres, on adopta neuf chiffres pour les représenter; et comme les combinaisons de ces neuf noms avec ceux des divers ordres d'unités avaient donné les noms de tous les nombres, on convint que les chiffres placés les uns à côté des autres indiqueraient par leur valeur le nombre des unités de chaque espèce, et par leur position l'ordre de ces unités. Ces chiffres sont :

1, 2, 3, 4, 5, 6, 7, 8, 9.

Ils représentent les nombres

un, *deux*, *trois*, *quatre*, *cinq*, *six*, *sept*, *huit*, *neuf*.

Pour écrire un nombre composé d'unités, de dixaines, de centaines, etc.[1], on place à la suite les uns des autres les chiffres qui indiquent le nombre des unités de chaque ordre, de manière que le chiffre des unités ou du 1er ordre, occupe le 1er rang à droite; celui des dixaines ou du 2e ordre, le 2e rang; etc.

D'après cette convention, le nombre neuf mille cinq cent soixante-sept s'écrit ainsi 9567.

Lorsque le nombre ne contient pas des unités de tous les ordres inférieurs à ses plus hautes unités, on a recours au chiffre 0, nommé *zéro*, qui n'ayant aucune valeur par lui-même, sert seulement à conserver aux *chiffres significatifs*, 1, 2, 3, 4, 5, 6, 7, 8, 9, le rang qui convient à l'ordre de leurs unités. Ainsi, le nombre neuf cent sept millions cinq cent trois, s'écrit 907000503.

En général : *Pour mettre en chiffres un nombre énoncé, on écrit successivement à côté les unes des autres (en commençant par la gauche), les centaines, les dixaines et les unités de chaque ordre ternaire, et on remplace par des zéro, les unités, dixaines et centaines qui manquent.*

Réciproquement : *Pour énoncer un nombre écrit, on le partage en tranches de trois chiffres à partir de la droite, sauf à ne laisser qu'un ou deux chiffres dans la dernière tranche; commençant ensuite par la gauche, on énonce chaque tranche comme si elle était seule, et on lui donne le nom des unités de cette tranche.*

Remarque. Notre système de numération a été nommé *système décimal*, parce qu'on y emploie *dix* chiffres, et l'on dit par cette raison que la *base* de ce système est *dix*.

Suivant qu'on met un zéro, ou deux zéro, ou trois zéro, etc., à la droite d'un nombre, on le rend 10 *fois, ou* 100 *fois, ou* 1000 *fois, etc., plus grand.* Par exemple, en posant deux zéro à droite de 248, on rend ce nombre 100 fois plus grand, car dans le résultat, 24800, chacun des chiffres 2, 4, 8, exprime des unités cent fois plus grandes qu'auparavant.

3. Un nombre est *abstrait* ou *concret*, suivant qu'on fait *abstraction* de la nature de ses unités ou qu'on y a égard. Ainsi, 3 et 5 fois, sont des *nombres abstraits*, et 3 toises est un *nombre concret*. Les nombres concrets composés d'unités de diverses grandeurs, tel que le nombre 5 toises 3 pieds, sont dits *complexes*, et par opposition, ceux qui ne renferment que des unités de même grandeur sont des nombres *incomplexes*.

ADDITION.

4. *Le but de l'*ADDITION *est de calculer un nombre nommé* SOMME, *qui contienne à lui seul toutes les unités de plusieurs autres nombres.* La somme de plusieurs nombres pourrait donc s'obtenir en réunissant successivement toutes leurs unités. Mais, pour faciliter l'opération, on fait dépendre l'addition totale, d'additions partielles plus simples. Ainsi, au lieu d'ajouter 37 fois l'unité à 42, pour découvrir la somme des nombres 42 et 37, on dit : la somme des nombres 42, 37, doit contenir toutes leurs parties; elle se compose donc des 4 dixaines et des 2 unités de 42, plus des trois dixaines et des 7 unités de 37; réunissant les dixaines avec les dixaines et les unités avec les unités, la somme cherchée est 7 dixaines plus 9 unités, ou 79.

EXEMPLE.

$$\begin{array}{r} 59038 \\ 2987 \\ 64509 \\ \hline 126534 \end{array} \textit{ somme.}$$

En général : *Pour additionner plusieurs nombres, on les met les uns sous les autres, de manière que leurs unités de même ordre se trouvent dans une même colonne verticale. On place ensuite un trait sous ces nombres, pour les séparer du résultat qu'on mettra dessous. On fait la somme des nombres contenus dans la colonne des unités; quand cette somme n'excède pas 9, on l'écrit au résultat sous la colonne des unités; quand elle surpasse 9, on n'écrit que ses unités, et l'on retient les dixaines pour les joindre à la colonne des dixaines, sur laquelle on opère d'une manière semblable; et ainsi de suite.*

REMARQUE. *Pour effectuer l'addition, il est plus commode de commencer par la droite que par la gauche;* car, lorsqu'on commence par la droite, l'addition de chaque colonne fournit un chiffre du résultat. Il n'en serait pas toujours de même si l'on commençait par la gauche, car si l'addition d'une colonne donnait plus de 9 unités, il faudrait écrire les unités et ajouter les dixaines de surplus au chiffre déjà placé sous la colonne précédente; ce qui ne pourrait se faire qu'en changeant ce chiffre.

SOUSTRACTION.

5. *La* SOUSTRACTION *a pour but de retrancher un nombre d'un autre; le résultat se nomme* RESTE *ou* DIFFÉRENCE. La différence entre deux nombres, ajoutée au plus petit de ces nombres, doit donc donner le plus grand. Par conséquent, la soustraction peut s'effectuer en ôtant du plus grand des deux nombres donnés, toutes les unités du plus petit, ou en cherchant ce qu'il faut ajouter au plus petit des nombres donnés pour obtenir le plus grand; le résultat exprime le reste cherché. Par exemple, on obtiendra la différence 32, entre 59 et 27, en ôtant 27 fois l'unité de 59, ou en cherchant combien il faut ajouter d'unités à 27 pour trouver 59. Mais on peut abréger le calcul, car ôter 27 unités de 59 unités, revient à ôter 2 dixaines et 7 unités, de 5 dixaines et 9 unités; retranchant donc 2 dixaines de 5 dixaines, et 7 unités de 9 unités, le reste, composé de 3 dixaines et 2 unités, sera 32.

Lorsque quelques-uns des chiffres du nombre à soustraire sont plus grands que ceux du même rang dans le nombre dont on soustrait, on rend les soustractions partielles possibles à l'aide d'*emprunts*; ainsi, pour ôter 29 de 67, on *emprunte* une des 6 dixaines de 67; ce qui revient à décomposer 67, en 5 dixaines et 17 unités; la question est réduite à retrancher 2 dixaines et 9 unités, de 5 dixaines et 17 unités; ce qui donne le reste 3 dixaines plus 8 unités, ou 38.

Il est un cas qui pourrait encore embarrasser, c'est celui où le chiffre sur lequel on devrait emprunter serait un zéro. En voici un exemple:

De	8005,	ou 7 mille,	9 centaines,	9 dixaines,	15 unités
ôtez	467,	ou	4 centaines,	6 dixaines,	7 unités
Reste	7538,	ou 7 mille,	5 centaines,	3 dixaines,	8 unités.

Comme on ne peut ôter 7 de 5, il faut *emprunter;* or l'*emprunt* ne peut se faire que sur le premier chiffre significatif 8; on emprunte donc un mille sur les 8 mille; ce mille valant 10 centaines, on en laisse 9 sur les centaines; la centaine qui reste valant 10 dixaines, on en laisse 9 au rang des dixaines; la dixaine qui reste, jointe aux 5 unités, donne 15 unités; le mille emprunté se trouve ainsi décomposé en 9 centaines, 9 dixaines et 10 unités. On voit que cela se réduit à diminuer d'un le chiffre 8, sur lequel on emprunte, à remplacer les zéro qui le précèdent par des 9, et à ajouter 10 aux 5 unités. Retranchant 7 unités de 15 unités, 6 dixaines de 9 dixaines, 4 centaines de 9 centaines, et diminuant le 8 de l'unité de mille empruntée, on trouve que le reste demandé est 7538.

En général : *Pour retrancher un nombre d'un autre, placez le plus petit sous le plus grand, de manière que les unités de même ordre se correspondent; mettez un trait sous ces nombres; retranchez chaque chiffre inférieur du chiffre supérieur correspondant, en commençant par la droite, et placez chaque reste partiel sous la colonne qui l'a fourni. Quand le chiffre inférieur ne surpassera pas le chiffre supérieur correspondant, posez leur différence. Quand le chiffre inférieur sera plus grand que le chiffre supérieur correspondant, empruntez une des unités du premier chiffre significatif à gauche, qui devra, par conséquent, être diminué d'un; augmentez de dix le chiffre supérieur sur lequel vous opérez, et s'il y a des zéro compris entre ce chiffre et celui sur lequel vous avez emprunté, remplacez ces zéro par des neuf. Lorsque vous serez parvenu à la dernière colonne, vous poserez dessous le reste qu'elle aura fourni; ce qui terminera l'opération.*

Remarque. *On peut toujours effectuer directement la soustraction en la commençant par la droite. Il n'en serait pas de même en la commençant par la gauche;* car, si des chiffres du nombre à soustraire étaient plus grands que les chiffres correspondans du nombre dont on veut le soustraire, comme les chiffres précédens seraient employés par les soustractions précédentes, on ne pourrait plus rendre la soustraction possible par un *emprunt*, à moins de changer les chiffres du reste déjà obtenus.

MULTIPLICATION.

6. *Le but de la* MULTIPLICATION *est de prendre un nombre nommé* MULTIPLICANDE, *autant de fois qu'il y a d'unités dans un autre nombre nommé* MULTIPLICATEUR; *le résultat se nomme* PRODUIT.

Le multiplicande et le multiplicateur sont les deux *facteurs* du produit.

D'après cette définition, pour obtenir le produit, on peut écrire le multiplicande autant de fois qu'il y a d'unités dans le multiplicateur; la somme exprime le produit demandé.

Le multiplicateur est toujours abstrait, car il marque combien de fois on doit prendre le multiplicande.

Le produit est de la nature du multiplicande, car il exprime la somme de plusieurs nombres égaux au multiplicande.

La multiplication pouvant s'effectuer par l'addition, il est facile de former tous les produits deux à deux des nombres d'un seul chiffre; ces produits sont réunis dans la *table* suivante, attribuée à *Pythagore*.

1	2	3	4	5	6	7	8	9
2	4	6	8	10	12	14	16	18
3	6	9	12	15	18	21	24	27
4	8	12	16	20	24	28	32	36
5	10	15	20	25	30	35	40	45
6	12	18	24	30	36	42	48	54
7	14	21	28	35	42	49	56	63
8	16	24	32	40	48	56	64	72
9	18	27	36	45	54	63	72	81

La 1re ligne renferme les neuf premiers nombres. La 2e contient les produits de ces nombres par 2, et se forme en ajoutant chacun de ces nombres à lui-même. La 3e contient les produits des neuf premiers nombres par 3, et se forme en ajoutant les nombres de la 2e ligne avec ceux de la 1re; et ainsi de suite.

D'après la formation de cette *table*, le produit 48, de 6 par 8, est à la rencontre des deux lignes qui commencent l'une par 6 et l'autre par 8.

7. On voit que *le produit de deux nombres d'un seul chiffre ne change pas dans quelque ordre qu'on effectue la multiplication. Cette propriété convient à tous les nombres ;* car, pour former le produit d'un nombre par un autre, il suffit de multiplier successivement chaque unité du premier nombre par le second; ce qui donne le second nombre répété autant de fois qu'il y a d'unités dans le premier, c'est-à-dire le second nombre multiplié par le premier. Par exemple, le produit de 3 par 4 est égal à 1 plus 1 plus 1, multiplié par 4, ou à 4 plus 4 plus 4, ou à 4 multiplié par 3.

8. *Le produit de deux nombres quelconques ne dépend que des produits de deux nombres d'un seul chiffre.* En effet, soit proposé de multiplier 567 par 234; après avoir disposé le calcul de la manière suivante :

567	*multiplicande.*
234	*multiplicateur.*
2268	1er *produit partiel de* 567 *par* 4
17010	2e *produit partiel de* 567 *par* 30
113400	3e *produit partiel de* 567 *par* 200
132678	*somme des produits partiels, ou produit total de* 567 *par* 234,

on observe que, pour obtenir le produit demandé, il suffit de prendre le multiplicande 234 fois, ou 200 fois plus 30 fois plus 4 fois; ce qui revient à multiplier successivement 567 par les parties 200, 30 et 4 du multiplicateur ; la somme de ces produits partiels sera le produit total de 567 par 234.

1°. Pour obtenir le produit de 567 par 4, on pourrait écrire 4 fois 567; la somme 2268 serait le produit demandé ; mais, comme cette addition revient à prendre 4 fois les 7 unités, 4 fois les 6 dixaines et 4 fois les 5 centaines du multiplicande, on se dispense d'écrire 4 fois 567, et on dit : 4 fois 7 font 28, je pose 8 et je *retiens* 2 dixaines; 4 fois 6 dixaines font 24 dixaines et 2 de retenue valent 26 dixaines, ou 2 centaines plus 6 dixaines; j'écris donc les 6 dixaines, et j'ajoute les 2 centaines de retenue à 4 fois 5 centaines, ce qui me donne 22 centaines, que je pose.

2°. On obtiendrait le produit de 567 par 30, en calculant la *somme* de 30 nombres égaux à 567, et comme 30 est égal à 10 fois 3, cette *somme* est formée de 10 sommes partielles composées chacune de 3 nombres égaux à 567; or 3 fois 567 font 1701, et pour prendre 10 fois 1701, il suffit de mettre un zéro à la droite de 1701 (*Remarque* du n° 2.). Par conséquent on trouvera le produit de 567 par 30, en multipliant d'abord 567 par 3, et en posant un zéro à la droite du résultat 1701; ce qui revient à mettre 1701 au rang des dixaines.

3°. On prouverait de même que multiplier 567 par 200 se réduit à multiplier 567 par 2, et à mettre le produit 1134 au rang des centaines.

La somme de ces trois produits partiels compose le produit total 132678.

En général : *Pour multiplier un nombre par un autre, écrivez le multiplicateur sous le multiplicande, et mettez un trait sous ces nombres; multipliez le multiplicande successivement par chaque chiffre du multiplicateur, et placez le premier chiffre de chaque produit partiel de manière qu'il exprime des unités de même ordre que le chiffre qui a servi de multiplicateur; mettez un trait sous les produits partiels; leur somme, que vous poserez dessous, sera le produit total.*

Remarque. Quand les facteurs d'un produit sont terminés par des zéro, on abrège le calcul en effectuant d'abord la multiplication sans avoir égard à ces zéro, et on met ensuite tous ces zéro sur la droite du produit obtenu.

Les divers produits d'un nombre par 2, 3, 4, 5, etc., sont les *multiples* de ce nombre.

DIVISION.

9. *La* DIVISION *a pour but, connaissant un produit de deux facteurs, nommé* DIVIDENDE, *et un de ses facteurs, nommé* DIVISEUR, *de trouver l'autre facteur nommé* QUOTIENT.

Le diviseur multiplié par le quotient devant reproduire le dividende, on pourrait obtenir le quotient par des soustractions successives, en cherchant combien de fois le diviseur est contenu dans le dividende; mais ce calcul devenant fort long, lorsque le diviseur est contenu un grand nombre de fois dans le dividende, on y a suppléé par une méthode abrégée qui a reçu le nom de *division.*

EXEMPLE. Soit proposé de diviser 472878 par 567.

On disposera le calcul de la manière suivante:

```
472878 | 567
4536   |-----
------ | 834
 19278 |
 1701
 -----
  2268
  2268
  ----
     0.
```

Le dividende 472878 étant compris entre 56700 et 567000, c'est-à-dire entre 567×100 et 567×1000, le quotient est nécessairement compris entre 100 et 1000; ce quotient est donc composé de centaines, de dixaines et d'unités. Le premier chiffre à gauche du quotient exprimera donc des centaines.

Le produit des centaines du quotient par le diviseur 567 étant des centaines, ne peut se trouver que dans les 4728 centaines du dividende. On trouvera donc le premier chiffre du quotient en cherchant combien de fois le diviseur 567 est contenu dans le premier dividende partiel 4728.

Or 4728 contient la somme des trois produits partiels des 7 unités, des 6 dixaines et des 5 centaines de 567, par le premier chiffre du quotient; et le dernier de ces produits exprimant des centaines, ne peut se trouver que dans les 47 centaines de 4728. Par conséquent, 47 est composé du produit du premier chiffre 5 du diviseur par le premier chiffre du quotient, et des retenues de centaines qui peuvent avoir été fournies par les deux autres produits partiels. Il en résulte que si l'on cherche combien de fois 5 est contenu dans 47, le nombre 9, qu'on obtiendra, exprimera le premier chiffre du quotient ou un chiffre trop grand, mais jamais un chiffre trop petit.

Pour essayer le chiffre 9, on multiplie 567 par 9; le produit 5103 surpassant 4728, le chiffre 9 est trop fort.

Pour essayer le chiffre 8, on forme le produit 4536 de 567 par 8; ce produit étant moindre que 4728, on est certain que le diviseur 567 est contenu 8 fois dans 4728; de sorte que le premier chiffre du quotient est 8. On écrit ce chiffre au quotient.

Cela posé; si du dividende 472878, qui renfermait les trois produits partiels des 8 centaines, des dixaines et des unités du quotient par le diviseur 567, on retranche 567 fois 8 centaines, ou 8 fois 567 centaines, ou 4536 centaines, le reste 19278 ne contiendra plus que les produits des dixaines et des unités du quotient par le diviseur. On peut donc considérer le premier reste 19278 comme un nouveau dividende partiel formé du produit du diviseur 567 par un quotient partiel dont les dixaines et les unités sont celles du quotient total.

La question est ainsi réduite à diviser 19278 par 567. Raisonnant comme ci-dessus, on observe que le produit du chiffre des dixaines du quotient par le diviseur 567 se trouvant dans les 1927 dixaines de 19278, on trouvera ce chiffre, en cherchant combien de fois 567 est contenu dans 1927; à cet effet, on cherche combien de fois 5 est contenu dans 19; le nombre 3 qu'on obtient exprime le chiffre des dixaines du quotient ou un chiffre trop fort. Pour essayer le chiffre 3, on multiplie 567 par 3; le produit 1701 étant moindre que 1927, le chiffre des dixaines du quotient est 3. Le produit 1701 exprimant des dixaines, on retranche 1701 dixaines de 19278; le reste 2268 étant le produit du diviseur par le chiffre des unités du quotient, on obtiendra ce chiffre en divisant 2268 par 567, ou, ce qui est plus simple, en divisant 22 par 5. Le nombre 4 que l'on obtient exprime les unités du quotient total, car en retranchant 4 fois 567 de 2268, le reste est zéro. Le quotient demandé est donc 834.

Dans la pratique, on n'écrit que les chiffres nécessaires à la formation des dividendes partiels 4728, 1927, 2268, de sorte que le calcul s'exécute de cette manière abrégée.

472878	567
4536	834
1927	
1701	
2268	
2268	
0	

Le 1er dividende partiel 4728 contenant 8 fois le diviseur 567, on pose 8 au quotient; on ôte 8 fois 567, ou 4536, de 4728, et à la droite du reste 192 on abaisse le chiffre 7 du dividende, ce qui fournit le 2e dividende partiel 1927 que l'on divise par 567; le quotient 3 est le 2e chiffre du quotient demandé; on retranche 3 fois 567, ou 1701, de 1927, et à la droite du reste 226 on abaisse le dernier chiffre 8 du dividende; ce qui donne le 3e dividende partiel 2268 que l'on divise par 567; le quotient 7 est le dernier chiffre du quotient total; on ôte 4 fois 567 de 2268, ce qui détermine le dernier reste 0.

Lorsqu'on veut *découvrir les chiffres du quotient sans tâtonnement*, on observe que le diviseur n'étant jamais contenu plus de 9 fois dans chaque dividende partiel, il suffit de former une *table* des produits du diviseur 567 par les nombres

1, 2, 3, 4, 5, 6, 7, 8, 9.

Ces produits sont

567, 1134, 1701, 2268, 2835, 3402, 3969, 4536, 5103.

L'inspection de cette *table* fait voir combien de fois le diviseur 567 est contenu dans chaque dividende partiel.

Par exemple, le premier dividende partiel 4728 tombant entre 4536 et 5103, c'est-à-dire entre 567 × 8 et 567 × 9, on voit que 567 est contenu 8 fois dans 4728.

La table des produits du diviseur par les nombres d'un seul chiffre offre l'avantage de réduire la division à des soustractions successives. Il est bon d'en faire usage quand le quotient doit renfermer un grand nombre de chiffres.

Cette table peut se former par des additions successives du diviseur. Par exemple, en ajoutant 567 à 567, la somme 1134 exprime 2 fois 567; ajoutant 567 à 1134, le résultat 1701 exprime 3 fois 567 ; et ainsi de suite.

Il est toujours facile de déterminer la partie du dividende qui renferme le produit du diviseur par le chiffre des plus hautes unités du quotient, et on en déduit quel est ce chiffre. Mais, les produits partiels du diviseur par les autres chiffres du quotient étant confondus dans le dividende, il n'est pas possible d'apercevoir ces produits dans le dividende total ; ce qui empêche de trouver directement les autres chiffres du quotient, avant d'avoir obtenu celui de ses plus hautes unités. *Il est donc indispensable de commencer par la recherche du premier chiffre à gauche du quotient.*

Pour qu'un chiffre mis au quotient soit exact, il faut et il suffit que le produit du diviseur par ce chiffre puisse se retrancher du dividende partiel correspondant, et que le reste soit moindre que le diviseur. Si le reste surpassait le diviseur, le chiffre mis au quotient serait trop faible au moins d'une unité, car le diviseur serait contenu au moins une fois de plus dans le dividende partiel.

Les raisonnemens précédens conduisent à cette règle générale : *Pour diviser un nombre par un autre, écrivez le diviseur à la droite du dividende, et placez un trait entre ces nombres ; mettez un autre trait sous le diviseur, pour le séparer du quotient demandé que vous poserez dessous. Prenez assez de chiffres sur la gauche du dividende pour que le nombre qui en résulte contienne le diviseur; cherchez le nombre qui exprime combien de fois ce dividende partiel contient le diviseur, ce nombre sera le 1er chiffre à gauche du quotient; écrivez le 1er chiffre du quotient sous le diviseur; multipliez le diviseur par ce chiffre, et mettez le produit sous le 1er dividende partiel; placez un trait sous ces nombres, et retranchez-les l'un de l'autre; écrivez dessous le reste, et abaissez à sa droite le 1er des chiffres du dividende qui n'ont pas encore été employés; vous obtiendrez un nouveau dividende partiel, sur lequel vous opérerez comme sur le précédent; ce qui déterminera le 2e chiffre du quotient que vous écrirez à la suite du 1er. Vous répèterez les mêmes opérations jusqu'à l'entier épuisement des chiffres du dividende. Lorsqu'un dividende partiel sera moindre que le diviseur, le chiffre correspondant du quotient sera un zéro.*

Pour trouver combien de fois le diviseur est contenu dans un dividende partiel, on peut déterminer combien de fois le 1er chiffre du diviseur est contenu dans le 1er chiffre, ou dans les deux premiers chiffres de ce dividende partiel, suivant que le dividende partiel a autant de chiffres que le diviseur, ou a un chiffre de plus; ce nombre exprime le chiffre correspondant du quotient, ou un chiffre trop fort; il ne donne jamais un chiffre trop petit.

Au lieu de poser sous chaque dividende partiel le produit du diviseur par le chiffre correspondant du quotient pour faire ensuite la soustraction, on évite d'écrire ce produit, et l'on fait la soustraction en employant une méthode abrégée que nous appliquerons à l'exemple suivant :

de	4728
ôtez 8 fois	567
reste	192.

Il s'agit d'ôter 8 fois 7 unités, 8 fois 6 dixaines et 8 fois 5 centaines de 4728.

Le premier produit partiel 8 fois 7 ou 56 unités ne pouvant être soustrait des 8 unités de 4728, on ajoute assez de dixaines à 8 unités pour que la soustraction devienne possible, c'est-à-dire

5 dixaines, ce qui donne 58. On ôte 56 de 58 et on pose le reste 2 sous le chiffre des 8 unités. Or, en ajoutant 5 dixaines à 4728, le reste total a été augmenté de 5 dixaines; pour lui rendre sa valeur exacte, il suffit d'ajouter 5 dixaines à l'une des parties du nombre à soustraire, ce qui revient à regarder ces 5 dixaines comme une *retenue* que l'on ajoute au produit partiel 8 fois 6 dixaines avant de le soustraire; et comme 8 fois 6 plus 5 valent 53, il ne s'agit plus que d'ôter 53 dixaines et 8 fois 5 centaines des 472 dixaines du nombre 4728.

Pour soustraire les 53 dixaines, on ajoute 6 centaines ou 60 dixaines aux 2 dixaines de 4728, on ôte alors 53 dixaines de 62 dixaines, et on écrit le reste 9 dixaines dans la colonne des dixaines.

Mais en ajoutant 6 centaines au nombre dont on soustrait, le reste total a augmenté de 6 centaines; pour le diminuer de ces 6 centaines, on ajoutera 6 centaines au produit partiel 8 fois 5 centaines qui reste à soustraire, ce qui donnera 46 centaines; on ôtera 46 centaines des 47 centaines de 4728, et on posera le reste 1 centaine au rang des centaines. Ce qui complètera le reste total 192.

Le mécanisme du calcul précédent se réduit à dire : 8 fois 7 font 56, 56 de 58 reste 2; 8 fois 6 font 48 et 5 de retenue font 53, 53 de 62 reste 9; 8 fois 5 font 40, et 6 de retenue font 46, 46 de 47 reste 1.

D'après ce qui précède, voici le tableau des opérations pour diviser 472878 par 57.

472878	567
1927	834
2268	
0	

Dans tout le cours d'une division, le dividende est égal au produit du diviseur par le quotient obtenu, plus le reste qui correspond à ce quotient partiel. En effet, on est parvenu à ce reste en ôtant successivement du dividende, les produits partiels du diviseur par les chiffres trouvés au quotient; cela revient à retrancher du dividende, le produit total du diviseur par le quotient obtenu; le reste correspondant à ce quotient exprime donc l'excès du dividende sur le produit du diviseur par le quotient déjà obtenu. Ce qui démontre le principe énoncé.

10. Nous avons supposé dans les exemples précédens, que le dividende était le produit du diviseur par un nombre entier, et dans ce cas la division a conduit à un dernier reste égal à zéro. Mais cette condition n'est pas toujours satisfaite. Lorsqu'on divise deux nombres quelconques l'un par l'autre, il arrive souvent que le dividende n'est pas le produit du diviseur par un nombre entier; dans ce cas, on parvient à un dernier reste (moindre que le diviseur) qui n'est pas nul.

Par exemple : soit à diviser 25 par 7; le quotient doit être tel que multiplié par 7, il donne 25; or 25 tombe entre 7 fois 3 et 7 fois 4; le quotient demandé est donc plus grand que 3 et moindre que 4, il n'est donc pas assignable en nombre entier. Le nombre 3 qu'on obtient au quotient est ce qu'on appelle le *quotient entier* ou la *partie entière* du quotient.

En général, lorsqu'on propose de diviser un nombre par un autre, on effectue la division d'après la règle du n° 9, jusqu'à ce qu'on parvienne à un reste moindre que le diviseur; le nombre obtenu au quotient est le quotient exact, ou la *partie entière* du quotient, selon que le reste est nul, ou n'est pas nul.

Ainsi, la division de 25 par 7 conduit au quotient entier 3 et au reste 4.

On dit qu'un nombre est *divisible* par un autre, quand la division se fait sans reste. Ainsi, 12 est *divisible* par 3, car la division fournit le *quotient exact* 4, et le reste est zéro.

Preuves des quatre règles.

11. Le but de la *preuve* est de vérifier l'exactitude du résultat par une opération différente de celle qui l'a fourni.

Pour faire la *preuve de l'addition*, on cherche la somme des unités de chaque colonne verticale en commençant par la première à gauche; on retranche chaque somme partielle de celle qu'elle est censée avoir donnée, et on écrit chaque reste sous la colonne correspondante; quand la somme est exacte, le dernier reste est zéro; le reste placé sous chaque colonne exprime des dixaines d'unités de la colonne suivante. En voici un exemple:

989	nombres à ajouter
878	
1867	*somme*
110	*retenues.*

Pour vérifier si 1867 est la somme des nombres 989, 878, on commence par la gauche et l'on dit : la colonne des centaines en contient 9 plus 8, ou 17; mais la somme totale renferme 18 centaines; la centaine de surplus provient donc d'une retenue de 10 dixaines, faite dans l'addition de la colonne des dixaines; cette colonne devrait donc renfermer 16 dixaines; mais elle n'en contient que 8 plus 7, ou 15; la dixaine de surplus résulte donc d'une retenue de 10 unités, faite dans l'addition de la colonne des unités, qui doit conséquemment renfermer 17 unités, car n'étant précédée d'aucune colonne à droite, elle ne peut avoir été augmentée par aucune retenue; cette colonne contient effectivement 17 unités; de sorte que la retenue placée au rang des unités est zéro. La somme obtenue est donc exacte.

Pour faire la *preuve de la soustraction*, on ajoute le reste au plus petit nombre, la somme doit être égale au plus grand nombre.

La *preuve de la multiplication* s'effectue en divisant le produit par l'un de ses facteurs, le quotient doit être égal à l'autre facteur.

Pour faire la *preuve de la division*, il suffit de multiplier le diviseur par le nombre entier obtenu au quotient et d'ajouter le dernier reste à ce produit; la somme doit être égale au dividende.

Remarque. Si l'on examine attentivement la méthode que nous venons d'exposer pour vérifier chaque règle, on reconnaîtra que *la* preuve *sert à augmenter la probabilité de l'exactitude du résultat, sans pouvoir cependant en convaincre d'une manière absolue;* car il est toujours possible en faisant la preuve de commettre des erreurs qui détruisent celles qui ont conduit au résultat, et la preuve est alors vicieuse, puisqu'elle donne à un résultat faux l'apparence de l'exactitude. C'est cet inconvénient qui a fait chercher diverses preuves de chaque règle; on en a découvert de fort ingénieuses; nous nous bornerons à indiquer une autre manière de faire la preuve de la multiplication et de la division, lorsque nous traiterons de la divisibilité des nombres par 9 et 11 (n° 27).

CHAPITRE DEUXIÈME.

Propriétés des facteurs d'un produit. Divisibilité des nombres.

12. *Le produit de plusieurs nombres entiers ne change pas de valeur dans quelque ordre qu'on effectue les multiplications.*

Nous prouverons d'abord que le produit de trois facteurs ne change pas de valeur quand on transpose les deux derniers facteurs. Nous en déduirons que dans le produit d'un nombre quelconque de facteurs, on peut intervertir l'ordre de deux facteurs consécutifs sans changer le produit, et il sera facile d'en conclure le principe énoncé.

Soit le produit $4 \times 3 \times 5$. Pour effectuer les multiplications dans l'ordre indiqué, il faut multiplier d'abord 4 par 3, et multiplier ensuite le résultat par 5.

Or, multiplier 4 par 3 revient à former la somme de 3 nombres égaux à 4. Donc

$$4 \times 3 = 4 + 4 + 4.$$

Il reste à multiplier 4×3 par 5; ce qui revient à prendre 5 fois chacune des trois parties 4, 4, 4, qui composent 4×3, et à en faire la somme. Donc

$$4\times3\times5=4\times5+4\times5+4\times5.$$

Le produit $4\times3\times5$ est donc égal à 4×5 répété 3 fois, ou à $4\times5\times3$.

On peut donc transposer les deux derniers facteurs $3, 5$, du produit $4\times3\times5$.

Il est facile d'en conclure qu'on peut intervertir l'ordre de deux facteurs consécutifs, quel que soit le nombre des facteurs.

Pour fixer les idées, nous considérerons le produit

$$2\times6\times4\times3\times5\times8\times9\times7,$$

et nous ferons voir qu'on peut intervertir deux facteurs consécutifs quelconques, 3 et 5 par exemple.

Le produit $2\times6\times4\times3\times5$ devant être effectué, avant qu'on multiplie par les facteurs 8, 9, 7, il suffit de prouver que

$$2\times6\times4\times3\times5=2\times6\times4\times5\times3.$$

Le produit 48 des facteurs 2, 6, 4, devant être formé avant qu'on multiplie par les facteurs 3 et 5, la question se réduit à démontrer que

$$48\times3\times5=48\times5\times3,$$

et l'on a prouvé précédemment que cette égalité est vraie.

Il résulte de ce qui précède que, sans changer la valeur d'un produit, on peut faire occuper à chaque facteur toutes les places, en l'avançant successivement d'un rang vers la droite ou vers la gauche.

Par exemple, le produit des facteurs 3, 4, 5 peut être effectué de ces six manières différentes :

$$3\times4\times5,\ 3\times5\times4,\ 5\times3\times4,\ 5\times4\times3,\ 4\times5\times3,\ 4\times3\times5.$$

Les diverses formes que prend un produit indiqué, lorsqu'on change l'ordre des facteurs, sont les *permutations* de ce produit.

Toutes les permutations d'un produit ont la même valeur.

Remarque. Pour que la démonstration précédente convienne au produit de deux facteurs, il suffit de considérer un produit de trois facteurs dont le premier est l'unité.

Par exemple, s'il s'agit des facteurs 3 et 4, on observe que

$$1 \times 3 \times 4 = 1 \times 4 \times 3;$$

ce qui se réduit à $3 \times 4 = 4 \times 3$, car $1 \times 3 = 3$ et $1 \times 4 = 4$.

Cette propriété a été démontrée directement (n° 7).

13. *Pour multiplier un nombre par le produit de plusieurs facteurs, il suffit de multiplier successivement par les facteurs du produit;* c'est-à-dire que la multiplication d'un nombre par le produit de plusieurs facteurs se réduit à multiplier ce nombre par le premier facteur, à multiplier le produit qui en résulte par le second facteur; et ainsi de suite jusqu'au dernier facteur.

Pour fixer les idées, nous proposerons de multiplier 2 par le produit 3.5 (*) des facteurs 3 et 5. Il résulte des propriétés du n° 12, que

$$2 \times 3.5 = 3.5 \times 2 = 3 \times 5 \times 2 = 2 \times 3 \times 5 = 2.3 \times 5.$$

L'égalité $2 \times 3.5 = 2.3 \times 5$ fait voir que pour multiplier 2 par le produit 3.5 des facteurs 3, 5, il suffit, après avoir multiplié 2 par 3, de multiplier le produit 2.3 par 5.

Les mêmes transformations pouvant se faire quels que soient la valeur et le nombre des facteurs, le principe est démontré.

Remarque. *Selon qu'un des facteurs d'un produit augmente ou diminue, le produit augmente ou diminue en même temps,* car on peut prendre pour multiplicande le facteur qui varie, et pour multiplicateur le produit des autres facteurs; et alors il est évident que si le multiplicande augmente ou diminue, le produit doit jouir de la même propriété.

14. *Lorsqu'on multiplie un facteur d'un produit par un nombre, le produit est multiplié par ce nombre.*

En effet; soit le produit des facteurs 2, 3, 4. Si l'on mul-

(*) L'expression 3.5 indique le produit effectué des facteurs 3 et 5.

tiplie le facteur 3, par 5, le produit $2 \times 3 \times 4$ deviendra $2 \times 3.5 \times 4$, et sera multiplié par 5, car il résulte des principes des nos 12 et 13, que

$$2 \times 3.5 \times 4 = 2 \times 3 \times 5 \times 4 = 2 \times 3 \times 4 \times 5 = 2.3.4 \times 5.$$

15. *Le nombre des chiffres d'un produit est au plus égal au nombre des chiffres de ses facteurs, et il ne peut être moindre que le nombre total des chiffres des facteurs diminué du nombre des facteurs et augmenté d'un.* En effet,

1°. Chaque facteur étant moindre que l'unité suivie d'autant de zéro qu'il y a de chiffres dans ce facteur, le produit est moindre que l'unité suivie d'autant de zéro qu'il y a de chiffres dans tous les facteurs; ce produit ne peut donc pas renfermer plus de chiffres qu'il n'y en a dans tous les facteurs.

2°. Chaque facteur ne saurait être moindre que l'unité suivie d'autant de zéro moins un, qu'il y a de chiffres dans ce facteur. Le produit ne peut donc pas être moindre que l'unité suivie d'un nombre de zéro marqué par le nombre total des chiffres des facteurs diminué du nombre des facteurs.

Propriétés relatives à la divisibilité des nombres.

16. *Quand plusieurs nombres ont un diviseur commun, leur somme a le même diviseur;* car le quotient de chaque nombre par le diviseur commun étant un nombre entier, la réunion de ces quotiens partiels est un nombre entier qui exprime le quotient total de la division de la somme des nombres proposés par le diviseur commun.

17. *Tout diviseur d'un nombre divise donc les multiples de ce nombre.*

18. *Lorsqu'une somme est composée de deux parties, tout nombre qui divise la somme et la première partie divise la deuxième partie;* car la différence entre la somme et la 1re partie étant égale à la 2e partie, si l'on divise la somme et la 1re partie par leur diviseur commun, les deux quotiens seront des nombres entiers, et leur différence, qui sera un

nombre entier, exprimera le quotient de la 2e partie par le diviseur commun, ce dernier quotient sera donc effectivement un nombre entier.

19. *Le reste d'une division ne change pas quand on augmente ou diminue le dividende d'un multiple du diviseur;* car le reste exprime l'excès du dividende sur le plus grand multiple du diviseur qui y est contenu.

20. *Le reste de la division d'un nombre par 2 ou par 5, est le même que le reste de la division de son premier chiffre à droite par 2 ou par 5. Le reste de la division d'un nombre par 2×2 ou par 5×5, est le même que le reste de la division par 2×2 ou par 5×5 du nombre exprimé par ses deux premiers chiffres à droite. Et ainsi de suite.*

Pour fixer les idées, nous considèrerons le nombre 43728 et le diviseur 5×5. Le nombre 43728 est égal à $43700+28$. Or, 43700 est divisible par 5×5, car 43700 est le produit de 437 par 100, et 100 étant égal à 10×10, ou à $5\times2\times5\times2$, ou à $5\times5\times2\times2$, le facteur 100 est divisible par 5×5. Le reste de la division de 43728 par 5×5 ou 25 est donc le même que celui de 28 par 25 (n° 19).

Des raisonnemens analogues pouvant s'appliquer à tous les autres cas, le principe énoncé est démontré.

21. *Pour qu'un nombre soit divisible par 2 ou par 5, il faut et il suffit que le chiffre des unités soit un multiple de 2 ou de 5. Pour qu'un nombre soit divisible par 2×2 ou par 5×5, il faut et il suffit que ses deux premiers chiffres à droite forment un nombre qui admette ce diviseur; et ainsi de suite.* Cela résulte du principe précédent.

22. *Pour qu'un nombre soit divisible par 10, il faut et il suffit que son premier chiffre à droite soit un zéro.*

Par exemple 230 est divisible par 10, car 230 est égal à 23×10, et 235 n'est pas divisible par 10, car 235, qui est égal à $230+5$, se compose de 230 qui est divisible par 10 et de 5 qui n'est pas divisible par 10.

Remarque. Les nombres divisibles par 2 s'appellent *nombres pairs*, à cause de leur propriété d'être décomposables en deux parties *pareilles*; et par opposition, les autres nombres sont dits *impairs*. De sorte que la suite des *nombres naturels* 1, 2, 3, 4, 5, 6, etc., est composée des *nombres pairs* 2, 4, 6, 8, 10, 12, etc., et des *nombres impairs* 1, 3, 5, 7, 9, 11, 13, etc.

Ainsi, *tout nombre terminé par un des chiffres* 0, 2, 4, 6, 8 *est* PAIR, *et tout nombre terminé par un des chiffres* 1, 3, 5, 7, 9, *est* IMPAIR.

23. *Pour trouver le reste de la division d'un nombre par* 9, *il suffit d'additionner les chiffres du nombre proposé. Quand la somme de ces chiffres est moindre que* 9, *elle exprime le reste cherché; lorsqu'elle est égale à* 9, *le reste est zéro; quand elle surpasse* 9, *on opère sur elle comme sur le nombre proposé, en additionnant les chiffres; et ainsi de suite, jusqu'à ce qu'on parvienne à une somme qui n'excède pas* 9; *si cette dernière somme est moindre que* 9, *elle exprimera le reste cherché, et si elle est égale à* 9, *le reste sera zéro.*

En effet: chacun des nombres 10, 100, 1000, etc., est un multiple de 9, augmenté de 1, car ces nombres se décomposent en $9+1$, $99+1$, $999+1$, etc., et les parties 9, 99, 999, etc., sont divisibles par 9. Le nombre exprimé par un chiffre significatif suivi de plusieurs zéro est donc un multiple de 9, augmenté de ce chiffre significatif. Il en résulte que tout nombre est un multiple de 9 augmenté de la somme de ses chiffres significatifs; le reste de la division d'un nombre par 9 est donc le même que celui de la somme des chiffres significatifs par 9; ce qui démontre la propriété énoncée.

Ainsi, pour obtenir le reste de la division de 349 par 9, on dit: 3 et 4 font 7; 7 et 9 valent 16; 1 et 6 donnent 7; le reste demandé est 7.

On peut omettre tous les 9 dans l'addition des chiffres significatifs, car cela revient à diminuer le nombre donné d'un multiple de 9, ce qui ne change pas le reste de la division par 9 (n° 19).

On obtiendrait donc également le reste de la division d'un nombre par 9, en ajoutant ces chiffres, et en retranchant 9 à mesure que la somme égale ou surpasse 9.

24. *Pour obtenir le reste de la division d'un nombre par 3, on forme la somme des chiffres de ce nombre; quand cette somme surpasse 9, on additionne ses chiffres, et on continue ces additions successives jusqu'à ce qu'on parvienne à une somme qui n'excède pas 9. Cette dernière somme, diminuée du plus grand multiple de 3 qui peut y être contenu, exprime le reste demandé. Dans l'addition des chiffres significatifs, on peut omettre les multiples 3, 6, 9, du diviseur 3.*

En effet; les nombres 10, 100, 1000, etc., sont des multiples de 3 augmentés de 1, car ces nombres se décomposent en 9 + 1, 99 + 1, 999 + 1, etc.; et 3 divisant 9, les parties 9, 99, 999, etc., sont divisibles par 3. On en déduit, par des raisonnemens analogues à ceux du n° 23, que le reste de la division d'un nombre par 3 est le même que celui de la somme de ses chiffres significatifs par 3, ce qui conduit à la règle énoncée.

25. *Pour qu'un nombre soit divisible par 9 ou par 3, il faut et il suffit que la somme de ses chiffres soit un multiple de 9 ou de* 3. Cela résulte des propriétés des n°s 23 et 24.

26. *Pour obtenir le reste de la division d'un nombre par 11, on calcule deux sommes: l'une des chiffres de rang impair à partir de la droite, l'autre des chiffres de rang pair; de la première somme, augmentée s'il est nécessaire d'un multiple de 11, on retranche la seconde somme; on opère, sur le reste de cette soustraction comme sur le nombre donné; et ainsi de suite jusqu'à ce qu'on parvienne à un reste moindre que 11; ce dernier reste exprime le reste demandé.*

La démonstration de cette propriété dépend des deux principes suivans :

1°. L'unité suivie d'un nombre pair de zéro, est un multiple de 11 augmenté de 1; car

$$100=99+1,\ 10000=9999+1,\ 1000000=999999+1, \text{ etc.},$$

et 99 étant divisible par 11, tout nombre composé d'un nombre pair de 9 est divisible par 11.

Tout chiffre significatif suivi d'un nombre pair de zéro est donc un multiple de 11 *augmenté de ce chiffre.*

2°. L'unité suivie d'un nombre impair de zéro est un multiple de 11 diminué de 1 ; car

$$10 = 11 - 1,$$
$$1000 = 990 + 10 = 990 + 11 - 1,$$
$$100000 = 99990 + 10 = 99990 + 11 - 1, \text{ etc.}$$

et chacun des nombres 99, 9999, etc., étant divisible par 11, les nombres 10, 1000, 100000, etc., sont des multiples de 11 diminués de 1.

Tout chiffre significatif suivi d'un nombre impair de zéro est donc un multiple de 11 *diminué de ce chiffre significatif.*

Cela posé : comme en partant de la droite d'un nombre, la valeur de chaque chiffre de rang impair est exprimée par ce chiffre suivi d'un nombre pair de zéro, le nombre déterminé par ce chiffre est un multiple de 11 augmenté de ce chiffre (1°.). On déduirait de même de (2°.) que chaque chiffre de rang pair exprime un multiple de 11 diminué de ce chiffre. Le nombre donné est donc un multiple de 11 augmenté de la somme des chiffres de rang impair, et diminué de la somme des chiffres de rang pair. Quand la 1re somme n'est pas moindre que la 2e, le nombre est un multiple de 11 augmenté de la différence entre ces deux sommes; de sorte que le reste de la division de cette différence par 11, est le même que celui de la division du nombre proposé par 11. Lorsque la 1re somme est moindre que la 2e, on ramène ce cas au précédent en augmentant cette 1re somme d'un multiple convenable de 11, car cela revient à ajouter ce multiple de 11 au nombre donné, ce qui ne change pas le reste de la division de ce nombre par 11 (n° 19).

On en déduit la règle énoncée.

Ainsi, le reste de la division de 62410 par 11, est $0+4+6$ diminué de $1+2$, ou 7; celui de la division de 6241 par 11 est $1+2+11$ diminué de $4+6$, ou 4. Le reste de la division de 827081920 par 11 est $9+8+7+8$ diminué de $2+1+2$, ou $32-5$ ou 27, ou $7-2$, ou enfin 5.

Remarque. *Quand la différence entre la somme des chiffres de rang impair et la somme des chiffres de rang pair est un multiple de* 11, *ou est zéro, le nombre est divisible par* 11; car en vertu de la règle précédente, le reste de la division de ce nombre par 11 est zéro.

27. *Lorsqu'on divise deux nombres et leur produit par un même nombre, on obtient trois restes; le produit des deux premiers restes, s'il est moindre que le diviseur, est égal au troisième reste; et s'il n'est pas moindre que le diviseur, en le diminuant du plus grand multiple du diviseur qui y est contenu, le résultat est le troisième reste.*

Pour fixer les idées, considérons les nombres 31 et 65; les restes des divisions de ces nombres par 9 étant 4 et 2,

31 est un multiple de 9 augmenté de 4.
65 est un multiple de 9 augmenté de 2.

Or, le produit de 31 par 65 est composé des quatre produits partiels de chacune des deux parties du multiplicande par chacune des deux parties du multiplicateur; c'est-à-dire du produit de deux multiples de 9, de deux fois un multiple de 9, de quatre fois un multiple de 9, et de deux fois 4; la somme de ces quatre produits, qui exprime le produit de 31 par 65, est donc un multiple de 9 augmenté de deux fois 4; et en effet, le produit de 31 par 65 est 2015, et le reste de la division de 2015 par 9 est $2+1+5$, ou 8, ou 4×2.

Cette propriété conduit à une méthode fort simple pour faire la *preuve de la multiplication par* 9 *et par* 11. Dans la *preuve par* 9, on cherche les restes des divisions du multiplicande, du multiplicateur et du produit par le diviseur 9; le produit des deux premiers restes, diminué du plus grand multiple du diviseur qui peut y être contenu, doit être égal au troisième reste. Quand cette condition n'est pas remplie, on doit en conclure qu'il y a une erreur de calcul.

La *preuve par* 11 s'exécute d'une manière semblable.

Exemple. Soit proposé de *vérifier si* 24451 *est le produit de* 326 *par* 75.

Pour faire la *preuve par* 9, on cherche les restes 2, 3, 7, des divisions par 9 des nombres 326, 75, 24451 ; le produit 6 des deux premiers restes n'étant pas égal au troisième reste 7, on a nécessairement commis une faute de calcul.

Pour faire la *preuve par* 11, on cherche les restes 7, 9, 9, des divisions par 11 des nombres 326, 75, 24451 ; le produit 63 des deux premiers restes, diminué de 11×5, n'étant pas égal au 3e reste 9, le produit 24451 n'est pas exact.

Remarque. Le reste de la division d'un nombre par 9 ne changeant pas quand ce nombre augmente d'un multiple de 9, il en résulte que si l'effet produit par des fautes de calcul est tel que le résultat d'une multiplication est trop fort ou trop faible d'un multiple de 9, la preuve par 9 n'indiquera pas cette erreur.

Par exemple, si en multipliant 47 par 12, on trouvait 582 pour résultat, la preuve par 9 n'indiquerait aucune erreur, et cependant ce résultat est trop fort de 9×2.

Par une raison semblable, la preuve par 11 est en défaut, quand les erreurs commises sont des multiples de 11.

Le dividende diminué du dernier reste devant être égal au produit du diviseur par le quotient, la méthode précédente donne le moyen de faire la *preuve de la division par* 9 *et par* 11.

28. *Un nombre est dit* premier, *lorsqu'il n'est divisible que par lui-même et par l'unité.*

Il résulte des propriétés des nos 20, 22, 25, 26, que les nombres terminés par un des chiffres 0, 2, 4, 6, 8, sont divisibles par 2, que les nombres terminés par 5 sont divisibles par 5, que tout nombre est divisible par 3 quand la somme de ses chiffres est un multiple de 3, et qu'un nombre est divisible par 11 quand la différence entre la somme des chiffres de rang pair et la somme des chiffres de rang impair, est un multiple de 11 ou est zéro. Aucun de ces nombres (excepté 2, 3, 5 et 11) ne peut donc être *premier.*

Par conséquent : *On ne doit chercher les nombres premiers que parmi les nombres*

2, 3, 5, 7, 11, 13, 17, 19, 23, 29, 31, 37, 41, 43, 47, 49, 53, 59, 61, 67, 71, 73, 79, 83, 89, 91, 97, 101, 103, 107, 109, 113, 119, 127, 131, 133, 137, 139, 149, 151, 157, 161, 163, 167, 169, 173, 179, 181, etc.

Ceux de ces nombres qui ne sont divisibles par aucun des nombres premiers moindres que leur moitié sont *premiers*, car un nombre n'est jamais divisible par un autre plus grand que sa moitié.

On trouve de cette manière que les nombres premiers sont (*) :

2, 3, 5, 7, 11, 13, 17, 19, 23, 29, 31, 37, 41, 43, 47, 53, 59, 61, 67, 71, 73, 79, 83, 89, 97, 101, 103, 107, 109, 113, 127, 131, 137, 139, 149, 151, 157, 163, 167, 173, 179, 181, etc.

29. Deux nombres sont dits *premiers entre eux*, quand ils n'ont pas de facteur commun : ainsi, 10 et 21, ou 2×5 et 3×7, sont *premiers entre eux;* on dit aussi que 10 est *premier avec* 21.

Les *facteurs* et les *diviseurs* qui sont des nombres *premiers*, prennent aussi les noms de *facteurs premiers* et de *diviseurs premiers*. Ainsi, 35 est le produit des facteurs premiers 5 et 7; ces deux derniers nombres sont les diviseurs premiers de 35.

30. Le plus grand de tous les diviseurs communs à plusieurs nombres, est ce qu'on nomme leur *plus grand commun diviseur*.

Nous allons d'abord faire voir comment on peut *trouver le plus grand commun diviseur de deux nombres*.

Pour fixer les idées, nous considérerons les nombres 48 et 18; leur plus grand commun diviseur ne pouvant surpasser 18, on est conduit à diviser 48 par 18; car, dans le cas où la division réussirait, 18 serait le plus grand commun di-

(*) Les nombres 49, 91, 119, 133, 161, 169, ne sont pas *premiers*, car 169 est divisible par 13 et les autres nombres sont divisibles par 7.

viseur demandé; cela n'arrive pas dans notre exemple, 48 divisé par 18 donne le quotient entier 2, et le reste 12. De sorte que

$$48 = 18 \times 2 + 12 \quad (\text{n}^\circ\ 9).$$

Il résulte de cette égalité et des propriétés énoncées (n°s 16, 17, 18), que le plus grand commun diviseur de 48 et 18 est le même que celui de 18 et 12. En effet, le plus grand commun diviseur à 48 et 18, divise la somme 48 et 18 × 2 qui est l'une de ses parties; il doit donc diviser l'autre partie 12; divisant 18 et 12, il ne peut surpasser le plus grand commun diviseur de 18 et 12; mais ce dernier divisant 12 et 18×2, divise la somme 48; il divise donc 48 et 18, il ne peut donc surpasser le plus grand commun diviseur de 48 et 18; ces deux plus grands communs diviseurs ne pouvant pas être plus grands l'un que l'autre sont égaux.

On peut encore le démontrer en disant : tout nombre qui divise 48 et 18 divisant 12, et tout nombre qui divise 18 et 12 divisant 48, il en résulte que tous les diviseurs communs de 48 et 18 sont les mêmes que ceux de 18 et 12; et que par conséquent, le plus grand commun diviseur de 48 et 18 est le même que celui de 18 et 12.

Les mêmes raisonnemens étant applicables à des nombres quelconques, on voit que *tout diviseur commun à deux nombres divise le reste de leur division*, et que *le plus grand commun diviseur de deux nombres est le même que celui qui existe entre le plus petit de ces nombres et le reste de la division du plus grand nombre par le plus petit.*

La question est ainsi réduite à chercher le plus grand commun diviseur de 18 et 12; pour l'obtenir, on divise 18 par 12, ce qui fournit le quotient 1 et le reste 6. Le plus grand commun diviseur de 18 et 12 est le même que celui de 12 et 6, et 6 divisant exactement 12, ce dernier plus grand commun diviseur est 6. Le plus grand commun diviseur de 48 et 18 est donc 6.

On dispose ordinairement les calculs précédens de cette

manière :

Quotiens.	2	1	2	
Dividendes et diviseurs.	48	18	12	6
	36	12	12	
Restes.	12	6	0	

En général : *Pour trouver le plus grand commun diviseur de deux nombres, divisez le plus grand par le plus petit; si le reste est zéro, le plus petit nombre sera le plus grand commun diviseur cherché ; s'il y a un reste, divisez le plus petit des nombres proposés par ce* 1er *reste ; si le reste de cette division est zéro, le* 1er *reste sera le diviseur cherché; dans le cas contraire, divisez le* 1er *reste par le* 2e*; si le* 3e *reste est zéro, le* 2e *sera le diviseur cherché; s'il n'est pas zéro, divisez le* 2e *reste par le* 3e. *Continuez à diviser les restes successifs les uns par les autres, jusqu'à ce que vous parveniez à un quotient exact ; le reste qui divisera exactement le reste précédent sera le plus grand commun diviseur demandé.*

31. On déduit des raisonnemens du nº 24, que *tout diviseur commun à deux nombres divise les restes successifs que l'on obtient en cherchant le plus grand commun diviseur de ces deux nombres*, et que *le plus grand commun diviseur de deux nombres est le même que celui de deux restes consécutifs quelconques.*

Par conséquent : 1°. Tout diviseur commun à deux nombres, divise leur plus grand commun diviseur.

2°. Quand on obtient un reste égal à l'unité, ou lorsque deux restes successifs sont premiers entre eux, ou quand on trouve un reste qui est premier et qui ne divise pas le reste précédent, les deux nombres donnés n'ont pas d'autre commun diviseur que l'unité, et sont *premiers entre eux.*

3°. Lorsque deux nombres sont premiers entre eux, la recherche de leur plus grand commun diviseur conduit nécessairement à un reste égal à l'unité.

32. *Le nombre de divisions à effectuer pour obtenir le plus*

commun diviseur, ne peut jamais excéder la moitié du plus petit des deux nombres proposés.

En effet : lorsqu'on parvient à deux restes consécutifs dont la différence est 1, en les divisant l'un par l'autre, on trouve le reste 1; ce qui indique que les nombres donnés n'ont pas de facteur commun. Par conséquent, toutes les fois que les nombres proposés ont un commun diviseur autre que l'unité, les restes successifs diminuent au moins de deux unités à chaque division. Ce qui démontre la propriété énoncée.

33. Le reste d'une division étant égal au dividende moins le produit du diviseur par le quotient, il est facile de voir que *lorsqu'on connaît les restes successifs qui sont fournis par la recherche du plus grand commun diviseur entre deux nombres, pour en déduire les restes auxquels conduirait la recherche du plus grand commun diviseur entre les produits de ces deux nombres par un nombre donné, il suffit de multiplier par ce nombre donné, tous les restes obtenus dans la première opération.*

Par exemple, la recherche du plus grand commun diviseur entre 48 et 17 fournissant les restes 14, 3, 2, 1, 0; la recherche du plus grand commun diviseur entre 48×5 et 17×5 donnerait les restes 14×5, 3×5, 2×5, 1×5 et 0×5, ou 0.

34. *Le plus grand commun diviseur de plusieurs nombres se* déduit facilement de ce qui précède.

Par exemple, pour obtenir le plus grand commun diviseur de 48, 18 et 15, on cherche d'abord le plus grand commun diviseur de 48 et 18 qui est 6, et celui de 6 et 15 qui est 3; ce dernier est le plus grand commun diviseur demandé.

En effet : tout diviseur commun à 48, 18 et 15, devant diviser 48 et 18, divise 6 (n° 31) : il doit donc diviser 6 et 15. Mais 6 étant facteur de 48 et 18, tout diviseur commun à 6 et 15, divise 48, 18 et 15. Le plus grand commun diviseur de 48, 18 et 15, est donc le même que celui de 6 et 15.

Le plus grand commun diviseur de trois nombres est donc le

même que celui qui existe entre l'un de ces nombres et le plus grand commun diviseur des deux autres.

Tout diviseur de 48, 18 et 15, divisant 6 et 15, divise le plus grand commun diviseur de 6 et 15, et ce dernier plus grand commun diviseur est celui de 48, 18 et 15. Tout diviseur commun à trois nombres, divise donc leur plus grand commun diviseur.

En général: *Pour trouver le plus grand commun diviseur de plusieurs nombres, il suffit de chercher successivement le plus grand commun diviseur entre le premier nombre et le deuxième, entre le plus grand commun diviseur obtenu et le troisième nombre; et ainsi de suite jusqu'au dernier des nombres donnés; le plus grand commun diviseur fourni par la dernière opération est celui des nombres donnés.*

On trouve de cette manière que le plus grand commun diviseur des nombres 90, 126 et 540, est 18.

35. *Lorsqu'un nombre divise le produit de deux facteurs, s'il est premier avec un des facteurs, il divise nécessairement l'autre facteur.*

En effet, supposons que le nombre 6 divise le produit 35×12 et soit premier avec le facteur 35; les nombres 35 et 6 n'ayant pas de facteur commun, la recherche de leur plus grand commun diviseur conduirait au reste 1 (n° 31); la recherche du plus grand commun diviseur entre 35×12 et 6×12 conduirait donc au reste 1×12 ou 12 (n° 33). Mais on suppose que 6 divise 35×12, et 6×12 est évidemment divisible par 6; le reste 12, auquel conduirait la recherche du plus grand commun diviseur entre 35×12 et 6×12, est donc divisible par 6 (n° 31). Ce qui démontre le principe énoncé.

36. *Tout nombre premier qui divise un produit divise nécessairement un des facteurs de ce produit.*

En effet, soit un nombre premier 7 qui divise le produit $9 \times 18 \times 35$; si 7 ne divise pas 9, les nombres 7 et 9 n'auront pas d'autre facteur commun que l'unité et seront par conséquent premiers entre eux. Or, on peut considérer $9 \times 18 \times 35$ comme le produit de 9 par 18.35; le nombre 7 qui divise le produit de 9 par 18.35, étant premier avec 9, il faut que 7 divise 18.35 ou 18×35. Par une raison semblable, si 7 ne divise pas le facteur 18 du produit 18×35, les nombres 7 et 18 seront premiers entre eux; il faudra donc que 7 divise 35.

37. Pour *décomposer un nombre en ses facteurs premiers*, on le divise successivement par chacun des nombres premiers, 2, 3, 5, etc. qui n'excèdent pas sa moitié, jusqu'à ce qu'on obtienne un quotient exact (*). On divise ce quotient par le nombre premier qui a servi de diviseur; si le nouveau quotient est exact, on le divise par le même nombre premier; et on continue ces divisions jusqu'à ce qu'on obtienne un quotient qui ne soit plus divisible par le nombre premier qui a servi de diviseur. On opère ensuite sur le dernier quotient obtenu comme sur le nombre proposé, en observant que ce quotient ne peut être divisible que par des nombres premiers plus grands que celui qui a servi de diviseur. On continue ces calculs jusqu'à ce qu'on parvienne à un quotient qui soit un nombre premier. Le nombre proposé est égal au produit de ce dernier quotient par tous les nombres qui ont servi de diviseurs.

1er Exemple. *Décomposer 1155 en ses facteurs premiers.*

Ce nombre n'est pas divisible par 2 (n° 21); il est divisible par 3 (n° 25) et donne le quotient 385; de sorte que

$$1155 = 3 \times 385.$$

La question se réduit à déterminer les facteurs premiers de 385; ce nombre n'est pas divisible par 3 (n° 25), mais il l'est par 5 (n° 21) et fournit le quotient 77; donc

$$385 = 5 \times 77 \quad \text{et} \quad 1155 = 3 \times 5 \times 77.$$

Il ne s'agit plus que de décomposer 77 en ses facteurs premiers; 77 n'est pas divisible par 5 (n° 21), mais 7 divise 77 et donne le quotient 11; ce quotient étant un nombre premier,

(*) Si aucune de ces divisions ne réussissait, le nombre proposé serait premier; il ne serait donc pas décomposable en facteurs.

on voit que

$$1155 = 3 \times 5 \times 7 \times 11.$$

On dispose ordinairement ce calcul de la manière suivante :

1155	3
385	5
77	7
11	11

De sorte que tous les facteurs premiers 3, 5, 7, 11, de 1155, se trouvent dans une même colonne verticale.

2e Exemple. *Décomposer* 360 *en ses facteurs premiers.*

On trouve que $360 = 2 \times 2 \times 2 \times 3 \times 3 \times 5.$

38. Pour *trouver tous les diviseurs d'un nombre*, on le décompose d'abord en ses facteurs premiers; ces facteurs et leurs produits deux à deux, trois à trois, etc., sont les diviseurs demandés.

1er Exemple. *Trouver les diviseurs de* 1155.

On dispose le calcul de la manière suivante :

1155	3
385	5, 15
77	7, 21, 35, 105
11	11, 33, 55, 165, 77, 231, 385, 1155.

Les diviseurs premiers de 1155 étant 3, 5, 7, 11, on obtiendra les autres diviseurs, en formant les produits 2 à 2, 3 à 3, etc., des nombres 3, 5, 7, 11; à cet effet, on multiplie le second diviseur 5 par le premier diviseur 3, et on écrit le produit 15 à côté de 5; on effectue la multiplication du troisième diviseur 7, par chacun des diviseurs précédens 3, 5, 15, et on écrit les produits 21, 35, 105, à la droite de 7. Enfin, la multiplication du diviseur 11, par chacun des diviseurs précédens 3, 5, 15, 7, 21, 35, 105, donne les autres diviseurs 33, 55, 165, 77, 231, 385, 1155, de 1155.

2e Exemple. *Déterminer les diviseurs de* 360.

On exécute le calcul de la manière suivante :

360	2
180	2, 2×2 ou 4
90	2, 2×4 ou 8
45	3, 3×2 ou 6, 3×4 ou 12, 3×8 ou 24
15	3, 3×3 ou 9, 3×6 ou 18, 3×12 ou 36, 3×24 ou 72
5	5, 5×2, 5×4, 5×8, 5×3, 5×6, 5×12, 5×24, 5×9, 5×18, 5×36, et 5×72.

En effectuant les multiplications indiquées, on trouve que les diviseurs de 360 sont

$$2, 3, 4, 5, 6, 8, 9, 10, 12, 15, 18, 20, 24,$$
$$30, 36, 40, 45, 60, 72, 90, 120, 180, 360.$$

39. Lorsqu'on a décomposé des nombres en leurs facteurs premiers, on en déduit facilement leur *plus grand commun diviseur*, car il suffit de former un produit dans lequel chacun des facteurs premiers de ces nombres entre autant de fois qu'il se trouve dans celui des nombres donnés où il entre le plus petit nombre de fois.

Par exemple, les nombres 90, 126, 540, décomposés en facteurs premiers, deviennent

$$2\times3\times3\times5, \quad 2\times3\times3\times7, \quad 2\times2\times3\times3\times3\times5.$$

Leur plus grand commun diviseur est donc $2\times3\times3$ ou 18. Le procédé du n° 34 conduit au même résultat.

40. *Pour déterminer le plus petit nombre divisible par des nombres donnés, il suffit de décomposer ces nombres en leurs facteurs premiers, et de former ensuite un produit dans lequel chacun de ces facteurs premiers entre autant de fois qu'il se trouve dans celui des nombres donnés où il entre le plus grand nombre de fois.*

On trouvera de cette manière que le plus petit nombre divisible par 90, 126 et 540 est $2\times2\times3\times3\times3\times5\times7$ ou 3780; et que le plus petit nombre divisible par 60, 72 et 175, est 12600.

CHAPITRE TROISIÈME.

Numération et calcul des fractions. Théorie des décimales.

41. Nous avons vu (n° 10) que lorsque la division conduit à un reste qui n'est pas nul, le quotient total n'est pas assignable en nombre entier. Par exemple, le quotient de 25 par 7 est plus grand que 3 et moindre que 4. Pour prendre une idée exacte de ce quotient, on observe que 25 étant égal à 21 plus 4, on obtiendra le quotient de la division de 25 par 7 en réunissant celui de 21 par 7 à celui de 4 par 7; or, le quotient de 21 par 7 est 3; il reste donc à diviser 4 par 7. Pour évaluer ce dernier quotient, on conçoit l'unité divisée en 7 parties égales, chacune de ces parties exprime le quotient de 1 par 7, puisque l'une d'elles prise 7 fois donne le dividende 1. Mais, 4 est égal à 1 plus 1 plus 1 plus 1; on obtiendra donc le quotient de 4 par 7, en prenant 4 fois le *septième* de 1; de sorte que le septième de 4 est la même chose que 4 fois le septième de 1. Ajoutant les deux quotiens partiels de 21 par 7 et de 4 par 7, on voit que le quotient total de la division de 25 par 7 est formé de 3 unités, plus de 4 des 7 parties égales dont on peut concevoir que l'unité est composée.

La partie qu'on ajoute aux unités du quotient étant toujours moindre que l'unité, a reçu le nom de *fraction*.

Pour écrire la fraction qui exprime le quotient du dernier reste par le diviseur, on place le diviseur sous ce reste, et on sépare ces deux nombres par un trait. Ainsi, le quotient total de 25 par 7, est 3 plus $\frac{4}{7}$, ou simplement $3\frac{4}{7}$.

Pour *énoncer les fractions*, on donne des noms particuliers aux diverses subdivisions de l'unité. Selon que l'unité est divisée en 2, 3, 4, parties égales, chacune de ces parties est appelée *un demi, un tiers, un quart.* Lorsque l'unité est divisée en plus de quatre parties égales, on forme le nom de chaque partie en ajoutant la terminaison *ième* au mot qui désigne le nombre de ces parties.

Comme dans une fraction, le nombre inférieur sert à *dénommer* l'espèce des parties d'unité qui entrent dans la fraction, et comme le nombre supérieur en désigne le *nombre*, le premier s'appelle *dénominateur*, et l'autre *numérateur*. Le numérateur et le dénominateur sont les *deux termes* de la fraction.

Une fraction peut être considérée, ou comme indiquant le quotient du numérateur par le dénominateur, ou comme exprimant que l'unité a été divisée en autant de parties égales qu'il y a d'unités dans le dénominateur, et qu'on prend autant de ces parties qu'il y a d'unités dans le numérateur. Nous considérerons les fractions sous ce dernier point de vue, parce qu'il conduit plus facilement aux règles qui servent à les calculer.

42. *Une fraction ne change pas de valeur quand on multiplie ou quand on divise ses deux termes par un même nombre.* En effet, soit la fraction $\frac{3}{7}$; si le dénominateur restant le même, on multiplie le numérateur par 4, elle deviendra $\frac{12}{7}$ et sera rendue quatre fois plus grande, car la 2e fraction contient quatre fois plus de parties que la 1re, et ces parties sont de même grandeur dans les deux fractions. Si le numérateur 3 ne changeant pas, on multiplie le dénominateur par 4, la fraction $\frac{3}{7}$ deviendra $\frac{3}{28}$ et sera rendue quatre fois plus petite, car elle renfermera autant de parties que la fraction $\frac{3}{7}$, et chaque partie sera quatre fois plus petite, puisque l'unité sera divisée en quatre fois plus de parties égales. Cela posé : puisqu'en multipliant le numérateur d'une fraction par 4, on la rend quatre fois plus grande, tandis qu'on la rend quatre fois plus petite en multipliant son dénominateur par 4, il en résulte qu'elle ne change pas de valeur quand on multiplie ses deux termes par 4.

On prouverait de même, qu'en divisant le numérateur d'une fraction par 4, on la rend quatre fois plus petite; et qu'en divisant le dénominateur par 4, on la rend quatre fois plus grande. *Une fraction ne change donc pas de valeur quand on divise ses deux termes par un même nombre.*

43. *La somme de plusieurs fractions de même dénominateur est égale à une fraction dont le numérateur est la somme des numérateurs des fractions proposées, et dont le dénominateur est le même que celui de ces fractions.* En effet, les dénominateurs étant égaux, les fractions sont composées de parties de même grandeur; or chacun des numérateurs indique le nombre de ces parties; on obtiendra donc leur nombre total en prenant la somme des numérateurs; et pour exprimer que cette somme est formée de parties de même grandeur que celles des fractions proposées, on lui donnera le dénominateur de ces fractions. Ainsi, la somme des fractions $\frac{2}{7}, \frac{3}{7}$, est composée de 2 parties plus 3 parties égales à $\frac{1}{7}$, ou de 5 parties égales à $\frac{1}{7}$, ou de $\frac{5}{7}$.

On démontrerait de même que *pour soustraire l'une de l'autre deux fractions de même dénominateur, il suffit de prendre la différence entre les numérateurs et de l'affecter du dénominateur commun.* La différence entre $\frac{5}{7}$ et $\frac{2}{7}$ est donc $\frac{3}{7}$.

44. *Pour ajouter ou soustraire des fractions de dénominateurs différens, on les réduit d'abord au même dénominateur, en multipliant les deux termes de chacune d'elles par le produit des dénominateurs de toutes les autres*, et la question est ramenée à la précédente. Par exemple, pour calculer la somme des fractions $\frac{2}{3}, \frac{4}{5}, \frac{6}{7}$, on les réduit d'abord au même dénominateur; ce qui donne les fractions équivalentes $\frac{70}{105}, \frac{84}{105}, \frac{90}{105}$; la somme des numérateurs 70, 84, 90, étant 244, la somme des fractions proposées est $\frac{244}{105}$.

Remarque. Lorsque les dénominateurs des fractions proposées ne sont pas premiers entre eux, on peut réduire ces fractions à un dénominateur commun plus petit que le produit des dénominateurs; car on peut, dans ce cas, déterminer un nombre moindre que ce produit et divisible par chacun des dénominateurs. Par exemple, les fractions $\frac{2}{3}$, $\frac{5}{6}$, $\frac{7}{15}$ peuvent être ramenées à trois fractions équivalentes dont le dénominateur est 60, nombre divisible par 3, 6, 15; on trouve les numérateurs de ces nouvelles fractions en divisant successivement 60 par chacun des dénominateurs 3, 6, 15, et en multipliant les numérateurs 2, 5, 7, par les quotiens respectifs 20, 10, 4; on obtient de cette manière les fractions $\frac{40}{60}$, $\frac{50}{60}$, $\frac{28}{60}$ égales aux fractions proposées.

Pour obtenir le plus petit dénominateur commun, il suffit de déterminer (n° 40) le plus petit nombre divisible par chacun des dénominateurs des fractions proposées. Dans l'exemple précédent le plus petit dénominateur commun est 30.

45. *La multiplication d'une fraction par un nombre entier s'exécute en multipliant le numérateur, ou en divisant le dénominateur par ce nombre entier.* Cela se déduit des raisonnemens du n° 42.

Ainsi, le produit de $\frac{5}{28}$ par 4 est $\frac{20}{28}$ ou $\frac{5}{7}$.

Lorsque le multiplicateur est une fraction, il faut généraliser le sens attaché au mot MULTIPLIER. *Nous considérerons donc la multiplication comme ayant pour but de calculer un nombre, nommé* PRODUIT, *qui soit composé avec un nombre connu, nommé* MULTIPLICANDE, *de la même manière qu'un nombre donné, nommé* MULTIPLICATEUR, *est composé avec l'unité.*

Il suit de cette définition que *le produit de plusieurs fractions est exprimé par une fraction dont le numérateur est le produit des numérateurs des fractions proposées, et dont le dénominateur est le produit des dénominateurs des mêmes fractions.*

En effet, soit proposé de multiplier $\frac{2}{3}$ par $\frac{4}{5}$; le multiplica-

-teur $\frac{4}{5}$ étant les $\frac{4}{5}$ de l'unité, le produit sera les $\frac{4}{5}$ du multiplicande $\frac{2}{3}$. Or, le 5ᵉ de $\frac{2}{3}$ est $\frac{2}{15}$; les $\frac{4}{5}$ de $\frac{2}{3}$ valent donc 4 fois $\frac{2}{15}$, ou $\frac{8}{15}$.

Remarque. Lorsqu'on multiplie plusieurs fractions entre elles, on prend des *fractions de fractions*. Par exemple, former le produit des fractions $\frac{2}{3}$, $\frac{4}{5}$, $\frac{7}{11}$, c'est prendre les $\frac{7}{11}$ des $\frac{4}{5}$ de $\frac{2}{3}$, car pour effectuer cette multiplication dans l'ordre indiqué, il faut d'abord multiplier $\frac{2}{3}$ par $\frac{4}{5}$, c'est-à-dire prendre les $\frac{4}{5}$ de $\frac{2}{3}$, ce qui donne $\frac{2\times 4}{3\times 5}$; on doit ensuite multiplier ce produit par $\frac{7}{11}$, c'est-à-dire en prendre les $\frac{7}{11}$; ce qui donne $\frac{2\times 4\times 7}{3\times 5\times 11}$; on a donc pris les $\frac{7}{11}$ des $\frac{4}{5}$ de $\frac{2}{3}$.

En général, pour *évaluer une fraction de fraction*, on effectue le produit de toutes les fractions ordinaires qui entrent dans son énoncé.

46. *La division d'une fraction par une autre s'effectue en multipliant la fraction dividende par la fraction diviseur renversée.* En effet; soit proposé de diviser $\frac{2}{3}$ par $\frac{4}{5}$; le quotient doit être tel que, multiplié par le diviseur $\frac{4}{5}$, il donne un produit égal au dividende $\frac{2}{3}$; les $\frac{4}{5}$ du quotient sont donc égaux à $\frac{2}{3}$; le 5ᵉ du quotient est donc le quart de $\frac{2}{3}$, ou $\frac{2}{3\times 4}$; le quotient demandé est donc 5 fois $\frac{2}{3\times 4}$, ou $\frac{2\times 5}{3\times 4}$, ou $\frac{2}{3}\times\frac{5}{4}$. Ce qui démontre la règle énoncée.

On en déduit que, *lorsque les fractions ont le même dénominateur, il suffit de diviser le numérateur de la* 1re *par celui de la* 2e, *et lorsqu'elles ont le même numérateur, de diviser le dénominateur de la* 2e *par celui de la* 1re.

47. Les fractions, d'après leur origine, sont moindres que l'unité; mais leur calcul conduit quelquefois à des expressions de même forme plus grandes que l'unité; ces dernières sont des *nombres fractionnaires* ou *expressions fractionnaires*. Cependant nous comprendrons ces deux classes de quantités sous le nom générique de *fractions*.

Une fraction est d'autant plus grande que son numérateur est plus grand et que son dénominateur est plus petit. Suivant que le numérateur est moindre ou plus grand que le dénominateur, ou est égal au dénominateur, la fraction est moindre ou plus grande que l'unité, ou est égale à l'unité. Ces propriétés résultent de la définition des fractions.

Par conséquent, pour *comparer entre elles les grandeurs de plusieurs fractions*, il suffit de les réduire au même dénominateur.

48. Pour *transformer un nombre entier en une fraction équivalente qui ait un dénominateur donné*, on multiplie le nombre entier par le dénominateur, le produit exprime le numérateur de la fraction demandée, car cela se réduit à multiplier et à diviser le nombre donné par un même nombre, ce qui ne change pas sa valeur. Ainsi, le nombre 5 est équivalent à chacune des fractions $\frac{5 \times 3}{3}$, $\frac{5 \times 9}{9}$, $\frac{5}{1}$, etc.

49. Une fraction étant égale au quotient de son numérateur par son dénominateur (n° 41), les principes des nos 42 et 47 démontrent les propriétés suivantes : Le quotient ne change pas quand on multiplie ou quand on divise le dividende et le diviseur par un même nombre; le quotient est d'autant plus grand que le dividende est plus grand et que le diviseur est plus petit; suivant que le dividende est moindre ou plus grand que le diviseur, ou est égal au diviseur, le quotient est moindre ou plus grand que l'unité, ou égal à l'unité; pour multiplier le quotient par un nombre, il suffit de multiplier le dividende ou de diviser le

diviseur par ce nombre ; réciproquement, le quotient est divisé par un nombre, en divisant le dividende ou en multipliant le diviseur par ce nombre.

50. Pour *trouver les entiers contenus dans un nombre fractionnaire*, on effectue la division du numérateur par le dénominateur. Par exemple, le nombre fractionnaire $\frac{13}{5}$ est composé de 2 unités plus $\frac{3}{5}$, ou de $2\frac{3}{5}$.

51. Les principes précédens comprennent tout le calcul des fractions. Lorsqu'on veut *opérer sur des fractions jointes à des nombres entiers*, on effectue le calcul de la manière que nous allons indiquer :

1°. Dans l'*addition des entiers joints à des fractions*, on calcule la somme des fractions qui accompagnent les entiers, on en extrait les unités qu'elle peut contenir et l'on joint à cette somme les entiers qui accompagnent les fractions ; le résultat exprime la somme demandée. Ainsi, pour ajouter $7\frac{5}{9}$ à $3\frac{8}{9}$, on extrait de la somme $\frac{13}{9}$ des fractions $\frac{5}{9}$, $\frac{8}{9}$, l'unité qu'elle contient ; ce qui donne $1\frac{4}{9}$; ajoutant à $1\frac{4}{9}$, les entiers 7, 3, le résultat $11\frac{4}{9}$ est la somme demandée.

2°. Dans la *soustraction des entiers joints à des fractions*, on retranche directement la fraction de la fraction et le nombre entier du nombre entier. Quand la fraction à soustraire est la plus grande, on *emprunte* sur la *partie entière* du nombre dont on soustrait. En voici des exemples :

de $8\frac{5}{7}$	de $6\frac{2}{7}$
ôtant $2\frac{3}{7}$	ôtant $3\frac{4}{7}$
reste $6\frac{2}{7}$	reste $2\frac{5}{7}$

Pour ôter $2\frac{3}{7}$ de $8\frac{5}{7}$, on retranche $\frac{3}{7}$ de $\frac{5}{7}$ et 2 de 8; la réunion des restes partiels compose le reste total $6\frac{2}{7}$. Pour soustraire $3\frac{4}{7}$ de $6\frac{2}{7}$, on emprunte une des 6 unités du plus grand nombre; cette unité, qui vaut $\frac{7}{7}$, jointe aux $\frac{2}{7}$ qu'il y avait déjà, donne $\frac{9}{7}$, desquels ôtant $\frac{4}{7}$, il reste $\frac{5}{7}$; et comme on a emprunté 1 sur le 6, on ôte 3 de 5; ce qui fournit le reste 2; la réunion des restes partiels $\frac{5}{7}$ et 2, forme le reste total $2\frac{5}{7}$.

3°. *Pour la multiplication et la division des entiers joints à des fractions*, on réduit les entiers en fractions et on opère ensuite d'après les règles des nos 45 et 46.

Les *preuves des quatre règles sur les fractions* s'exécutent comme s'il s'agissait de nombres entiers, avec cette seule différence, que pour l'addition, on doit ajouter à la colonne des fractions la retenue placée sous les unités.

52. On dit qu'une fraction est *irréductible*, lorsqu'elle ne peut se réduire à une forme plus simple, c'est-à-dire, quand elle ne peut être exprimée exactement par aucune fraction équivalente ayant des termes respectivement moindres.

Il suit de cette définition, que *les deux termes d'une fraction irréductible n'ont jamais de facteur commun*, et que *deux fractions irréductibles dont les termes sont différens ne peuvent jamais avoir la même valeur.*

Quand les deux termes d'une fraction n'ont pas de facteur commun, cette fraction est irréductible.

En effet, si une fraction $\frac{12}{35}$ dont on suppose que les deux termes n'ont pas de facteur commun, pouvait être égale à une fraction $\frac{8}{20}$ ayant des termes respectivement moindres, en réduisant ces fractions au même dénominateur 35×20, les nouveaux numérateurs 12×20, 8×35, devraient être égaux; et comme 12×20 est divisible par 12, le produit 8×35 devrait être aussi divisible par 12; or on suppose que 12 est premier avec 35; 12 devrait donc diviser 8 (nº 35); ce qui est impossible, puisque le numérateur 12 de la fraction $\frac{12}{35}$ est supposé plus grand que le numérateur 8 de la fraction plus simple $\frac{8}{20}$. La fraction $\frac{12}{35}$ ne peut donc se réduire à une forme plus simple; elle est donc irréductible.

Par conséquent, *pour réduire une fraction à sa plus simple expression, il suffit de diviser ses deux termes par leur plus grand commun diviseur.*

S'il s'agit de la fraction $\frac{330}{462}$, on cherchera le plus grand commun diviseur de 462 et 330, qui est 66; et l'on divisera les deux termes par 66, ce qui fournira la fraction irréductible $\frac{5}{7}$.

La fraction $\frac{113}{355}$ est irréductible, car le plus grand commun diviseur de ses deux termes est l'unité.

Théorie des décimales.

53. La simplicité du calcul des nombres entiers, comparée à la complication du calcul des fractions, a fait naître l'idée de subdiviser l'unité principale en parties de dix en dix fois plus petites; ces parties ont été nommées *fractions décimales*, ou *unités décimales*, ou *décimales*; ainsi, l'unité principale se divise en dix parties égales nommées *dixièmes*, chaque dixième vaut dix *centièmes*, un centième vaut dix *millièmes*, etc.

Le système adopté pour écrire les nombres entiers s'applique aux décimales, le 1er chiffre à droite des unités exprime des dixièmes, le 2e des centièmes, le 3e des millièmes, etc. Je distinguerai le chiffre des unités principales en mettant sur sa droite une *virgule* de la forme ,.

Le *nombre décimal* 23,45 vaut donc 23 unités plus 4 dixièmes plus 5 centièmes; les chiffres placés à droite de la virgule sont les *chiffres décimaux* ou les *décimales* de ce nombre; ainsi le nombre 23,457 contient trois chiffres décimaux ou trois décimales, sa *partie décimale* est 457, et 23 s'appelle sa *partie entière* ou ses *unités entières*, ou ses *entiers*.

54. D'après ces conventions, *un nombre décimal est multiplié ou est divisé autant de fois par le facteur* 10, *qu'on avance la virgule de rangs vers la droite ou vers la gauche de ce nombre.* Ainsi, en avançant la virgule de deux rangs vers la droite de 3,456, on multiplie ce nombre par 10 × 10 ou par 100, car chacun des chiffres du résultat 345,6 exprime des unités cent fois plus grandes. Pour obtenir le quotient de 3,45 par 10000, on place à la gauche de la partie entière un nombre suffisant de zéro pour qu'on puisse avancer ensuite la virgule de quatre rangs vers la gauche; le résultat 0,000345 est le quotient demandé.

55. *Tout nombre décimal équivaut à une fraction dont le numérateur est le nombre décimal abstraction faite de la virgule, et dont le dénominateur est l'unité suivie d'autant de zéro qu'il y a de chiffres à droite de la virgule.* En effet; supprimer la virgule dans un nombre décimal revient à avancer la virgule d'autant de rangs à droite qu'il y a de décimales; on multiplie donc ce nombre par l'unité suivie d'autant de zéro qu'il y a de chiffres à droite de la virgule; il faut donc diviser le résultat par l'unité suivie de ce même nombre de zéro. Par exemple, lorsqu'on supprime la virgule dans le nombre 3,45, le résultat 345 est 100 fois plus grand que 3,45; 3,45 est donc égal à $\frac{345}{100}$.

Pour *convertir en décimales une fraction dont le dénominateur est l'unité suivie de plusieurs zéro, on écrit le numérateur et on sépare autant de décimales sur sa droite qu'il y a de zéro dans le dénominateur*, car cela revient à effectuer la division du numérateur par le dénominateur (n°54); ainsi, $\frac{345}{100}$ est égal à 3,45.

Remarque. Quand le numérateur ne contient pas le nombre de chiffres nécessaire au placement de la *virgule*, on y supplée en mettant des zéro sur la gauche du numérateur. Par exemple, le dénominateur de $\frac{405}{100000}$ contenant 5 zéro, la règle prescrit de séparer 5 décimales sur la droite de 405; on remplace donc 405 par 000405, et séparant les 5 décimales, le résultat 0,00405 exprime la fraction proposée.

56. Pour *énoncer un nombre décimal écrit en chiffres*, on peut le séparer arbitrairement en plusieurs tranches, et énoncer ensuite chaque tranche comme si elle était seule, en ajoutant le nom de l'ordre des unités du premier chiffre à droite de ces diverses tranches. Dans la pratique, on conçoit le nombre décomposé en deux tranches séparées par la virgule; quelquefois on énonce le nombre abstraction faite de la virgule et on ajoute le nom de l'espèce des unités du premier chiffre décimal à droite. Ainsi, 227,39 peut s'énoncer :

Vingt-deux dixaines, sept cent trente-neuf centièmes,
ou deux cent vingt-sept unités, trente-neuf centièmes,
ou vingt-deux mille sept cent trente-neuf centièmes,
ou, etc.

Réciproquement, pour *écrire un nombre décimal énoncé*, on écrit successivement, à partir de la gauche, le nombre d'unités de chaque espèce indiqué dans l'énoncé du nombre proposé, et on place ensuite la virgule de manière que chaque chiffre occupe le rang qui convient à l'espèce de ses unités.

57. L'*addition* et la *soustraction des nombre décimaux* s'effectuent comme sur les nombres entiers, en ayant soin de placer les unités de même grandeur les unes sous les autres, et en observant qu'en allant de droite à gauche, dix unités d'un ordre quelconque en valent une de l'ordre suivant. En voici des exemples :

Nombres à ajouter...		97,876 45,121	9,87 45,6	3705,12 89,7501	9000,40070012 8210,5673
Sommes............		142,997	55,47	3794,9501	17210,96800012
Soustractions.......	de....		142,997	100,21	17210,96800012
	ôtez ..		97,876	47,873	9000,40070012
	reste...		45,121	52,337	8210,5673

La multiplication de plusieurs nombres décimaux s'effectue comme s'il n'y avait pas de virgule, on sépare ensuite autant de décimales sur la droite du produit qu'il y a de chiffres décimaux dans tous les facteurs réunis. En effet, chaque facteur est équivalent à une fraction dont le numérateur est ce facteur dans lequel on fait abstraction de la virgule, et dont le dénominateur est l'unité suivie d'autant de zéro qu'il y a de décimales dans ce facteur; le produit demandé est donc égal à une fraction dont le numérateur est le produit de tous les nombres entiers qui résultent de la suppression de la virgule dans les facteurs proposés, et dont le dénominateur est l'unité suivie d'autant de zéro qu'il y a de décimales dans tous les facteurs; pour convertir cette fraction en décimales, il suffit d'écrire son numérateur et de séparer autant de chiffres décimaux sur sa droite qu'il y a de zéro dans le dénominateur; ce qui démontre la règle énoncée. Ainsi, pour multiplier 0,04 par 0,0012, on forme le produit 48 de 4 par 12; la règle prescrivant de séparer six décimales sur la droite de ce produit, on remplace 48 par 000048, et séparant les six décimales, le résultat 0,000048 exprime le produit demandé; on peut d'ailleurs le vérifier, car les facteurs 0,04 et 0,0012, sont équivalens aux fractions $\frac{4}{100}$, $\frac{12}{10000}$, dont le produit est $\frac{48}{1000000}$ ou 0,000048.

La division de deux nombres décimaux présente deux cas:

1°. Quand le dividende et le diviseur ont le même nombre de chiffres décimaux, on obtient le quotient en effectuant la division comme s'il n'y avait pas de virgule, car le dividende et le diviseur sont égaux à des fractions de même dénominateur, dont le quotient s'obtient en divisant le numérateur de la 1re par celui de la 2e; et ces numérateurs sont les nombres décimaux dans lesquels on fait abstraction de la virgule.

2°. Lorsque le dividende et le diviseur ne contiennent pas le même nombre de décimales, on ramène ce cas au précédent en plaçant des zéro à la droite du nombre qui a le moins de décimales. Ainsi, pour diviser 6,8 par 0,034, on remplace

6,8 par le nombre équivalent 6,800; et la division de 6800 par 0034 ou par 34, fournit le quotient 200 demandé.

Les opérations de l'Arithmétique sur les nombres décimaux se vérifient d'après les règles données pour les nombres entiers.

REMARQUE. Pour *opérer sur des nombres entiers et décimaux combinés avec des fractions,* on transformé tous ces nombres en fractions ordinaires.

58. Pour *réduire une fraction en décimales,* on divise le numérateur par le dénominateur, en ayant soin, lorsqu'on a obtenu les unités du quotient, de placer une virgule sur leur droite, et de convertir les restes successifs en dixièmes, en centièmes, en millièmes, etc. (ces conversions s'effectuent en mettant un zéro sur la droite de chaque reste). Les chiffres qu'on obtient à la suite des unités du quotient expriment les dixièmes, les centièmes, les millièmes, etc., du nombre décimal équivalent à la fraction proposée. On trouve ainsi que les fractions $\frac{69}{20}$, $\frac{7}{40}$, $\frac{3}{11}$, $\frac{677}{49500}$, sont exprimées par les nombres 3,45, 0,175, 0,272727 etc.; 0,01367676 etc.

Les fractions décimales dans lesquelles plusieurs chiffres se répètent dans le même ordre et à l'infini, sont des *fractions décimales périodiques,* et la partie décimale qui se reproduit périodiquement s'appelle la *période.*

Lorsque la période commence au chiffre des dixièmes, la fraction est *périodique simple;* quand la période ne commence qu'après un certain nombre de décimales, la fraction est *périodique mixte.* Ainsi, 0,272727 etc. est une fraction décimale périodique *simple* dont la période est 27; et 0,0136767 etc. est une fraction décimale périodique *mixte* dont la période est 67, la *partie non périodique* est 013.

59. *Les fractions décimales périodiques peuvent toujours être converties en fractions ordinaires.* En effet :

1°. Soit la fraction décimale périodique simple 0,272727 etc.; si l'on pouvait en déduire une autre expression composée de la même partie périodique, en retranchant ces deux expressions l'une de l'autre, la partie périodique disparaîtrait, et il serait facile d'en déduire la valeur de la fraction périodique proposée. Pour y parvenir, on désignera par x la valeur de 0,2727 etc.; on aura

$$100 \text{ fois } x = 27{,}272727 \text{ etc.}$$
$$1 \text{ fois } x = 0{,}272727 \text{ etc.}$$

Retranchant ces deux égalités l'une de l'autre, et observant que les parties décimales périodiques disparaissent, on trouvera

$$99 \text{ fois } x = 27; \quad \text{donc} \quad x = \frac{27}{99}.$$

Par conséquent : *toute fraction décimale périodique simple, moindre que l'unité, est équivalente à une fraction ordinaire qui a pour numérateur la période, et pour dénominateur un nombre composé d'autant de 9 qu'il y a de chiffres dans la période.*

2°. Pour convertir une fraction décimale périodique mixte en fraction ordinaire, on place successivement la virgule à droite et à gauche de la première période, ce qui donne deux nombres composés de la même partie périodique; la différence entre ces nombres ne contenant plus la partie périodique, il est facile d'en déduire la valeur de la fraction proposée.

Par exemple, soit la fraction 8,0136767 etc., dont la période est 67; en désignant sa valeur par x, on a

$$100000 \text{ fois } x = 801367{,}6767 \text{ etc.}$$
$$1000 \text{ fois } x = 8013{,}6767 \text{ etc.}$$

Retranchant 1000 fois x de 100000 fois x, et observant que les périodes disparaissent, on trouve que

$$99000 \text{ fois } x = 801367 - 8013; \text{ d'où } x = \frac{801367 - 8013}{99000}.$$

La comparaison de cette valeur de x avec le nombre 8,013676767 etc., conduit à la règle suivante :

Pour convertir une fraction décimale périodique mixte en fraction ordinaire, transportez successivement la virgule à droite et à gauche de la première période; la différence entre les parties entières des nombres décimaux qui en résultent exprime le numérateur de la fraction demandée. Pour former le dénominateur, prenez un nombre composé d'autant de 9 qu'il y a de chiffres dans la période, et mettez autant de zéro à la droite de ce nombre qu'il y a de chiffres entre la virgule et la première période.

Cette règle convient également aux fractions périodiques simples, plus grandes et plus petites que l'unité, en observant que cette espèce de fractions périodiques n'ayant aucun chiffre entre la virgule et la première période, il ne faut pas mettre de zéro à la suite des 9 du dénominateur de la fraction ordinaire équivalente.

Les règles précédentes conduisent aux résultats suivans :

$$0{,}999 \text{ etc.} = \frac{9}{9} = 1, \quad 0{,}00999 \text{ etc.} = \frac{9}{900} = \frac{1}{100} = 0{,}01,$$

$$20{,}3040404 \text{ etc.} = \frac{20304 - 203}{990} = \frac{20101}{990},$$

$$137{,}252525 \text{ etc.} = \frac{13725 - 137}{99} = \frac{13588}{99}.$$

60. *On peut toujours s'assurer d'avance si la division du numérateur d'une fraction par son dénominateur conduira à un quotient exact.* En effet :

1°. *Quand le dénominateur est l'unité suivie de plusieurs zéro, la division fournit un quotient exact;* et la règle du n° 55 conduit directement au nombre décimal qui est équivalent à la fraction proposée.

2°. *Lorsque le dénominateur, n'étant pas l'unité suivie de plusieurs zéro, ne contient que les facteurs premiers 2 et 5 de la* BASE 10, *la fraction peut toujours s'exprimer exactement en décimales;* car en multipliant les deux termes de la fraction un certain nombre de fois par 2 ou par 5, de manière que chacun des facteurs 2 et 5 entre le même nombre de fois dans le nouveau dénominateur, on la transforme en une fraction équivalente dont le dénominateur est l'unité suivie de plusieurs zéro.

La fraction $\frac{7}{40}$ est de cette espèce, car

$$\frac{7}{40}=\frac{7}{2\times2\times2\times5}=\frac{7\times5\times5}{2\times2\times2\times5\times5\times5}=\frac{7\times5\times5}{10\times10\times10}=\frac{175}{1000}=0{,}175.$$

La division de 7 par 40 conduirait au même résultat (nº 58).

Remarque. Le dénominateur de la fraction $\frac{7}{40}$ contenant *trois* fois le facteur 2 et une fois le facteur 5, on voit que cette fraction est exprimée par un nombre qui a *trois* chiffres décimaux.

En général : lorsque le dénominateur d'une fraction irréductible ne renferme que les facteurs 2, 5, et n'est pas l'unité suivie de plusieurs zéro, pour découvrir combien il y aura de chiffres décimaux dans le nombre décimal qui exprime la fraction proposée, il suffit de chercher quel est celui de ces facteurs qui entre le plus grand nombre de fois dans le dénominateur; ce nombre de fois indique le nombre des chiffres décimaux demandé.

3°. *Quand le dénominateur d'une fraction irréductible contient d'autres facteurs que 2 et 5, la fraction ne peut pas se réduire exactement en décimales, et le quotient qui se prolonge indéfiniment est périodique.*

En effet, les deux termes de la fraction proposée n'ayant pas de facteur commun, les facteurs autres que 2 et 5 qui entrent dans le dénominateur y resteront toujours quand on multipliera les deux termes par un même nombre; on ne pourra donc pas transformer la fraction donnée en une fraction ayant pour dénominateur l'unité suivie de plusieurs zéro; la fraction proposée ne se réduira donc pas exactement en décimales, car tout nombre décimal est équivalent à une fraction dont le dénominateur est l'unité suivie de plusieurs zéro.

La division du numérateur par le dénominateur de la fraction proposée conduira donc à un quotient composé d'une infinité de chiffres; d'ailleurs les restes successifs étant moindres que le diviseur, on parviendra nécessairement à un reste déjà obtenu; multipliant ce reste par 10, et continuant la division, on aura pour dividendes partiels des nombres égaux aux précédens et qui se succéderont dans le même ordre ; donc on retrouvera au quotient, dans le même ordre, des chiffres qui ont été déjà obtenus. Par conséquent le quotient sera périodique.

Exemple. Soit la fraction $\frac{3}{11}$. La règle du n° 58 conduit au calcul suivant :

1er dividende partiel... 3 unités.	11 diviseur.
	1er quotient partiel... 0 unités.
2e dividende partiel... 30 dixièmes.	2e quotient partiel... 2 dixièmes.
3e dividende partiel... 80 centièmes.	3e quotient partiel... 7 centièmes.
4e dividende partiel... 30 millièmes.	4e quotient partiel... 2 millièmes.
5e dividende partiel... 80 dix-mill.	5e quotient partiel... 7 dix-mill.
etc.................. etc.	etc.................. etc.
	Quotient total....... 0,272727 etc.

La comparaison du 4e dividende partiel avec le 2e fait voir que les chiffres décimaux 2, 7, obtenus au quotient, doivent se reproduire à l'infini et dans le même ordre, car le 2e dividende partiel 30 dixièmes ayant donné le quotient 27 centièmes et le reste 30 millièmes, le 4e dividende partiel 30 millièmes, qui est cent fois plus petit que le 2e, déterminera un quotient cent fois plus petit, 27 dix-millièmes, avec un reste cent fois plus petit, 30 cent-millièmes ; et ainsi de suite ; ce qui conduira au quotient périodique indéfini 0,272727 etc.

Remarque. On approche d'autant plus de la valeur de $\frac{3}{11}$ qu'on calcule plus de décimales au quotient. En effet, les restes alternatifs 8 et 3, diminuent très rapidement de valeur, car ils représentent successivement des dixièmes, des centièmes, etc. ; et comme en les divisant par 11, on trouve ce qui manque au quotient obtenu pour être exact, on peut toujours prendre assez de décimales au quotient pour que le nombre décimal qui en résulte diffère d'aussi peu qu'on voudra de $\frac{3}{11}$.

61. 1°. *Lorsque le dénominateur d'une fraction ne contient aucun des facteurs 2 et 5, la réduction de cette fraction en décimales conduit toujours à un quotient périodique simple.*

Si l'on réduit d'abord cette fraction à sa plus simple expression, on obtiendra une fraction irréductible dont le dénominateur ne contiendra aucun des facteurs 2 et 5. La conversion de cette dernière fraction en décimales fournissant toujours un quotient périodique (n° 60, 3°.), il suffit de prouver que la période commencera nécessairement aux dixièmes.

Si le quotient était périodique mixte, il serait exprimé par une fraction ordinaire dont le dénominateur serait terminé par un ou plusieurs zéro (n° 59, 2°.); cette fraction étant égale à une fraction irréductible dont le dénominateur ne renferme aucun des facteurs 2 et 5 de 10, tous les facteurs 2 et 5 de son dénominateur devraient entrer dans son numérateur, qui devrait être par conséquent divisible par 10; le premier chiffre de ce numérateur devrait donc être un zéro; or, il est facile de conclure de la règle du n° 59, 2°., que ce premier chiffre ne peut jamais être un zéro. La période commence donc aux dixièmes.

Par exemple, soit la fraction $\frac{6}{63}$ dont le dénominateur ne renferme aucun des facteurs 2 et 5; elle se réduit à $\frac{2}{21}$, ou à $\frac{2}{3\times 7}$. Si la division de 2 par 21 pouvait fournir un quotient périodique mixte, tel que 0,2345656 etc., par exemple, la période étant 56, la règle du n° 59, 2°. donnerait

$$0,2345656 \text{ etc.} = \frac{23456 - 234}{99000}.$$

Cette fraction ordinaire devant se réduire à $\frac{2}{3\times 7}$, tous les facteurs 2 et 5 du dénominateur 99000 doivent pouvoir disparaître, ce qui exige qu'ils entrent en même nombre dans le numérateur 23456 — 234; ce numérateur doit donc être divisible par 10; son premier chiffre à droite doit donc être un zéro; il faudrait donc qu'après avoir retranché 234 de 23456, le premier chiffre du reste fût zéro, le dernier chiffre 4 de la partie non périodique devrait donc être égal au dernier chiffre de la période; ce qui est contre l'hypothèse. Il est donc absurde de supposer que la période ne commence pas aux dixièmes.

2°. *Quand le dénominateur d'une fraction irréductible contient des facteurs 2 et 5 combinés avec d'autres facteurs, la réduction de cette fraction en décimales conduit toujours à un quotient périodique mixte.*

En effet, soit la fraction $\frac{7}{30}$ dont le dénominateur est le produit des facteurs 2, 3, 5. Si la division de 7 par 30 pouvait conduire à un quotient périodique simple, à 0,3737 etc. par exemple, la règle du n° 59, 1°. donnant

$$0{,}373737 \text{ etc.} = \frac{37}{99},$$

les fractions $\frac{7}{30}$, $\frac{37}{99}$, seraient égales; et en les réduisant au même dénominateur les nouveaux numérateurs 7×99, 37×30 seraient égaux. Or, par l'hypothèse, le dénominateur 30 de la fraction proposée est divisible par 2 et par 5; le produit 7×99 serait donc divisible par 2 et par 5. Mais, la fraction $\frac{7}{30}$ étant supposée irréductible, le numérateur 7 n'est divisible par aucun des facteurs 2, 5, du dénominateur; le nombre 99 serait donc divisible par 2 et par 5; ce qui est impossible, puisqu'un nombre terminé par un 9 n'est divisible ni par 2 ni par 5 (n° 21).

62. *Lorsqu'un nombre n'est pas terminé par une infinité de 9, la totalité des chiffres que l'on supprime vers sa droite a toujours une valeur moindre qu'une unité du dernier ordre conservé.*

Par exemple, soit le nombre 37,46785 etc.; en supprimant tous les chiffres placés à la droite du chiffre 6 des centièmes, la partie supprimée 0,00785 etc., est moindre que la fraction décimale périodique mixte 0,00999 etc., ou qu'un centième (n° 59).

Par conséquent: *Pour obtenir la vaeur d'un nombre à*

moins d'une unité décimale d'un ordre donné, il suffit de supprimer les chiffres qui expriment des unités inférieures à cet ordre.

D'après cela, *pour trouver la valeur d'une fraction ordinaire à moins d'une unité décimale d'un ordre donné*, il ne s'agit que d'effectuer la division du numérateur par le dénominateur, d'après la règle du n° 58, et de continuer le calcul jusqu'au chiffre du quotient qui exprime des unités décimales de l'ordre donné.

On trouve ainsi que la valeur, à moins d'un millième d'unité, de la fraction $\frac{3}{11}$, ou du quotient de 3 par 11, est 0,272.

63. Pour *approcher le plus possible de la valeur d'un nombre décimal, en supprimant plusieurs chiffres à sa droite*, distinguez trois cas : si le premier chiffre à supprimer est moindre que 5, supprimez-le avec ceux qui le suivent ; s'il est plus grand que 5, ou si, étant 5, il est suivi d'autres chiffres significatifs, augmentez d'un le dernier chiffre conservé ; s'il est égal à 5 et n'est pas suivi d'autres chiffres significatifs, vous pourrez laisser le dernier chiffre à conserver tel qu'il est, ou l'augmenter d'un. Dans ces trois cas, l'erreur ne saurait excéder une demi-unité du dernier ordre conservé.

Par exemple, suivant qu'on ne veut conserver que deux ou trois décimales, la valeur la plus approchée possible de 5,6237 etc., est 5,62 ou 5,624 ; car, dans le 1er cas, en prenant 5,62, la partie négligée 0,0037 etc. est moindre que 0,005 ou qu'un demi-centième ; et, dans le 2e cas, 0,0007 etc. étant plus grand que 0,0005, ce qu'il faut ajouter à 5,6237 etc. pour obtenir 5,624, est moindre que 0,0005 ou qu'un demi-millième.

64. Nous allons faire voir comment on peut *abréger la multiplication de deux nombres qui contiennent beaucoup de chiffres, lorsqu'on n'a besoin que d'une valeur approchée du produit.*

Exemple. *Calculer le produit de 8,74623 etc. par 2,34567 etc. à moins d'un dixième d'unité.*

Pour y parvenir, on effectue la multiplication de manière que le premier chiffre à droite de chaque produit partiel exprime des millièmes, c'est-à-dire des unités cent fois plus petites que celles du premier chiffre à droite du produit demandé. Ce qui conduit au calcul suivant :

Multiplicande.............			8,74623 etc.
Multiplicateur...........			2,34567 etc.
2	fois 8,746	donnent	17,492
0,3	fois 8,74	donnent	2,622
0,04	fois 8,7	donnent	0,348
0,005	fois 8	donnent	0,040
Somme des produits partiels...			20,502.

Le produit cherché est 20,5.

En effet; lorsqu'on a multiplié par le chiffre 2 des unités du multiplicateur, on a négligé dans le multiplicande les unités inférieures aux millièmes; l'erreur qui en résulte dans le produit partiel correspondant est donc moindre que 2 fois 0,000999 etc., ou que 2 fois 0,001 ou que 0,002.

On prouverait de même que, dans les trois autres produits partiels, les erreurs sont respectivement moindres que

$$0{,}3 \times 0{,}01\ ,\quad 0{,}04 \times 0{,}1\ ,\quad 0{,}005 \times 1$$

ou que $\quad 0{,}003 \quad , \quad 0{,}004 \quad , \quad 0{,}005.$

Or, en négligeant le reste 0,00067 etc. du multiplicateur, l'erreur qui en résulte dans le produit total est moindre que 8,74623 etc. $\times$ 0,000999 etc., ou que 8,74623 etc. $\times$ 0,001, ou que 0,00874623 etc.

L'erreur qui a été introduite dans le produit total est donc moindre que la somme 0,022746 etc., des nombres

0,002, 0,003, 0,004, 0,005, 0,00874623 etc.

Cette erreur est donc effectivement moindre qu'un dixième d'unité.

CHAPITRE QUATRIÈME.

Mesures anciennes et nouvelles. Calcul des nombres complexes et incomplexes.

Mesures anciennes.

65. Les *anciennes mesures* sont composées d'un grand nombre d'unités différentes ; les subdivisions de ces unités ne sont soumises à aucune loi constante. Nous nous bornerons à indiquer les mesures qui étaient le plus en usage.

1°. Les *longueurs* s'évaluent en *toises*, *pieds*, *pouces*, *lignes*, *points*, et *aunes*. La *lieue* et le *mille* servent à évaluer les *distances*.

La toise se divise en 6 pieds, le pied en 12 pouces, le pouce en 12 lignes, et la ligne en 12 points.

L'aune est de 3 pieds 7 pouces 10 lignes $\frac{5}{6}$.

La *lieue de poste* vaut 2000 toises ou 2 *milles*.

2°. Les *surfaces* de peu d'étendue se mesurent avec des *toises quarrées* (*), des pieds quarrés, des pouces quarrés, etc.

L'*aune quarrée* est une surface qui a une aune de long sur une aune de large; cette largeur se divise habituellement en *tiers*, en *quarts* et en *huitièmes*. Une aune à $\frac{5}{8}$ est une surface qui a une aune de long sur $\frac{5}{8}$ d'aune de large. Ainsi, une aune quarrée vaut 3 aunes à $\frac{1}{3}$ ou 4 aunes à $\frac{1}{4}$ ou 8 aunes à $\frac{1}{8}$.

(*) Les définitions exactes du *quarré* et du *cube* ne peuvent se donner qu'en *Géométrie*.

Les surfaces des terrains s'évaluent en *arpens* et en *perches*. La perche de Paris est un quarré dont chaque côté a 18 pieds, cette surface est de 324 pieds quarrés; l'arpent vaut 100 perches.

3°. Les *volumes* s'évaluent en *toises cubes*, en *pieds cubes*, etc. On mesure les *matières sèches*, telles que les *grains*, avec le *setier* qui se divise en 12 *boisseaux*, et le boisseau qui vaut 16 *litrons*. Pour mesurer les *liquides*, on fait usage du *muid* et de la *pinte*; le muid de Paris vaut 288 pintes.

4°. L'unité de *poids* est la *livre poids* qui vaut 16 *onces*, l'once vaut 8 *gros*, le gros vaut 3 *deniers* et le denier vaut 24 *grains*.

5°. L'ancienne *unité monétaire* est la *livre tournois* qui se décompose en 20 *sous*; un sou vaut 12 *deniers*.

6°. Les *mesures temporaires* ou de *durée* sont : l'*année* qui se divise en 365 *jours*, le jour qui est de 24 *heures*, l'heure qui vaut 60 *minutes*, et la minute qui vaut 60 *secondes*. La collection de 100 années se nomme un *siècle*.

On a adopté des *signes* particuliers pour *simplifier l'écriture des diverses mesures*. Ainsi, pour désigner 2 toises 3 pieds 4 pouces 5 lignes, on écrit $2^{T}\ 3^{pi}\ 4^{po}\ 5^{li}$; l'expression $12^{\#}\ 3^{s}\ 5^{d}\ \frac{2}{11}$ représente 12 livres 3 sous 5 deniers plus $\frac{2}{11}$ de denier; pour indiquer 15 livres 7 onces 4 gros 2 deniers 9 grains, et 2 heures 3 minutes 5 secondes, on écrit 15℔ $7^{o}\ 4^{g}\ 2^{d}\ 9^{g}$, et $2^{h}\ 3'\ 5''$.

On déduit de ce qui précède que

$$1^{T} = 6^{pi} = 72^{po} = 864^{li},\ 1℔ = 16^{o} = 128^{g} = 384^{d} = 9216^{g},\ 1^{\#} = 20^{s} = 240^{d}.$$

66. Pour *opérer sur des nombres concrets*, on commence par examiner s'ils satisfont à certaines conditions que nous allons faire connaître, et qui leur sont imposées par la nature de chaque règle; lorsque ces conditions sont remplies, on opère sur les nombres en faisant abstraction de l'espèce de leurs unités; le nombre abstrait qu'on obtient exprime de combien d'unités le résultat cherché se compose; l'espèce de ces unités est déterminée par l'état de la question.

Ainsi, dans l'*addition* comme dans la *soustraction*, les nombres sur lesquels on opère doivent être composés d'unités de même nature, et les unités du résultat sont de même nature que celles des nombres sur lesquels on a opéré.

Dans la *multiplication*, le multiplicateur est essentiellement *abstrait*, et les unités du produit sont de même nature que celles du multiplicande.

Dans la *division*, lorsque le dividende et le diviseur sont composés d'unités de même nature, le quotient est un nombre abstrait qui exprime combien de fois le diviseur est contenu dans le dividende. Quand le dividende est concret et le diviseur abstrait, le quotient est de la nature du dividende; la division sert alors à partager le dividende en autant de parties égales qu'il y a d'unités dans le diviseur, et le quotient exprime l'une de ces parties.

Par exemple, la somme des nombres 7 toises, 4 toises, est 11 toises, leur différence est 3 toises; le produit de 7 toises par 4 est 28 toises. Le quotient de 56 toises par 8 toises est 7; il exprime que 8 toises est contenu 7 fois dans 56 toises; et l'on obtient la septième partie de 56 toises en divisant 56 toises par 7, ce qui donne 8 toises.

Calcul des nombres complexes.

67. Pour *additionner des nombres complexes*, on écrit les unités de même grandeur les unes sous les autres, et on ajoute successivement ces unités en commençant par les plus petites, afin de pouvoir joindre les retenues aux colonnes suivantes. En voici des exemples :

Nombres à ajouter...	7T	5pi	11po	$\frac{3}{4}$	18#	12ʃ	10	$\frac{2}{3}$
	9	4	10	$\frac{4}{5}$	18	7	4	$\frac{2}{3}$
Sommes.............	17T	4pi	10po	$\frac{11}{20}$	37#	0ʃ	3δ	$\frac{1}{3}$.

Pour effectuer la première addition, on commence par les

fractions de pouce, et on dit : $\frac{3}{4}$ plus $\frac{4}{5}$ valent $\frac{31}{20}$, ou $1 + \frac{11}{20}$; on pose $\frac{11}{20}$, et la retenue 1^{po} jointe aux 21^{po} contenus dans la colonne des pouces donne 22^{po}. Pour extraire les pieds contenus dans 22^{po}, on divise 22 par 12, ce qui donne 1 au quotient et 10 de reste; les 22^{po} valent donc 1^{pi} 10^{po}; on met les 10^{po} dans la colonne des pouces, et la retenue 1^{pi} jointe à $5^{pi} + 4^{pi}$, donne 10^{pi}, ou 1^{T} 4^{pi}; on écrit les 4^{pi}, et la colonne des toises augmentée de la retenue 1^{T}, donne 17^{T} que l'on pose au rang des toises.

On a effectué la seconde addition d'après les mêmes principes.

68. Pour *soustraire deux nombres complexes l'un de l'autre*, on prend les différences entre leurs unités de même grandeur, en commençant par les plus petites, afin de rendre les *emprunts* possibles. Voici des exemples :

De..........	17^{T}	4^{pi}	10^{po}	$\frac{11}{20}$	De..........	$37^{\#}$	$0^{ʃ}$	$3^{ᵭ}$	$\frac{1}{3}$
ôtez..........	9	4	10	$\frac{4}{5}$	ôtez..........	18	7	4	$\frac{2}{3}$
Reste..........	7^{T}	5^{pi}	11^{po}	$\frac{3}{4}$	Reste..........	$18^{\#}$	$12^{ʃ}$	$10^{ᵭ}$	$\frac{2}{3}$.

Dans le premier exemple, comme on ne peut ôter $\frac{4}{5}$ ou $\frac{16}{20}$, de $\frac{11}{20}$, on emprunte 1^{po} sur les 10^{po}; cet emprunt joint à $\frac{11^{po}}{20}$ donne $\frac{31^{po}}{20}$; on ôte $\frac{16}{20}$ de $\frac{31}{20}$, ce qui fournit le reste $\frac{15}{20}$ ou $\frac{3}{4}$, que l'on écrit au rang des fractions de pouce du résultat. Le nombre dont on soustrait ne contenant plus que 9 pouces, on emprunte 1^{pi} sur les 4^{pi}, et on retranche les 10^{po} de 1^{pi} 9^{po} ou de 21^{po}; on écrit le reste 11 pouces. Passant à la colonne des pieds, on emprunte 1^{T} ou 6^{pi}, et on retranche 4^{pi} de 1^{T} 3^{pi} ou de 9^{pi}, ce qui donne le reste 5^{pi}. Enfin, on obtient les 7 toises du reste total en retranchant 9^{T} de 16^{T}.

On a effectué la seconde soustraction d'après les mêmes principes.

69. Pour *multiplier un nombre complexe par un nombre entier abstrait*, il suffit d'effectuer la multiplication de chaque partie du multiplicande par le multiplicateur, en commençant par les plus petites unités.

Exemple. *Former le produit de* $12^{\#}\ 2^{\text{ʃ}}\ 3^{\text{₰}}\ \frac{2}{11}$ *par* 12.

On dispose le calcul de la manière suivante :

Multiplicande..........	$12^{\#}$	$2^{\text{ʃ}}$	$3^{\text{₰}}$	$\frac{2}{11}$
Multiplicateur..........	12			
Produit..............	$145^{\#}$	$7^{\text{ʃ}}$	$2^{\text{₰}}$	$\frac{2}{11}$.

et on dit : 12 fois $\frac{2}{11}$ valent $\frac{24}{11}$ ou $2\ \frac{2}{11}$, j'écris $\frac{2}{11}$ et je retiens les $2^{\text{₰}}$ pour les joindre à 12 fois $3^{\text{₰}}$; cela donne $38^{\text{₰}}$ ou $3^{\text{ʃ}}\ 2^{\text{₰}}$; je pose $2^{\text{₰}}$ au produit, et ajoutant la retenue $3^{\text{ʃ}}$ à 12 fois $2^{\text{ʃ}}$, je trouve $27^{\text{ʃ}}$ ou $1^{\#}\ 7^{\text{ʃ}}$; j'écris $7^{\text{ʃ}}$ au produit, et la retenue $1^{\#}$ augmentée de 12 fois $12^{\#}$, donne $145^{\#}$.

Le produit total est donc $145^{\#}\ 7^{\text{ʃ}}\ 2^{\text{₰}}\ \frac{2}{11}$.

70. Pour *diviser un nombre concret par un nombre entier abstrait*, on commence par les plus hautes unités du dividende, et on convertit successivement chaque reste en unités de l'ordre immédiatement inférieur, pour obtenir les unités des différens ordres du quotient.

1er Exemple. *Trouver le quotient de* 15^{T} *par* 4.

La division de 15^{T} par 4 fournit le quotient 3 toises, et le reste 3^{T} ou 18^{pi}; on divise 18^{pi} par 4, ce qui donne 4^{pi} au quotient, le reste est 2^{pi} ou 24^{po}; enfin la division de 24^{po} par 4 donnant un quotient exact 6^{po}, on voit que le quotient demandé de 15^{T} par 4 est $3^{T}\ 4^{pi}\ 6^{po}$.

2e Exemple. *Trouver le quotient de* $145^{\#}\ 7^{\text{ʃ}}\ 2^{\text{₰}}\ \frac{2}{11}$ *par* 12.

On divise $145^{\#}$ par 12, ce qui fournit le quotient $12^{\#}$, et reste $1^{\#}$ ou 20^{s}; on ajoute les 7^{s} du dividende, la somme 27^{s} divisée par 12 donne le quotient 2^{s}, et le reste 3^{s} ou 36^{d}; ajoutant les 2^{d} du dividende, on divise 38^{d} par 12, ce qui conduit au quotient 3^{d} et au reste 2^{d}; on divise $2^{d}\frac{2}{11}$ ou $\frac{24^{d}}{11}$ par 12, le quotient est $\frac{2^{d}}{11}$; la somme de ces quotiens partiels détermine le quotient total $12^{\#}\ 2^{s}\ 3^{d}\frac{2}{11}$.

Remarque. *La multiplication et la division d'un nombre complexe par une fraction* se déduisent de ce qui précède, car cela se réduit à multiplier et à diviser successivement un nombre complexe par un nombre entier.

Exemple. *Déterminer le produit de* $12^{\#}\ 2^{s}\ 3^{d}\frac{2}{11}$ *par* $\frac{12}{7}$.

On multiplie $12^{\#}\ 2^{s}\ 3^{d}\frac{2}{11}$ par 12, et on divise le résultat par 7; ce qui donne $20^{\#}\ 15^{s}\ 3^{d}\frac{57}{77}$ pour le produit demandé.

71. La division d'un nombre complexe par un nombre entier abstrait fournit le moyen de *simplifier les calculs relatifs à la multiplication d'un nombre complexe par un nombre entier abstrait*; à cet effet, on décompose le multiplicande de manière que les produits partiels se déduisent les uns des autres.

Exemple. *Calculer le produit de* $12^{\#}\ 2^{s}\ 3^{d}\frac{2}{11}$ *par* 12.

On dispose l'opération de la manière suivante :

Multiplicande..................................	$12^{\#}\ 2^{s}\ 3^{d}\frac{2}{11}$
Multiplicateur..................................	12
12 fois $12^{\#}$, font..................................	$144^{\#}\ 0^{s}\ 0^{d}$
12 *fois* $1^{\#}$, *donneraient* $12^{\#}$	
12 fois 2^{s}, donnent donc le dixième de $12^{\#}$, ou	1 4 0
12 fois 3^{d}, donnent le huitième de $1^{\#}\ 4^{s}$, ou..	0 3 0
12 *fois* 2^{d}, *donneraient* 2^{s},	
12 fois $\frac{2^{d}}{11}$, donnent donc le onzième de 2^{s} ou	0 0 $2\frac{2}{11}$
12 fois $12^{\#}\ 2^{s}\ 3^{d}\frac{2}{11}$, font donc..................	$145^{\#}\ 7^{s}\ 2^{d}\frac{2}{11}$.

Et l'on dit : 12 fois 12₶ font 144₶ ; 12 fois 1₶ donneraient 12₶ ; mais 2ſ est le dixième de 1₶, 12 fois 2ſ donneront donc le dixième de 12₶ ou 1₶ 4ſ ou 24ſ ; et comme 3ᵭ est le huitième de 2ſ, 12 fois 3ᵭ donneront le huitième de 24ſ, ou 3ſ. Enfin, 12 fois 2ſ ayant donné 1₶ 4ſ ou 24ſ, et 2ᵭ étant le douzième de 2ſ, le produit de 2ᵭ par 12 est le douzième de 24ſ, ou 2ſ ou 24ᵭ ; le produit de $\frac{2}{11}$ de denier par 12, sera donc le onzième de 24ᵭ, ou 2ᵭ $\frac{2}{11}$. La somme des produits partiels des différentes parties du multiplicande par le multiplicateur détermine le produit total 145₶ 7ſ 2ᵭ $\frac{2}{11}$.

On a obtenu le produit total en décomposant le multiplicande en *parties aliquotes* les unes des autres, c'est-à-dire en parties qui sont contenues exactement les unes dans les autres. Ce procédé est connu sous le nom de *méthode des parties aliquotes*.

Cette méthode peut servir à effectuer la *multiplication d'un nombre complexe par le nombre des unités et parties d'unités indiqué par un autre nombre complexe.*

1er EXEMPLE. *Le prix d'une toise étant*..	12₶	2ſ	3ᵭ	$\frac{2}{11}$
Quel est le prix de....................	12ᵀ	5ᵖⁱ	8ᵖᵒ	
1°. Prix des 12 toises.....................	145₶	7ſ	2ᵭ	$\frac{2}{11}$
2°. Prix des 5ᵖⁱ { Prix de 3ᵖⁱ ou de $\frac{1^T}{2}$...	6	1	1	$\frac{13}{22}$
2°. Prix des 5ᵖⁱ { Prix de 2ᵖⁱ ou de $\frac{1^T}{3}$...	4	0	9	$\frac{2}{33}$
3°. Prix de 8ᵖᵒ, ou de $\frac{1}{3}$ de 2ᵖⁱ..........	1	6	11	$\frac{2}{99}$
Prix total des 12ᵀ 5ᵖⁱ 8ᵖᵒ................	156₶	15ſ	11ᵭ	$\frac{167}{198}$.

Le prix d'une toise, pris 12 fois, fournit le prix de 12 toises.

Pour trouver le prix de 5ᵖⁱ, on décompose 5ᵖⁱ en 3ᵖⁱ plus 2ᵖⁱ ; la moitié du prix d'une toise donne le prix des 3 pieds, et le tiers du prix de la toise exprime le prix des 2 pieds.

Enfin, 8 pouces étant le tiers de 2 pieds, le tiers du prix des 2 pieds détermine le prix des 8 pouces.

La somme des prix de 12^{T}, de 3^{pi}, de 2^{pi} et de 8^{po}, donne le prix total des $12^{T}\ 5^{pi}\ 8^{po}$.

Ce calcul se réduit à décomposer l'ouvrage dont on cherche le prix, en parties aliquotes les unes des autres, de manière que le prix de chaque partie de l'ouvrage devienne une partie aliquote d'un prix déjà obtenu.

2e Exemple. *Une toise d'ouvrage coûtant* $18^{\#}\ 18^{s}\ 9^{d}$, *trouver le prix de 4 pieds 8 pouces 8 lignes.*

On pourrait chercher les prix des parties aliquotes 3^{pi}, 1^{pi}, 6^{po}, 2^{po}, 6^{li} et 2^{li}, mais il est plus simple de décomposer l'ouvrage total en 2^{pi}, 2^{pi}, 8^{po}, 8^{li}, car le tiers du prix d'une toise exprime le prix de 2^{pi} ou de 24^{po}; le tiers de ce dernier prix donne le prix des 8^{po}, et le douzième du prix de 8^{po} est le prix de 8 lignes.

On trouve ainsi que le prix cherché est $14^{\#}\ 18^{s}\ 1^{d}\ \frac{1}{12}$.

72. Occupons-nous de la *division de deux nombres complexes l'un par l'autre.*

1er Exemple. *Une toise d'ouvrage coûte* $9^{s}\ 10^{d}\ \frac{14}{31}$; *combien aura-t-on de toises pour* $1^{\#}\ 5^{s}\ 6^{d}$.

Le prix d'une toise multiplié par le nombre de toises cherché étant $1^{\#}\ 5^{s}\ 6^{d}$, on obtiendra ce nombre de toises en divisant $1^{\#}\ 5^{s}\ 6^{d}$ par $9^{s}\ 10^{d}\ \frac{14}{31}$.

Pour *ramener la question à diviser deux nombres entiers l'un par l'autre*, on fait d'abord disparaître le dénominateur 31, en multipliant le dividende et le diviseur par 31, ce qui ne change pas le quotient; les produits sont $39^{\#}\ 10^{s}\ 6^{d}$ et $15^{\#}\ 6^{s}$; on fait disparaître successivement les deniers et les sous, en multipliant ces produits par 2, et les résultats par 20; ce qui donne $1581^{\#}$ et $612^{\#}$. Le nombre de toises cherché étant $\frac{1581^{\#}}{612^{\#}}$, ou $\frac{1581}{612}$, on divise 1581 toises par 612; le quotient 2 toises 3 pieds 6 pouces est le résultat demandé.

On peut simplifier ce dernier calcul, car la fraction $\frac{1581}{612}$ se réduisant à $\frac{31}{12}$, il suffit de diviser 31 toises par 12.

2e Exemple. *Trouver le prix de la toise, lorsque 2 toises 3 pieds 6 pouces coûtent* $1^{\#}\ 5^{\text{ſ}}\ 6^{\text{₰}}$. On dit :

$2^{T}\ 3^{pi}\ 6^{po}$, coûtant $1^{\#}\ 5^{\text{ſ}}\ 6^{\text{₰}}$,
2 fois $2^{T}\ 3^{pi}\ 6^{po}$ ou $5^{T}\ 1^{pi}$, coûtent 2 fois $1^{\#}\ 5^{\text{ſ}}\ 6^{\text{₰}}$ ou $2^{\#}\ 11^{\text{ſ}}$,
6 fois $5^{T}\ 1^{pi}$ ou 31^{T}, coûtent 6 fois $2^{\#}\ 11^{\text{ſ}}$ ou $15^{\#}\ 6^{\text{ſ}}$.

Une toise coûte donc la 31ième partie de $15^{\#}\ 6^{\text{ſ}}$, ou $9^{\text{ſ}}\ 10^{\text{₰}}\ \frac{14}{31}$.

On voit que *la division de deux nombres complexes l'un par l'autre peut toujours se ramener à celle d'un nombre concret par un nombre entier abstrait.*

73. Pour *convertir une fraction concrète en nombre complexe*, il suffit d'effectuer la division du numérateur par le dénominateur.

On trouve de cette manière que les fractions concrètes

$$\frac{51^{\#}}{40},\quad \frac{153^{\#}}{310},\quad \frac{31^{T}}{12},$$

sont exprimées par les nombres complexes

$$1^{\#}\ 5^{\text{ſ}}\ 6^{\text{₰}},\quad 9^{\text{ſ}}\ 10^{\text{₰}}\ \frac{14}{31},\quad 2^{T}\ 3^{pi}\ 6^{po}.$$

Réciproquement, *tout nombre complexe peut être converti en fraction de l'une quelconque de ses unités.*

Exemple. Pour transformer $2^{T}\ 3^{pi}\ 6^{po}$ en fraction de la toise, on observe qu'une toise valant 6^{pi}, les $2^{T}\ 3^{pi}$ forment 15^{pi}, ou 15 fois 12^{po}, ou 180^{po}; les $2^{T}\ 3^{pi}\ 6^{po}$ valent donc 186 pouces; et comme 1^{po} est le 72ième d'une toise, les 186^{po} valent $\frac{186}{72}$ d'une toise, ou $\frac{186^{T}}{72}$, ou $\frac{31^{T}}{12}$.

Si l'on voulait convertir le nombre proposé en fraction de

pied, on dirait : $2^T\ 3^{pi}$ valent 15^{pi}; 6 pouces font $\frac{1^{pi}}{2}$; les $2^T\ 3^{pi}\ 6^{po}$ valent donc $15^{pi}\frac{1}{2}$, ou $\frac{31^{pi}}{2}$.

Remarque. La conversion des nombres complexes en fractions ferait dépendre le calcul des nombres complexes de celui des fractions, mais on parvient plus simplement au résultat en opérant directement sur les nombres complexes proposés.

74. Les méthodes précédentes donnent le moyen de *convertir les fractions concrètes et les nombres complexes, en décimales de l'une quelconque des unités de ces nombres.*

Exemple. Pour transformer $1^{\#}\ 5^{s}\ 6^{d}$ en décimales de la livre, on exprime d'abord ce nombre en fraction de la livre; ce qui donne $\frac{51^{\#}}{40}$; le quotient de 51 par 40 étant 1,275, le nombre proposé vaut $1^{\#},275$.

SYSTÈME DES NOUVELLES MESURES.

75. Dans ce système, toutes les mesures sont liées entre elles et dérivent d'une unité principale qui peut se vérifier dans tous les temps et dans tous les pays; la nomenclature ne présente qu'un petit nombre de mots, et le calcul se distingue par sa simplicité, puisqu'il ne s'effectue que sur des nombres décimaux.

Des mesures linéaires ou de longueur.

1°. Pour déterminer l'*unité de longueur*, nommée mètre, on a cherché la longueur de l'arc du méridien terrestre qui mesure la distance du pôle à l'équateur (*); cette longueur, qui exprime le quart de la circonférence de la terre, a été trouvée de 5130740 toises ou de 30784440 pieds; sa dix-millionième partie, qui est $0^T,513074$ ou $3^{pi},078444$ ou $3^{pi}\ 11^{lig},295936$, exprime la lon-

(*) On a déduit cette longueur de la mesure de l'arc du méridien terrestre qui est compris entre *Dunkerque* et l'île de *Formentera*.

gueur du mètre; de sorte qu'un mètre vaut environ 3 pieds 11 lignes $\frac{296}{1000}$ de ligne.

Toutes les mesures dérivent du mètre.

Les *mesures linéaires*, ou de longueur, sont des multiples et des sous-multiples décimaux du mètre.

On compose les mesures plus grandes ou plus petites que l'unité principale en faisant précéder le nom de cette unité des mots

Myria, *kilo*, *hecto*, *déca*, *déci*, *centi*, *milli*,

qui désignent respectivement,

dix mille, *mille*, *cent*, *dix*, *dixième*, *centième*, *millième*.

Ainsi, le *myriamètre* vaut dix mille mètres; le *centimètre* est le centième du mètre; etc.

Les multiples et les subdivisions des autres unités concrètes suivent la même loi.

Pour exprimer la distance d'un lieu à un autre, on fait usage du *myriamètre* qui vaut 10000 mètres, ou 10000 fois $0^{T},513074$ ou $5130^{T},74$, et du *kilomètre* qui vaut $513^{T},074$.

De la mesure des Poids.

2°. L'unité de poids est le *gramme*; il équivaut au poids d'un centimètre cube d'eau distillée ramenée à son *maximum* de densité; ce poids, exprimé en mesures anciennes, est de $18^{grains},82715$.

Le *kilogramme*, ou la *livre poids nouvelle*, ou la *livre décimale*, équivaut donc à $18827^{grains},15$.

Des Monnaies.

3°. La nouvelle unité monétaire est le *franc*.

La pièce d'un franc est un alliage pesant cinq grammes, qui contient les neuf dixièmes de son poids d'argent pur, et un dixième de cuivre.

Le dixième d'un franc s'appelle un *décime*, et le centième d'un franc est un *centime*. On compte actuellement par francs, décimes et centimes.

Les nouvelles *monnaies de cuivre* sont les petites pièces d'un *centime*, qui valent un centième de franc; la pièce de 5 centimes ou le nouveau sou, qui vaut $\frac{5}{100}$ ou $\frac{1}{20}$ de franc; la pièce d'un *décime* ou le nouveau *gros sou*, qui vaut un dixième de franc ou dix centimes.

Les *monnaies d'argent* sont les pièces d'un *franc*, d'un demi-franc, d'un quart de franc, de 2 francs et de 5 francs.

Remarque. La pièce de 5 francs pesant 25 grammes, on voit que 40 pièces de 5 francs pèsent 1000 grammes ou un *kilogramme*.

Les monnaies d'or sont les pièces de 20 francs et de 40 francs, qui remplacent le louis et le double louis.

Les pièces de 20 francs ont 21 millimètres de diamètre, et celles de 40 francs ont 26 millimètres de diamètre.

Pour *former la longueur du mètre*, il suffit de mettre les unes à la suite des autres, 34 pièces de 20 francs et 11 pièces de 40 francs, car la somme des diamètres de ces 45 pièces est 34 fois 21 millimètres plus 11 fois 26 millimètres, ou 1000 millimètres, ou un mètre.

Mesures de Superficie.

4°. L'unité de surface est le *mètre quarré*.

L'unité qui a été adoptée pour mesurer les surfaces des terrains, est un quarré de dix mètres de côté, nommé *are*.

Ainsi, l'are équivaut à 10×10 ou 100 mètres quarrés, ou à 100 quarrés d'un mètre de côté.

La centième partie de l'are, ou *centiare*, vaut un mètre quarré.

La collection de cent ares se nomme *hectare* et non pas *hecto-are*.

L'hectare, qui vaut 100×100 ou 10000 mètres quarrés, est par conséquent un quarré de 100 mètres de côté.

Des mesures de Volume et de Capacité.

5°. L'*unité de volume* est le *mètre cube*.

Le mètre cube prend le nom de *stère*, lorsqu'il sert à mesurer les bois de chauffage.

L'unité de capacité, pour les liquides et les grains, est le *litre*; il équivaut à un *décimètre cube*. Les mesures usitées sont l'*hectolitre*, le *décalitre*, le *litre*, le *décilitre*; ces mesures ont la forme cylindrique, mais elles contiennent autant de liquide que les mesures cubiques indiquées.

Par exemple, un litre contient autant de liquide qu'un cube qui aurait un décimètre de côté.

Le litre remplace la pinte (pour les boissons), et le litron (pour les grains). Il est un peu plus grand que la pinte et le litron. Le décalitre remplace le boisseau pour mesurer les grains; l'hectolitre remplace le setier.

Numération et Calcul des nouvelles mesures.

76. *La numération et le calcul des nombres décimaux conviennent aux nombres complexes qui expriment les nouvelles mesures*, car ces mesures sont soumises à la subdivision décimale.

Pour *énoncer une nouvelle mesure exprimée par un nombre décimal*, on énonce d'abord le nombre décimal en faisant abstraction de la nature de ses unités, et on remplace ensuite l'unité abstraite par l'unité concrète dont il s'agit.

Ainsi, le nombre $227^{m},39$ peut s'énoncer :

Deux cent vingt-sept mètres, trente-neuf centimètres,
ou *vingt-deux mille sept cent trente-neuf centimètres.*

Réciproquement. Pour *mettre en chiffres le nombre concret qui exprime une nouvelle mesure*, on écrit d'abord ce nombre d'après la règle du n° 56, en faisant abstraction de l'espèce de l'unité concrète, on place ensuite sur la droite du chiffre de unités la lettre initiale du nom de l'unité concrète.

Par exemple, le nombre deux cent vingt-sept mètres trente-neuf centimètres s'écrit de cette manière $227^m,39$.

Pour *rapporter une nouvelle mesure exprimée par un nombre décimal à l'une quelconque des unités concrètes de son espèce*, on transporte la virgule sur la droite du chiffre qui exprime les unités de l'ordre donné. S'il s'agit de convertir $4567^m,8$ en hectomètres, on écrira $45^{hectom.},678$.

Quand le nombre des chiffres nécessaires au déplacement de la virgule n'est par suffisant, on y supplée par des zéro; ainsi, pour convertir $5^{décam.},27$ en kilomètres, on écrit $0^{kilom.},0527$.

L'*addition* et la *soustraction* des nombres rapportés à la même unité s'effectuent d'après la règle du n° 57.

Quand les nombres expriment des unités de grandeurs différentes, on ramène la question à la précédente en les rapportant à la même unité. S'il s'agit des nombres $377^{décim.},4$ et $0^{kilom.},009368$, on les rapporte d'abord à la même unité, au mètre par exemple; ce qui donne $37^m,74$ et $9^m,368$; opérant sur ces deux derniers nombres, on trouve que leur somme est $47^m,108$, et que leur différence est $28^m,372$.

La *multiplication* et la *division* s'exécutent d'après les règles du même n° 57; on trouve que le produit de $0^m,04$ par $0,0012$ est $0^m,000048$, et que le quotient de $0^m,000048$ par $0,04$ est $0^m,0012$.

Les règles des n°s 62 et 63 s'appliquent aux nouvelles mesures; la valeur de $3^m,57842$ à moins d'un décimètre ou d'un centimètre près, est $3^m,5$ ou $3^m,57$; la valeur la plus approchée de ce nombre en ne conservant que deux ou trois décimales, est $3^m,58$ ou $3^m,578$, et l'erreur est moindre qu'un demi-centimètre ou qu'un demi-millimètre.

Conversion des mesures anciennes en nouvelles et réciproquement.

77. 1°. On sait que $1^m = 0^T,513074$.

$$\text{Or } 1^T = 6^{pi} = 72^{po} = 864 \text{ lignes.}$$

Il est facile d'en déduire que

$$1^{m} = 6^{pi} \times 0,513074 = 3^{pi},078444$$
$$= 36^{po},941328 = 443^{li},295936,$$

$$1^{T} = \frac{1000000^{m}}{513074} = 1^{m},9490 \text{ etc.},$$

$$1^{pi} = \frac{1^{T}}{6} = \frac{1000000^{m}}{513074 \times 6} = \frac{1^{m},9490 \text{ etc.}}{6} = 0^{m},3248 \text{ etc.},$$

$$1^{po} = \frac{1^{T}}{72} = \frac{1000000^{m}}{513074 \times 72} = \frac{0,^{m}3248 \text{ etc.}}{12} = 0^{m},02707 \text{ etc.},$$

$$1^{li} = \frac{1^{T}}{864} = \frac{1000000^{m}}{513074 \times 864} = \frac{0^{m},027 \text{ etc.}}{12} = 0^{m},00225 \text{ etc.}$$

2°. Une aune étant les $\frac{3161}{6}$ d'une ligne, on trouve que

$$1^{aune} = \frac{3161}{6} \text{ de } \frac{1000000^{m}}{513074 \times 864} = \frac{3161000000^{m}}{2659775616} = 1^{m},1884 \text{ etc.},$$

$$1^{mètre} = \frac{2659775616^{au}}{3161000000} = 0^{au},841434 \text{ etc.}$$

3°. On a trouvé, par des expériences très délicates, qu'un gramme pèse $18^{grains},82715$; on sait d'ailleurs qu'un grain est la 9216ième partie d'une livre-poids. Par conséquent

$$1^{gramme} = \frac{1882715}{100000} \text{ grains} = \frac{1882715 \text{℔}}{921600000},$$

$$1 \text{℔} = \frac{921600000}{1882715} \text{ grammes.}$$

4°. Une pièce d'un franc pèse 5 grammes, ou $94^{grains},13575$; le franc contient en argent fin les $\frac{9}{10}$ de son poids, c'est-à-dire les $\frac{9}{10}$ de $94^{grains},13575$ ou $84^{grains},722175$, et des expériences fort exactes ont fait voir que la livre *tournois* contient.... $83^{grains},675936$ d'argent fin. Par conséquent,

Un grain d'argent fin vaut $\frac{1^{franc}}{84,722175}$ ou $\frac{1^{\#}}{83,675936}$.

Réduisant ces deux fractions au même dénominateur, les numérateurs seront égaux; ce qui donnera

$$83^{f},675936 = 84^{\#},722175; \quad \text{d'où}$$

$$1^{\#} = \frac{83675936^{f}}{84722175} = 0^{f},98765094625 \text{ etc.}$$

$$1^{f} = \frac{84722175^{\#}}{83675936} = 1^{\#},01250346336\text{1 etc.}$$

78. Il sera facile de déduire des rapports précédens, le moyen de *convertir les mesures anciennes en nouvelles, et réciproquement;* mais on simplifie ces calculs à l'aide des *Tables* placées à la fin de ce volume.

1er Exemple. Pour *convertir* 907 *toises en mètres*, on décompose ce nombre en 900^{T} plus 7^{T}; la conversion de ces parties en mètres s'effectue à l'aide de la première *table* et du déplacement de la *virgule;* voici le détail du calcul :

9 toises valent $17^{m},54133$; les 900^{T} valent donc	$1754^{m},133$
les 7 toises valent..............................	$13^{m},64326$
les 907 toises valent donc....................	$1767^{m},77626.$

2e Exemple. Pour *convertir* $1767^{m},776$ *en toises*, on exprime en toises les nombres d'unités de chaque espèce exprimés par les différens chiffres du nombre proposé, et on trouve qu'il vaut $906^{T},99$ etc.

3e Exemple. *Trouver le prix du mètre, lorsqu'une toise coûte* $12^{\#}$. On voit dans la 1re *table* qu'un mètre vaut $0^{T},51307$; multipliant le prix $12^{\#}$ d'une toise, par le nombre 0,51307 qui exprime combien il faut de toises pour composer un mètre, le produit $6^{\#},15684$ ou $6^{\#}\ 3^{s}\ 1^{d},6$ etc. est le prix du mètre.

4e Exemple. *Déterminer le prix de la toise, quand le mètre coûte* $6^{\#}\ 3^{s}\ 1^{d},6$. On convertit $6^{\#}\ 3^{s}\ 1^{d},6$ en décimales; ce qui donne $6^{\#},15666$ etc.; et comme une toise vaut $1^{m},94904$, on multiplie le prix $6^{\#},15666$ etc. d'un mètre, par le nombre 1,94904 qui indique combien il y a de mètres dans une toise; on trouve que le prix cherché est $12^{\#}$, à moins d'un millième de livre près.

5e Exemple. On propose de *convertir des livres tournois en francs, et réciproquement.* L'égalité

$$1^f = 1^{\#},0125034 63361 \text{ etc.}, \text{ donnant } 80^f = 81^{\#},$$

à moins de $0^{\#},0003$ près, on voit que *pour convertir des livres en francs, il suffit de diminuer le nombre des livres de leur* 81ième *partie*, et que *pour convertir des francs en livres, il n'y a qu'à augmenter le nombre des francs de leur* 80ième *partie.*

Remarque. On obtient la 81ième partie d'un nombre, en le divisant d'abord par 9, et en prenant le 9ième du quotient. On trouve la 80ième partie d'un nombre, en le divisant d'abord par 10, et en prenant le 8ième du quotient.

CHAPITRE CINQUIEME.

Problèmes d'Arithmétique (*).

79. Ce chapitre est destiné à faire voir comment *on peut résoudre les problèmes d'Arithmétique les plus compliqués, à l'aide des seules combinaisons des quatre règles.* Nous supposerons, pour plus de simplicité, que les fractions qui entrent dans les énoncés des problèmes ont été réduites au même dénominateur.

Règles de Trois.

80. 1er Problème. *Quatre ouvriers ont fait 20 mètres d'ouvrage ; combien 9 ouvriers en feront-ils?*

L'ouvrage fait est d'autant plus grand qu'il y a plus d'ouvriers (**); or,

(*) J'ai trouvé en 1800 les méthodes indiquées dans ce chapitre pour résoudre les problèmes. Je les ai publiées à cette époque sous le titre d'*Introduction à l'Algèbre.*

(**) On suppose que tout est d'ailleurs égal, c'est-à-dire que les ouvriers sont de même force et qu'ils travaillent pendant le même temps. Cette observation s'applique à tous les problèmes ; de sorte que *les résultats ne dépendent que des quantités énoncées.*

4 ouvriers ont fait 20 mètres,
1 ouvrier ferait donc le quart de 20^m, ou 5 mètres;
les 9 ouvriers feront donc 9 fois 5^m, ou 45 mètres.

2e Problème. *Il a fallu 4 journées pour faire 20 mètres d'ouvrage ; combien faudra-t-il de journées pour faire 45 mètres?*

Puisque 20 mètres d'ouvrage seront faits en 4 journées,
1 mètre serait fait dans le 20e de 4^j, ou en $\frac{4^j}{20}$, ou en $\frac{1}{5}$ de journée,
les 45^m seront donc faits en 45 fois $\frac{1^j}{5}$, ou en 9 journées.

3e Problème. *Trois ouvriers ont fait un ouvrage en 15 heures ; combien 5 ouvriers mettraient-ils d'heures à faire le même ouvrage?*

3 ouvriers ont fait l'ouvrage en 15 heures,
1 ouvrier ferait donc cet ouvrage en 3 fois 15^h, ou en 45 heures;
les 5 ouvriers feront donc l'ouvrage en $\frac{45^h}{5}$, ou en 9 heures.

4e Problème. *Il a fallu 3 journées à 15 heures de travail par jour, pour exécuter un ouvrage ; combien faudrait-il de journées pour faire le même ouvrage, si l'on ne travaillait que 9 heures par jour?*

Puisqu'en travaillant 15^h par jour, il faut 3 journées,
si l'on ne travaillait que 1^h par jour, il faudrait 15 fois 3^j, ou 45 journées;
donc, lorsqu'on travaille 9^h par jour, il faut le 9e de 45^j, ou 5 journées.

5e Problème. *Combien faut-il de mètres de toile à $\frac{5}{8}$, pour doubler 30 mètres de drap à $\frac{6}{8}$?*

Si la toile avait $\frac{6}{8}$ de large, il en faudrait............... 30 mètres,
si la toile n'avait que $\frac{1}{8}$, il en faudrait 6 fois plus, c'est-à-dire 180 mètres,
la toile ayant $\frac{5}{8}$, il n'en faut que le cinquième de 180^m, qui est 36 mètres.

6e Problème. *Trois ouvriers ont fait 2 toises 5 pieds d'ou-*

vrage; combien 5 ouvriers feront-ils de mètres du même ouvrage?

Les 2^T 5^{pi} valant $5^m,52227$, on dira :

3 ouvriers ont fait $5^m,52227$,
1 ouvrier fera donc le tiers de $5^m,52227$, ou $1^m,84075$ etc.
Les 5 ouvriers feront donc 5 fois $1^m,84075$ etc., ou $9^m,2037$ etc.

7ᵉ Problème. *Deux ouvriers qui travaillent 3 heures par jour, ont fait en 5 jours, 90 mètres d'ouvrage; combien 3 ouvriers travaillant 7 heures par jour, feront-ils du même ouvrage en 2 jours?*

2 ouvriers travaillant 3 heures par jour, font en 5 jours...	90ᵐ.		
1 ouv. travaill. 3 heures par jour, fait en 5 j., la moitié de	90ᵐ,	ou	45ᵐ.
1 ouv. travaill. 1 heure par jour, fait en 5 j., le tiers de	45ᵐ,	ou	15ᵐ.
1 ouv. travaill. 1 heure par jour, fait en 1 j., le 5ième de	15ᵐ,	ou	3ᵐ.
3 ouv. travaill. 1 heure par jour, feront en 1 jour, 3 fois	3ᵐ,	ou	9ᵐ.
3 ouv. travaill. 7 heures par jour, feront en 1 jour, 7 fois	9ᵐ,	ou	63ᵐ.
Les 3 ouv. trav. 7 heures par jour, feront en 2 jours, 2 fois	63ᵐ,	ou	126ᵐ.

8ᵉ Problème. *Deux ouvriers qui travaillent 3 heures par jour, ont fait en 5 jours, 90 mètres d'ouvrage; combien faudra-t-il de jours à 3 ouvriers qui travaillent 7 heures par jour, pour faire 126 mètres du même ouvrage?*

90ᵐ sont faits par 2 ouv., travaill. 3 h. par j., pendant	5 jours.		
1ᵐ sera fait par 2 ouv., travaill. 3 h. par j., pendant	$\frac{5}{90}$ j.	ou	$\frac{1}{18}$ j.
1ᵐ sera fait par 1 ouv., travaill. 3 h. par j., pendant	$\frac{2}{18}$ j.	ou	$\frac{1}{9}$ j.
1ᵐ sera fait par 1 ouv., travaill. 1 h. par j., pendant	$\frac{3}{9}$ j.	ou	$\frac{1}{3}$ j.
126ᵐ seront faits par 1 ouv., travaill. 1 h. par j., pendant	$\frac{126}{3}$ j.	ou	42 j.
126ᵐ seront faits par 3 ouv., travaill. 1 h. par j., pendant	$\frac{42}{3}$ j.	ou	14 j.
Les 126ᵐ seront faits par 3 ouv., travaill. 7 h. par j., pendant	$\frac{14}{7}$ j.	ou	2 j.

9ᵉ Problème. *Le prix de 9 aunes de toile à $\frac{7}{8}$ étant* 13# 6ˢ 8ᵈ, *combien 7 mètres à $\frac{5}{8}$ coûteront-ils de francs?*

Les $13^{\#}\ 6^{ſ}\ 8^{\mathrm{d}}$ valant à peu près $13^{f},1686$, on voit que 9 aunes à $\frac{7}{8}$ coûtent $13^{f},1686$. Par conséquent :

1 aune à $\frac{7}{8}$ coûte $\frac{13^{f},1686}{9}$,

1 aune à $\frac{1}{8}$ coûte $\frac{13^{f},1686}{9 \times 7}$,

1 aune à $\frac{8}{8}$, c'est-à-dire une aune quarrée, coûte $\frac{13^{f},1686 \times 8}{9 \times 7}$.

Or, une aune vaut environ $1^{m},18845$; multipliant 1,18845 par 1,18845, le produit est 1,4124 etc.; de sorte qu'une aune quarrée vaut à peu près 1,4124 mètres quarrés. Par conséquent,

$1^{m.q.},4124$ coûte $\frac{13^{f},1686 \times 8}{9 \times 7}$,

1 mètre quarré ou à $\frac{8}{8}$, coûte donc $\frac{13^{f},1686 \times 8}{9 \times 7 \times 1,4124}$.

On en déduit que

1^{m} à $\frac{1}{8}$ coûte le 8e de $\frac{13^{f},1686 \times 8}{1,4124 \times 9 \times 7}$ ou $\frac{1,1686}{1,4124 \times 9 \times 7}$,

1^{m} à $\frac{5}{8}$ coûte $\frac{13^{f},1686 \times 5}{1,4124 \times 9 \times 7}$;

les 7^{m} à $\frac{5}{8}$ coûteront donc $\frac{13^{f},1686 \times 5}{1,4124 \times 9}$, ou $5^{f},17$ etc.

DES INTÉRÊTS SIMPLES ET COMPOSÉS.

81. L'*intérêt* est le bénéfice que fait sur son argent celui qui le prête; c'est une rétribution que le prêteur exige de l'emprunteur, pour compenser les avantages dont il aurait joui en faisant valoir lui-même ses fonds. La somme prêtée se nomme *capital*.

Pour mettre de l'uniformité dans la manière de déterminer l'intérêt de l'argent, on convient ordinairement du bénéfice que procure une somme de 100 francs placée pendant un an; ce bénéfice est le *taux* de l'intérêt, ou le *taux* de l'argent.

Par exemple, lorsque 100 francs rapportent 5 francs d'intérêt par an, on dit que le *taux* de l'argent est à 5 pour 100 par an, ou simplement que l'argent est à 5 pour cent.

L'*intérêt* est *simple*, quand le capital reste le même pendant toute la durée du prêt. Dans ce cas, l'intérêt d'un capital pendant plusieurs années s'obtient en multipliant l'intérêt de ce capital pendant un an par le nombre des années.

Ainsi, l'argent étant à 5 pour 100 par an, l'*intérêt simple* de 100 francs est en 3 ans, de 3 fois 5^f ou de 15^f; et l'intérêt de 100^f en un mois est $\frac{5^f}{12}$ (*).

Lorsque l'argent est à 5 pour 100, l'intérêt de 1^f est $\frac{5^f}{100}$ ou $\frac{1^f}{20}$. L'intérêt annuel d'un capital quelconque est donc le vingtième de ce capital. Ainsi, l'intérêt de 480000^f est $\frac{480000^f}{20}$ ou 24000^f.

Quand l'intérêt se joint au capital pour porter ensuite intérêt, on dit que l'intérêt est *composé*, ou qu'on a égard aux *intérêts des intérêts*.

Par exemple, lorsqu'on tire les intérêts des intérêts d'année en année, à raison de 5 pour 100 par an, un capital de 480000^f vaut à la fin de la 1re année 480000^f plus son intérêt 24000^f, ou 504000^f. Ces 504000^f placés au commencement de la 2e année, vaudront à la fin de cette année 504000^f plus leur intérêt 25200^f, ou 529200^f. Cette dernière somme placée au commencement de la 3e année, vaudra à la fin de la 3e année 529200^f plus son intérêt 26460^f, ou 555660 francs. Le capital 480000^f vaudra donc 555660 francs dans trois ans. De sorte que l'augmentation de ce capital sera $555660^f - 480000^f$ ou 75660^f.

Or, l'intérêt simple de 480000 en 3 ans, ne serait que 3 fois l'intérêt annuel 24000^f ou 72000^f. L'augmentation de bénéfice due aux intérêts des intérêts est donc $75660^f - 72000^f$, ou 3660^f.

On appelle *denier*, le nombre par lequel il faut diviser un capital pour obtenir son intérêt annuel.

Par exemple, lorsque le *taux* de l'argent est à 5 pour 100,

(*) Dans toutes les questions relatives aux intérêts, on suppose l'année de 12 mois, et le mois de 30 jours.

l'intérêt étant le vingtième du capital, on dit que l'argent est au *denier* 20.

En général : on obtient le *denier*, en divisant 100 par le *taux* de l'argent, et on trouve le taux de l'argent en divisant 100 par le denier.

PROBLÈMES SUR LES INTÉRÊTS SIMPLES.

82. Nous supposerons dans les questions suivantes que l'on n'a égard qu'aux intérêts simples et que l'argent est à 5 pour 100 par an. L'intérêt d'une somme quelconque pendant un an sera le vingtième de cette somme, et l'intérêt pendant un nombre entier ou fractionnaire d'années s'obtiendra en multipliant l'intérêt d'un an par ce nombre d'années.

10e Problème. *Combien 480000 francs vaudront-ils dans trois ans ?*

1re Solution. L'intérêt des 480000^f en un an est le vingtième de 480000^f, ou 24000^f; l'intérêt pendant trois ans sera donc 3 fois 24000^f, ou 72000^f.

Ainsi les 480000^f vaudront dans 3 ans, $480000^f + 72000^f$, ou 552000 francs.

2e Solution. L'intérêt de 100^f en un an étant.............. 5^f

l'intérêt de 1^f en un an est $\frac{5^f}{100}$, ou........ $\frac{1^f}{20}$

l'intérêt de 1^f en trois ans est 3 fois $\frac{1^f}{20}$, ou... $\frac{3^f}{20}$

1^f vaudra dans trois ans, 1^f plus son intérêt $\frac{3^f}{20}$, ou $\frac{23^f}{20}$.

Les 480000^f vaudront dans 3 ans, $\frac{23^f}{20} \times 480000$, ou 552000^f.

L'intérêt des 480000^f en 3 ans est donc $552000^f - 480000^f$ ou 72000 francs.

Et en effet, comme l'intérêt de 1^f en 3 ans est $\frac{3^f}{20}$, l'intérêt des 480000^f pendant 3 ans doit être $\frac{3^f}{20} \times 480000$, ou 72000^f.

11e Problème. *Combien 480000 francs vaudront-ils dans 3 ans 4 mois, ou dans 40 mois ?*

1re SOLUTION. Les 480000 francs rapportent

En 12 mois, le 20e de 480000^f^, ou 24000^f^.
En 1 mois, le 12e de 24000^f^, ou 2000^f^.
En 40 mois, 40 fois 2000^f^, ou 80000^f^.

Par conséquent, les 480000 francs vaudront dans 40 mois, $480000^{f} + 80000^{f}$, ou 560000 francs.

2e SOLUTION. L'intérêt de 1^{f} en 12 mois étant $\frac{1^{f}}{20}$,

l'intérêt de 1^{f} en 1 mois est $\frac{1^{f}}{20\times 12}$;

l'intérêt de 1^{f} en 40 mois, est $\frac{1^{f}\times 40}{20\times 12}$, ou $\frac{1^{f}}{6}$;

1^{f} comptant vaut dans 40 mois, $1^{f}+\frac{1^{f}}{6}$, ou $\frac{7^{f}}{6}$.

Les 480000^{f} vaudront donc dans 40 mois, $\frac{7^{f}}{6}\times 480000$, ou 560000^{f}.

L'intérêt des 480000 francs pendant 40 mois est donc $560000^{f} - 480000^{f}$, ou 80000 francs.

12e PROBLÈME. *Combien 560000 francs payables dans 40 mois valent-ils comptant?*

Les 560000^{f} expriment le produit de la valeur de 1^{f} après 40 mois, par le nombre des francs du capital demandé. On obtiendra donc ce nombre de francs en divisant 560000^{f} par la valeur de 1^{f} après 40 mois. Or, on a vu (11e *problème*) que 1^{f} vaut $\frac{7^{f}}{6}$ dans 40 mois. Divisant donc 560000^{f} par $\frac{7^{f}}{6}$, ce qui revient à multiplier 560000 par $\frac{6}{7}$, le résultat 480000 sera le nombre des francs du capital demandé.

En général, une somme payable après un certain temps étant le produit de la valeur de 1^{f} après ce temps par le nombre des francs du capital, *si l'on divise une somme payable au bout d'un certain temps par la valeur d'un franc après ce temps, le quotient sera le nombre des francs du capital primitif.*

Règle d'Escompte.

83. L'*Escompte* est la retenue qui doit être faite sur la valeur d'un billet payable après un certain temps, lorsqu'on veut toucher ce billet avant son échéance.

Dans les questions sur l'escompte, on n'a égard qu'aux intérêts simples.

On distingue deux sortes d'escompte, savoir :

L'*escompte en dedans*, qui est égal à la différence entre la somme énoncée dans le billet, et la valeur que prend cette somme quand on l'évalue en argent comptant par la méthode du n° 82. L'*escompte* ainsi déterminé est la même chose que l'intérêt simple du capital, ou de la valeur actuelle du billet.

L'*escompte en dehors*, qui diffère de l'intérêt ordinaire, en ce qu'il se paie à tant pour 100 sur la somme énoncée dans le billet, c'est-à-dire sur le capital augmenté de ses intérêts. De sorte que la retenue ou l'escompte se compose de l'intérêt du capital primitif, plus de l'intérêt de l'intérêt de ce capital.

Par exemple, lorsque le taux de l'argent est à 5 pour 100 par an, 100^f comptant valent 105^f dans un an. Un billet de 105^f payable dans un an ne vaut donc que 100^f comptant; il doit donc éprouver une retenue de $105^f - 100^f$ ou de 5^f quand on veut le toucher à l'instant. L'*escompte en dedans* de 105^f est donc de $105^f - 100^f$, ou de 5^f.

Pour prendre l'*escompte en dehors* de 105 francs, à 5 pour 100, on dira :

L'escompte de 100^f étant 5^f,

L'escompte de 1^f est $\frac{5^f}{100}$ ou $\frac{1^f}{20}$

L'escompte de 105^f est donc $\frac{105^f}{20}$, ou $\frac{21^f}{4}$, ou $5^f,25$.

Le billet de 105^f payable dans un an qui représente un capital de 100^f, éprouvera donc une retenue ou escompte de $5^f,25$ lorsqu'on voudra le toucher sur-le-champ, on ne recevra donc en argent comptant que $105^f - 5^f,25$ ou $99^f,75$.

On voit que l'escompte en dehors $5^f,25$ se compose de l'intérêt 5^f du capital 100^f, plus de l'intérêt $0^f,25$ de 5 francs.

Les $99^f,75$ placés à 5 pour 100, ne vaudront dans un an que

$$99^f,75 + \frac{99,75}{20}, \text{ ou } 104^f,7375.$$

Si l'on veut *trouver à quel taux les* $99^f,75$ *doivent être placés, pour valoir* 105 *francs dans un an*, on dira :

L'intérêt de $99^f,75$ doit être $105^f - 99^f,75$ ou $5^f,25$,

l'intérêt de 1^f doit donc être $\frac{5^f,25}{99^f,75}$ ou $\frac{1^f}{19}$;

l'intérêt de 100^f doit donc être $\frac{100^f}{19}$, ou $5^f + \frac{5^f}{19}$.

L'*escompte en dehors* à 5 pour 100, correspond donc à un intérêt ordinaire de $5\frac{5}{19}$ pour 100.

Règle de Compagnie ou de Société.

84. Cette règle est ainsi nommée parce qu'elle sert à partager entre plusieurs associés, le bénéfice ou la perte qui résulte de leur société. Le bénéfice ou la perte de chaque associé dépend de sa mise de fonds et du temps pendant lequel cette mise est restée dans la société.

13e Problème. *Les mises de trois associés sont* 300^f, 500^f *et* 700^f; *le gain total est* 4500^f. *Trouver le gain de chaque associé.*

La somme des trois mises étant 1500^f, on dira:

Puisque 1500^f rapportent 4500^f de bénéfice,

1^f rapportera $\frac{4500^f}{1500}$ ou 3^f.

Les gains relatifs aux mises 300^f, 500^f, 700^f, sont donc $3^f \times 300$, $3^f \times 500$, $3^f \times 700$, ou 900^f, 1500^f et 2100 francs.

14e Problème. *Les mises de trois associés sont*,

$$345^f,67,\ 468^f,84 \text{ et } 4527^f,95;$$

le gain total est $427^f,3968$. *Trouver le gain de chaque associé.*

La somme des trois mises étant $5342^f,46$, on dira :

5342f,46 rapportent 427f,3968 de bénéfice,

$$1^f \text{ rapportera } \frac{427^f,3968}{5342^f,46}, \text{ ou } 0^f,08.$$

Multipliant le gain $0^f,08$ relatif à 1^f, par les nombres 345,67, 468,84, 4527,95, qui marquent de combien de francs les mises se composent, les produits

$$27^f,6536, \quad 37^f,5072, \quad 362^f,2360,$$

seront les gains correspondans à ces mises.

15e Problème. *Les mises de trois associés sont* 100^f, 250^f *et* 50^f; *la première mise est restée* 3 *mois dans la société, la seconde* 2 *mois, et la troisième* 14 *mois; le gain total est* 4500^f. *Quel est le gain relatif à chaque mise?*

Le gain de chaque associé dépend de sa mise et du temps qu'elle est restée dans la société. Si toutes les mises étaient restées le même temps, les gains seraient faciles à déterminer: il faut donc chercher quelles doivent être les mises pour que chacune d'elles restant le même temps dans la société, elles procurent les gains demandés.

Or, 100^f placés pendant 3 mois, rapportent autant que 3 fois 100^f ou 300^f, en un mois; 250^f placés pendant 2 mois, et 50^f placés pendant 14 mois, rapportent autant que 2 fois 250^f ou 500^f, et 14 fois 50^f ou 700^f pendant un mois.

Les gains sont donc les mêmes que dans le 13e problème.

De la Règle de Troc.

85. *Troquer*, c'est échanger une chose contre une autre.

16e Problème. *Un marchand voudrait troquer de la toile à* 40^s *le mètre, contre du calicot à* 24^s *le mètre; mais le marchand de calicot ne veut prendre la toile en troc qu'à raison de* 35^s *le mètre; à combien doit-on réduire le prix du calicot?*

Puisque 40^s se réduisent à 35^s,

$$1^s \text{ se réduit à } \frac{35^s}{40} \text{ ou } \frac{7^s}{8},$$

$$24^s \text{ se réduisent à } 24 \text{ fois } \frac{7^s}{8} \text{ ou } 21^s.$$

Par conséquent, dans l'échange proposé, le calicot doit être compté à 21^s le mètre au lieu de 24^s.

17e PROBLÈME. *On veut troquer du drap à 40^f le mètre, contre du casimir à 24^f le mètre. Combien devra-t-on recevoir de casimir, en échange de 300 mètres de drap?*

1re SOLUTION. Les 300 mètres de drap valant 300 fois 40^f ou 12000^f, on recevra autant de mètres de casimir, que le prix 24^f du mètre de casimir est contenu de fois dans 12000^f; divisant donc 12000^f par 24^f, le quotient 500 exprimera le nombre de mètres demandé.

2e. SOLUTION. Un mètre de drap vaut 40^f et un mètre de casimir vaut 24^f. Par conséquent, pour 1 on aurait $\frac{1^m}{40}$ de drap, ou $\frac{1^m}{24}$ de casimir.

$\frac{1^m}{40}$ de drap vaut donc autant que $\frac{1^m}{24}$ de casimir;

1^m drap v ut donc 40 fois $\frac{1^m}{24}$ ou $\frac{5^m}{3}$ de casimir;

300^m de drap valent donc 300 fois $\frac{5^m}{3}$ ou 500^m de casimir.

18e PROBLÈME. *Un marchand veut échanger du drap contre du basin; 2 mètres de drap valent 3 mètres de casimir, et 5 mètres de casimir valent 7 mètres de basin. Combien le marchand recevra-t-il de mètres de basin pour 60 mètres de drap?*

D'après cet énoncé,

1^m de drap vaut $\frac{3^m}{2}$ de casimir, et 1^m de casimir vaut $\frac{7^m}{5}$ de basin;

1^m de drap vaut donc les $\frac{3}{2}$ de $\frac{7^m}{5}$ de basin, ou $\frac{21^m}{10}$ de basin.

Les 60^m de drap valent donc 60 fois $\frac{21^m}{10}$ de basin, ou 126^m de basin.

Questions sur les Intérêts composés.

86. Nous supposerons dans les problèmes suivans, que le taux de l'argent est à 5 pour 100 par an, et qu'à la fin de chaque année, l'intérêt de la somme placée au commencement

de cette année se joint au capital pour porter intérêt pendant l'année suivante. Lorsque le temps pendant lequel le capital reste placé sera composé d'un nombre entier d'années, et d'un nombre de mois moindre que 12, on prendra d'abord les intérêts des intérêts d'année en année pendant ce nombre entier d'années; et ensuite, le nouveau capital qui en résultera sera placé à intérêt simple pendant le nombre de mois énoncé.

19e PROBLÈME. *Combien le capital 480000 francs vaudra-t-il dans trois ans ?*

1re SOLUTION. Si l'on ajoute chaque année l'intérêt au capital, on trouvera que les 480000^f^ vaudront 555660^f^ dans 3 ans (n° 81).

2e SOLUTION. L'intérêt annuel étant le vingtième du capital, on obtient ce qu'une somme placée au commencement d'une année vaut à la fin de l'année, en augmentant cette somme de sa vingtième partie ; ce qui revient à en prendre les $\frac{21}{20}$.

Par conséquent, les 480000^f^ placés au commencement de la 1re année, valent à la fin de cette année $480000^f \times \frac{21}{20}$.

Cette dernière somme placée au commencement de la 2e année, vaut à la fin de la 2e année $480000^f \times \frac{21}{20} \times \frac{21}{20}$.

Enfin cette dernière somme placée au commencement de la 3e année, vaut à la fin de la 3e année $480000^f \times \frac{21}{20} \times \frac{21}{20} \times \frac{21}{20}$, ou 555660 francs.

20e PROBLÈME. *Combien 480000 francs vaudront-ils dans 3 ans 4 mois ?*

1re SOLUTION. On trouvera d'abord, comme dans la question précédente, que les 480000 valent 555660^f^ à la fin de la 3e année. Il suffit donc d'augmenter cette dernière somme de son intérêt simple pendant 4 mois.

L'intérêt de 555660^f^ en 12 mois étant le vingtième de 555660f, ou 27783^f^, l'intérêt de 555660^f^ en 4 mois est le tiers de 27783^f^, ou 9261^f^. Ajoutant cet intérêt à 555660^f^, on trouve que les 480000 francs vaudront 564921 francs dans 3 ans 4 mois.

2e Solution. L'intérêt de 1^f en 12 mois étant $\frac{1^f}{20}$, l'intérêt de 1^f en 4 mois est le tiers de $\frac{1^f}{20}$, ou $\frac{1^f}{60}$.

On obtient donc ce qu'une somme payable à une époque vaut 4 mois plus tard, en ajoutant à cette somme sa 60me partie; ce qui revient à en prendre les $\frac{61}{60}$.

Le capital 1^f, qui valait $1^f \times \frac{21}{20} \times \frac{21}{20} \times \frac{21}{20}$ ou $\frac{9261^f}{8000}$ dans 3 ans (19e *problème*), vaudra donc dans 3 ans 4 mois, les $\frac{61}{60}$ de $\frac{9261^f}{8000}$, ou $\frac{564921}{480000}$ francs.

Les 480000^f comptant vaudront donc dans 3 ans 4 mois $\frac{564921^f}{480000} \times 480000$, ou 564921 francs.

21e Problème. *Une personne qui devrait payer* 480000 *francs dans* 2 *ans* 11 *mois, propose de s'acquitter avec une lettre de change payable dans* 6 *ans* 3 *mois. Il s'agit de trouver la valeur de cette lettre de change.*

La différence entre 6 ans 3 mois, et 2 ans 11 mois étant 3 ans 4 mois, la question se réduit à déterminer combien 480000^f payables à une époque, valent 3 ans 4 mois plus tard; on a vu, dans le problème précédent, que les 480000^f vaudront 564921^f dans 3 ans 4 mois. La lettre de change doit donc être de 564921 francs.

22e Problème. *Combien* 564921 *francs payables dans* 3 *ans* 4 *mois valent-ils en argent comptant?*

On a vu (20e *problème*) que 1^f comptant vaut $\frac{564921^f}{480000}$ après 3 ans 4 mois. Divisant donc 564921^f par cette fraction, le quotient 480000 sera le nombre des francs du capital cherché (12e *problème*).

23e Problème. *Trouver dans combien de temps le capital* 480000 *francs vaudra* 564921 *francs, en prenant les intérêts composés d'année en année.*

Si l'on ajoute successivement l'intérêt annuel au capital, on trouvera que les 480000 francs comptant valent 504000^f dans un an, 529200^f dans deux ans, 555660^f dans trois ans, 583443^f dans quatre ans. Le nombre donné 564921 étant compris entre 555660 et 583443, le temps cherché est compris entre 3 ans et 4 ans.

Le capital 480000^f valant 555660^f dans 3 ans, il suffit de chercher pendant combien de mois les 555660^f doivent être placés à intérêt simple, pour devenir 564921^f. L'intérêt des 555660^f pendant le nombre de mois demandé doit donc être 564921^f — 555660^f ou 9261^f.

Or, l'intérêt des 555660^f en 12 mois est le vingtième de 555660^f ou 27783^f. On peut donc dire : puisque le capital étant 555660 francs,

L'intérêt 27783^f correspond à 12 mois,

l'intérêt 1^f correspond à $\frac{12 \text{ mois}}{27783}$,

l'intérêt 9261^f correspond à $\frac{12 \text{ mois}}{27783} \times 9261$, ou à 4 mois.

Le temps cherché est donc 3 ans 4 mois. Ce qui s'accorde avec le 20e problème.

24e Problème. *Un particulier qui doit une rente perpétuelle de 2200^f au capital de 11000^f, voudrait acquitter en 2 ans la rente et le capital, au moyen de deux paiemens égaux effectués à la fin de chaque année. Quelle doit être la valeur de chaque paiement? On a égard aux intérêts composés d'année en année.*

L'intérêt annuel de 11000^f étant 2200^f, l'intérêt annuel de 1^f est $\frac{2200^f}{11000}$, ou $\frac{1^f}{5}$; de sorte que 1^f comptant vaut après un an, $1^f + \frac{1^f}{5}$ ou $\frac{6^f}{5}$; les 11000^f comptant vaudront donc à la fin de la 2e année, $11000 \times \frac{6}{5} \times \frac{6}{5}$, ou 15840^f. Les deux paiemens réunis, évalués à cette dernière époque, doivent donc valoir 15840^f.

Mais le 1er paiement effectué à la fin de la 1re année vaut, à la fin de la 2e, les $\frac{6}{5}$ de sa valeur; et le 2e paiement vaut à la fin de la 2e année les $\frac{5}{5}$ de sa valeur; les deux paiemens réunis évalués à la fin de la 2e année, valent donc les $\frac{6}{5}$ plus $\frac{5}{5}$, ou les $\frac{11}{5}$ du 1er paiement.

Puisque les $\frac{11}{5}$ du 1er paiement valent 15840f,

$\frac{1}{5}$ du 1er paiement vaut $\frac{15840^f}{11}$, ou 1440 francs,

le 1er paiement vaut 5 fois 1440f, ou 7200 francs.

Et en effet; on paie 7200f à la fin de la 1re année, on doit 2200f pour la rente de 11000f; on n'acquitte donc que 5000f sur le capital 11000 qui se trouve ainsi réduit à 6000f; on ne doit donc tenir compte pendant la 2e année que de l'intérêt 1200f des 6000f qui restent dus; cet intérêt joint aux 6000f donne 7200f, pour ce qui reste dû à la fin de la 2e année; le 2e paiement de 7200f, effectué à cette époque, acquitte donc le reste de la dette.

25e Problème. *On offre à un marchand 30 mètres de drap de 1re qualité à $\frac{9}{12}$, pour 720 francs comptant; ou 50 mètres de drap de 2e qualité à $\frac{8}{12}$, pour 1200 francs payables dans deux ans; à dimensions égales, une aune de la 2e qualité coûte les $\frac{15}{16}$ d'une aune de la 1re qualité; l'argent est à 10 pour 100 par an, et on a égard aux intérêts des intérêts d'année en année. Le marchand demande quelle est la spéculation qui lui sera la plus avantageuse?*

Aux conditions du 1er marché:

30m de 1re qualité à $\frac{9}{12}$, coûtent.................... 720f comptant,

1m de 1re qualité à $\frac{9}{12}$, coûte le 30e de 720f, ou... 24f,

1^m de 1re qualité à $\frac{1}{12}$, coûte le 9e de 24^f, ou $\frac{24^f}{9}$, ou $\frac{8^f}{3}$,

1^m de 1re qualité à $\frac{8}{12}$, coûte 8 fois $\frac{8^f}{3}$, ou......... $\frac{64^f}{3}$,

1^m de 2e qualité à $\frac{8}{12}$, coûte les $\frac{15}{16}$ de $\frac{64^f}{3}$, ou.... 20^f,

50^m de 2e qualité à $\frac{8}{12}$, coûtent donc 50 fois 20^f, ou 1000^f comptant.

Or, en prenant les intérêts des intérêts, à raison de 10 pour 100 par an, on trouve que 1000^f comptant valent 1210^f dans 2 ans.

On voit donc que 50 mètres de drap de 2e qualité à $\frac{8}{12}$, payables dans deux ans, coûtent au marchand, 1210^f aux conditions du 1er marché, et 1200^f aux conditions du 2e marché. La seconde spéculation est donc plus avantageuse au marchand.

Problèmes sur des mélanges.

87. 26e Problème. *On a mêlé 7 litres de vin à 14^s le litre et 3 litres à 24^s. Déterminer le prix du litre de ce mélange.*

7 litres à 14^s valent 7 fois 14^s ou. . . . . . 98^s.
3 litres à 24^s valent 3 fois 24^s ou. . . . . . 72^s.

En effectuant l'addition on trouve que

Les 10 litres du mélange valent. . . . . . . 170^s.

Le litre du mélange coûte donc $\frac{170^s}{10}$ ou... 17^s.

En général : *Pour obtenir le prix d'une unité de mesure d'un mélange quelconque, il suffit de multiplier le prix d'une mesure de chaque espèce par le nombre de ces mesures, et de diviser la somme de ces produits par le nombre total des mesures du mélange.*

Le prix d'une mesure du mélange est toujours compris entre les prix extrêmes de la même mesure des quantités mélangées, c'est-à-dire entre le prix le plus élevé et le prix le moins élevé d'une même mesure des quantités mélangées.

27e Problème. *Un mélange est formé de 20 litres de vin à 5^s le* *litre, de 30 litres à 10ˢ, de 28 litres à 14ˢ et de 12 litres à 24ˢ. Trouver le prix du litre de ce mélange.*

20 litres à 5ˢ valent 100ˢ,
30 litres à 10ˢ valent 300ˢ,
28 litres à 14ˢ valent 392ˢ,
12 litres à 24ˢ valent 288ˢ.

Divisant la somme 1080ˢ des prix des diverses parties du mélange, par le nombre 90 des litres du mélange, le quotient 12ˢ exprime le prix du litre du mélange.

Remarque. *Le volume total d'un mélange n'est pas toujours égal à la somme des volumes des matières mélangées.*

Par exemple, lorsqu'on mêle des graines de différentes grosseurs, les plus petites se placent dans les intervalles qui séparent les plus grosses graines, et le volume du mélange est par conséquent moindre que la somme des volumes des parties mélangées.

Exemple. *On a mêlé 7 litrons d'orge à 14ˢ le litron, avec 3 litrons d'orge d'une autre grosseur à 24ˢ le litron; ces 10 litrons ne forment que 8 litrons de mélange. On demande à combien revient le litron de ce mélange?*

Les 8 litrons du mélange valent 7 fois 14ˢ + 3 fois 24ˢ, ou 170ˢ; le litron de ce mélange vaut $\frac{170^s}{8}$ ou 21ˢ,25.

Nous supposerons, dans les questions suivantes, que le volume du mélange est égal à la somme des volumes des quantités mélangées.

28ᵉ Problème. *Dans quelle proportion doit-on mêler du vin à 14ˢ et à 24ˢ le litre, pour que le mélange revienne à 17ˢ le litre?*

Les proportions du mélange doivent être telles, que le marchand n'éprouve ni gain ni perte, en vendant 17ˢ le litre du mélange. Or, chaque litre à 14ˢ qui entre dans le mélange, procure 17ˢ—14ˢ, ou 3ˢ de gain; et chaque litre à 24ˢ procure 24ˢ — 17ˢ ou 7ˢ de perte. Par conséquent, pour que le gain compense la perte, il suffit de mêler 7 litres à 14ˢ avec trois litres à 24ˢ; car le gain sera 7 fois 3ˢ et la perte sera 3 fois 7ˢ.

Puisque 10 litres du mélange demandé sont composés de 7 litres à 14^s et 3 litres à 24^s, chaque litre de mélange contient $\frac{7}{10}$ litre à 14^s et $\frac{3}{10}$ litre à 24^s.

29e Problème. *Combien faut-il ajouter d'eau à 12 litres de vin à 15^s le litre, pour que le mélange revienne à 9^s le litre? On suppose que l'eau ne coûte rien.*

1re Solution. Le prix 9^s d'un litre du mélange demandé, multiplié par le nombre de litres de ce mélange, devant être égal au prix total 12 fois 15^s ou 180^s du mélange, on obtiendra ce nombre de litres en divisant 180^s par 9^s; ce qui donne 20. Le nombre cherché des litres d'eau est donc $20 - 12$ ou 8.

2e Solution. Chaque litre à 15^s que l'on vendrait 9^s, procurerait $15^s - 9^s$ ou 6^s de perte; et chaque litre d'eau que l'on vendrait 9^s, donnerait 9^s de gain. Par conséquent, le gain compensera la perte, si l'on mêle 9 litres de vin à 15^s avec 6 litres d'eau, car en vendant le mélange à raison de 9^s le litre, la perte sera 9 fois 6^s et le gain sera 6 fois 9^s. Or, 6 est les $\frac{6}{9}$ ou les $\frac{2}{3}$ de 9; la quantité d'eau à mettre dans les 12 litres de vin à 15^s pour composer le mélange demandé, est donc les $\frac{2}{3}$ de 12 litres, ou 8 litres.

Des alliages.

88. Le résultat de la combinaison de plusieurs métaux qu'on a fondus ensemble, forme ce qu'on nomme un *alliage;* et une quantité quelconque de métal ou d'alliage s'appelle un *lingot.*

Nous ne considérerons que le poids des métaux sans avoir égard à leurs volumes, et *le poids de l'alliage sera égal à la somme des poids des métaux qui composent cet alliage.*

Lorsqu'un alliage renferme les $\frac{8}{10}$ de son poids en or pur, on dit que cet or est au *titre* de $\frac{8}{10}$, ou $\frac{8}{10}$ de *fin*, ou simplement à $\frac{8}{10}$.

Ainsi, un lingot d'or au titre de $\frac{8}{10}$, pesant 100 grammes, est un alliage d'or et d'autres matières quelconques qui contient en or pur les $\frac{8}{10}$ de 100^{gr} ou 80 grammes.

Un alliage qui contient les $\frac{7}{10}$ de son poids en or pur, et les $\frac{3}{10}$ en argent, est au titre de $\frac{7}{10}$ par rapport à l'or, et au titre de $\frac{3}{10}$ par rapport à l'argent; 100 grammes de cet alliage contiennent en or pur, les $\frac{7}{10}$ de 100^{gr} ou 70^{gr}, et en argent les $\frac{3}{10}$ de 100^{gr} ou 30^{gr}.

En général : *pour trouver la quantité de métal pur contenue dans un alliage dont le titre est donné par rapport à ce métal, il suffit de multiplier le poids total de l'alliage par son titre;* et réciproquement, *pour obtenir le titre d'un alliage par rapport à un métal, il suffit de diviser le poids de la quantité de ce métal contenue dans l'alliage par le poids total de l'alliage.*

On évalue quelquefois le degré de pureté de l'or en *karats*, et celui de l'argent en *deniers* de fin. L'or pur est dit à 24 karats, et l'argent pur est dit à 12 deniers de fin. Ainsi, de l'or à 22 karats contient les $\frac{22}{24}$ de son poids en or pur; cet or est donc au *titre* de $\frac{22}{24}$ ou de $\frac{11}{12}$. De l'argent à 11 deniers de fin renferme les $\frac{11}{12}$ de son poids en argent pur; il est donc au *titre* de $\frac{11}{12}$.

Les raisonnemens qui ont servi à résoudre les questions relatives aux mélanges, s'appliquent aux problèmes sur les alliages.

30e Problème. *On fait fondre ensemble 70 grammes d'or au titre 0,90, avec 30 grammes d'or au titre 0,80; trouver le titre de l'alliage qui en résultera.*

Le produit du nombre des grammes par le titre donnant la quantité d'or pur, on trouve que

70^{gr} à 0,90 contiennent 63^{gr} d'or,
30^{gr} à 0,80 contiennent 24^{gr} d'or.

Les 100^{gr} d'alliage contiennent donc 87^{gr} d'or.

Un gramme d'alliage contient donc $0^{gr},87$ d'or.

Le titre de l'alliage est donc 0,87.

En général : *Pour trouver le titre de l'alliage qui résulte de la fonte de plusieurs lingots, il suffit de multiplier le poids de chaque lingot par son titre, et de diviser la somme de ces produits par le poids total de l'alliage.*

31ᵉ Problème. *Un alliage est composé de 20 grammes d'or à 0,05 de fin, de 30 grammes à 0,10, de 28 grammes à 0,14 et de 12 grammes à 0,24. Trouver le titre de cet alliage, par rapport à l'or.*

On trouve, d'après la règle précédente, que les 90 grammes d'alliage contiennent $10^{gr},8$ d'or fin; un gramme d'alliage contient donc $\frac{10^{gr},8}{90}$, ou $0^{gr},12$ d'or; cet alliage est donc au titre de 0,12.

32ᵉ Problème. *Dans quelle proportion doit-on allier de l'or à 0,90 de fin, avec de l'or à 0,80, pour composer un alliage au titre de 0,87?*

1ʳᵉ Solution. L'alliage demandé devant être au titre 0,87; 100^{gr} de cet alliage doivent contenir 87^{gr} d'or fin. Ainsi :

100^{gr} d'or à 0,90 contiennent $90^{gr} - 87^{gr}$ ou 3^{gr} d'or fin de trop,
et sur 100^{gr} d'or à 0,80 il manque $87^{gr} - 80^{gr}$ ou 7^{gr} d'or fin.

Il y aura donc compensation en combinant 7^{gr} d'or à 0,90 avec 3^{gr} d'or à 0,80; car les 10^{gr} d'alliage qui en résulteront contiendront 7 fois $0^{gr},03$ d'or fin de trop, et il manquera 3 fois $0^{gr},07$ d'or.

Chaque gramme de l'alliage demandé contient donc $0^{gr},7$ d'or à 0,90 et $0^{gr},3$ d'or à 0,80.

2ᵉ Solution. On supposera que le gramme d'or fin coûte 100f. Le prix de l'or dépendant de son titre, les prix respectifs d'un gramme d'or aux titres 0,90, 0,80, 0,87 seront 90^f, 80^f, 87^f; de sorte que la question sera réduite à *trouver dans quelle proportion on doit allier de l'or à 90^f le gramme avec de l'or à 80^f le gramme, pour que le gramme d'alliage revienne à 87 francs.*

Chaque gramme d'or à 90^f qui entre dans l'alliage procure $90^f - 87^f$ ou 3^f de perte, et chaque gramme à 80^f procure $87^f - 80^f$ ou 7^f de gain. Par conséquent, pour que le gain compense la perte, il suffit d'allier 7^{gr} d'or à 90^f le gramme avec 3^{gr} d'or à 80^f, car les 10^{gr} d'alliage qui en résulteront procureront 7 fois 3^f de perte et 3 fois 7^f de gain. Chaque gramme de l'alliage demandé contient donc $0^{gr},7$ d'or à 90^f et $0^{gr},3$ à 80; ou, ce qui revient au même, chaque gramme de cet alliage est composé de $0^{gr},7$ d'or au titre de 0,90 et de $0^{gr},3$ d'or à 0,80.

33e Problème. *Combien doit-on ajouter de cuivre à 108 grammes d'or au titre de $\frac{11}{12}$, pour abaisser le titre à $\frac{9}{10}$?*

Les 108^{gr} à $\frac{11}{12}$ de fin contiennent en or pur $108^{gr} \times \frac{11}{12}$ ou 99 grammes.

Lorsqu'on aura ajouté la quantité de cuivre convenable, il y aura toujours 99 grammes d'or pur dans l'alliage qui en résultera; et cet alliage devant être au titre de $\frac{9}{10}$, son poids total multiplié par $\frac{9}{10}$, devra donner les 99 grammes d'or qu'il contient. Divisant donc 99^{gr} par $\frac{9}{10}$, le quotient 110 grammes, exprimera le poids total de l'alliage demandé. On doit donc ajouter 110 — 108 ou 2 grammes de cuivre aux 108 grammes d'or au titre de $\frac{11}{12}$.

Et en effet: les 110^{gr} de l'alliage ainsi formé contenant toujours 99^{gr} d'or, un gramme de cet alliage renferme $\frac{99^{gr}}{110}$ ou $\frac{9^{gr}}{10}$ d'or pur; cet alliage est donc au titre de $\frac{9}{10}$.

La quantité de cuivre à ajouter à 108gr d'or au titre de $\frac{11}{12}$, pour l'abaisser au titre de $\frac{9}{10}$, étant 2gr ou les $\frac{2}{108}$ de 108gr ou $\frac{1}{54}$ de 108gr, la quantité de cuivre à ajouter à un lingot d'or au titre de $\frac{11}{12}$, pour l'abaisser au titre de $\frac{9}{10}$, est $\frac{1}{54}$ du poids de ce lingot.

Problèmes divers.

89. 34e **Problème.** *Un bassin est alimenté par deux fontaines; la 1re le remplirait en $\frac{3}{2}$ heures, et la 2e en $\frac{3}{4}$ d'heure; la totalité de l'eau qu'il peut contenir sortirait en 3 heures par une ouverture pratiquée à ce bassin; en combien de temps le bassin, supposé vide, sera-t-il rempli, lorsque l'eau coulera par les trois ouvertures à la fois?*

La 1re fontaine remplit, en $\frac{3^h}{2}$ une fois le bassin, en 3 heures 2 fois le bassin, et en une heure les $\frac{2}{3}$ du bassin. On verrait de même qu'en une heure, la 2e fontaine remplit les $\frac{4}{3}$ du bassin, et que la 3e ouverture vide $\frac{1}{3}$ du bassin. Ainsi, quand l'eau coule par ces trois ouvertures, la partie du bassin qui se remplit en une heure est $\frac{2}{3}+\frac{4}{3}-\frac{1}{3}$, ou $\frac{5}{3}$, le bassin serait donc rempli 5 fois en 3 heures, et une fois en $\frac{3}{5}$ d'heure.

35e **Problème.** *Deux courriers vont dans le même sens; le 1er a une avance de 138 lieues, fait 3 lieues en 4 heures, et part 40 heures avant le 2e qui parcourt 6 lieues en 7 heures. On demande dans combien de temps les courriers se joindront, et quelles seront les distances des points de départ au point de rencontre.*

Puisque le 1er courrier parcourt 3 lieues en 4 heures, il fait $\frac{3}{4}$ de lieue par heure. On verrait de même que le 2e courrier fait $\frac{6}{7}$ de lieue par heure. Mais, le 1er courrier part 40^h avant le 2e, il fait donc pendant ce temps 40 fois $\frac{3}{4}$ de lieue, ou 30 lieues. Ainsi, lorsque le 2e courrier se met en route, le 1er a une avance de 168 lieues; le 2e courrier n'atteindra donc le 1er que lorsqu'il s'en sera rapproché de 168 lieues. Or, les courriers se rapprochent pendant une heure de $\frac{6}{7} - \frac{3}{4}$ ou $\frac{3}{28}$ de lieue; ils se rapprocheront donc de 3 lieues en 28^h, d'une lieue en $\frac{28^h}{3}$, et de 168 lieues en 168 fois $\frac{28^h}{3}$, c'est-à-dire en 1568 heures. Le 2e courrier rencontrera donc le 1er après 1568 heures de marche; pendant ce temps, le 2e courrier aura parcouru 1568 fois $\frac{6}{7}$ de lieue, ou 1344 lieues; le 1er courrier qui part 40^h avant le 2e aura marché pendant 1608^h et aura parcouru 1608 fois $\frac{3}{4}$ de lieue, ou 1206 lieues; la différence, 138 lieues entre ces espaces, est effectivement égale à la distance des points de départ des courriers.

36e Problème. *Deux courriers vont dans le même sens; le 1er a une avance de 200 lieues, fait 3 lieues en 4 heures, et part 40 heures avant le 2e qui fait 6 lieues en 7 heures. Après combien d'heures de marche, le 2e courrier ne sera-t-il plus en arrière que de 62 lieues?*

Si l'on répète les calculs précédens, on verra que le 1er courrier a fait 30 lieues avant le départ du 2e courrier; le 1er courrier a donc 230 lieues d'avance, et par conséquent, pour que les courriers ne soient plus distans que de 62 lieues, le 2e doit se rapprocher du 1er de 168 lieues. Ce rapprochement aura lieu après 1568 heures de marche (35e *Problème*).

37e Problème. *Une montre marque midi; il faut trouver*

combien de fois les aiguilles des heures et des minutes se rencontreront depuis midi jusqu'à minuit, et à quelle heure chaque rencontre aura lieu ?

Le cadran étant divisé en 60 parties égales, il est bien évident que la 1re rencontre aura lieu quand l'aiguille des minutes aura parcouru 60 divisions de plus que l'aiguille des heures, c'est-à-dire lorsque la différence des espaces parcourus par les aiguilles sera de 60 divisions. Or, en une heure, l'aiguille des minutes parcourt 60 divisions et celle des heures parcourt 5 divisions. Par conséquent, la différence des espaces que les deux aiguilles parcourent est

de 55 divisions en 1 heure,

de 1 division en $\frac{1}{55}$ d'heure,

et de 60 divisions en $\frac{60}{55}$ d'heure.

Les aiguilles marchant toujours avec la même vitesse, le temps écoulé depuis chaque séparation des aiguilles jusqu'à leur rencontre, reste constamment égal à $\frac{60^h}{55}$; on trouve ainsi que la onzième rencontre a lieu à minuit, c'est-à-dire au point de départ des aiguilles.

37e Problème. *Un père laisse par testament la moitié de son bien à son fils, le tiers à sa fille, et les 10000 francs qui restent à sa veuve ; il faut trouver le bien du défunt et la part de chaque enfant.*

La part du fils jointe à celle de la fille, composent les $\frac{5}{6}$ de l'héritage ; les 10000f qui restent à la mère expriment donc le sixième du bien total ; ce bien est 60000f ; le fils en prend la moitié ou 30000f, la fille le tiers ou 20000f ; il reste effectivement 10000f à la veuve.

38e Problème. *Un homme entre dans une église avec une somme d'argent composée d'écus de 3#; il donne autant de pièces de 12s qu'il a d'écus. Dieu change les écus de 3# qui lui restent en pièces de 5#. Le dévot sort de l'église avec un nombre exact de pistoles, et donne 1# par pistole; il lui reste un nombre exact de demi-louis. Dieu change ces demi-louis en pièces de 21#. Le dévot ayant dépensé 3#, rentre chez lui avec le double de ce qu'il avait en entrant dans l'église. Quelle somme d'argent avait-il d'abord?*

Le dévot entre dans l'église avec des écus de 3#, il donne 12ſ par écu, c'est-à-dire le 5e de ce qu'il a; il ne lui reste donc que les $\frac{4}{5}$ de ce qu'il avait d'abord. Dieu change les écus de 3# qui lui restent en pièces de 5#; mais 5# valent les $\frac{5}{3}$ de 3#; le dévot a donc, après ce changement, les $\frac{5}{3}$ de ce qui lui restait, c'est-à-dire les $\frac{5}{3}$ des $\frac{4}{5}$, ou les $\frac{4}{3}$ de la somme primitive; il donne 1# par *pistole*, c'est-à-dire le 10e de ce qu'il a; il ne lui reste donc que les $\frac{9}{10}$ de son argent, et comme cet argent est les $\frac{4}{3}$ de la somme primitive, il ne lui reste que les $\frac{9}{10}$ des $\frac{4}{3}$, ou les $\frac{6}{5}$ de son argent primitif. Dieu change ses pièces de 12# en pièces de 21#; or 21# sont les $\frac{7}{4}$ de 12#; le dévot a donc après ce changement, les $\frac{7}{4}$ de ce qui lui restait, c'est-à-dire les $\frac{7}{4}$ des $\frac{6}{5}$ de son argent primitif, ou les $\frac{21}{10}$ de cet argent. Mais le dévot doit rentrer avec le double de l'argent qu'il avait d'abord, c'est-à-dire avec les $\frac{20}{10}$ de cet argent; les 3# qu'il dépense expriment donc le dixième de son argent primitif; la somme qu'il avait en entrant dans l'église était donc 30#. En effet, le dévot entre dans l'église avec 30# ou 10 écus de 3#; il donne aux pauvres 10 pièces de 12ſ ou 6#, il lui reste 24# ou 8 écus de 3#; ces 8 écus de 3# se changent en 8 pièces de 5#, qui valent 40# ou 4 pistoles; il donne 1# par pistole, c'est-à-dire 4# sur 4 pistoles; il ne lui reste donc que 36# ou 3 demi-louis; chaque demi-louis devenant une pièce de

21#, les 3 demi-louis deviennent 3 pièces de 21# ou 63#; le dévot dépense 3#; il lui reste donc le double des 30# qu'il avait en entrant dans l'église.

39e Problème. *Trois joueurs conviennent que le perdant doublera l'argent des deux autres. Chaque joueur ayant perdu une partie, dans l'ordre indiqué par le rang des joueurs, il reste 24f au 1er joueur, 28f au 2e et 14f au 3e joueur. Combien chaque joueur avait-il d'argent en se mettant au jeu?*

D'après cet énoncé;

à la fin de la 3e partie, le 1er joueur a 24f, le 2e a 28f, et le 3e a 14f.

Le 3e joueur ayant perdu la 3e partie a doublé l'argent des deux autres; ceux-ci n'avaient donc à la fin de la 2e partie que la moitié de ce qu'ils ont à la fin de la 3e, c'est-à-dire 12f et 14f; le 3e joueur avait les 26f qu'il a perdus avec les deux autres, augmentés des 14f qui lui restent, c'est-à-dire 40 francs. Ainsi:

à la fin de la 2e partie, le 1er joueur a 12f, le 2e a 14f et le 3e a 40f.

Des raisonnemens analogues conduisent aux résultats suivans:

à la fin de la 1re partie, le 1er joueur a 6f, le 2e a 40f et le 3e a 20f;
en se mettant au jeu, le 1er joueur a 36f, le 2e a 20f et le 3e a 10f.

On est parvenu, sans tâtonnement, aux solutions des questions précédentes; mais *il existe des problèmes qui échappent aux méthodes directes.* Si l'on essayait des nombres pris au hasard, on pourrait faire beaucoup de tentatives inutiles; *on assure alors la marche du raisonnement, à l'aide d'hypothèses arbitraires qui donnent le moyen de détruire les erreurs.* En voici des exemples:

40e Problème. *On a des pièces de 2f et de 5f; il s'agit de payer 26 francs avec dix de ces pièces.* Si les dix pièces étaient de 2f, elles vaudraient 20f au lieu de 26f; il faut donc augmenter de 6f la valeur de ces dix pièces, sans en changer le nombre. Mais, chaque pièce de 5f, substituée à une pièce de 2f, augmente de 3f la valeur des dix pièces; par conséquent, pour augmenter cette valeur de 6f, il faut substituer 2 pièces de 5f à

2 pièces de 2^f ; on formera donc les 26f avec 8 pièces de 2^f et 2 pièces de 5 francs.

La méthode employée pour résoudre le problème précédent a reçu le nom de *règle d'une fausse position*, parce qu'elle conduit au résultat à l'aide d'*une fausse supposition*.

41e Problème. *Un joueur, interrogé sur ce qu'il a dans sa bourse, répond que l'excès du quintuple de ses louis sur 30, est égal à l'excès du double de ces mêmes louis sur 6. Combien le joueur a-t-il de louis?*

Pour résoudre ce problème, on prend un nombre arbitraire de louis; si ce nombre ne jouit pas des propriétés énoncées, il produira une certaine *erreur* que l'on détruira à l'aide d'une 2e hypothèse. Voici le calcul :

1re *hypothèse* .... 20 louis.	2e *hypothèse* .... 19 louis.
l'excès de 5 fois 20 sur 30 est... 70,	l'excès de 5 fois 19 sur 30 est... 65,
l'excès de 2 fois 20 sur 6 est .. 34,	l'excès de 2 fois 19 sur 6 est... 32,
l'*erreur* correspondante est donc 36.	l'*erreur* correspondante est donc 33.

Pour diminuer l'erreur 36 de 3, il faut diminuer de 1 le nombre 20 des louis, pour diminuer l'erreur 36 de 36, il faut diminuer de 12 le nombre 20 des louis.

Le joueur avait donc 8 louis. Et en effet, l'excès du quintuple de 8 sur 30 est 10, et l'excès du double de 8 sur 6 est également 10, comme l'exige l'énoncé.

42e Problème. *Un père, interrogé sur l'âge de son fils, répond : mon âge est le triple de celui de mon fils, et il y a dix ans qu'il en était le quintuple. On demande l'âge du fils.*

Si le fils a 24 ans, le père a 72 ans ; il y a dix ans, le fils avait 14 ans et le père 62 ans; or, le quintuple de 14 surpasse 62 de 8, l'erreur est donc 8. On verra de même que, si l'âge du fils diminue d'une année, l'erreur 8 diminue de 2. Par conséquent, pour que cette erreur devienne nulle, il faut que l'âge du fils diminue de 4 années. Le fils a donc 20 ans et le père 60 ans ; il y a dix ans, le fils avait 10 ans et le père 50 ans ; l'âge du père était donc quintuple de celui du fils.

Remarque. La méthode qui a servi à résoudre les deux questions précédentes se nomme *règle de double fausse position*, parce qu'elle conduit au résultat à l'aide de deux fausses suppositions. *Cette règle n'est applicable qu'aux questions dans lesquelles les variations des erreurs sont proportionnelles aux variations des hypothèses faites sur la valeur de l'inconnue.* Quand cette condition n'a pas lieu, le calcul l'indique, en conduisant à un nombre qui ne satisfait pas au problème, et la question est du ressort de l'*Algèbre*.

43e Problème. *Les neuf Muses portant chacune le même nombre de couronnes de fleurs, rencontrent les trois Grâces et leur offrent des couronnes; la distribution faite, les Grâces et les Muses ont chacune le même nombre de couronnes. On demande combien les Muses portaient de couronnes et combien elles en donnèrent.*

Le nombre des Muses étant triple de celui des Grâces, la totalité des couronnes qui restent aux Muses après la distribution est le triple de ce qu'elles ont donné aux Grâces; les Muses portaient donc le quadruple de ce qu'elles ont donné aux Grâces. Par conséquent, le nombre total des couronnes est divisible par 4, et les Muses ont donné le quart de ce qu'elles portaient. Or, chacune des neuf Muses avait d'abord un même nombre de couronnes; le nombre total des couronnes est donc divisible par 9; nous avons prouvé qu'il est aussi divisible par 4, il doit donc être divisible par 4 fois 9, ou par 36; et en effet, tous les multiples de 36 satisfont à la question. Par exemple, si les neuf Muses portant 72 couronnes, en donnent le quart aux Grâces, il restera 54 couronnes aux neuf Muses, et les trois Grâces en auront 18; chaque Muse et chaque Grâce portera donc 6 couronnes après la distribution.

44e Problème. *Partager huit litres de vin en deux parties égales avec trois vases inégaux, dont le premier contient 8 litres, le second 5 litres et le troisième 3 litres; les vases sont vides.*

Pour abréger, désignez le vase de 8 litres par A, celui de 5 litres par B, et celui de 3 litres par C. Mettez les 8 litres de vin dans A; versez de A en C, de C en B, de A en C, de C en B, de B en A, de C en B et de A en C; il restera 4 litres dans A.

On peut trouver d'autres solutions de cette question.

CHAPITRE SIXIÈME.

Des Quarrés et de la Racine quarrée, des Cubes et de la Racine cubique. Définitions générales des Puissances et des Racines.

Des Quarrés et de la Racine quarrée.

90. *Le produit d'un nombre par lui-même se nomme le* QUARRÉ *de ce nombre.*

Ainsi, le quarré de 7 est le produit 49 de 7 par 7, et le quarré de $\frac{3}{4}$ est le produit $\frac{9}{16}$ de $\frac{3}{4}$ par $\frac{3}{4}$.

Pour indiquer le quarré d'un nombre on place le chiffre ^{2} sur sa droite et un peu au-dessus; de sorte que 7^2 désigne le quarré de 7.

91. *Le nombre qui, multiplié par lui-même, fournit un nombre donné, est la* RACINE QUARRÉE *du nombre donné.*

Ainsi, la *racine quarrée* de 49 est 7.

Pour indiquer la racine quarrée d'un nombre, on place ce nombre sous le *signe* $\sqrt{}$, nommé *radical.*

Ainsi $\sqrt{49}$ désigne la racine quarrée de 49.

92. Les quarrés des nombres 1, 10, 100, etc., étant 1, 100, 10000, etc., les nombres compris entre 1 et 100, entre 100 et 10000, etc., ont leurs racines comprises entre 1 et 10, entre 10 et 100, etc. Par conséquent :

Lorsque le quarré d'un nombre entier n'a pas plus de deux chiffres, sa racine n'a qu'un chiffre; quand le quarré renferme 3 ou 4 chiffres, sa racine en a deux; et ainsi de suite.

93. Les quarrés des nombres d'un seul chiffre étant moindres

que 100, on revient à leurs racines, en faisant usage de la *table* suivante :

Racines	1,	2,	3,	4,	5,	6,	7,	8,	9.
Quarrés	1,	4,	9,	16,	25,	36,	49,	64,	81.

Lorsqu'une quantité est comprise entre deux nombres entiers consécutifs, ces deux nombres entiers sont les *valeurs entières approchées* de cette quantité.

Par exemple, la racine quarrée de 38 étant comprise entre 6 et 7, puisque 38 tombe entre 6^2 et 7^2, la *plus petite valeur entière approchée* de cette racine est 6.

94. Pour extraire la racine d'un nombre entier plus grand que 100, nous chercherons d'abord comment les parties de la racine entrent dans le quarré.

Par exemple, pour faire le quarré de 64, au lieu d'effectuer le produit de 64 par 64, d'après la méthode ordinaire, on multiplie successivement les unités et les dixaines du multiplicande par celles du multiplicateur, en ayant soin de mettre en évidence chacun des produits partiels dont se compose le quarré ; ce qui conduit au calcul suivant :

64 Racine.	
64	
16 unités.	Quarré des 4 unités.
24 dixaines.	Produit des 6 dixaines par les 4 unités.
24 dixaines.	Produit des 4 unités par les 6 dixaines.
36 centaines.	Quarré des 6 dixaines.
4096 unités.	Quarré de 64.

1°. On multiplie les 4 unités du multiplicande par les 4 unités du multiplicateur, le produit 16 est le quarré des 4 unités de 64.

2°. On multiplie les 6 dixaines du multiplicande par les 4 unités du multiplicateur, et les 4 unités du multiplicande par les 6 dixaines du multiplicateur ; la somme de ces produits se réduit au double des 6 dixaines multiplié par les 4 unités, ou à 48 dixaines.

3°. Enfin, on multiplie les 6 dixaines du multiplicande par

les 6 dixaines du multiplicateur, ce qui donne le quarré 36 centaines des 6 dixaines de 64.

La somme 4096 de ces trois produits partiels exprimant le quarré de 64, on voit que ce quarré est composé : du quarré 36 centaines des 6 dixaines de 64, du double des 6 dixaines multiplié par les 4 unités, ou de 48 dixaines, et du quarré 16 des 4 unités.

Les mêmes raisonnemens pouvant s'appliquer à tout autre nombre ; on voit que *le quarré d'un nombre composé de dixaines et d'unités contient trois parties, savoir : le quarré des dixaines, le double des dixaines multiplié par les unités, et le quarré des unités*. Ces trois produits expriment respectivement des centaines, des dixaines et des unités

Ainsi, 649 étant égal à 64 dixaines plus 9 unités, le quarré 421201 de 649 est composé : du quarré 4096 centaines des 64 dixaines, du double des 64 dixaines multiplié par les 9 unités ou de 1152 dixaines, et du quarré 81 des 9 unités.

95. Nous allons faire voir comment on peut *revenir du quarré d'un nombre entier quelconque à sa racine.*

1er Exemple. *Extraire la racine de 4096.*

On dispose le calcul de la manière suivante :

Quarré.........	40.96	64 Racine.
	36	124 × 4 = 496.
1er Reste........	49.6	
	496	
2e Reste.......	0	

Et on dit : le quarré de 10 étant 100, le quarré des dixaines de la racine ne peut se trouver que dans les 40 centaines de 4096 (on sépare par un *point* les deux premiers chiffres à droite de 4096) ; 40 tombant entre 6^2 et 7^2, je dis que 6 est le chiffre des dixaines de la racine, car 4096 étant compris entre 60^2 et 70^2, la racine de 4096 est nécessairement comprise entre 60 et 70 ; elle est donc composée de 6 dixaines, et d'un certain nombre d'unités moindre que 10. Pour obtenir ces unités, on retranche de 4096 le quarré 36 centaines des 6 dixaines de la racine ; le reste 496 ne renferme plus que le double des 6 dixaines de la racine multiplié par les unités, et le quarré des unités. Le double des dixaines multiplié par les unités, exprimant des dixaines, ne peut se trouver que dans les 49 dixaines du reste 496 (on sépare par un *point* le premier chiffre à droite du reste); ces 49 dixaines contiennent en outre les dixaines qui peuvent provenir du quarré des unités; divisant donc 49 par 12, double des dixaines de la racine, les 4 unités du quotient expriment le chiffre des unités de la racine ou un chiffre trop fort. Pour essayer le chiffre 4, on pourrait ôter 64^2 de 4096, le reste zéro indiquerait que 64 est la racine demandée; mais on parvient plus simplement au même résultat en observant que, le reste 496 étant composé du double des 6 dixaines multiplié par les 4 unités et du quarré des 4 unités, il suffit de calculer la *somme* de ces deux parties et de l'ôter de 496. A cet effet, on écrit le chiffre 4 des unités à la droite de 12, double du nombre des dixaines de la racine, ce qui donne 124; on multiplie 124 par 4; le résultat exprime la *somme* demandée; retranchant 4 fois 124 de 496, le reste zéro indique que 64 est la racine exacte de 4096.

Remarque. Le raisonnement qui a servi à déterminer les dixaines de la racine étant applicable à un nombre quelconque, on en conclut que *la racine du plus grand quarré contenu dans les centaines d'un nombre quelconque détermine toujours les dixaines de la racine de ce nombre.*

2e Exemple. *Extraire la racine de 421201.*

On dispose le calcul de la manière suivante :

Quarré...	4 2.1 2.0 1	649 Racine		
	3 6	125	124	1289
1er Reste..	6 1.2	5	4	9
	4 9.6	625	496	11601
2e Reste..	1 1 6 0.1			
	1 1 6 0 1			
3e Reste..	0			

Et on dit : le nombre proposé ayant plus de deux chiffres, sa racine renferme des dixaines dont le quarré ne peut faire partie que des 4212 centaines de 421201 (on sépare par un *point* les deux premiers chiffres de 421201).

La racine du plus grand quarré contenu dans 4212, exprimant le nombre des dixaines de la racine cherchée, la question est réduite à déterminer la racine d'un nombre qui contient deux chiffres de moins que le nombre proposé. A cet effet, on sépare par un *point* les deux premiers chiffres à droite de 4212; la racine 6 du plus grand quarré contenu dans 42 est le premier chiffre à gauche de la racine demandée, qui est par conséquent composée de trois chiffres.

On est ainsi conduit à *diviser le nombre donné en* TRANCHES *de deux chiffres à partir de la droite* (*la dernière tranche peut n'avoir qu'un seul chiffre*); *le nombre des tranches indique le nombre des chiffres de la racine du quarré proposé.*

En opérant comme dans l'exemple précédent, on trouve que la racine du plus grand quarré contenu dans 4212 est 64, et que l'excès de 4212 sur 64^2 est 116; la racine de 421201 est donc composée de 64 dixaines, et d'un certain nombre d'unités exprimé par un seul chiffre.

Cela est d'ailleurs évident, car 4212 tombant entre les quarrés 4096, 4225, de 64 et de 65, le nombre 421201 est compris entre les quarrés de 64 dixaines et de 65 dixaines.

Le quarré 421201 étant formé du quarré des 64 dixaines de la racine, du double de ces dixaines multiplié par le chiffre des unités, et du quarré des unités, si l'on ôte de 421201 le quarré des 64 dixaines, le reste 11601 contiendra les deux autres parties du quarré.

On parvient plus simplement à ce reste en observant que l'excès de 4212 sur 64^2 étant 116, l'excès de 421201 sur 640^2 s'obtient en abaissant la *tranche* 01 à la droite de 116.

Cela posé: le double des 64 dixaines, qui est 128 dixaines, multiplié par les unités, donnant des dixaines, ne peut se trouver que dans les 1160 dixaines du reste 11601 (on sépare par un *point* le premier chiffre à droite de 11601); ces 1160 dixaines contiennent donc le produit de 128 dixaines par les unités de la racine cherchée, plus les dixaines qui peuvent se trouver dans le quarré des unités; divisant donc 1160 par 128, les 9 unités du quotient expriment le chiffre des unités de la racine ou un chiffre plus grand.

On pourrait essayer le chiffre 9 en retranchant 649^2 de 421201, le reste zéro indiquerait que 649 est la racine demandée; mais d'après ce que nous avons fait remarquer dans l'exemple précédent, il est plus simple d'écrire le chiffre 9 à la droite de 128, double des dixaines de la racine, et de multiplier 1289 par 9; le produit est composé du double des 64 dixaines de la racine multiplié par les 9 unités, et du quarré des 9 unités; retranchant 9 fois 1289 de 11601, le reste est égal à $421201 - 649^2$; ce reste étant nul, la racine obtenue est exacte.

Ces exemples suffisent pour faire voir comment on peut *revenir du quarré d'un nombre entier quelconque à sa racine.*

96. *Dans tout le cours des opérations relatives à l'extraction de la racine quarrée, chaque reste est égal au nombre dont on cherche la racine diminué du quarré de la partie de la racine déjà obtenue;* car on est parvenu à ce reste en retranchant successivement du nombre proposé les diverses parties du quarré du nombre obtenu à la racine; quand cette condition n'est pas satisfaite, on a commis des fautes de calcul.

97. *Lorsque la racine d'un nombre entier tombe entre deux nombres entiers consécutifs, cette racine, quoiqu'elle existe, ne saurait être exprimée exactement par aucun nombre.*

En effet, si un nombre pouvait exprimer cette racine, ce nombre serait décimal ou fractionnaire, et en le convertissant en fraction irréductible, le quarré de cette fraction irréductible devrait être un nombre entier; ce qui n'est pas possible (remarque du n° 99). Le principe est donc démontré.

Il est facile de concevoir que *certaines quantités ne sont pas susceptibles d'être exprimées exactement en nombres,* car une quantité peut croître d'une manière continue, tandis que les nombres ne jouissent pas de cette propriété.

Les nombres entiers et décimaux et les fractions ordinaires ayant une commune mesure avec l'unité, on dit que ces quantités sont *commensurables;* et par opposition, les quantités qui n'ont pas de commune mesure avec l'unité sont dites *incommensurables*.

Par exemple, $\frac{7}{5}$ est *commensurable*, car en divisant l'unité en 5 parties égales, chacune de ces parties est la commune mesure entre $\frac{7}{5}$ et l'unité, puisque cette partie est contenue exactement 7 fois dans $\frac{7}{5}$ et 5 fois dans l'unité.

Au contraire, la racine quarrée de 5 est *incommensurable*, parce que ne pouvant être exprimée exactement par aucun nombre entier ou décimal ou fractionnaire, il en résulte que si l'on conçoit l'unité divisée en autant de parties égales qu'on voudra, l'une de ces parties ne sera jamais assez petite pour être contenue un nombre exact de fois dans la racine de 5 et dans l'unité.

98. Pour *extraire la racine d'un nombre entier quelconque*, on opère comme si le nombre était un quarré. Quand le dernier reste qui correspond au chiffre des unités de la racine n'est pas zéro, la racine cherchée est *incommensurable*, et le nombre obtenu à la racine exprime la racine du plus grand quarré contenu dans le nombre proposé.

Ainsi, l'extraction de la racine de 422110 donnant 649 unités à la racine, et pour reste 909, la racine de 422110 est *incommensurable*; le reste 909 est égal à $422110 - 649^2$, et 649 exprime la racine du plus grand quarré contenu dans 422110.

99. *Le quarré d'une fraction s'obtient en élevant le numérateur et le dénominateur au quarré.*

Par exemple, le quarré de $\frac{4}{5}$ est $\frac{4}{5} \times \frac{4}{5}$ ou $\frac{4 \times 4}{5 \times 5}$ ou $\frac{4^2}{5^2}$ ou $\frac{16}{25}$.

Pour indiquer le quarré de $\frac{4}{5}$, on écrit $\left(\frac{4}{5}\right)^2$.

Remarque. *Le quarré d'une fraction irréductible est une fraction irréductible.* En effet, soit la fraction irréductible $\frac{3}{7}$, dont le quarré est $\frac{9}{49}$; si la fraction $\frac{9}{49}$ n'était pas irréductible, il y aurait un nombre premier qui diviserait 9 et 49, ou 3×3 et 7×7, ce nombre premier devrait donc diviser 3 et 7 (nº 36). La fraction $\frac{3}{7}$ ne serait donc pas irréductible; ce qui est contre l'hypothèse.

100. On déduit du nº précédent que *pour trouver la racine d'une fraction, il suffit d'extraire séparément la racine du numérateur et du dénominateur.*

$$\text{Ainsi, } \sqrt{\frac{16}{25}} = \frac{\sqrt{16}}{\sqrt{25}} = \frac{4}{5}.$$

On réduit le calcul à extraire la racine d'un seul nombre, en multipliant d'abord les deux termes de la fraction par son dénominateur, car

$$\sqrt{\frac{23}{7}} = \sqrt{\frac{23 \times 7}{7 \times 7}} = \frac{\sqrt{161}}{\sqrt{7 \times 7}} = \frac{\sqrt{161}}{7}.$$

La plus petite valeur entière approchée de $\sqrt{161}$ étant 12, la racine de $\frac{23}{7}$, à moins de $\frac{1}{7}$ d'unité, est $\frac{12}{7}$.

On pourrait rendre le numérateur un quarré en multipliant les deux termes par ce numérateur; mais, la racine du dénominateur étant incommensurable, il faudrait diviser un nombre entier par une quantité incommensurable, ce qui présenterait le double inconvénient de conduire à des calculs compliqués, et de ne pas faire connaître avec quel degré d'exactitude on obtient la racine de la fraction proposée.

Pour *calculer la racine d'un nombre composé d'un entier et d'une fraction*, on ajoute d'abord l'entier à la fraction, et on extrait la racine du nombre fractionnaire qui en résulte. Ainsi,

$$\sqrt{3\frac{2}{7}} = \sqrt{\frac{23}{7}} = \frac{\sqrt{161}}{7}.$$

101. Il est facile de *déterminer la racine d'un nombre entier à moins d'une fraction donnée dont le numérateur est l'unité.*

Exemple. *Calculer la racine de* 8, *à moins de* $\frac{1}{7}$ *d'unité.*

On observe que

$$\sqrt{8}=\sqrt{\frac{8\times7^2}{7^2}}=\frac{\sqrt{8\times49}}{\sqrt{7^2}}=\frac{\sqrt{392}}{7}.$$

La racine de 392 étant comprise entre 19 et 20, celle de 8 tombe entre $\frac{19}{7}$ et $\frac{20}{7}$; chacune de ces fractions exprime donc $\sqrt{8}$ à moins de $\frac{1}{7}$ d'unité.

102. *Le quarré d'un nombre décimal s'obtient en formant le quarré de ce nombre, abstraction faite de la virgule, et en séparant ensuite à la droite de ce dernier quarré deux fois autant de décimales qu'il y en a dans le nombre donné.* Cela se déduit de la règle du nº 57.

Le quarré d'un nombre décimal contient donc toujours un nombre pair de chiffres décimaux.

Exemple. *Former le quarré de* 6,49.

On calcule le quarré 421201 de 649; on sépare ensuite quatre décimales à la droite de 421201; le résultat 42,1201 est le quarré demandé.

Par conséquent : *Pour revenir du quarré d'un nombre décimal à sa racine, il suffit de calculer la racine du nombre entier qui résulte de la suppression de la virgule dans le nombre donné, et de séparer ensuite autant de décimales à la droite de cette racine qu'il y a d'unités dans la moitié du nombre des chiffres décimaux du quarré proposé.*

1er Exemple. *Calculer la racine de* 42,1201.

La racine de 421201 étant 649, la racine demandée est 6,49.

La règle du nº 100 conduit au même résultat, car

$$\sqrt{42,1201}=\sqrt{\frac{421201}{10000}}=\frac{\sqrt{421201}}{\sqrt{10000}}=\frac{649}{100}=6,49.$$

2e Exemple. *Calculer la racine de* 0,00421201.

La racine de 421201 étant 649, la racine cherchée est 0,0649.

Remarque. Quand le nombre proposé ne contient pas un nombre pair de chiffres décimaux, on est certain qu'il n'est pas un quarré exact, et on détermine la valeur approchée de la racine demandée par la méthode que nous allons faire connaître.

103. Pour *trouver la racine d'un nombre décimal, ou d'un nombre entier, ou d'une fraction, à moins d'une unité décimale d'un ordre déterminé*, on prépare ce nombre de manière qu'il contienne le double du nombre des décimales demandées; on fait abstraction de la *virgule*, on calcule la plus petite valeur entière approchée de la racine de ce dernier nombre, et on sépare à la droite de cette racine le nombre de décimales nécessaire à l'approximation demandée.

Ainsi, *selon qu'on veut obtenir la racine à moins d'un dixième, ou d'un centième, ou d'un millième etc. d'unité, on prépare le nombre donné de sorte qu'il contienne deux décimales, ou quatre décimales, ou six décimales, etc.* Ce qui s'exécute, en mettant des zéro sur la droite du nombre donné, ou en supprimant des décimales à partir de la droite.

1er Exemple. Calculer la racine de 0,00004285678 etc., à moins d'un dix-millième d'unité.

Pour obtenir quatre décimales à la racine, il suffit d'en conserver huit dans le nombre proposé; ce qui donne 0,00004285; supprimant la virgule et observant que la plus petite valeur entière approchée de $\sqrt{4285}$ est 65, on voit que la racine demandée est 0,0065.

2e Exemple. *Calculer la racine de 57 à moins d'un millième d'unité.*

On prépare ce nombre de manière qu'il renferme 6 décimales; ce qui donne 57,000000; supprimant la virgule, on cherche la plus petite valeur entière approchée de $\sqrt{57000000}$ qui est 7549; la racine demandée est 7,549.

Remarque. Quand le nombre donné est entier, on peut simplifier l'écriture des calculs en déterminant d'abord la plus petite valeur entière approchée de la racine du nombre proposé. Pour obtenir les décimales de cette racine, on continue l'opération en plaçant successivement deux zéro à la droite de chaque reste; chaque tranche de deux zéro fournit un chiffre décimal de la racine demandée.

3e Exemple. Déterminer la racine de $\frac{5}{11}$, à moins d'un millième d'unité.

Pour obtenir trois décimales à la racine, on cherche d'abord le quotient de 5 par 11 avec six décimales; ce qui donne 0,454545; la plus petite valeur entière approchée de $\sqrt{454545}$ étant 674, la racine demandée est 0,674.

Quand il s'agit d'*approcher le plus possible de la racine d'une quantité, en ne conservant qu'un nombre déterminé de décimales*, on calcule une décimale de plus, et on supprime ensuite cette décimale d'après la règle du n° 63.

104. *Lorsqu'un nombre n'est divisible par aucun des nombres premiers qui n'excèdent pas sa racine quarrée, ce nombre est premier*, car autrement il admettrait un diviseur plus grand que cette racine quarrée, le quotient correspondant serait moindre que cette racine et diviserait le nombre proposé, ce qui est contre l'hypothèse.

Cette propriété fournit le moyen de simplifier les méthodes qui ont été données dans les nos 28 et 37, pour *trouver les nombres premiers* et pour *décomposer un nombre en ses facteurs premiers*. En effet :

1°. Soit proposé de *former une table des nombres premiers*.

On a vu (n° 28) que *les nombres premiers ne peuvent se trouver que parmi les nombres*

2, 3, 5, 7, 11, 13, 17, 19, 23, 29, 31, 37, 41, 43, 47, 49, 53, 59, 61, 67, 71, 73, 77, 79, etc.

Après avoir reconnu que les deux plus petits nombres premiers sont 2 et 3, on observe que pour obtenir les nombres premiers compris entre 3 et le quarré 9 de 3, il suffit de prendre ceux des nombres 5, 7, qui ne sont divisibles ni par 2 ni par 3; 5 et 7 jouissent de cette propriété.

Connaissant les nombres premiers 2, 3, 5, 7, compris entre 1 et 9, pour obtenir les nombres premiers compris entre 7 et le quarré 81 de 9, il suffit de prendre ceux des nombres

11, 13, 17, 19, 23, 29, 31, 37, 41, 43, 47, 49, 53, 59, 61, 67, 71, 73, 77, 79,

qui ne sont divisibles par aucun des nombres premiers 2, 3, 5, 7.

On trouve que ces nombres premiers sont

11, 13, 17, 19, 23, 29, 31, 37, 41, 43, 47, 53, 59, 61, 67, 71, 73 et 79.

On en déduirait de même tous les nombres premiers compris entre 79 et le quarré 6561 de 81. Et ainsi de suite.

2°. *Pour décomposer un nombre en ses facteurs premiers, on fait usage du procédé du n° 37, avec cette seule différence qu'on ne prend pour diviseurs que les nombres premiers qui n'excèdent pas la racine quarrée du nombre proposé.*

Des cubes et de la racine cubique.

105. *Le produit de trois facteurs égaux à un nombre donné, est ce qu'on nomme le* CUBE *de ce nombre.*

Ainsi, le cube de 7 est le produit 343 de trois nombres égaux à 7.

Pour indiquer le cube d'un nombre, on place le chiffre 3 sur sa droite et un peu au-dessus; de sorte que 7^3 désigne le cube de 7.

106. *Le nombre qui, pris trois fois comme facteur, détermine un nombre donné, est la* RACINE CUBIQUE *du nombre donné.*

Ainsi, la racine cubique de 343 est 7.

Pour indiquer la racine cubique d'un nombre, on place ce nombre sous le signe $\sqrt{}$, entre les branches duquel on met le chiffre 3; de sorte que $\sqrt[3]{343}$ désigne la racine cubique de 343.

107. Les cubes des nombres 1, 10, 100, etc., étant 1, 1000, 1000000, etc., les nombres compris entre 1 et 1000, entre 1000 et 1000000, etc., ont leurs racines cubiques comprises entre 1 et 10, entre 10 et 100; etc. Par conséquent:

Lorsque le cube d'un nombre entier n'a pas plus de 3 chif-

fres, sa racine cubique n'en a qu'un; quand le cube renferme 4, 5, ou 6 chiffres, sa racine cubique en a deux; et ainsi de suite.

108. Les cubes des nombres d'un seul chiffre étant moindres que 10^3 ou que 1000, on revient à leurs racines en faisant usage de la table suivante :

Racines cubiques	1,	2,	3,	4,	5,	6,	7,	8,	9
Cubes	1,	8,	27,	64,	125,	216,	343,	512,	729.

109. Pour extraire la racine cubique d'un nombre entier plus grand que 1000, nous chercherons d'abord comment les parties de la racine entrent dans le cube. A cet effet, nous concevrons la racine décomposée en dixaines et en unités. Or on a vu (n° 94) que le quarré d'un nombre composé de dixaines et d'unités contient trois parties, savoir : le quarré des dixaines, le double des dixaines multiplié par les unités, et le quarré des unités. Pour en déduire le cube du même nombre, il suffit de multiplier ce quarré par le nombre proposé. En multipliant séparément les trois parties du quarré par les dixaines et les unités du nombre donné, on obtient six produits, savoir :

1°. Le cube des dixaines, qui exprime des *mille*.

2°. Le double produit des dixaines par les unités, multiplié par les dixaines; ce qui se réduit à deux fois le quarré des dixaines multiplié par les unités. Ce produit représente des *centaines*.

3°. Le quarré des unités multiplié par les dixaines; ce qui équivaut au produit des dixaines par le quarré des unités. Ce produit exprime des *dixaines*.

4°. Le quarré des dixaines multiplié par les unités; ce quarré exprime des *centaines*.

5°. Le double produit des dixaines par les unités, multiplié par les unités, c'est-à-dire le double des dixaines multiplié par le quarré des unités; ce qui donne des *dixaines*.

6°. Le quarré des unités multiplié par les unités, ou le cube des unités; ce cube exprime des *unités*.

Pour réduire la somme de ces six produits à sa plus simple expression, on réunit les produits qui expriment des unités de même ordre. Le nombre total des centaines contenues dans (2°) et (4°) revient à trois fois le quarré des dixaines multiplié par les unités; les dixaines contenues dans (3°) et (5°) se réduisent à trois fois les dixaines multipliées par le quarré des unités.

On trouve de cette manière que *le cube d'un nombre composé de dixaines et d'unités contient quatre parties, savoir: le cube des dixaines, le produit de trois fois le quarré des dixaines par les unités, le produit de trois fois les dixaines par le quarré des unités, et le cube des unités.* Ces quatre parties expriment respectivement des mille, des centaines, des dixaines et des unités.

Ainsi, le cube de 64 est composé: du cube 216 mille des 6 dixaines de 64, de 3 fois le quarré 36 centaines des 6 dixaines multiplié par les 4 unités ou de 432 centaines, de 3 fois les 6 dixaines multipliées par le quarré des 4 unités ou de 288 dixaines, et enfin du cube 64 des 4 unités. La somme 262144 de ces quatre parties, exprime le cube de 64.

Pour obtenir le cube de 649, on décompose ce nombre en 64 dixaines plus 9 unités, et le cube demandé est formé du cube 262144 mille des 64 dixaines de 649, de 3 fois le quarré 4096 centaines des 64 dixaines multiplié par les 9 unités ou de 110592 centaines, de 3 fois les 64 dixaines multipliées par le quarré 81 des 9 unités, ou de 15552 dixaines, et du cube 729 des 9 unités; la somme 273359449 des ces quatre parties est le cube de 649.

110. Nous allons faire voir comment on peut *revenir du cube d'un nombre entier quelconque à sa racine.*

1er Exemple. *Extraire la racine cubique de 262144.*

On dispose le calcul de la manière suivante:

Cube........	2 6 2.1 4 4	64 Racine cubique.
	2 1 6	43200
1er Reste.....	4 6 1.4 4	2880
	4 6 1 4 4	64
2e Reste.....	0	46144

Et on dit : le cube des dixaines de la racine étant des mille, ne peut se trouver que dans les 262 mille de 262144 (on sépare par un *point* les trois premiers chiffres à droite de 262144); le nombre 262 tombant entre 6^3 et 7^3, je dis que 6 est le chiffre des dixaines de la racine, car 262144 étant compris entre 60^3 et 70^3, la racine cubique de 262144 est nécessairement comprise entre 60 et 70 ; elle est donc composée de 6 dixaines, et d'un certain nombre d'unités moindre que 10. Pour obtenir ces unités, on retranche de 262144, le cube 216 mille des 6 dixaines de la racine; le reste 46144 (*) ne renferme plus que trois fois le quarré des 6 dixaines de la racine multiplié par les unités, trois fois les 6 dixaines multipliées par le quarré des unités, et le cube des unités; le produit de trois fois le quarré des 6 dixaines par les unités étant des centaines, ne peut se trouver que dans les 461 centaines du reste 46144 (on sépare par un *point* les deux premiers chiffres à droite de ce reste); ces centaines renferment en outre les centaines contenues dans les deux dernières parties du cube. Or, le triple quarré des 6 dixaines est 108 centaines; divisant donc 461 centaines par 108 centaines, ou 461 par 108, les 4 unités du quotient expriment le chiffre des unités de la racine ou un chiffre trop fort. Pour essayer le chiffre 4, on ôte 64^3 de 262144, le reste zéro fait voir que 64 est la racine demandée.

On parvient au même résultat en retranchant du reste 46144, la somme des trois dernières parties, 432 centaines, 288 dixaines, 64 unités, du cube de 64.

Remarque. Le raisonnement qui a servi à déterminer les dixaines de la racine cubique cherchée étant applicable à un nombre quelconque, on en conclut que *la racine du plus grand cube contenu dans les mille d'un nombre quelconque, détermine toujours les dixaines de la racine cubique de ce nombre.*

2e Exemple. *Extraire la racine cubique de* 27359449.

On dispose le calcul de la manière suivante :

(*) On obtient plus simplement ce reste en retranchant de 262 le cube de 6 et en écrivant la *tranche* 144 à droite du reste 46.

		649 Racine cubique.		
Cube	273.359.449			
	216	$6^2 \times 3 = 108$,	$64^2 \times 3 = 12288$	
1er Reste	57359	54000	43200	11059200
	46144	4500	2880	155520
2e Reste	11215.449	125	64	729
	11215449	58625	46144	11215449
3e Reste	0			

et on dit : le nombre proposé ayant plus de trois chiffres, sa racine cubique renferme des dixaines dont le cube ne peut faire partie que des 273359 mille de 273359449 (on sépare par un *point* les trois premiers chiffres à droite de 273359449).

La racine cubique du plus grand cube contenu dans 273359 exprimant le nombre des dixaines de la racine cherchée, la question est réduite à déterminer la racine cubique d'un nombre 273359 qui contient trois chiffres de moins que le nombre proposé; à cet effet, on sépare par un *point* les trois premiers chiffres à droite de 273359; la racine cubique 6 du plus grand cube contenu dans 273, est le 1er chiffre à gauche de la racine demandée, qui est par conséquent composée de trois chiffres.

On est ainsi conduit à *diviser le nombre donné en* TRANCHES *de trois chiffres à partir de la droite (la dernière tranche peut contenir moins de trois chiffres). Le nombre des tranches indique le nombre des chiffres de la racine cubique.*

En opérant comme dans l'exemple précédent, on trouve que la racine cubique du plus grand cube contenu dans 273359 est 64, et que l'excès de 273359 sur 64^3 est 11215; la racine cubique de 273359449 est donc composée de 64 dixaines, et d'un certain nombre d'unités exprimé par un seul chiffre.

Cela est d'ailleurs évident, car 273359 tombant entre les cubes 262144, 274625, de 64 et 65, le nombre 273359449 est compris entre les cubes 262144000, 274625000 de 64 dixaines et de 65 dixaines.

Pour trouver le chiffre des unités de la racine demandée, on retranche de 273359449, le cube 262144 mille des 64 dixaines de la racine ; le reste 11215449 contient 3 fois le quarré des 64 dixaines multiplié par les unités de la racine, 3 fois les 64 dixaines multipliées par le quarré des unités, et le cube des unités.

On parvient au même reste, en observant que l'excès de 273359 sur 64^3 étant 11215, l'excès de 273359449 sur 640^3 s'obtient en abaissant la *tranche* 449 à la droite de 11215.

Cela posé : le triple quarré des 64 dixaines, qui est 12288 centaines, multiplié par le chiffre des unités de la racine, donnant des centaines, ne peut se trouver que dans les 112154 centaines du reste 112154.49 (on sépare par un *point* les deux premiers chiffres à droite de 11215449) ; ces centaines renferment en outre les centaines contenues dans les deux dernières parties du cube ; divisant donc 112154 par 12288, les 9 unités du quotient expriment le chiffre des unités de la racine, ou un chiffre plus grand.

Pour essayer le chiffre 9, on ôte 649^3 de 273359449 ; le reste zéro fait voir que 649 est la racine cubique de 273359449.

On parvient au même résultat en retranchant du reste 11215449, la somme des trois dernières parties, 110592 centaines, 15552 dixaines, 729 unités, du cube de $640+9$; le reste est égal à $273359449-649^3$; ce reste étant nul, la racine obtenue est exacte.

Ces exemples suffisent pour faire voir comment on peut *revenir du cube d'un nombre entier quelconque à sa racine.*

111. *Dans tout le cours des opérations relatives à l'extraction de la racine cubique, chaque reste est égal au nombre dont on cherche la racine cubique, diminué du cube de la partie de la racine déjà obtenue*, car on est parvenu à ce reste en retranchant successivement du nombre proposé, les diverses parties du cube du nombre obtenu à la racine. Quand cette condition n'est pas satisfaite, on a commis des fautes de calcul.

112. Lorsque la racine cubique d'un nombre entier tombe entre deux nombres entiers consécutifs, cette *racine* quoiqu'elle existe, ne saurait être exprimée exactement par aucun nombre, car elle n'est pas un nombre entier, et elle ne peut être une

fraction (remarque du n° 114). On dit par ce motif que cette racine est *incommensurable* (n° 97).

Dans ce cas, si l'on divise le nombre proposé en tranches de trois chiffres à partir de la droite, le nombre des tranches indique le nombre des chiffres de la plus petite valeur entière approchée de la racine cubique demandée.

113. *Pour extraire la racine cubique d'un nombre entier quelconque*, on opère comme si ce nombre était un cube. Quand le dernier reste, qui correspond au chiffre des unités de la racine cubique, n'est pas zéro, la racine cherchée est incommensurable, et le nombre obtenu à la racine exprime la racine cubique du plus grand cube contenu dans le nombre proposé.

Par exemple, l'extraction de la racine cubique de 273360358 donnant 649 unités à la racine et pour reste 909, cette racine est *incommensurable;* le reste 909 est égal à $273360358 - 649^3$, et 649 exprime la racine du plus grand cube contenu dans 273360358.

114. *Le cube d'une fraction s'obtient en élevant le numérateur et le dénominateur au cube.*

Par exemple, le cube de $\frac{4}{5}$ est $\frac{4}{5} \times \frac{4}{5} \times \frac{4}{5}$, ou $\frac{4^3}{5^3}$ ou $\frac{64}{125}$.

Pour indiquer le cube de $\frac{4}{5}$ on écrit $\left(\frac{4}{5}\right)^3$.

Remarque. On démontrerait, par des raisonnemens analogues à ceux de la remarque du n° 99, que *le cube d'une fraction irréductible est toujours une fraction irréductible.*

115. On déduit du n° précédent que *Pour trouver la racine cubique d'une fraction, il suffit d'extraire séparément la racine cubique du numérateur et du dénominateur.*

$$\text{Ainsi, } \sqrt[3]{\frac{64}{125}} = \frac{\sqrt[3]{64}}{\sqrt[3]{125}} = \frac{4}{5}.$$

On réduit le calcul à extraire la racine d'un seul nombre, en multipliant d'abord les deux termes de la fraction par le quarré de son dénominateur, car

$$\sqrt[3]{\frac{11}{2}}=\sqrt[3]{\frac{11\times 4}{2\times 4}}=\sqrt[3]{\frac{44}{2^3}}=\frac{\sqrt[3]{44}}{2}.$$

La plus petite valeur entière approchée de $\sqrt[3]{44}$ étant 3, la racine cubique de $\frac{11}{2}$, à moins de $\frac{1}{2}$ unité, est $\frac{3}{2}$.

116. Il est facile de *déterminer la racine cubique d'un nombre entier à moins d'une fraction dont le numérateur est l'unité.*

Exemple. *Calculer la racine cubique de 5, à moins de $\frac{1}{7}$ d'unité.*

On observe que

$$\sqrt[3]{5}=\sqrt[3]{\frac{5\times 7^3}{7^3}}=\sqrt[3]{\frac{1715}{7^3}}=\frac{\sqrt[3]{1715}}{7}.$$

La racine cubique de 1715 étant comprise entre 11 et 12, celle de 5 tombe entre $\frac{11}{7}$ et $\frac{12}{7}$; chacune de ces fractions exprime donc $\sqrt[3]{5}$, à moins de $\frac{1}{7}$ d'unité.

117. *Le cube d'un nombre décimal s'obtient en formant le cube de ce nombre abstraction faite de la virgule, et en séparant ensuite à la droite de ce dernier cube, trois fois autant de décimales qu'il y en a dans le nombre décimal proposé.* Cela se déduit de la règle du n° 57.

Exemple. *Former le cube* de 6,49

On calcule le cube 273359449 de 649, et on sépare six décimales à sa droite; le résultat 273,359449 est le cube demandé.

Par conséquent : *Pour revenir du cube d'un nombre décimal à sa racine cubique, il suffit de calculer la racine cubique du nombre entier qui résulte de la suppression de la virgule dans le nombre donné, et de séparer ensuite autant de décimales à la droite de cette racine, qu'il y a d'unités dans le tiers du nombre des décimales du cube proposé.*

1er Exemple. *Calculer la racine cubique de* 273,359449.

La racine cubique de 273359449 étant 649, la racine demandée est 6,49.

2e Exemple. *Calculer la racine cubique de* 0,000273359449.

La racine cubique de 273359449 étant 649, la racine cherchée est 0,0649.

Remarque. Quand le nombre des chiffres décimaux du nombre proposé n'est pas un multiple de 3, on est certain que le nombre n'est pas un cube exact, et la valeur approchée de la racine cubique demandée s'obtient par la méthode que nous allons faire connaître.

118. Pour *trouver la racine cubique d'un nombre décimal, ou d'un nombre entier, ou d'une fraction, à moins d'une unité décimale d'un ordre déterminé*, on prépare ce nombre de manière qu'il contienne le triple du nombre des décimales demandées ; on fait abstraction de la virgule, on calcule la plus petite valeur entière approchée de la racine cubique de ce nombre entier, et on sépare à la droite de cette racine le nombre de décimales nécessaire à l'approximation demandée.

Ainsi, *selon qu'on veut obtenir la racine cubique à moins d'un dixième, ou d'un centième, ou d'un millième, etc., d'unité, on prépare le nombre donné de sorte qu'il contienne, trois décimales, ou six décimales, ou neuf décimales, etc.* ; ce qui s'exécute en mettant des zéro sur la droite du nombre donné, ou en supprimant des décimales à partir de la droite.

1er Exemple. *Calculer la racine cubique de* 0,0000127554 27 etc. *à moins d'un millième d'unité.*

Pour obtenir 3 décimales à la racine cubique, il suffit d'en conserver 9 dans le nombre proposé ; ce qui donne 0,000012755.

La plus petite valeur entière approchée de $\sqrt[3]{12755}$ étant 23, la racine demandée est 0,023.

2e Exemple. *Calculer la racine cubique de* 8755, *à moins d'un centième d'unité.*

On prépare ce nombre de manière qu'il renferme 6 décimales ce qui donne 8755,000000 ; on cherche ensuite la plus petite valeur entière approchée de $\sqrt[3]{8755000000}$, qui est 2061 ; la racine demandée est 20,61.

Remarque. Quand le nombre donné est entier, on simplifie

l'écriture des calculs, en déterminant d'abord la plus petite valeur entière approchée de la racine cubique du nombre proposé. Pour obtenir les décimales de cette racine, on continue l'opération en plaçant successivement trois zéro à la droite de chaque reste. Chaque tranche de 3 zéro fournit un chiffre décimal de la racine demandée.

3e Exemple. *Calculer la racine cubique de $\frac{71}{22}$ à moins d'un centième d'unité.*

On cherche le quotient de 71 par 22 avec six décimales; ce qui donne 3,227272; la plus petite valeur entière approchée de $\sqrt[3]{3227272}$ étant 147, la racine demandée est 1,47.

Quand il s'agit *d'approcher le plus possible de la racine cubique d'une quantité, en ne conservant qu'un nombre déterminé de décimales*, on calcule une décimale de plus à la racine, et on supprime ensuite cette décimale d'après la règle du n° 63.

Définitions générales des puissances et des racines.

119. *Lorsqu'on multiplie une quantité plusieurs fois par elle-même, le produit est une* PUISSANCE *de cette quantité, et cette quantité est la* RACINE *de la puissance.*

Pour distinguer les diverses puissances d'une quantité, on dit : deuxième puissance, troisième puissance, quatrième puissance, etc., suivant le nombre de fois que cette quantité est facteur; et la quantité qui, étant prise comme facteur 2 fois, 3 fois, 4 fois, etc., donne une certaine quantité, est la *racine deuxième, troisième, quatrième*, etc. de cette dernière quantité.

Ainsi, la quatrième puissance de 2 est le produit 16 de quatre facteurs égaux à 2, et la *racine quatrième* ou du *quatrième degré* de 16 est 2.

Remarque. En comparant ces définitions générales à celles des nos 90, 91, 105 et 106, on voit que les expressions

Quarré, *Cube*, *Racine quarrée*, *Racine cubique*,

signifient la même chose que

2ième puissance, *3ième puissance*, *Racine deuxième*, *Racine troisième*.

On indique une puissance d'une quantité en plaçant à la droite de cette quantité et un peu au-dessus, le nombre qui marque la puissance à laquelle on veut élever cette quantité, et pour désigner la racine d'un certain degré d'une quantité, on couvre cette quantité du signe $\sqrt{}$ nommé *Radical*, entre les *branches* duquel on met le nombre qui indique le *degré* ou l'*indice* de la racine.

Ainsi, 2^4 désigne la quatrième puissance de 2; 4 se nomme l'*exposant* de 2. Pour indiquer la racine quatrième de 16, on écrit $\sqrt[4]{16}$, et 4 s'appelle l'*indice* du radical ou de la racine.

Pour désigner la racine quarrée ou deuxième d'un nombre, on peut placer ce nombre sous le signe $\sqrt[2]{}$; mais ordinairement on fait abstraction de l'indice 2.

L'extraction de la racine quarrée et celle de la racine cubique, fournissent le moyen de *calculer toutes les racines dont les indices ne renferment que les facteurs premiers* 2 et 3; car il suffit d'extraire successivement des racines dont le produit des indices soit égal à l'indice de la racine cherchée.

Par exemple, pour obtenir la racine sixième d'un nombre, il suffit d'extraire la racine cubique de la racine quarrée de ce nombre, car la racine sixième devant être six fois facteur dans la sixième puissance, on peut former la sixième puissance d'un nombre en élevant au quarré le cube de ce nombre.

CHAPITRE SEPTIÈME.

Rapports, Proportions et Progressions.

120. **La** différence entre deux quantités est leur *rapport arithmétique* ou par *différence;* le quotient de deux quantités est leur *rapport géométrique* ou par *quotient*. Ainsi, le rapport

arithmétique de 18 à 6 est 18 — 6 ou 12, et le rapport géométrique de 18 à 6 est $\frac{18}{6}$ ou 3; 18 et 6 sont les deux *termes* de chacun de ces rapports; le 1er terme 18 en est l'*antécédent*, et le 2e terme 6 en est le *conséquent*.

Un rapport arithmétique ne change pas, quand on augmente ou diminue ses deux termes d'un même nombre, car lorsque deux nombres augmentent ou diminuent d'une même quantité la différence ne change pas.

Un rapport géométrique ne change pas, lorsqu'on multiplie ou divise ses deux termes par un même nombre, car ce rapport est équivalent à une fraction dont le numérateur et le dénominateur sont l'antécédent et le conséquent du rapport.

121. *L'assemblage de deux rapports égaux forme une* PROPORTION. Par exemple, le rapport arithmétique de 7 à 5 étant égal à celui de 11 à 9, les nombres 7, 5, 11, 9, forment une *proportion arithmétique* que l'on écrit de cette manière, 7. 5 : 11. 9,

et que l'on énonce, 7 *est à* 5, *comme* 11 *est à* 9.

Le rapport géométrique de 6 à 2 étant égal à celui de 24 à 8, les nombres 6, 2, 24, 8, forment une *proportion géométrique*, que l'on écrit de cette manière, 6 : 2 :: 24 : 8,

et que l'on énonce, 6 *est à* 2, *comme* 24 *est à* 8.

Pour distinguer les deux antécédens et les deux conséquens d'une proportion, on appelle 1er antécédent et 1er conséquent les deux termes du 1er rapport; et 2e antécédent, 2e conséquent, ceux du 2e rapport. Le 1er terme et le 4e sont les *extrêmes*; le 2e et le 3e sont les *moyens*.

Dans une proportion arithmétique, la différence des deux premiers termes est la *raison du 1er rapport*, la différence des deux autres termes est la *raison du 2e rapport*; et dans une proportion géométrique, le quotient du 1er terme par le 2e est la *raison du 1er rapport*, le quotient du 3e terme par le 4e est la *raison du 2e rapport*.

Dans toute proportion, la raison du 1er rapport est égale à la raison du 2e rapport.

Le 4ᵉ terme d'une proportion est une 4ᵉ *proportionnelle* aux trois autres termes. Quand les *moyens* sont égaux, la proportion est dite *continue*.

Dans la proportion continue 5 . 7 : 7 . 9, le terme *moyen* 7 est une *moyenne arithmétique* entre 5 et 9; cette proportion s'écrit ÷5 . 7 . 9, et 9 est une 3ᵉ *proportionnelle arithmétique* à 5 et 7. De même 4 : 12 :: 12 : 36 est une proportion géométrique continue qu'on écrit ∺ 4 : 12 : 36; 12 est une *moyenne géométrique* entre 4 et 36; 36 est une 3ᵉ *proportionnelle géométrique* à 4 et 12.

122. *Dans toute proportion arithmétique, la somme des extrêmes est égale à la somme des moyens.* En effet :

1°. Quand les antécédens sont plus grands que les conséquens, chaque antécédent est égal au conséquent plus la *raison*; de sorte que la proportion

1ᵉʳ *antécédent* . 1ᵉʳ *conséquent* : 2ᵉ *antécédent* . 2ᵉ *conséquent*,

revient à cette autre proportion :

Le 1ᵉʳ conséquent plus la raison du 1ᵉʳ rapport,
est au 1ᵉʳ conséquent,
comme le 2ᵉ conséquent plus la raison du 2ᵉ rapport,
est au 2ᵉ conséquent.

La somme des extrêmes est composée des deux conséquens et de la raison du 1ᵉʳ rapport; la somme des moyens est composée des deux conséquens et de la raison du 2ᵉ rapport. Or, la raison du 1ᵉʳ rapport est égale à celle du 2ᵉ; la somme des extrêmes est donc formée des mêmes parties que celle des moyens; ces sommes sont donc égales.

2°. Si les antécédens étaient moindres que les conséquens, on remplacerait chaque antécédent par son conséquent diminué de la raison, et on verrait que la somme des extrêmes est formée des mêmes parties que celle des moyens.

Lorsque quatre nombres ne sont pas en proportion arithmétique, la somme des extrêmes n'est pas égale à la somme des moyens, car la raison du 1ᵉʳ rapport n'étant pas égale à celle du 2ᵉ, il résulte de la démonstration précédente que la somme des parties qui composent les extrêmes n'est pas égale à la somme des parties qui composent les moyens.

123. *Quand la somme de deux nombres est égale à la somme de deux autres nombres, ces quatre nombres forment une proportion arithmétique dans laquelle deux des nombres qui composent une des sommes sont les extrêmes, et les deux autres sont les moyens*; car en vertu du principe précédent, si ces nombres n'étaient pas en proportion, les deux sommes ne seraient pas égales.

124. *Le 4e terme d'une proportion arithmétique est égal à la somme des moyens diminuée du 1er terme*; car la somme des moyens est égale au 4e terme augmenté du 1er terme.

125. Il résulte du 1er principe du n° 122, que la *moyenne arithmétique entre deux nombres est égale à la moitié de leur somme.*

126. *On peut faire subir à une proportion arithmétique toutes les transformations qui n'altèrent pas l'égalité entre la somme des extrêmes et celle des moyens* (n° 123).

Par exemple, la proportion $7.5:11.9$ donnant $7+9=5+11$, les nombres 7, 5, 11, 9 fournissent les huit proportions

$$7.5:11.9, \quad 7.11:5.9, \quad 9.5:11.7, \quad 9.11:5.7,$$
$$5.7:9.11, \quad 5.9:7.11, \quad 11.7:9.5, \quad 11.9:7.5.$$

127. *Dans toute proportion géométrique, le produit des extrêmes est égal au produit des moyens.* En effet, chaque antécédent étant égal à son conséquent multiplié par la raison, la proportion.

1er *antécédent* : 1er *conséquent* :: 2e *antécédent* : 2e *conséquent*,

revient à cette autre proportion :

Le 1er conséquent multiplié par la raison du 1er rapport,
est au premier conséquent,
comme le 2e conséquent multiplié par la raison du 2e rapport,
est au 2e conséquent.

Ainsi, les facteurs qui entrent dans le produit des extrêmes sont les deux conséquens et la raison du 1er rapport, les facteurs qui entrent dans le produit des moyens sont les deux conséquens et la raison du 2e rapport. Or, la raison du 1er rapport est égale à celle du 2e rapport. Le principe est donc démontré.

Lorsque quatre nombres ne sont pas en proportion (*), *le produit des extrêmes n'est pas égal au produit des moyens*, car la raison du 1er rapport n'étant pas égale à celle du 2e, la démonstration précédente prouve que le produit des extrêmes n'est pas égal à celui des moyens.

128. *Quand le produit de deux nombres est égal au produit de deux autres nombres, ces quatre nombres forment une proportion dans laquelle les deux facteurs d'un des produits sont les extrêmes, et les deux autres facteurs sont les moyens*, car en vertu du principe précédent, si ces nombres n'étaient pas en proportion, les deux produits ne seraient pas égaux.

129. *Le 4e terme d'une proportion est égal au produit des moyens divisé par le 1er terme*, car le produit des moyens est égal au 4e terme multiplié par le 1er terme.

On démontrerait de même que chaque *moyen s'obtient en divisant le produit des extrêmes par l'autre moyen.*

130. *La moyenne géométrique entre deux nombres est égale à la racine quarrée du produit de ces deux nombres*, car les deux nombres donnés étant les extrêmes de la proportion, et les moyens étant égaux, le produit des deux nombres donnés devient égal au quarré du terme moyen.

1er Exemple. *Insérer* une moyenne géométrique entre 4 et 36. On forme le produit 144 de 4 par 36, et la racine de 144, qui est 12, exprime la moyenne demandée. On en déduit la proportion continue

$$4 : 12 :: 12 : 36, \text{ ou } \div 4 : 12 : 36.$$

2e Exemple. Trouver une moyenne géométrique entre 1 et

(*) Toutes les fois qu'on parlera d'un *rapport* ou d'une *proportion*, sans en désigner l'espèce, il faudra sous-entendre qu'il s'agit d'un *rapport géométrique* ou d'une *proportion géométrique*.

10. La moyenne demandée est égale à la racine de 10; cette racine étant *incommensurable*, aucun nombre ne satisfait rigoureusement à la question, mais on peut calculer un nombre qui approche d'aussi près qu'on veut de la moyenne géométrique demandée.

131. *On peut faire subir à une proportion toutes les transformations qui n'altèrent pas l'égalité entre le produit des extrêmes et celui des moyens* (n° 128).

Par exemple, la proportion 6 : 2 :: 24 : 8, donnant $6\times8=2\times24$, les nombres 6, 2, 24, 8, fournissent les huit proportions

6:2::24: 8, 6:24::2: 8, 8:2::24:6, 8:24::2:6,
2:6:: 8:24, 2: 8::6:24, 24:6:: 8:2, 24: 8::6:2.

1re Remarque. Les quatre premières proportions démontrent que *si quatre nombres sont en proportion, ils le seront encore lorsqu'on transposera les moyens ou les extrêmes.*

2e Remarque. Les quatre autres proportions font voir qu'*une proportion n'est pas troublée, quand on met les extrêmes à la place des moyens et les moyens à la place des extrêmes.*

3e Remarque. La proportion 6 : 2 :: 24 : 8, donnant 2 : 8 :: 6 : 24, il en résulte que *dans toute proportion, le rapport du 1er conséquent au 2e conséquent est égal au rapport du 1er antécédent au 2e antécédent.*

132. *On peut multiplier ou diviser un extrême et un moyen par un même nombre, sans que la proportion cesse d'exister*; car cette propriété a lieu quand l'extrême et le moyen sont les deux termes d'un même rapport (n° 120), et on peut toujours satisfaire à cette dernière condition, en changeant convenablement l'ordre des termes de la proportion primitive.

Remarque. Cette proposition fournit le moyen de *faire disparaître les termes fractionnaires d'une proportion.*

Exemple. Soit la proportion $\frac{1}{3}:\frac{5}{7}::4:\frac{60}{7}$,

on multiplie les antécédens par 3, et les conséquens par 7; ce qui fournit la proportion équivalente 1 : 5 :: 12 : 60.

133. *Quand deux proportions ont un rapport commun, les deux autres rapports forment une proportion*, car ces deux autres rapports étant égaux au rapport commun, sont égaux entre eux.

134. *Lorsque deux proportions ont les mêmes antécédens ou les mêmes conséquens, les quatre autres termes forment une proportion*. Cette propriété se déduit de la précédente, en transposant les moyens ou les extrêmes.

135. *Toute proportion jouit des propriétés suivantes :*

1°. *Le 1er antécédent plus ou moins un certain nombre de fois son conséquent, est à ce conséquent, comme le 2e antécédent plus ou moins le même nombre de fois son conséquent, est à ce conséquent*. En effet, le rapport d'un antécédent à son conséquent exprimant le nombre de fois que l'antécédent contient le conséquent, si l'on augmente ou si l'on diminue chaque antécédent du même nombre de fois son conséquent, chaque rapport augmentera ou diminuera de l'unité prise ce même nombre de fois; et comme les deux premiers rapports étaient égaux, les deux nouveaux rapports seront égaux; ce qui démontre le principe énoncé.

2°. *Le 1er antécédent plus ou moins un certain nombre de fois son conséquent, est au 2e antécédent plus ou moins le même nombre de fois son conséquent, comme le 1er conséquent est au 2e conséquent, et comme le premier antécédent est au 2e antécédent*. Pour démontrer ce principe, il suffit de changer d'abord l'ordre des moyens dans la proportion énoncée (1°.); et d'observer ensuite que dans la proportion primitive, le rapport du 1er conséquent au 2e conséquent est le même que celui du 1er antécédent au 2e antécédent (3e *Remarque du* n° 131).

3°. *Le 1er antécédent plus un certain nombre de fois son conséquent, est au 2e antécédent plus le même nombre de fois son conséquent, comme le 1er antécédent moins un nombre quelconque de fois son conséquent, est au 2e antécédent moins le même nombre de fois son conséquent*. Cette propriété n'est qu'une conséquence de (2°.) et du principe du n° 133.

4°. *Le 1er antécédent plus ou moins un certain nombre de*

fois le 2e antécédent, est au 1er conséquent plus ou moins le même nombre de fois le 2e conséquent, comme chaque antécédent est à son conséquent. Pour démontrer cette propriété, il suffit de changer l'ordre des moyens dans la proportion donnée, et d'appliquer ensuite à cette nouvelle proportion le principe énoncé (2°.).

5°. *Le 1er antécédent plus un certain nombre de fois le 2e antécédent, est au 1er conséquent plus le même nombre de fois le 2e conséquent, comme le 1er antécédent moins un nombre quelconque de fois le 2e antécédent, est au 1er conséquent moins le même nombre de fois le 2e conséquent.* Cette propriété résulte de (4°.) et du principe du n° 133.

136. De ces propriétés générales, on pourrait en déduire plusieurs autres qui n'en seraient que des cas particuliers; nous nous bornerons à énoncer celles dont on se sert le plus fréquemment.

Dans toute proportion :

1°. *Le 1er antécédent plus ou moins son conséquent, est à ce conséquent, comme le 2e antécédent plus ou moins son conséquent, est à ce conséquent* (n° 135, 1°.).

2°. *Le 1er antécédent plus ou moins son conséquent, est au 2e antécédent plus ou moins son conséquent, comme le 1er conséquent est au 2e conséquent, et comme le 1er antécédent est au 2e antécédent* (n° 135, 2°.).

3°. *La somme des deux premiers termes, est à la somme des deux autres, comme la différence des deux premiers termes, est à la différence des deux autres* (n° 135, 3°.).

4°. *La somme ou la différence des antécédens, est à la somme ou à la différence des conséquens, comme chaque antécédent est à son conséquent* (n° 135, 4°.).

5°. *La somme des antécédens, est à la somme des conséquens, comme la différence des antécédens, est à la différence des conséquens* (n° 135, 5°.).

137. *Lorsqu'on multiplie les termes de plusieurs proportions les uns par les autres et par ordre, les quatre produits forment une proportion.* En effet, les proportions

$$3:6::4:8,\quad 5:7::20:28,\quad 2:11::8:44,$$

exprimant que les rapports $\frac{3}{6}, \frac{5}{7}, \frac{2}{11}$, sont respectivement égaux aux rapports $\frac{4}{8}, \frac{20}{28}, \frac{8}{44}$, le produit $\frac{3\times5\times2}{6\times7\times11}$ des trois premiers rapports doit être égal au produit $\frac{4\times20\times8}{8\times28\times44}$ des trois autres; ce qui conduit à la proportion

$$3\times5\times2:6\times7\times11::4\times20\times8:8\times28\times44.$$

Les puissances semblables de quatre nombres en proportion forment donc une nouvelle proportion.

Il en résulte que *les racines semblables de quatre quantités qui sont en proportion, forment aussi une nouvelle proportion.*

138. *Dans une suite de rapports égaux, la somme des antécédens est à la somme des conséquens, comme un antécédent est à son conséquent.* En effet, soient les rapports égaux $\frac{3}{6}, \frac{4}{8}, \frac{7}{14}$; d'après le principe du n° 136 (4°.), la proportion

$3:6::4:8$ donne $3+4:6+8::4:8.$

Or, $4:8::7:14$; donc $3+4:6+8::7:14,$

On déduit de cette dernière proportion

$$3+4+7:6+8+14::7:14.$$

Remarque. Pour indiquer que les rapports $\frac{3}{6}, \frac{4}{8}, \frac{7}{14}$, sont égaux, on écrit $3:6::4:8::7:14$,

et on dit, 3 est à 6, comme 4 est à 8, comme 7 est à 14.

Application de la théorie des proportions à la solution des problèmes de l'Arithmétique.

139. 1er Problème. *Quatre ouvriers ont fait 20 mètres d'ouvrage; combien 9 ouvriers en feront-ils?*

Les quantités d'ouvrage exécutées par des ouvriers étant *pro-*

portionnelles aux nombres des ouvriers, si x désigne le nombre de mètres demandé, on aura

$$4 : 9 :: 20 : x\ (^*);\ \text{d'où}\ x = 45.$$

Remarque. L'ouvrage exécuté par des ouvriers étant d'autant plus grand qu'il y a plus d'ouvriers, on dit que les ouvrages faits par des ouvriers sont dans le *rapport direct*, ou en *raison directe* du nombre des ouvriers.

2e Problème. *Trois ouvriers ont fait un ouvrage en 15 heures; combien 5 ouvriers mettront-ils d'heures à exécuter le même ouvrage?*

On a trouvé (3e Problème, n° 80) que le temps cherché est 9 heures; en sorte que

les nombres d'ouvriers étant dans le rapport de 3 à 5,
les temps employés sont dans le rapport de 15 à 9 ou de 5 à 3.

Ainsi, pour résoudre le 2e Problème, on pose la proportion

$$5 : 3 :: 15 : x;\ \text{d'où}\ x = 9.$$

Remarque. Le temps employé pour exécuter un ouvrage étant d'autant plus grand qu'il y a moins d'ouvriers, on dit par ce motif que le nombre des heures de travail est dans le *rapport inverse* ou en *raison inverse* du nombre des ouvriers.

Par conséquent : *Pour passer d'un rapport inverse au rapport direct correspondant, il suffit de changer l'ordre des termes du premier rapport*, c'est-à-dire que, *pour établir une proportion entre un rapport direct et son rapport inverse, il suffit de changer l'ordre des termes de l'un de ces rapports.*

La méthode qui a été employée pour résoudre les deux problèmes précédens se nomme *règle de trois simple*; et suivant que les deux rapports sont *directs* ou *inverses*, la *règle de trois* est *directe* ou *inverse*.

(*) Quand l'un des termes d'une proportion sera inconnu, on le désignera par x.

Règle de trois composée.

140. 3e Problème. *2 ouvriers qui travaillent 3 heures par jour font en 5 jours 90 mètres d'ouvrage; combien 3 ouvriers qui travailleraient 7 heures par jour, feraient-ils du même ouvrage en 2 jours?*

1re Solution. On aura successivement égard aux nombres des ouvriers, des heures et des jours; ce qui conduira à résoudre les questions suivantes :

2 ouvriers travaillant 3 heures par jour, font en 5 jours 90 mètres.
Combien 3 ouvr. travail. 3h par jour, pendant 5j, feront-ils d'ouvrage?

Les nombres des heures et des jours ne changeant pas, on dira :

2 ouvriers ont fait 90 mètres, combien 3 ouvriers en feront-ils?

Le nombre de mètres cherché est le 4e terme de la proportion

$$2 : 3 :: 90 : x; \quad \text{d'où} \quad x = 135. \quad \text{Ainsi :}$$

3 ouvriers travaillant 3^h par jour pendant 5 jours, font 135^m.

Continuant à opérer de la même manière, on trouve à l'aide de deux règles de trois simples

que 3 ouvriers travaillant 7 heures par jour pendant 5 jours, font 315^m,
et que les 3 ouvriers travaillant 7^h par jour pendant 2 jours, font 126^m.

On simplifie les calculs précédens en n'ayant pas égard aux parties qui sont les mêmes dans les énoncés successifs, et en ne faisant qu'indiquer les multiplications et les divisions, parce qu'il arrive souvent que ces opérations se détruisent en partie. En effet :

1°. *2 ouvriers ont fait 90^m, combien 3 ouvriers en feront-ils?*

$$2 : 3 :: 90 : x; \quad \text{d'où} \quad x = \frac{3 \times 90}{2}.$$

2°. *En 3^h on a fait $\frac{3 \times 90^m}{2}$; combien fera-t-on de mètres en 7 heures?*

$$3 : 7 :: \frac{3 \times 90}{2} : x; \quad \text{d'où} \quad x = \frac{3 \times 90 \times 7}{2 \times 3}.$$

3°. *En 5j on fait $\frac{3 \times 90 \times 7^m}{2 \times 3}$; combien fera-t-on de mètres en 2 jours?*

$$5 : 2 :: \frac{3 \times 90 \times 7}{2 \times 3} : x; \quad \text{d'où} \quad x = \frac{3 \times 90 \times 7 \times 2}{2 \times 3 \times 5}.$$

Supprimant les facteurs 2 et 3, communs aux deux termes de cette dernière fraction, le nombre de mètres cherché se réduit à 126.

Cette solution dépendant de plusieurs règles de trois simples et directes, est une *règle de trois composée et directe.*

2e Solution. On peut faire dépendre la question précédente d'une seule règle de trois simple. En effet :

2 ouvriers travaillant 3^h font autant d'ouvrage qu'un ouvrier qui travaillerait 2 fois 3^h ; mais un ouvrier qui travaille 2 fois 3^h par jour pendant 5 jours a travaillé pendant 2 fois $3^h \times 5$, c'est-à-dire pendant $2 \times 3 \times 5$ heures ; les 2 ouvriers travaillant 3 heures par jour pendant 5 jours, font donc autant d'ouvrage qu'un ouvrier qui travaillerait seul pendant $2 \times 3 \times 5$ ou 30 heures.

On verrait de même que 3 ouvriers travaillant 7 heures par jour pendant 2 jours font autant d'ouvrage qu'un ouvrier qui travaillerait pendant $3 \times 7 \times 2$ ou 42 heures.

La question est donc réduite à cette autre :

Un ouvrier a mis 30 heures à faire 90 mètres d'ouvrage ; combien en fera-t-il pendant 42 heures? Le nombre de mètres cherché est le 4e terme de la proportion $30 : 42 :: 90 : x$; d'où $x = 126$.

4e Problème. 2 *ouvriers qui travaillent* 3 *heures par jour font en* 5 *jours* 90[m] *d'ouvrage ; combien faudra-t-il de jours à* 3 *ouvriers qui travaillent* 7 *heures par jour, pour faire* 126[m]?

Si l'on raisonne comme dans le 3e problème, on trouvera successivement, à l'aide de deux règles de trois simples et directes,

que 3 ouvriers travaillant 3^h par jour pendant 5^j, font 135 mètres,
et que 3 ouvriers travaillant 7^h par jour pendant 5^j, font 315 mètres.

Pour en déduire combien

3 ouvriers travaillant 7^h par jour, mettront de jours à faire 126 mètres,

on observe que le nombre des ouvriers et des heures de travail étant le même, il suffit de résoudre cette question :

Des ouvriers ont fait 315[m] *en* 5 *jours ; combien faudra-t-il de jours à ces ouvriers pour faire* 126 *mètres?*

Le nombre de mètres cherché sera le 4e terme de la proportion

$$315 : 126 :: 5 : x; \text{ d'où } x = 2.$$

Les 3 ouvriers travaillant 7^h par jour mettront donc 2^j à faire les 126[m].

5e Problème. 2 *ouvriers ont fait* 8[m] *d'un* 1er *ouvrage, com-*

bien 5 ouvriers feront-ils de mètres d'un 2e ouvrage? Les difficultés de ces ouvrages sont comme 3 *est à* 4.

On cherche d'abord combien les 5 ouvriers feraient du 1er ouvrage, en posant la proportion

$$2 : 5 :: 8 : x; \text{ d'où } x = 20.$$

Les 5 ouvriers faisant 20m du 1er ouvrage, il faut en déduire combien ces ouvriers feront du 2e ouvrage.

Les difficultés de ces ouvrages étant comme 3 est à 4, les nombres de mètres de ces ouvrages exécutés par les 5 ouvriers seront comme 4 est à 3 (no 139); le nombre de mètres du 2e ouvrage fait par les 5 ouvriers, sera donc le 4e terme de la proportion

$$4 : 3 :: 20 : x; \text{ d'où } x = 15.$$

La méthode précédente est une *règle de trois composée directe et inverse*, parce qu'on parvient au résultat à l'aide de règles de trois directes et inverses.

Règle de Compagnie ou de Société.

141. 6e Problème. *Les mises de trois associés sont* 300f, 500f *et* 700f; *le gain total est* 4500f. *Trouver le gain de chaque associé.*

La mise totale est 1500f, et le gain total 4500f.

Or, *les gains doivent être proportionnels aux mises.*

Ces gains sont donc les quatrièmes termes des proportions

$$1500 : 4500 :: 300 : x, \quad 1500 : 4500 :: 500 : x, \quad 1500 : 4500 :: 700 : x.$$

Divisant les deux termes du 1er rapport de chaque proportion par 1500, il vient

$$1 : 3 :: 300 : x, \quad 1 : 3 :: 500 : x, \quad 1 : 3 :: 700 : x.$$

Les quatrièmes termes 900, 1500, 2100 de ces proportions déterminent les gains demandés.

7e Problème. *Les mises de trois associés sont* 100f, 250f *et* 50f; *la première mise est restée* 3 *mois dans la société, la seconde*

2 mois et la troisième 14 mois; le gain total est 4500f. Quel est le gain relatif à chaque mise?

Le gain de chaque associé dépend de sa mise et du temps qu'elle est restée dans la société. Si toutes les mises étaient restées le même temps, les gains seraient faciles à déterminer; il faut donc chercher quelles doivent être les mises pour que chacune d'elles restant le même temps dans la société, elles procurent les gains demandés.

Or, 100f placés pendant 3 mois, rapportent autant que 3 fois 100f ou 300f, en un mois; 250f placés pendant 2 mois, et 50f placés pendant 14 mois, rapportent autant que 2 fois 250f ou 500f, et 14 fois 50f ou 700f pendant un mois.

Les gains sont donc les mêmes que dans la question précédente.

8e Problème. *Partager 78 en trois parties proportionnelles aux nombres* 10, 15 *et* 14; c'est-à-dire en trois parties telles que la 1re soit à la 2e comme 10 est à 15, et que la 1re soit à la 3e comme 10 est à 14.

Si le nombre à partager était $10+15+14$ ou 39, les parties seraient 10, 15 et 14; or le nombre à partager devenant un certain nombre de fois plus grand, les parties pour conserver les mêmes rapports doivent devenir le même nombre de fois plus grandes; les parties inconnues sont donc les quatrièmes termes des proportions

$$39 : 78 :: 10 : x, \quad 39 : 78 :: 15 : x, \quad 39 : 78 :: 14 : x.$$

Pour simplifier les calculs, on divise par 39 les deux termes du 1er rapport de chaque proportion, ce qui donne

$$1 : 2 :: 10 : x, \quad 1 : 2 :: 15 : x, \quad 1 : 2 :: 14 : x.$$

Les quatrièmes termes 20, 30, 28, de ces proportions sont les parties demandées.

9e Problème. *Partager 78 en trois parties telles que la 1re soit à la 2e comme 2 est à 3, et que la 1re soit à la 3e comme 5 est à 7.*

Pour ramener cette question à la précédente, on cherche quelles seraient les parties, si la 1re était l'unité; ce qui conduit à

$$2 : 3 :: 1 : 2^e \textit{ partie}, \quad 5 : 7 :: 1 : 3^e \textit{ partie}.$$

Les quatrièmes termes de ces proportions étant $\frac{3}{2}$ et $\frac{7}{5}$, on voit que les parties demandées doivent être proportionnelles aux nombres 1, $\frac{3}{2}$, $\frac{7}{5}$. Multipliant ces nombres par 2×5, la question se réduit à partager 78 en trois parties proportionnelles aux nombres 10, 15 et 14. Les parties cherchées sont donc 20, 30 et 28.

Progressions arithmétiques.

142. *La progression arithmétique ou par différence est formée d'une suite de termes croissans ou décroissans, tels que la différence entre deux termes consécutifs quelconques est constante;* cette différence est la *raison* de la progression.

Par exemple, les nombres 4, 7, 10, 13, 16, forment une progression arithmétique croissante dont la *raison* est 3, et que l'on écrit ainsi :

$$\div 4 . 7 . 10 . 13 . 16; \text{ on l'énonce}$$

4 *est à* 7, *comme* 7 *est à* 10, *comme* 10 *est à* 13, *comme* 13 *est à* 16.

Les mêmes nombres écrits dans un ordre inverse donnent la *progression arithmétique décroissante.* $\div 16 . 13 . 10 . 7 . 4$

143. D'après la définition de la progression arithmétique croissante, le 2e terme est égal au 1er plus la raison, le 3e est égal au 2e plus la raison, c'est-à-dire au 1er terme augmenté de 2 fois la raison; et en général, *un terme d'un rang quelconque est égal au premier terme augmenté d'autant de fois la raison qu'il y a de termes avant lui.*

Quand la progression est décroissante, un terme d'un rang quelconque s'obtient en diminuant le 1er terme d'autant de fois la raison qu'il y a de termes avant lui.

144. Problème. *Insérer un certain nombre de moyens arithmétiques entre deux nombres donnés,* c'est-à-dire placer entre deux

nombres donnés un certain nombre de termes, de manière que l'ensemble de tous ces termes forme une progression arithmétique.

Pour trouver ces moyens arithmétiques, il suffit de déterminer la *raison* de la progression cherchée. Or, en considérant le plus petit des deux nombres donnés comme le 1er terme de la progression, et en observant que le nombre total des termes doit être égal au nombre des moyens arithmétiques augmenté de 2, le dernier terme de la progression, c'est-à-dire le plus grand des deux nombres donnés, est égal au plus petit de ces deux nombres, plus la raison multipliée par le nombre des moyens qu'on veut insérer augmenté de 1 (n° 143). Le plus grand des deux nombres donnés diminué du plus petit, est donc égal au produit de la raison par le nombre des moyens proportionnels augmenté de 1.

Par conséquent : *Pour obtenir la raison de la progression demandée, il suffit de prendre la différence entre les deux nombres donnés, et de la diviser par le nombre des moyens arithmétiques augmenté de* 1.

Exemple. *Insérer* 6 *moyens arithmétiques entre* 2 *et* 23. On divise $23-2$ par $6+1$, c'est-à-dire 21 par 7, le quotient 3 exprime la raison de la progression, qui est

$$\div 2 . 5 . 8 . 11 . 14 . 17 . 20 . 23.$$

Les moyens arithmétiques demandés sont donc 5, 8, 11, 14, 17 et 20.

145. *Quand le nombre des moyens arithmétiques est une puissance de* 2 *diminuée de* 1, *on trouve directement ces moyens en prenant successivement une moyenne arithmétique entre deux nombres.*

Exemple. *Insérer entre* 0 *et* 1, *un nombre de moyens arithmétiques marqué par* 2^2-1 *ou par* 3. On prend d'abord la moyenne arithmétique 0,5 entre 0 et 1 ; ce qui détermine la progression $\div 0 . 0{,}5 . 1.$

Insérant une moyenne arithmétique entre 0 et 0,5, et une autre entre 0,5 et 1, on obtient la progression

$$\div 0 . 0{,}25 . 0{,}50 . 0{,}75 . 1$$

146. Il résulte de la règle du n° 144, qu'*en insérant successivement un même nombre de moyens arithmétiques entre le 1er et le 2e terme d'une progression arithmétique, entre le 2e terme et le 3e, etc., l'ensemble de tous ces termes forme une nouvelle progression arithmétique.*

Exemple. Soit la progression ÷ 2 . 14 . 26.

Si l'on insère successivement trois moyens arithmétiques entre 2 et 14, et entre 14 et 26, on trouvera la nouvelle progression

÷ 2 . 5 . 8 . 11 . 14 . 17 . 20 . 23 . 26.

Progressions géométriques.

147. *La progression géométrique ou par quotient est formée d'une suite de termes tels qu'en divisant chaque terme par celui qui le précède, le quotient reste constant;* ce quotient est la *raison* de la progression.

Par exemple, les nombres 1, 3, 9, 27, 81, forment une progression géométrique dont la *raison* est 3, et que l'on écrit ainsi:

∺ 1 : 3 : 9 : 27 : 81 ; on l'énonce

1 *est à* 3, *comme* 3 *est à* 9, *comme* 9 *est à* 27, *comme* 27 *est à* 81.

148. D'après la définition de la progression géométrique, le 2e terme est égal au 1er multiplié par la raison; le 3e est égal au 2e multiplié par la raison, ce qui revient au produit du 1er terme par la raison prise deux fois comme facteur, c'est-à-dire au produit du 1er terme par la 2e puissance de la raison; et en général, *un terme d'un rang déterminé est égal au premier terme multiplié par la raison prise autant de fois comme facteur qu'il y a de termes avant lui.* De sorte qu'un terme quelconque s'obtient en multipliant le 1er terme par la raison élevée à une puissance marquée par le nombre des termes qui le précèdent.

149. Problème. *Insérer un certain nombre de moyens géométriques entre deux nombres donnés.* Cela se réduit à déterminer la *raison* de la progression demandée. Pour y parvenir, on observe que le nombre total des termes de la progression étant égal au nombre des moyens géométriques augmenté de 2,

le plus grand des deux nombres donnés, qu'on prend pour dernier terme de la progression, est le produit du plus petit de ces nombres, par la raison élevée à une puissance marquée par le nombre des moyens géométriques augmenté de 1 (n° 148); divisant donc le plus grand des nombres donnés par le plus petit, le quotient sera égal à la raison élevée à une puissance marquée par le nombre des moyens géométriques augmenté de 1.

Par conséquent : *Pour obtenir la raison de la progression demandée, il suffit de calculer le quotient du plus grand des deux nombres donnés par le plus petit, et d'extraire de ce quotient la racine du degré marqué par le nombre des moyens géométriques augmenté de* 1.

Exemple. *Insérer deux moyens géométriques entre* 2 *et* 54. On divise 54 par 2, et on extrait la racine 3ᵉ du quotient 27; le résultat 3 exprimant la raison de la progression, cette progression est ∺ 2 : 6 : 18 : 54.

150. *Quand le nombre des moyens géométriques est une puissance de* 2 *diminuée de* 1, *on trouve ces moyens en prenant successivement une moyenne géométrique entre deux nombres.*

Exemple. *Insérer entre* 1 *et* 10 *un nombre de moyens géométriques marqué par* $2^2 - 1$ *ou par* 3. On prend d'abord la moyenne géométrique $\sqrt{10}$ ou 3,1622776601683793 etc., entre 2 et 10; ce qui détermine la progression

∺ 1 : 3,1622776601683793 etc. : 10.

Insérant successivement une moyenne géométrique entre le 1ᵉʳ terme et le 2ᵉ, et entre le 2ᵉ terme et le 3ᵉ, on obtient la progression

∺ 1 : 1,77827 etc. : 3,16227 etc. : 5,62341 etc. : 10.

151. Il résulte de la règle du n° 149 qu'*en insérant successivement un même nombre de moyens géométriques entre le* 1ᵉʳ *et le* 2ᵉ *terme d'une progression géométrique, entre le* 2ᵉ *et le* 3ᵉ *terme, etc., l'ensemble de tous ces termes forme une nouvelle progression géométrique.*

Exemple. Soit la progression ∺ 1 : 81 : 6561.

Si l'on insère successivement trois moyens géométriques entre 1 et 81, et entre 81 et 6561, on trouvera la nouvelle progression

$$\div\div 1 : 3 : 9 : 27 : 81 : 243 : 729 : 2187 : 6561.$$

CHAPITRE HUITIÈME.

Théorie des Logarithmes.

152. QUAND on compare deux progressions indéfinies, l'une géométrique commençant par l'unité, l'autre arithmétique commençant par zéro, chaque terme de la deuxième est ce qu'on appelle le *logarithme* du terme correspondant dans la première progression ; l'ensemble des termes de ces progressions forme un *système de logarithmes*.

Le premier terme de la progression géométrique étant l'unité, il résulte du principe du n° 148, que *le produit de plusieurs termes de la progression géométrique est un des termes de cette progression;* car ce produit est une puissance de la raison, et toute puissance de la raison est un terme de la progression.

Le premier terme de la progression arithmétique étant zéro, il résulte du principe du n° 143 que *la somme de plusieurs termes de la progression arithmétique est un terme de cette progression;* car cette somme est un multiple de la raison, et tout multiple de la raison est un terme de la progression.

Lorsqu'on prend deux termes correspondans, celui de la progression géométrique est égal à la raison de cette progression prise un certain nombre de fois comme facteur, et celui de la progression arithmétique est égal à la raison de cette progression répétée le même nombre de fois. Cela résulte des principes des n°s 143 et 148.

Il s'ensuit que *si l'on multiplie l'un par l'autre deux termes de la progression géométrique, et si l'on ajoute les termes cor-*

respondans de la progression arithmétique, le PRODUIT *et la* SOMME *seront deux termes qui se correspondront dans ces progressions;* car le *produit* renfermant tous les facteurs du multiplicande et du multiplicateur, sera égal à la raison prise autant de fois comme facteur qu'elle se trouve dans les deux termes qu'on a multipliés, et la *somme* des termes correspondans de la progression arithmétique sera égale à la raison de cette progression prise autant de fois qu'elle se trouve dans les deux termes qu'on a ajoutés.

Par conséquent : *Pour trouver le produit de deux termes de la progression géométrique, il suffit d'ajouter les termes correspondans de la progression arithmétique ; la* SOMME *correspond au* PRODUIT *demandé.*

EXEMPLE. Soient les deux progressions indéfinies

$$\because 1 : 3 : 9 : 27 : 81 : 243 : 729 : \text{etc.}$$
$$\div 0 . 2 . 4 . 6 . 8 . 10 . 12 . \text{etc.}$$

On voit que *le logarithme* 12, *du produit* 729 *des nombres* 9 *et* 81, *est égal à la somme des logarithmes* 4, 8, *des facteurs* 9 *et* 81.

153. Pour étendre ces propriétés aux nombres qui ne font pas partie des deux progressions primitives, il suffit de concevoir, par la pensée, qu'on insère assez de moyens géométriques et arithmétiques entre les termes successifs de ces deux progressions, pour que tous les nombres soient les termes des nouvelles progressions qui en résultent.

Les termes de la nouvelle progression arithmétique étant les logarithmes des termes correspondans de la nouvelle progression géométrique, il s'ensuit que *tous les nombres ont des logarithmes*, et que réciproquement, *un nombre quelconque peut être considéré comme le logarithme d'une certaine quantité.*

Les propriétés du n° 152 convenant à tous les nombres, nous établirons ces principes généraux :

1°. *Le logarithme d'un produit est égal à la somme des logarithmes des facteurs de ce produit.*

La recherche des logarithmes des nombres entiers se réduit

donc à calculer les logarithmes des facteurs premiers de ces nombres.

2°. *Le logarithme du quotient est égal au logarithme du dividende, moins le logarithme du diviseur;* cela résulte de (1°.).

Le logarithme d'une fraction est donc égal au logarithme du numérateur, moins le logarithme du dénominateur.

Par conséquent, les logarithmes des nombres fractionnaires et décimaux ne dépendent que des logarithmes des nombres entiers.

3°. *Le logarithme du quatrième terme d'une proportion s'obtient en retranchant de la somme des logarithmes des moyens, le logarithme du premier terme.* Cela résulte du principe du nº 129, et des propriétés énoncées (1°.) et (2°).

4°. *On trouve le logarithme d'une puissance d'une quantité, en multipliant le logarithme de cette quantité par le degré de la puissance* (1°.).

5°. *Le logarithme de la racine d'un certain degré d'un nombre, s'obtient en divisant le logarithme de ce nombre, par le degré de la racine qu'on veut extraire* (4°.).

154. Nous allons voir maintenant comment on peut *calculer, dans un système donné, les logarithmes de tous les nombres plus grands que l'unité.*

Ces logarithmes ne dépendant que de ceux des nombres premiers, il suffit d'indiquer comment on calcule ces derniers logarithmes.

Si l'on insérait assez de moyens géométriques et arithmétiques entre les termes des deux progressions primitives, pour que tous les nombres premiers fissent partie de la nouvelle progression géométrique, on connaîtrait les logarithmes de tous ces nombres. Mais, quoique cela ne soit pas possible dans la pratique, on conçoit néanmoins, que si le nombre des moyens proportionnels est très grand (*); comme on montera de chaque terme de la

(*) On prend une puissance de 2 diminuée de 1, pour le nombre des moyens proportionnels qu'on insère entre deux termes consécutifs quelconques, et on calcule ces moyens proportionnels par les méthodes des nºs 145 et 150.

progression géométrique primitive au terme suivant, par des degrés très rapprochés, on trouvera parmi ces moyens géométriques des nombres qui différeront d'aussi peu qu'on voudra de chacun des nombres premiers dont on cherche les logarithmes; de sorte que les termes correspondans de la nouvelle progression arithmétique, seront des valeurs fort approchées des logarithmes de ces nombres premiers.

155. Nous ne considérerons désormais que le système particulier déterminé par les progressions indéfinies primitives

$$\because 1 : 10 : 100 : 1000 : 10000 : 100000 : \text{etc.}$$
$$\div 0 . 1 . 2 . 3 . 4 . 5 . \text{etc.}$$

Dans ce système :

1°. Les termes 0, 1, 2, 3, etc., de la progression arithmétique, sont les *logarithmes* des termes correspondans, 1, 10, 100, 1000, etc., de la progression géométrique; la *raison* 10 de la progression géométrique est la *base* du système de logarithmes, le logarithme de l'unité est zéro, et le logarithme de la *base* est égal à l'unité.

2°. Les logarithmes des nombres 1, 10, 100, etc., étant 0, 1, 2, etc., suivant qu'un nombre est compris entre 1 et 10, entre 10 et 100, etc., son logarithme tombe entre 0 et 1, entre 1 et 2, etc. Il s'ensuit que si l'on évalue les logarithmes en décimales, la *partie entière* du logarithme d'un nombre entier ou décimal plus grand que 1, contiendra autant d'unités moins une, qu'il y a de chiffres dans la partie entière du nombre dont on cherche le logarithme. Cette partie entière du logarithme s'appelle *caractéristique*.

3°. Lorsque le logarithme d'une quantité est connu, pour en déduire le logarithme du produit ou du quotient de cette quantité par l'unité suivie d'un certain nombre de zéro, il suffit d'augmenter ou de diminuer le logarithme donné, d'un nombre d'unités égal à ce nombre de zéro. Cela résulte de (2°.), et des principes du n° 153 (1°.) et (2°.).

156. Nous avons vu (n° 154) comment on détermine les logarithmes des nombres entiers. Le calcul peut être simplifié,

lorsqu'il s'agit de *trouver directement le logarithme d'un nombre donné*, car il suffit de chercher successivement la moyenne géométrique entre les deux termes de chaque nouvelle progression géométrique qui comprennent le nombre dont on cherche le logarithme, et la moyenne arithmétique entre les deux termes correspondans de chaque nouvelle progression arithmétique; chaque moyenne arithmétique est le logarithme de la moyenne géométrique correspondante.

Exemple. *Déterminer le logarithme de 3, à moins d'un millième d'unité.*

On cherche d'abord la moyenne géométrique $\sqrt{10}$ ou 3,162 etc., entre les termes 1 et 10 de la progression géométrique qui comprennent le nombre 3; la moyenne arithmétique 0,50, entre les termes correspondans 0 et 1 de la progression arithmétique, est le logarithme de 3,162 etc. Le nombre 3 étant compris entre 1 et 3,162 etc., son logarithme tombe entre les logarithmes 0 et 0,50 des nombres 1 et 3,162 etc.; cherchant la moyenne géométrique 1,778 etc., entre 1 et 3,162 etc., la moyenne arithmétique correspondante 0,25 entre 0 et 0,50 est le logarithme de 1,778 etc. Si l'on continue ces calculs, on trouvera, en conservant trois décimales, que les moyennes géométriques sont

3,162, 1,778, 2,371, 2,738, 2,942, 3,050, 2,996, 3,023, 3,009, 3,002, 2,999,

et que les moyennes arithmétiques correspondantes sont

0,500, 0,250, 0,375, 0,437, 0,468, 0,484, 0,476, 0,480, 0,478, 0,477, 0,477.

Le nombre 3 étant compris entre les termes 3,002 et 2,999 de la progression géométrique, le logarithme de 3 tombe entre les termes correspondans 0,477 etc., 0,477 etc., de la progression arithmétique; et par conséquent, la valeur du logarithme de 3, à moins d'un millième d'unité, est 0,477.

157. La suite des nombres entiers étant indéfinie, et la plupart des logarithmes étant incommensurables, on n'a pu réunir dans une *Table* que les valeurs approchées des logarithmes des nombres entiers 1, 2, 3 etc., en s'arrêtant à une certaine *limite*.

Il existe différentes *Tables de logarithmes*, et comme chacune d'elles est précédée d'un *avertissement* relatif à sa disposition particulière, nous nous bornerons ici à faire connaître *la disposition et les usages de la table de logarithmes placée à la fin de ce volume;* elle renferme tous les nombres entiers moindres que 10000, ils sont dans les colonnes intitulées N, et les cinq premières décimales des logarithmes de ces nombres sont à droite dans les colonnes intitulées Log. (*); on n'a pas mis les caractéristiques, car il est facile d'y suppléer (n° 155, 2°); la différence entre les logarithmes de deux nombres entiers consécutifs compris entre 1000 et 10000 se trouve à droite dans la colonne intitulée D, au milieu de l'espace qui sépare ces logarithmes; le 1er chiffre à droite de cette différence exprime des cent-millièmes d'unité. Les différences correspondantes aux logarithmes des nombres entiers moindres que 1000 ne sont pas dans la table, parce qu'on n'en fait pas usage.

158. La recherche du logarithme d'une fraction moindre que l'unité conduisant à une *soustraction dans laquelle le nombre à soustraire est le plus grand* (n° 153, 2°), nous allons faire connaître la convention à l'aide de laquelle on peut obtenir le résultat, et le réduire à la forme la plus simple.

Pour fixer les idées, nous proposerons de *retrancher* 9 *de* 5; ce calcul revient à ôter de 5, les parties 5 et 4 du nombre 9; ce qui conduit à retrancher 5 de 5, et à soustraire ensuite 4 du reste zéro. Cette dernière soustraction ne pouvant s'effectuer, on l'indique en plaçant le *signe* — devant 4; de sorte que l'opération indiquée par $5-9$ se réduit à -4; et on dit que le *reste* est -4.

En général, *quand le nombre à soustraire est le plus grand, on retranche le plus petit nombre du plus grand, et on met le signe — devant le reste.*

159. Suivant qu'un nombre est précédé du signe + ou du signe — on dit que ce nombre est *positif* ou *négatif*. Les nombres

(*) Pour trouver ces valeurs approchées, on a calculé les logarithmes avec six décimales, et on a ensuite supprimé la dernière décimale d'après la règle du n° 63.

qui ne sont précédés d'aucun signe sont censés affectés du signe +.

Il ne faudra jamais perdre de vue qu'*un nombre négatif indique une soustraction qui reste à effectuer.*

Lorsqu'on multiplie un nombre négatif par un nombre positif, le produit est négatif.

Par exemple, le nombre négatif —3 indiquant une soustraction de 3 unités, la multiplication de —3 par 2 revient à faire 2 fois cette soustraction; ce qui se réduit à soustraire 2 fois 3, ou à soustraire 6; le résultat de l'opération doit donc indiquer une soustraction de 6 unités; il est donc exprimé par —6.

On en déduit que *le quotient d'un nombre négatif par un nombre positif est négatif.*

Ainsi, le quotient de —6 par 2 est —3.

160. Pour être en état d'*opérer avec une* TABLE *de logarithmes*, il suffit de savoir résoudre les deux problèmes suivans:

1.er PROBLÈME. *Trouver le logarithme d'un nombre donné.*

Les *logarithmes des nombres entiers moindres que* 10000 sont dans la *Table.*

1er CAS. Lorsqu'on demande le *logarithme d'un nombre entier ou d'un nombre décimal plus grand que l'unité*, la caractéristique de ce logarithme est connue d'avance (n° 155, 2°); et comme la partie décimale du logarithme d'un nombre ne change pas lorsqu'on avance la virgule de plusieurs rangs vers la droite ou vers la gauche de ce nombre (n° 155, 3°), on peut toujours ramener la question à déterminer la partie décimale du logarithme d'un nombre compris entre 1000 et 10000, en transportant la virgule à la suite des quatre premiers chiffres à gauche du nombre dont on cherche le logarithme.

EXEMPLE. *Calculer le logarithme de* 215,98.

La caractéristique de ce logarithme est 2, et sa partie décimale est la même que celle du logarithme de 2159,8. Il suffit donc de chercher la partie décimale de ce dernier logarithme.

Le logarithme de 2159 étant 3,33425, nous allons déterminer ce qu'il faut ajouter à ce dernier logarithme pour obtenir celui de 2159,8. Or, la différence entre l 2159 et l 2160 (*) est 0,00020; on peut donc dire :

Si pour une unité ajoutée au nombre 2159, il faut ajouter 0,00020 à son logarithme, combien pour 0,8 ajoutés à ce nombre, doit-on ajouter à ce logarithme ?

Désignant cette inconnue par x, on pose la proportion

$$1 : 0{,}00020 :: 0{,}8 : x \text{ (**)} ; \text{ d'où } x = 0{,}00016.$$

Ajoutant 0,00016 à 3,33425, la somme 3,33441, est le logarithme de 2159,8. Le logarithme de 215,98 est donc 2,33441.

On en déduit que les logarithmes des nombres

21,598, 2,1598, 21598 et 21598000, sont
1,33441, 0,33441, 4,33441 et 7,33441.

2e Cas. *Le logarithme d'une fraction s'obtient en retranchant le logarithme du dénominateur du logarithme du numérateur* (n° 153, 2°).

Par conséquent, selon qu'une fraction est plus grande ou plus petite que l'unité, son logarithme est positif ou négatif.

On trouve de cette manière que les logarithmes des fractions

$$\frac{3478}{9},\quad \frac{9}{3478},\quad \frac{21598}{100} \text{ et } \frac{21598}{100000000}, \text{ sont}$$

2,58709, —2,58709, 2,33441 et — 3,66559.

3e Cas. *Le logarithme d'un nombre décimal moindre que l'unité s'obtient en prenant le logarithme de ce nombre abstraction faite de la virgule, et en retranchant de ce dernier logarithme autant d'unités qu'il y a de chiffres à droite de la virgule dans le nombre décimal proposé.* Cela résulte des principes des n°s 55 et 155 (2°).

Exemple. Calculer le logarithme de 0,0021598.

(*) Pour indiquer le logarithme d'une quantité, on la fait précéder de la lettre initiale l.

(**) Dans le calcul du 4e terme de cette proportion, on doit négliger les unités inférieures aux cent-millièmes.

On cherche le logarithme 4,33441 de 21598, et on en ôte 7 unités. Suivant qu'on effectue cette soustraction, sur le logarithme 4,33441 ou sur la caractéristique 4, le résultat est $-2,66559$ ou $\bar{3},33441$, car d'après le principe du n° 158,

$$4,33441-7=-(7-4,33441)=-2,66559, \text{ et}$$
$$4,33441-7=4-7+0,33441=-3+0,33441=\bar{3},33441.$$

Le signe — placé au-dessus de la caractéristique 3 indique qu'elle est seule négative.

On voit que *le logarithme d'un nombre décimal moindre que l'unité est susceptible de deux formes différentes.*

1°. *Quand on demande que le logarithme soit entièrement négatif*, le calcul se réduit à chercher la partie décimale du logarithme du nombre entier qui résulte de la suppression de la virgule dans le nombre proposé, à soustraire cette partie décimale de 100000 (ce qui revient à ôter de 10 le 1er chiffre à droite de cette partie décimale, et à retrancher de 9 tous les autres chiffres décimaux) ; le reste est la partie décimale du logarithme cherché ; la caractéristique de ce logarithme contient autant d'unités qu'il y a de zéro entre la virgule et le premier chiffre décimal significatif du nombre donné.

Exemple. *Déterminer les logarithmes des nombres*

$$0,21598, \quad 0,021598 \quad \text{et} \quad 0,00021598.$$

On cherche la partie décimale 33441 de l2159,8 ; on ôte 33441 de 100000 ; le reste 66559 est la partie décimale des logarithmes demandés, et leurs caractéristiques étant 0, 1, 3, ces logarithmes sont

$$-0,66559, \quad -1,66559 \quad \text{et} \quad -3,66559.$$

2°. *Quand on veut que la caractéristique soit seule négative*, il suffit de chercher la partie décimale du logarithme du nombre entier résultant de la suppression de la virgule dans le nombre décimal proposé, et d'affecter cette partie décimale d'une caractéristique négative qui contienne autant d'unités plus une qu'il y a de zéro entre la virgule et le premier chiffre décimal significatif du nombre donné.

Exemple. *Calculer les logarithmes des nombres*

0,21598, 0,021598, 0,00021598.

On cherche la partie décimale 33441 du logarithme de 21598, et on trouve que les logarithmes demandés sont,

$\bar{1},33441$, $\bar{2},33441$, $\bar{4},33441$.

161. L'emploi des logarithmes dont la caractéristique seule est négative offre cet avantage, que quelles que soient les puissances de 10 par lesquelles on multiplie ou on divise un nombre, les nombres plus grands ou plus petits que l'unité qui en résultent, ont des logarithmes dont la partie décimale reste constamment la même; ce qui n'aurait pas lieu, si l'on faisait usage des logarithmes entièrement négatifs.

D'après cette observation, *lorsque des nombres entiers ne diffèrent que par des zéro placés à la droite, et quand des nombres décimaux ne diffèrent que par la position de la virgule, les logarithmes de ces nombres ont la même partie décimale.*

Ainsi, le logarithme de 2159 étant 3,33425, les logarithmes des nombres

21590000, 21,59, 0,02159 et 0,000002159,
sont 7,33425, 1,33425, $\bar{2},33425$ et $\bar{6},33425$.

162. 2e Problème. *Trouver à quel nombre appartient un logarithme donné.*

La caractéristique du logarithme donné fait connaître l'ordre des plus hautes unités du nombre auquel appartient ce logarithme (nos 155 et 160).

1er Cas. Quand *le logarithme donné est positif*, on suppose que la caractéristique est 3, afin de trouver au moyen de la *Table* le plus de chiffres possible du nombre demandé; on cherche le nombre auquel appartient ce nouveau logarithme; ce nombre ne différant de celui qu'on demande que par la position de la *virgule*, et la caractéristique du logarithme donné indiquant l'ordre des unités du premier chiffre à gauche du nombre cherché (nº 155, 2º), on place la virgule de manière que ce chiffre occupe le rang qui lui convient.

1er Exemple. *Déterminer à quels nombres appartiennent les logarithmes*

0,33425, 1,33425, 2,33425, 4,33425 et 5,33425.

On cherche le nombre 2159 auquel correspond le logarithme 3,33425. On en déduit que les nombres demandés sont

2,159, 21,59, 215,9, 2159o et 215900.

Remarque. La partie décimale 33425 de chacun des logarithmes proposés, se trouve parmi les parties décimales des logarithmes des nombres entiers de quatre chiffres; mais elle ne se trouverait pas parmi les parties décimales des logarithmes des nombres entiers moindres que 1000.

2e Exemple. *Déterminer à quel nombre appartient le logarithme* 3,33441.

On cherche les deux logarithmes *tabulaires* qui comprennent ce logarithme; on voit qu'il tombe entre *l*2159 et *l*2160; le logarithme 3,33441 appartient donc au nombre 2159 augmenté d'une quantité inconnue x moindre que l'unité.

Pour calculer x, on prend la différence 0,00020 entre *l*2159 et *l*2160; on cherche la différence 0,00016, entre le logarithme donné et le logarithme tabulaire immédiatement plus petit; et on dit :

Si pour 0,00020 de plus au logarithme de 2159, il faut ajouter 1 à 2159; combien pour 0,00016 de plus au logarithme de 2159, doit-on ajouter à 2159?

La proportion 0,00020 : 1 :: 0,00016 : x,
se réduit à 20 : 1 :: 16 : x; cette dernière donne $x = 0{,}8$ (*).

Le logarithme 3,33441 appartient donc au nombre 2159,8.

(*) Dans le calcul du 4e terme de cette proportion, on doit toujours s'arrêter au chiffre des dixièmes, et il arrive même quelquefois que ce chiffre n'est pas exact.

3e Exemple. *Trouver à quels nombres appartiennent les logarithmes*

0,33441, 1,33441, 2,33441, 4,33441 et 7,33441.

On cherche le nombre 2159,8 auquel correspond le logarithme 3,33441, et l'on voit que les nombres demandés sont

2,1598, 21,598, 215,98, 21598 et 21598000.

Remarque. Ces calculs se réduisent à supposer que la caractéristique du logarithme proposé est 3, à chercher le nombre auquel appartient ce nouveau logarithme, et à séparer ensuite par la virgule autant de chiffres plus un, à partir de la gauche de ce nombre, qu'il y a d'unités dans la caractéristique du logarithme proposé.

2e Cas. Lorsque *le logarithme donné est entièrement négatif*, on lui ajoute assez d'unités pour que le résultat soit entièrement positif et affecté de la caractéristique 3 (cela revient à ajouter quatre unités de plus qu'il n'y en a dans la caractéristique); on cherche le nombre auquel appartient ce nouveau logarithme, et on avance ensuite la virgule d'autant de rangs vers la gauche de ce nombre décimal, qu'on a ajouté d'unités au logarithme proposé.

Exemple. *Déterminer à quel nombre appartient le logarithme* — 2,66559.

On ajoute 2 + 4 ou 6 unités à — 2,66559; le logarithme 3,33441 qui en résulte, correspondant au nombre 2159,8, on obtiendra le nombre auquel appartient le logarithme donné, en avançant la virgule de six rangs vers la gauche de 2159,8; ce qui donne 0,0021598.

Remarque. Le mécanisme du calcul précédent consiste à retrancher de 100000, la partie décimale du logarithme proposé (ce qui s'exécute en retranchant de 10 le premier chiffre à droite de cette partie décimale, et en ôtant de 9 tous les autres chiffres décimaux); on considère le reste comme la partie décimale d'un logarithme dont la caractéristique est 3; on cherche le nombre décimal auquel appartient ce nouveau logarithme, et on avance la virgule d'assez de rangs vers la gauche de ce nombre décimal, pour que le résultat contienne autant de zéro entre la virgule et le premier chiffre décimal significatif, qu'il y a d'unités dans la caractéristique du logarithme donné.

Ainsi, pour trouver à quels nombres appartiennent les logarithmes

$$-0,66559, \quad -1,66559 \quad \text{et} \quad -3,66559,$$

on retranche 66559 de 100000, le reste est 33441; et 3,33441 étant le logarithme de 2159,8, les nombres demandés sont

$$0,21598, \quad 0,021598 \quad \text{et} \quad 0,00021598.$$

3e Cas. Enfin, quand *la caractéristique seule est négative*, on conçoit que le logarithme est affecté de la caractéristique 3, on cherche à quel nombre appartient ce nouveau logarithme, et on avance la virgule vers la gauche de ce nombre, de manière que le résultat renferme autant de zéro moins un, entre la virgule et le premier chiffre décimal significatif, qu'il y a d'unités dans la caractéristique négative.

Ainsi, pour trouver à quels nombres appartiennent les logarithmes

$$\bar{1},33441, \quad \bar{2},33441, \quad \bar{3},33441 \quad \text{et} \quad \bar{4},33441,$$

on cherche le nombre 2159,8 auquel correspond le logarithme 3,33441, et les nombres demandés sont

$$0,21598, \quad 0,021598, \quad 0,0021598 \text{ et } 0,00021598.$$

163. Les exemples précédens suffisent pour mettre en état de calculer le logarithme d'un nombre donné, et de trouver à quel nombre appartient un logarithme proposé. Nous avons toujours ramené la question à opérer sur les logarithmes des nombres compris entre 1000 et 10000, parce que cette méthode a l'avantage de fournir le plus grand degré d'exactitude dont notre *Table* de logarithmes est susceptible. En opérant de cette manière :

1°. *Quand on veut trouver le logarithme d'un nombre, la proportion indiquée* (n° 160), *ne fournit que les cent-millièmes d'unité du logarithme demandé.*

2°. Nos logarithmes *tabulaires* n'ayant que cinq décimales, l'erreur qui en résulte est telle que, *si l'on veut trouver le nombre auquel appartient un logarithme donné dont la caractéristique est* 3, *on ne devra généralement compter que sur l'exactitude des quatre premiers chiffres à gauche du nombre demandé*; c'est-à-dire sur les quatre chiffres qui sont dans la *table*; de sorte que *dans certains cas, la proportion indiquée* (n° 162) *ne fournit aucun des chiffres décimaux du nombre auquel appartient le logarithme donné.*

En effet, la plus petite différence entre deux logarithmes tabulaires consécutifs étant 0,00004, on voit que 0,00004 d'erreur sur un logarithme, suffisent pour produire environ une unité d'erreur sur le nombre correspondant à ce logarithme; 0,00001 d'erreur sur le logarithme peut donc introduire environ $\frac{1}{4}$ ou 0,25 d'erreur sur le nombre correspondant. Or, les cinq premières décimales du logarithme étant données, on ne connaît ce logarithme qu'à moins de 0,00001 d'unité; l'erreur qui existe dans le nombre auquel appartient cette valeur approchée du logarithme, peut donc être de près de 0,25; elle influe donc quelquefois sur les dixièmes d'unité du nombre cherché.

Des complémens arithmétiques.

164. *Le* COMPLÉMENT ARITHMÉTIQUE *d'un logarithme s'obtient en retranchant ce logarithme de* 10; ce qui revient à ôter d'abord de 10 le premier chiffre significatif à droite du logarithme, et à retrancher de 9 tous les autres chiffres.

Ainsi, les logarithmes des nombres 2, 602, 1256, étant

0,30103, 2,77960 et 3,09899,

les *complémens* de ces logarithmes sont

9,69897, 7,22040 et 6,90101.

165. *Lorsqu'au lieu de soustraire un logarithme, on ajoute son complément, le résultat est trop grand de* 10 *unités*, car ce

résultat est trop fort du logarithme qu'on devait soustraire, plus du complément qu'on a ajouté, et d'après la définition, la somme de ces deux nombres est 10. Ce principe conduit aux deux propriétés suivantes :

1°. *En ajoutant au logarithme du numérateur d'une fraction, le complément du logarithme du dénominateur, la somme exprime le logarithme de cette fraction augmenté de* 10.

Exemple. *Soit la fraction* $\frac{3478}{9}$.

Si l'on ajoute à $l3478$ le complément de $l9$, la somme 12,58709 sera le logarithme de cette fraction augmenté de 10.

2°. *Le logarithme du quatrième terme d'une proportion peut s'obtenir en ajoutant à la somme des logarithmes des moyens, le complément du logarithme du premier terme, et en diminuant le résultat de dix unités.*

Exemple. *Trouver le quatrième terme de la proportion*

$$9500000 : 323 :: 304 : x.$$

On ajoute à la somme 4,99207 des logarithmes des moyens, le complément 3,02228 de $l9500000$, le résultat 8,01435 exprime lx augmenté de 10; divisant donc par 10^{10} le nombre auquel appartient le logarithme 8,01435, le quotient 0,010335 etc. est une valeur approchée de x.

Remarque. On peut abréger ce calcul; car 8,01435 étant égal à lx augmenté de 10, si l'on diminue la caractéristique de 5, le résultat 3,01435 sera le logarithme de x, augmenté de 5; le logarithme 3,01435 appartenant à 1033,5 etc., on obtiendra la valeur approchée 0,010335 etc. de x, en avançant la virgule de cinq rangs vers la gauche de 1033,5 etc.

Usages des Logarithmes pour abréger les calculs numériques.

166. D'après les propriétés du n° 163, *lorsqu'on fera usage des logarithmes, on ne devra généralement compter que sur l'exactitude des quatre premiers chiffres à partir du premier*

chiffre significatif à gauche du résultat. Quand ce degré d'approximation ne sera pas suffisant, il faudra renoncer à l'emploi des logarithmes.

Nous allons donner plusieurs exemples, en ayant soin de calculer le cinquième chiffre significatif du nombre demandé, par la proportion indiquée (nº 162), afin de faire voir qu'il est souvent inexact. Pour abréger nous désignerons toujours par x le nombre dont il s'agit de trouver la valeur approchée.

1er Exemple. *Calculer le produit de* 3,4567892 *par* 1,23456789.

Les logarithmes des deux facteurs sont 0,53867 et 0,09152; leur somme est 0,63019. Le nombre 4,2677 auquel appartient le logarithme 0,63019 est une valeur approchée de x.

La valeur exacte de x est 4,26764094888188.

On voit que l'emploi des logarithmes ne fournit que les quatre premiers chiffres à gauche du produit demandé.

On dispose ordinairement le calcul de la manière suivante,

$$\begin{aligned} l3{,}4567892 &= 0{,}53867 \\ l1{,}23456789 &= 0{,}09152 \\ \text{Somme} \quad & 0{,}63019 = l4{,}2677 \text{ etc.} \end{aligned}$$

2e Exemple. *Déterminer le quotient de* 4,26764094888188 *par* 3,4567892.

Le logarithme du dividende est 0,63018, et celui du diviseur est 0,53867. Retranchant le second logarithme du premier, le reste 0,09151 exprime le logarithme de x. Le nombre 1,2345 auquel appartient le logarithme 0,09151, fournit une valeur approchée de x. Le quotient exact est 1,23456789.

3e Exemple. *Trouver le quotient de* 0,132798 *par* 0,00567.

Le logarithme du diviseur étant négatif, on est conduit à retrancher un nombre négatif (*). Pour éviter cette difficulté, on observe que le quotient cherché est le même que celui de 132678 par 5670; il suffit donc de retrancher le logarithme de 5670, du logarithme de 132678, le reste, 1,36922 étant le logarithme du quotient demandé, on trouve que ce quotient est 23,40.

(*) On verra en *Algèbre* comment on effectue cette soustraction.

4e Exemple. *Calculer le quotient de* $\frac{9724}{5676}$ *par* $\frac{998}{3849}$.

Ce quotient est égal à $\frac{9724 \times 3849}{5676 \times 998}$; il suffit donc de déterminer le quotient de 9724×3849 par 5676×998.

1re Méthode. On prend les logarithmes des nombres 9724, 3849, 5676, 998 ; de la somme des deux premiers logarithmes, on retranche la somme des deux autres logarithmes, le reste 0,82002 exprime lx. Le nombre 6,6072 etc., auquel appartient le logarithme 0,82002 est une valeur approchée de x.

La division de 9724×3849 par 5676×998, ou de 37427676 par 5664648, conduit à $x = 6,60723$ etc.

2e Méthode. Aux logarithmes des nombres 9724, 3849, on ajoute les complémens des logarithmes des nombres 5676, 998 ; la somme 20,82002 est trop forte de 20 unités, car on a ajouté deux complémens. Le nombre 6,6072 etc., auquel appartient le logarithme 0,82002, est une valeur approchée de x.

5e Exemple. *Calculer la* 14e *puissance de* $\frac{21}{20}$.

On retranche le logarithme de 20 de celui de 21, le reste 0,02119 est le logarithme de $\frac{21}{20}$; on multiplie 0,02119 par 14 ; le produit 0,29666 exprime lx. Le nombre 1,980 auquel appartient le logarithme 0,29666 est une valeur approchée de x. La valeur exacte de x est 1,9799 etc.

6e Exemple. *Déterminer la quatrième puissance de* $\frac{2}{25}$.

1re Méthode. On prend le logarithme — 1,09691 de $\frac{2}{25}$; son quadruple — 4,38764 exprime lx ; le nombre 0,00004096, auquel appartient le logarithme — 4,38764, détermine x.

2e Méthode. On ajoute à $l2$; le complément de $l25$, la somme 8,90309 est le logarithme de $\frac{2}{25}$ augmenté de 10 ; le quadruple 35,61236 de 8,90309 est donc le logarithme de x, augmenté de 40 ; divisant par 10^{40} le nombre qui correspond au logarithme 35,61236, le quotient exprimerait x; mais il est plus simple de diminuer d'abord la caractéristique 35 de 32 unités, afin de la réduire à 3; le reste 3,61236 exprime lx augmenté de 8, c'est-à-dire le logarithme de $x \times 10^8$; et comme le logarithme 3,61236 correspond au nombre 4096, on divise 4096 par 10^8; le quotient 0,00004096 est la valeur de x.

7e Exemple. *Déterminer le cube de* 0,649.

Le logarithme de 0,649 étant $-0,18776$, le triple $-0,56328$ de $-0,18776$ exprime lx. On en déduit que $x=0,27335$. La valeur exacte de x est 0,273359449.

8e Exemple. *Calculer la racine cubique de* $\frac{2}{7899}$.

1re Méthode. On retranche $l7899$ de $l2$, le reste 3,59654 affecté du signe — est le logarithme de $\frac{2}{7899}$. On divise $-3,59654$ par 3, le quotient $-1,19884$ exprime le logarithme de x. Le nombre 0,06326 etc. auquel appartient le logarithme $-1,19884$ est une valeur approchée de x.

2e Méthode. Pour éviter les logarithmes négatifs, on ajoute à $l2$, le complément de $l7899$, la somme 6,40346 est le logarithme de $\frac{2}{7899}$ augmenté de 10.

Si l'on divisait 6,40346 par 3, le quotient 2,13448 serait égal à lx augmenté de $\frac{10}{3}$; c'est-à-dire au logarithme de $x \times \sqrt[3]{10^{10}}$, car d'après les propriétés des nos 153 et 155,

$$l(x\times\sqrt[3]{10^{10}})=lx+l\sqrt[3]{10^{10}}=lx+\frac{1}{3}l10^{10}=lx+\frac{10}{3}l10=lx+\frac{10}{3}.$$

On obtiendrait donc x, en divisant par $\sqrt[3]{10^{10}}$ le nombre auquel appartient le logarithme 2,13448.

Mais ce calcul étant très compliqué, on observe que si le logarithme dont il faut prendre le tiers, au lieu d'être trop fort de 10, était trop grand d'un multiple de *l'indice* 3 de la racine à extraire, de 6 par exemple, le tiers de ce logarithme, qui serait trop grand de 2, appartiendrait à $x \times 100$; de sorte qu'en divisant par 100 le nombre correspondant à ce nouveau logarithme, le quotient exprimerait x. Opérant de cette manière on diminue le logarithme 6,40346 de 4 unités, le reste 2,40346 est égal à $l\,\frac{2}{7899}$ augmenté de 6; le tiers 0,80115 de 2,40346 est égal à lx augmenté de 2; et comme le logarithme 0,80115 appartient au nombre 6,3262 etc., on obtient la valeur approchée 0,063262 etc. de x, en divisant 6,3262 etc. par 100.

9e Exemple. *Calculer la racine quarrée du cube de* 12.

On multiplie par 3 le logarithme de 12; le résultat 3,23754 est le logarithme de 12^3; la moitié 1,61877 de 3,23754 exprime le logarithme de la racine quarrée de 12^3; le nombre 41,569 auquel appartient ce dernier logarithme, est une valeur approchée de la racine cherchée.

CHAPITRE NEUVIÈME.

Théorie arithmétique des différens systèmes de numération.

167. Nous avons vu (n° 2) que pour représenter tous les nombres entiers avec *dix* chiffres, il suffit de convenir qu'en avançant successivement d'un rang vers la gauche d'un nombre, ses chiffres expriment des unités de *dix* en *dix* fois plus grandes.

On peut établir d'autres systèmes de numération, c'est-à-dire, écrire tous les nombres avec plus ou moins de *caractères*, en convenant par *analogie*, qu'*en avançant successivement d'un rang vers la gauche d'un nombre*, *ses chiffres expriment des unités autant de fois plus grandes qu'il y a de chiffres dans le système.* La *base* du système est le nombre des chiffres dont il se compose.

Ainsi, quelle que soit la *base*, le 1er chiffre d'un nombre, à partir de la droite, exprime des unités simples ou du 1er ordre, le 2e chiffre exprime des unités du 2e ordre, le 3e des unités du 3e ordre; etc. Chaque unité du 1er ordre vaut 1, chaque unité du 2e ordre est égale à la base, chaque unité du 3e ordre est égale à la 2e puissance de la base; et ainsi de suite.

Du Système duodécimal.

168. Pour fixer les idées, nous considérerons le système composé de *douze* chiffres, et qu'on nomme, par cette raison, *système duodécimal.* Nous désignerons dix et onze par ♪ et *ω*; de sorte que les onze premiers nombres,

un, deux, trois, quatre, cinq, six, sept, huit, neuf, dix, onze,
seront représentés par les chiffres

1, 2, 3, 4, 5, 6, 7, 8, 9, ♪, *ω*.

Pour écrire tous les autres nombres entiers, il suffit de convenir qu'*en avançant successivement d'un rang vers la gauche, les chiffres expriment des unités de douze en douze fois plus grandes;* de sorte qu'en partant de la droite d'un nombre, chaque unité du 1er ordre vaut 1, chaque unité du 2e ordre vaut 12 (*), chaque unité du 3e ordre vaut 12^2 ou 144, chaque unité du 4e ordre vaut 12^3 ou 1728; etc.

Ainsi, les nombres (10), (100), (1000), etc., ont pour valeurs 12, 144, 1728, etc.

Cela posé : si l'on ajoute une unité à onze, on obtiendra le nombre (10). Pour écrire les nombres, treize, quatorze, ... , vingt-trois, on remplace successivement le zéro du nombre (10), par chacun des onze chiffres significatifs, 1, 2, 3, . . ., ♪, *ω*. Le nombre vingt-trois étant composé d'une douzaine et de onze

(*) Les nombres que nous ne placerons pas entre parenthèses seront écrits dans le système *décimal*, et pour indiquer qu'un nombre est écrit dans le système *duodécimal*, nous le mettrons entre *parenthèses.*

unités, en lui ajoutant 1, on obtient le nombre vingt-quatre, formé de 2 douzaines, et qui s'écrit (20); remplaçant le zéro par chacun des onze chiffres significatifs, on trouve les onze nombres entiers compris entre 2 douzaines ou vingt-quatre, et 3 douzaines ou trente-six; et en continuant ainsi, on arrive au nombre ($\omega\omega$) composé de onze douzaines plus onze unités; ce nombre est égal à $11 \times 12 + 11$ ou à 143. De cette manière, on écrit avec deux chiffres tous les nombres compris entre onze et cent quarante-quatre. Ajoutant l'unité à ($\omega\omega$), on obtient le nombre cent quarante-quatre, qui vaut douze douzaines, et que l'on écrit (100). Remplaçant successivement les chiffres de ce dernier nombre par chacun des onze chiffres significatifs, on parvient à écrire tous les nombres compris entre 144 et 1728. Et ainsi de suite.

169. *Quand un nombre entier est écrit dans le système duodécimal, pour l'écrire dans le système décimal, on multiplie le 1er chiffre à droite par 1, le 2e par la base 12, le 3e par 12^2 ou 144, le 4e par 12^3 ou 1728; et ainsi de suite, jusqu'au chiffre des plus hautes unités; la somme de ces produits est le nombre demandé.*

Exemple. $(\delta 35) = 5 + 3 \times 12 + 10 \times 144 = 1481$.

Lorsqu'un nombre est écrit dans le système décimal, pour l'écrire dans le système duodécimal, on le divise par 12; le reste est le 1er chiffre à droite du nombre demandé, et le quotient exprime des douzaines, c'est-à-dire des unités du 2e ordre; divisant ce quotient par 12, le reste est le 2e chiffre du nombre cherché, et le quotient représente des unités du 3e ordre; continuant ce calcul, on parvient à un quotient moindre que 12, qui est le dernier chiffre du nombre demandé. Cela résulte de ce que, dans le système duodécimal, 12 unités d'un ordre quelconque valent une unité de l'ordre immédiatement supérieur.

Exemple. Soit proposé d'*écrire* 1481 *dans le système duodécimal.*

On divise ce nombre par 12; ce qui donne le reste 5 et le quotient 123; la division de 123 par 12 fournit le reste 3 et le quotient δ; de sorte que le nombre demandé est (δ35).

Pour *énoncer un nombre écrit dans le système duodécimal,* on l'écrit dans le système décimal, et on énonce ensuite ce dernier nombre d'après la règle qui a été donnée (n° 2).

170. *Les méthodes exposées pour opérer sur les nombres écrits dans le système décimal s'appliquent au système duodécimal, avec cette seule différence que la base étant douze, il faut douze unités d'un ordre pour former une unité de l'ordre immédiatement supérieur.*

On trouve ainsi, que la *somme* des nombres (70δ), (3ω), est (749), que leur *différence* est (68ω), et que leur *produit* est (23832).

Pour *diviser* (23832) par (3ω), on effectue le calcul de la manière suivante :

Dividende	Diviseur / Quotient
(23832)	(3ω)
(235)	(70δ)
(33)	
(332)	
(332)	
0	

Multiples du diviseur.

(3ω × 2) = (7δ)	(3ω × 7) = (235)
(3ω × 3) = (ω9)	(3ω × 8) = (274)
(3ω × 4) = (138)	(3ω × 9) = (2ω3)
(3ω × 5) = (177)	(3ω × δ) = (332)
(3ω × 6) = (1ω6)	(3ω × ω) = (371)

On forme d'abord les produits du diviseur (3ω) par chacun des nombres d'un seul chiffre. On voit alors que le 1er dividende partiel (238), tombe entre (235) et (274), c'est-à-dire entre (3ω × 7) et (3ω × 8) ; le 1er chiffre à gauche du quotient est donc 7 ; on retranche (235) de (238), et à la droite du reste 3, on abaisse 3 qui est le chiffre suivant du dividende ; le 2e dividende partiel (33) qui en résulte, étant moindre que le diviseur, le chiffre correspondant du quotient est 0 ; on abaisse à la droite de (33) le dernier chiffre 2 du dividende ; le 3e dividende partiel (332) étant le produit de (3ω) par δ, le chiffre correspondant du quotient est δ ; on ôte (332) de (332), le reste zéro indique que le quotient (70δ) est exact.

Les *preuves des quatre règles* s'exécutent comme dans le n° 11.

171. *Les théories exposées dans les deux premiers chapitres s'appliquent au système duodécimal, en substituant la base douze à la base dix.* Ainsi :

1°. Comme en avançant successivement d'un rang vers la droite d'un *nombre duodécimal*, les chiffres expriment des unités de douze en douze fois plus petites, le 1er chiffre à droite de la *virgule* exprime des douzièmes; le 2e exprime des cent-quarante-quatrièmes; etc. Par exemple,

$$(623{,}45\delta) = 6 \times 144 + 2 \times 12 + 3 + \frac{4}{12} + \frac{5}{144} + \frac{\delta}{1728}.$$

2°. Un nombre duodécimal est multiplié ou est divisé autant de fois par le facteur (10) que la virgule a été avancée de rangs vers la droite ou vers la gauche de ce nombre (n° 54).

3°. Tout nombre duodécimal équivaut à une fraction dont le numérateur est le nombre duodécimal abstraction faite de la virgule, et dont le dénominateur est l'unité suivie d'autant de zéro qu'il y a de chiffres à droite de la virgule (n° 55). Ainsi,

$$(623{,}45\delta7) = \frac{(62345\delta7)}{(10000)} \text{ et } (0{,}0031) = \frac{(31)}{(10000)}.$$

4°. Pour convertir en nombre duodécimal, une fraction dont le dénominateur est l'unité suivie de plusieurs zéro, on écrit le numérateur, et on sépare au moyen de la virgule autant de chiffres à la droite de ce numérateur qu'il y a de zéro dans le dénominateur (n° 55). Ainsi,

$$\frac{(62345\delta7)}{(10000)} = (623{,}45\delta7) \text{ et } \frac{(31)}{(10000)} = (0{,}0031).$$

172. *Les règles des n°s 57, ..., 64, s'appliquent aux nombres duodécimaux*, avec cette seule différence que la base dix et ses facteurs premiers, 2, 5, doivent être remplacés par la base douze et ses facteurs premiers 2, 3; *les fractions décimales périodiques* deviennent des *fractions duodécimales périodiques*, et dans les dénominateurs des fractions ordinaires équivalentes, chaque 9 est remplacé par ω.

On trouve de cette manière, que la *somme* des nombres duodécimaux $(70{,}\delta)$, $(3{,}\omega)$ est $(74{,}9)$, que leur *différence* est $(68{,}\omega)$ que leur *produit* est $(238{,}32)$, que le *quotient* de $(238{,}32)$ par

3 ω) est (70,δ), et que

$$(0,272727 \text{ etc.}) = \left(\frac{27}{\omega\omega}\right)$$

$$(8,013676767 \text{ etc.}) = \frac{(801367) - (8013)}{(\omega\omega000)}$$

$$(0,0013070707 \text{ etc.}) = \frac{(1307) - (13)}{(\omega\omega0000)}.$$

173. Pour *trouver le reste de la division d'un nombre par la base douze diminuée ou augmentée de* 1, c'est-à-dire par *onze* ou par *treize*, il suffit d'avoir recours aux règles des nos 23 et 26 et d'y remplacer les nombres *neuf* et *onze*, par *onze* et *treize*.

Ainsi, le reste de la division de (234) par onze est 2 + 3 + 4 ou 9, et le reste de la division de (7ω5354) par treize est (4 + 3 + ω) — (5 + 5 + 7), ou (16) — (15), ou 1.

FIN DES NOTES.

COMPARAISON *de quelques mesures étrangères, avec les nouvelles mesures françaises.*

MESURES LINÉAIRES.	Millim.
Ancien pied français	324,7
Pied anglais	304,7
Vare de Castille	836,6
Pied du Rhin	313,9
De Vienne	316,0
D'Amsterdam	283,0
De Suède	297,1
De Russie	354,1
De la Chine	320,0

POIDS.	Gram.
Liv. poids de marc	489,2
Angl. { livre troy	372,6
Angl. { avoir du poise	453,1
Castille	459,4
Cologne	467,4
Vienne	558,6
Amsterdam	491,4
Suède	424,6
Russie	409,5

TABLEAU de comparaison des monnaies étrangères avec les monnaies françaises, toutes supposées droites (exactes) de poids et de titre, d'après les lois de fabrication. (Tiré de l'*Annuaire* de 1821.) *Voy.* p. 151.

Métal.	Détermination des pièces.	Poids légal.	Tit. légal.	Valeurs.
	ANGLETERRE.			
Or.	Guinée de 21 schellings	8g3802	917	26f 47c
	Demi	4,1901	917	13 23,50
	Un quart	2,095	917	6 61,75
	Un tiers, ou 7 schellings	2,7934	917	8 82,33
	Souverain depuis 1818, de 20 schellings	7,9808	917	25 20,80
Arg.	Crown, ou couronne de 5 schell. anciens	30,074	925	6 18
	Schelling ancien	6,015	925	1 23,60
	Crown, ou couronne, depuis 1818	28,2514	925	5 80,72
	Schelling, depuis 1818	5,6503	925	1 16,14
	AUTRICHE ET BOHÊME.			
Or.	Ducat de l'Empereur	3,491	986	11 86
	Ducat de Hongrie	3,491	990	11 90
	Souverain	5,567	917	17 58
	Demi	2,7835	917	8 79
Arg.	Ecu, ou risdale de convention, depuis 1753	28,064	833	5 19,50
	Demi-risdale, ou florin	14,032	833	2 59,75
	Vingt kreutzers	6,682	583	0 86,50
	Dix kreutzers	3,898	500	0 43,25
	HOLLANDE.			
Or	Ducat	3,512	986	11 93
	Ryder	9,988	920	31 65
	Vingt florins, 1808	13,659	917	43 14
	Dix florins, *idem*	6,8295	917	21 57
	—— de Guillaume, 1818	6,700	900	20 77
Arg.	Florin de 20 sous	10,597	917	2 15,9[illegible]
	Escalin, ou pièce de 6 sous	4,976	583	0 64
	Ducaton ou ryder	32,750	941	6 85
	Ducat ou risdale	28,230	873	5 48
	DANEMARCK ET HOLSTEIN.			
Or.	Ducat courant depuis 1767	3,143	875	9 47
	Ducat spécies, 1791 à 1802	3,519	979	11 86
	Chrétien, 1773	6,735	903	20 95
Arg.	Risdale d'espèce, ou double écu de 96 schellings danois, depuis 1776	29,126	875	5 66
	Risdale courante, ou pièce de 6 m. Dan. de 1750	26,800	833	4 96
	Mark danois de 16 schellings, de 1776	» »	688	0 94
	Mark de Lubeck de 16 schellings, de 1740	9,164	750	1 53

Métal.	Détermination des pièces.	Poids légal.	Tit légal.	Valeurs.
	ÉTAT ECCLÉSIASTIQUE.			
Or.	Pistoles de Pie VI et Pie VII..................	5^{g}471	916⅔	17^{f}27^{c}50
	Demi....................................	2,7355	916⅔	8 63,75
	Sequin, 1769, Clément XIV et ses successeurs.	3,426	1000	11 80
	Demi....................................	1,713	1000	5 90
Arg.	Ecu de 10 pauls, ou 100 bayoques..........	26,437	916⅔	5 38,50
	Trois dixièmes d'écu, ou teston de 30 bayoques.	7,932	916⅔	1 62
	Un cinquième d'écu, ou papeto de 20 bayoq.	5,287	916⅔	1 08
	Un dixième d'écu, ou paul de 10 bayoques...	2,644	916⅔	0 54
	ESPAGNE.			
Or.	Pistole ou doublon de 8 écus, 1772 à 1786....	27,045	901	83 93
	—— de 4 écus............................	13,5225	901	41 96,50
	—— de 2 écus............................	6,7613	901	20 98,25
	Demi-pistole, ou écu.....................	3,3806	901	10 49,12
	Pistole ou doublon de 8 écus, depuis 1786.....	27,045	875	81 51
	—— de 4 écus............................	13,5225	875	40 75,50
	—— de 2 écus............................	6,7613	875	20 37,75
	Demi-pistole ou écu......................	3,3806	875	10 18,87
Arg.	Piastre, depuis 1772......................	27,045	903	5 43
	Réal de 2, ou piécette, ou cinquième de piastre.	5,971	813	1 08
	Réal de 1, ou demi-piécette, ou 10e de piastre..	2,9855	813	0 54
	Réallillo, ou réal de veillon, ou 20e de piastre.	1,4928	813	0 27
	Nota. Ces trois dernières pièces sont dénommées *monnaie provinciale;* elles sont fabriquées en Espagne et n'ont cours que dans la péninsule.			
	HAMBOURG.			
Or.	Ducat *ad legem imperii*..................	3,491	986	11 86
	Ducat nouveau de la ville..................	3,488	979	11 76
Arg.	Marc banco (*monnaie imaginaire*)..........	» »	» »	1 88
	Marc ou 16 schell., d'après la convent. de Lubeck.	9,164	750	1 53
	Risdale de constitution, ou écu de banque.	29,233	889	5 78
	TOSCANE.			
Or.	Ruspone, ou 3 sequins aux lys..............	10,464	1000	36 04
	Un tiers ruspone, ou sequin aux lys.........	3,488	1000	12 01,33
	Demi-sequin..............................	1,744	1000	6 00,67
	Sequin à l'effigie.........................	3,488	1000	12 01,33
	Rosine..................................	6,976	896	21 54
	Demi....................................	3,488	896	10 77
Arg.	Francescone de 10 paoli, livournine, piastre à la rose, talaro, léopoldine et écu de 10 paoli.	27,507	917	5 61
	Pièce de 5 paoli..........................	13,7535	917	2 80,50
	—— de 2 paoli..........................	5,501	917	1 12,20
	—— de 1 paoli..........................	2,751	917	0 56,10
	SUISSE.			
Or.	Pièce de 32 franken de Suisse...............	15,297	904	47 63
	—— de 16................................	7,6485	904	23 81,50
	Ducat de Zurich...........................	3,491	979	11 77
	—— de Berne............................	3,452	979	11 64
	Pistole de Berne..........................	7,648	902	23 76
Arg.	Ecu de Bâle de 30 batz, ou 2 florins.........	23,386	878	4 56
	Demi-écu, ou florin de 15 batz..............	11,693	878	2 28
	Franc de Berne, depuis 1803................	7,512	900	1 50
	Ecu de Zurick, de 1781.....................	25,057	844	4 70
	Demi, ou florin, depuis 1781...............	12,5285	844	2 35
	Ecu de 40 batz de Bâle et Soleure, depuis 1798.	29,480	901	5 90
	Pièce de 4 franken de Berne, de 1799........	29,370	901	5 88
	—— de 4 franken de Suisse, en 1803.......	30,049	900	6 0
	—— de 2 franken de Suisse, en 1803.......	15,0245	900	3 0
	—— d'un franken de Suisse, en 1803.......	7,5123	900	1 50

Métal.	Détermination des pièces.	Poids légal.	Tit. légal.	Valeurs
	NAPLES.			
Or.	Le titre des ducats est trop variable pour pouvoir en donner l'évaluat. en monnaies françaises.	» »	»	» »
	Once nouveau de 3 ducats, depuis 1818.	3g786	996	12f 99c
	Quintuple de 15 ducats, depuis 1818.	18,933	996	64 95
	Décuple de 30 ducats, depuis 1818.	37,865	996	129 90
Arg.	12 carlins de 120 grains, depuis 1804.	27,533	833⅓	5 10
	Ducats de 10 carlins de 100 grains, 1784.	22,810	839½	4 25
	2 carlins, depuis 1804.	4,589	833⅓	0 85
	1 carlin, depuis 1804.	2,2945	833⅓	0 42,5
	Ducat de 10 carlins, de 1818.	22,943	833⅓	4 25
	PARME.			
Or.	Sequin.	3,468	1000	11 95
	Pistole de 1784.	7,498	891	23 01
	Pistole de 1786 à 1791.	7,141	891	21 91,50
	40 lire de Marie-Louise, depuis 1815.	12,9032	900	40 »
	20 lire de Marie-Louise, depuis 1815.	6,4516	900	20 »
Arg.	Ducat de 1784 et 1796.	25,707	906	5 18
	Pièce de 3 livres, depuis 1790.	3,672	833	0 68
	—— d'une livre 10 sous, depuis 1790.	1,836	833	0 34
	5 lire de Marie-Louise, depuis 1815.	25,000	900	5 »
	2 lire, 1 lira, ½ et ¼ de lira, à proportion.	» »	»	» »
	GÊNES.			
Or.	Sequin.	3,487	1000	12 01
	PORTUGAL.			
Or.	Moeda douro, lisbonnine de 4800 reis.	10,752	917	33 96
	Meia moeda, demi-lisbonnine 2400 reis.	5,376	917	16 98
	Quartinho, quart de lisbonnine, de 1200 reis.	2,688	917	8 49
	Meia dobra, portugaise de 6400 reis.	14,334	917	45 27
	Demi-portugaise de 3200 reis.	7,167	917	22 63,50
	Pièce de 16 testons de 1600 reis.	3,583	917	11 31,75
	—— de 12 testons de 1200 reis.	2,538	917	8 02
	—— de 8 testons de 800 reis.	1,792	917	5 66
	Cruzade de 480 reis.	1,045	917	3 30
Arg.	Cruzade neuve de 480 reis.	14,633	903	2 94
	1000 reis.	» »	»	6 12,50
	PRUSSE.			
Or.	Ducat.	3,491	979	11 77
	Fréderic.	6,689	903	20 80
	Demi.	3,3445	903	10 40
Arg.	Risdale, écu thaler de 24 bons gros, de 1767 à 1807	22,298	750	3 71,63
	Demi, ou 12 bons gros.	11,149	750	1 85,81
	Gros.	» »	»	0 15,48
	RAGUSE.			
Or.	*Néant.*			
Arg.	Talaro, dit ragusine.	29,400	600	3 90
	Demi.	14,700	600	1 95
	Ducat.	13,666	450	1 37
	12 grossettes.	4,140	450	0 41
	6 grossettes.	2,070	450	0 20,50
	RUSSIE.			
Or.	Ducat de 1755 à 1763.	3,495	979	11 79
	—— de 1763.	3,473	969	11 59
	Impériale de 10 roubles, de 1755 à 1763.	16,585	917	52 38
	Demie de 5 roubles, de 1755 à 1763.	8,2925	917	26 19
	Impériale de 10 roubles, depuis 1763.	13,073	917	41 29
	Demie de 5 roubles, depuis 1763.	6,5365	917	20 64,50
Arg.	Rouble de 100 copecks, de 1750 à 1762.	25,870	802	4 61
	——— depuis 1763 à 1807.	24,011	750	4 0

Métal.	Détermination des pièces.	Poids légal.	Titre légal.	Valeurs.
	SARDAIGNE.			
Or.	Carlin, depuis 1768	16g056	892	49f
	Demi	8,028	892	24 66,50
	Pistole	9,118	906	28 45
	Demie	4,559	906	14 22,50
Arg.	Ecu, depuis 1768	23,590	896	4 70
	Demi-écu	11,795	896	2 35
	Quart d'écu, ou une livre	5,8975	896	1 17,50
	Ecu neuf de 5 livres, 1816	25,000	900	5 0
	SAVOIE ET PIÉMONT.			
Or.	Sequin	3,468	1000	11 94,50
	Double neuve pistole de 24 livres	9,620	906	30 0
	Demie de 12 livres	4,810	906	15 0
	Carlin depuis 1755	48,100	906	150 0
	Demi	24,050	906	75 0
	Pistole neuve de 20 livres, de 1816	6,4516	900	20 0
Arg.	Ecu de 6 livres, depuis 1755	35,118	906	7 07
	Demi-écu	17,559	906	3 53,50
	Un quart, ou 30 sous	8,7795	906	1 76,75
	Demi-quart, ou 15 sous	4,3897	906	0 88,37
	Ecu neuf de 5 livres, 1816	25 »	900	5 0
	SAXE.			
Or.	Ducat	3,491	986	11 86
	Double Auguste, ou 10 thalers	13,340	903	41 49
	Auguste, ou 5 thalers	6,670	903	20 74,50
	Demi-Auguste	3,335	903	10 37,25
Arg.	Risdale d'espèce, ou écu de convent., depuis 1763	28,064	833	5 19,50
	Demi, ou florin de convention	14,032	833	2 59,75
	Thaler de 24 bons gros (monnaie imagin.)	» »	»	3 89,63
	Un gros ou 32e de risdale, ou 24e de thaler	1,982	368	0 16,21
	SICILE.			
Or.	Once, depuis 1748	4,399	906	13 73
Arg.	Ecu de 12 tarins	27,533	833 $\frac{1}{3}$	5 10
	SUÈDE.			
Or.	Ducat	3,482	976	11 70
	Demi	1,741	976	5 85
	Quart	0,8705	976	2 92,50
Arg.	Risdale d'espèce de 48 schell., de 1720 à 1802	29,508	878	5 75,73
	2 tiers de risdale, ou double plotte de 32 schell.	19,672	878	3 83,82
	Un tiers, ou 16 schellings	9,836	878	1 91,91
	VENISE.			
Or.	Sequin	3,484	1000	12 0
	Demi	1,742	1000	6 0
	Oselle	13,666	1000	47 07
	Ducat	2,175	1000	7 49
	Pistole	6,764	917	21 36
Arg.	Ducat effectif de 8 livres piccolis	22,777	826	4 18
	Ecu à la croix	31,788	948	6 70
	Justine ou ducaton	27,954	948	5 91
	Talaro	28,990	826	5 32
	Oselle	9,843	948	2 07
	Ducat cour. de 6 $\frac{1}{5}$ de liv. picc., 124 s. mon. de cte.	» »	»	3 23,95
	Livre de 20 sous	» »	»	0 52,25
	ÉTATS-UNIS D'AMÉRIQUE.			
Or.	Double aigle de 10 dollars	17,480	917	55 21
	Aigle de 5 dollars	8,740	917	27 60,50
	Demi-aigle, ou 2 $\frac{1}{2}$ dollars	4,370	917	13 80,25
Arg.	Dollar	27,000	903	5 42
	Demi	13,500	903	2 71
	Un quart	6,750	903	1 35,50

Métal.	Détermination des pièces.	Poids légal.	Tit. légal.	Valeurs.
	BADE.			
Or.	Pièce de 2 florins	6g800	901	21f 04c
	—— de 1 florin	3,400	901	10 52
Arg.	Pièce de 2 florins	25,450	750	4 18
	—— de 1 florin	12,725	750	2 09
	JAPON.			
	(*Par approximation, et faute de renseignem. précis sur le poids et le titre légal des monn.*)			
Or.	Kobang vieux de 100 mas	» »	»	51 24
	Demi —— de 50 mas	» »	»	25 62
	Kobang nouveau de 100 mas	» »	»	32 69
	Demi —— de 50 mas	» »	»	16 34,50
Arg.	Tigo-gin, ou pièce de 40 mas	» »	»	14 40
	Demi de 20 mas	» »	»	7 20
	Un quart de 10 mas	» »	»	3 60
	Un huitième de 5 mas	» »	»	1 80
	MOGOL. (*Par approximation.*)			
Or.	Roupie du Mogol	» »	»	38 72
	Demie	» »	»	19 36
	Un quart	» »	»	9 68
	Pagode au croissant	» »	»	9 46
	—— à l'étoile	» »	»	9 35
	Ducat de la Compagnie hollandaise	» »	»	11 62
	Demi	» »	»	5 81
Arg.	Roupie du Mogol	» »	»	2 42
	—— de Madras	» »	»	2 40
	—— d'Arcate	» »	»	2 36
	—— de Pondichéry	» »	»	2 42
	Double fanon des Indes	» »	»	0 63
	Fanon	» »	»	0 31,50
	Pièce de la Compagnie hollandaise	» »	»	2 40
	PERSE. (*Par approximation.*)			
Or.	Roupie	» »	»	36 75
	Demie	» »	»	18 37,50
Arg.	Double roupie de 5 abassis	» »	»	4 90
	Roupie de 2 ½ abassis	» »	»	2 45
	Abassi	» »	»	0 [illegible]
	Mamoudi	» »	»	0 48,50
	Larin	» »	»	1 03
	TURQUIE.			
Or.	Sequin zermahboud d'Abdoul Hamid, 1774	2,642	958	8 72
	Nisfie, ou ½ zermahboud *idem*	1,321	958	4 36
	Roubbié, ou ¼ de sequin fondoukli	0,881	802	2 43,33
	Sequin zermahboud de Sélim III	2,642	802	7 30
	Demi	1,321	802	3 65
	Un quart	0,661	802	1 82,50
Arg.	L'allmichlec de 60 paras, depuis 1771	28,822	550	3 52
	Yaremlec de 20 paras, ou 60 aspres, 1757	» »	»	0 99
	Roubb de 10 paras, ou 30 aspres, 1757	» »	»	0 49,50
	Para de 3 aspres, 1773	» »	»	0 04
	Aspre, dont 120 pour la piastre de 1773	» »	»	0 01,33
	Piastre de 40 paras, ou 120 aspres, 1780	18,015	500	2 0
	Pièce de 5 piastres de Mahmoud, 1811	» »	»	4 13,67

Table pour réduire des mesures *linéaires* anciennes, en mesures nouvelles, et réciproquement.

N.	Lieues terrestr. en kilom. *	Lieues marines en kilom. **	Toises en mètres.	Pieds en mètres.	Pouces en mètres.	Lignes en mètres.	N.	Aunes en mètres.***	N.	Fractions d'aune en mètres.	N.	Fractions d'aune en mètres.	N.	Fractions d'aune en mètres.
1	4,4444	5,5556	1,94904	0,32484	0,027070	0,002256	1	1,18845	$\frac{1}{2}$	0,594	$\frac{5}{8}$	0,743	$\frac{7}{16}$	0,520
2	8,8889	11,1111	3,89807	0,64968	0,054140	0,004512	2	2,37689	$\frac{1}{3}$	0,396	$\frac{7}{8}$	1,040	$\frac{9}{16}$	0,668
3	13,3333	16,6667	5,84711	0,97452	0,081210	0,006768	3	3,56534	$\frac{2}{3}$	0,792	$\frac{1}{12}$	0,099	$\frac{11}{16}$	0,817
4	17,7778	22,2222	7,79615	1,29936	0,108280	0,009024	4	4,75378	$\frac{1}{4}$	0,297	$\frac{5}{12}$	0,495	$\frac{13}{16}$	0,966
5	22,2222	27,7778	9,74519	1,62420	0,135350	0,011280	5	5,94223	$\frac{3}{4}$	0,891	$\frac{7}{12}$	0,693	$\frac{15}{16}$	1,114
6	26,6667	33,3333	11,69422	1,94904	0,162419	0,013536	6	7,13068	$\frac{1}{6}$	0,198	$\frac{11}{12}$	1,089		
7	31,1111	38,8889	13,64326	2,27388	0,189489	0,015792	7	8,31912	$\frac{5}{6}$	0,990	$\frac{1}{16}$	0,074		
8	35,5556	44,4444	15,59230	2,59872	0,216559	0,018048	8	9,50757	$\frac{1}{8}$	0,149	$\frac{3}{16}$	0,223		
9	40,0000	50,0000	17,54133	2,92356	0,243629	0,020304	9	10,69601	$\frac{3}{8}$	0,446	$\frac{5}{16}$	0,371		
10	44,4444	55,5556	19,49037	3,24840	0,270699	0,022560	10	11,88446						

N.	Kilom. en lieues terrestres.	Kilom. en lieues mar.	Mètres en toises.	Mètres en pieds.	Mètres en pouces.	Mètres en lignes.	N.	Mètres en aunes de Paris.
1	0,225	0,18	0,51307	3,07844	36,9413	443,296	1	0,84144
2	0,450	0,36	1,02615	6,15689	73,8827	886,592	2	1,68287
3	0,675	0,54	1,53922	9,23533	110,8240	1329,888	3	2,52431
4	0,900	0,72	2,05230	12,31378	147,7653	1773,184	4	3,36574
5	1,125	0,90	2,56537	15,39222	184,7067	2216,480	5	4,20718
6	1,350	1,08	3,07844	18,47066	221,6480	2659,775	6	5,04861
7	1,575	1,26	3,59152	21,54911	258,5893	3103,071	7	5,89005
8	1,800	1,44	4,10459	24,62755	295,5306	3546,367	8	6,73148
9	2,025	1,62	4,61767	27,70600	332,4720	3989,663	9	7,57292
10	2,250	1,80	5,13074	30,78444	369,4133	4432,959	10	8,41435

* La lieue de 25 au degré vaut 2280$^{tois.}$,33

** La lieue marine de 20 au degré vaut 2850$^{tois.}$,41.

*** L'aune de Paris vaut 3 pieds 7 pouces 10 lignes $\frac{5}{6}$.

TABLE pour réduire des mesures quarrées anciennes, en mesures nouvelles, et réciproquement.

N.	Toises quarr. en mètres quarr.	Pieds quarr. en mètres quarr.	Pouces quarr. en mètres quarr.	Lignes quarr. en mètres quarr.	N.	Lieues quarrées en myriamètres quarrés.	Lieues quarrées en myriares.	Arp. Eaux et For. en hec. ou perches quarrées en ares.	Arp. de Paris en hect. ou perch. quarrées en ares.
1	3,798744	0,105521	0,00073278	0,000005089	1	0,1975309	19,75309	0,510720	0,341887
2	7,597487	0,211041	0,00146556	0,000010178	2	0,3950617	39,50617	1,021440	0,68[illegible]774
3	11,396231	0,316562	0,00219834	0,000015267	3	0,5925926	59,25926	1,532160	1,025661
4	15,194975	0,422083	0,00293112	0,000020356	4	0,7901234	79,01234	2,042880	1,367548
5	18,993718	0,527604	0,00366390	0,000025445	5	0,9876543	98,76543	2,553600	1,709435
6	22,792462	0,633124	0,00439668	0,000030534	6	1,1851852	118,51852	3,064320	2,051322
7	26,591205	0,738645	0,00512946	0,000035623	7	1,3827160	138,27160	3,575040	2,393209
8	30,389949	0,844166	0,00586224	0,000040712	8	1,5802469	158,02469	4,085760	2,735096
9	34,188693	0,949686	0,00659502	0,000045801	9	1,7777777	177,77777	4,596480	3,076983
10	37,987436	1,055207	0,00732780	0,000050890	10	1,9753086	197,53086	5,107200	3,418870

N.	Mètres quarr. en toises quarr.	Mètres quarr. en pieds quarrés	Mètres quarr. en pouces quarr.	Mètres quarr. en lignes quarr.	N.	Myriamètres quarrés en lieues quarrées.	Myriares en lieues quarrées.	Hectares en arp. Eaux et F. ou ares en perch. quarr.	Hect. en arp. de Paris, ou ares en perch. quarr.
1	0,263245	9,47682	1364,66	196511	1	5,0625	0,050625	1,958020	2,924943
2	0,526490	18,95363	2729,32	393023	2	10,1250	0,101250	3,916040	5,849886
3	0,789735	28,43045	4093,99	589534	3	15,1875	0,151875	5,874060	8,774829
4	1,052980	37,90726	5458,65	786045	4	20,2500	0,202500	7,832080	11,699772
5	1,316225	47,38408	6823,31	982557	5	25,3125	0,253125	9,790100	14,624715
6	1,579469	56,86090	8187,97	1179068	6	30,3750	0,303750	11,748120	17,549658
7	1,842714	66,33771	9552,63	1375579	7	35,4375	0,354375	13,706140	20,474601
8	2,105959	75,81453	10917,30	1572090	8	40,5000	0,405000	15,664160	23,399544
9	2,369204	85,29134	12281,96	1768602	9	45,5625	0,455625	17,622180	26,324487
10	2,632449	94,76816	13646,62	1965113	10	50,6250	0,506250	19,580200	29,249430

TABLE pour réduire des mesures *cubiques* anciennes, en mesures nouvelles, et réciproquement.

N.	Toises cubes en mètres cubes.	Pieds cubes en mètres cubes.	Pouces cubes en mètres cubes.	Lignes cubes en mètres cubes.	N.	Cordes de bois, Eaux et Forêts, en stères.	Solives (charpente) en stères ou mètres cubes.
1	7,40389	0,0342773	0,000019836	0,00000001148	1	3,8391	0,10283
2	14,80778	0,0685545	0,000039673	0,00000002296	2	7,6781	0,20566
3	22,21167	0,1028318	0,000059509	0,00000003444	3	11,5172	0,30850
4	29,61556	0,1371090	0,000079346	0,00000004592	4	15,3562	0,41133
5	37,01945	0,1713863	0,000099182	0,00000005740	5	19,1953	0,51416
6	44,42334	0,2056636	0,000119018	0,00000006888	6	23,0343	0,61699
7	51,82723	0,2399408	0,000138855	0,00000008036	7	26,8734	0,71982
8	59,23112	0,2742181	0,000158691	0,00000009184	8	30,7124	0,82265
9	66,63501	0,3084953	0,000178528	0,00000010332	9	34,5515	0,92549
10	74,03890	0,3427726	0,000198364	0,00000011480	10	38,3905	1,02832
N.	Mètres cubes en toises cubes.	Mètres cubes en pieds cubes.	Mètres cubes en pouces cubes.	Mètres cubes en lignes cubes.	N.	Stères en cordes de bois Eaux et Forêts.	Mètres cubes en solives.
1	0,135064	29,1739	50412,42	87112655	1	0,26048	9,7246
2	0,270128	58,3477	100824,83	174225310	2	0,52096	19,4492
3	0,405192	87,5216	151237,25	261337965	3	0,78144	29,1739
4	0,542057	116,6954	201649,66	348450619	4	1,04192	38,8985
5	0,675321	145,8693	252062,08	435563274	5	1,30241	48,6231
6	0,810385	175,0431	302474,50	522675929	6	1,56289	58,3477
7	0,945449	204,2170	352886,91	609788584	7	1,82337	68,0923
8	1,080513	233,3908	403299,33	696901239	8	2,08385	77,7970
9	1,215577	262,5647	453711,74	784013894	9	2,34433	87,5216
10	1,350641	291,7385	504124,16	871126549	10	2,60481	97,2462

Table pour réduire des mesures de capacité anciennes, en mesures nouvelles, et réciproquement.

N.	Pintes de Paris en litres.	Muids de vin de Paris en hectolitr.	Septiers de blé de Par. en hectolitr.	Boisseaux en litres.	Litrons en litres.
1	0,9313	2,6822	1,5610	13,008	0,8130
2	1,8626	5,3644	3,1220	26,017	1,6260
3	2,7940	8,0466	4,6830	39,025	2,4391
4	3,7253	10,7288	6,2440	52,033	3,2521
5	4,6566	13,4110	7,8050	65,042	4,0651
6	5,5879	16,0932	9,3660	78,050	4,8781
7	6,5192	18,7754	10,9270	91,058	5,6911
8	7,4506	21,4576	12,4880	104,066	6,5042
9	8,3819	24,1398	14,0490	117,075	7,3172
10	9,3132	26,8220	15,6100	130,083	8,1302

N.	Litres en pint. de Par.	Hectolit. en muids de vin de Paris.	Hectolit. en sept. de blé de Paris.	Litres en boisseaux.	Litres en litrons.
1	1,0737	0,3728	0,6406	0,07687	1,2300
2	2,1475	0,7457	1,2812	0,15375	2,4600
3	3,2212	1,1185	1,9219	0,23062	3,6900
4	4,2950	1,4913	2,5625	0,30750	4,9199
5	5,3687	1,8642	3,2031	0,38437	6,1499
6	6,4424	2,2370	3,8437	0,46124	7,3799
7	7,5162	2,6098	4,4843	0,53812	8,6099
8	8,5899	2,9826	5,1250	0,61499	9,8399
9	9,6637	3,3555	5,7656	0,69187	11,0699
10	10,7374	3,7283	6,4062	0,76874	12,2998

Table pour réduire des poids anciens en poids nouveaux, et réciproquement.

N.	Livres en kilogramm.	Onces en kilogramm.	Gros en kilogramm.	Grains en kilogramm.	Quintaux en myriagram.
1	0,48951	0,03059	0,003824	0,0000531	4,8951
2	0,97901	0,06119	0,007648	0,0001062	9,7901
3	1,46852	0,09178	0,011472	0,0001593	14,6852
4	1,95802	0,12238	0,015296	0,0002124	19,5802
5	2,44753	0,15297	0,019120	0,0002655	24,4753
6	2,93704	0,18356	0,022944	0,0003186	29,3704
7	3,42654	0,21416	0,026768	0,0003717	34,2654
8	3,91605	0,24475	0,030592	0,0004248	39,1605
9	4,40555	0,27535	0,034416	0,0004779	44,0555
10	4,89506	0,30594	0,038240	0,0005310	48,9506

N.	Kilogramm. en livres.	Kilogramm. en onces.	Kilogramm. en gros.	Kilogramm. en grains.	Myriagram. en quintaux.
1	2,04288	32,686	261,49	18827,15	0,20429
2	4,08575	65,372	522,98	37654,30	0,40858
3	6,12863	98,058	784,46	56481,45	0,61286
4	8,17150	130,744	1045,95	75308,60	0,81715
5	10,21438	163,430	1307,44	94135,75	1,02144
6	12,25726	196,116	1568,93	112962,90	1,22573
7	14,30013	228,802	1830,42	131790,05	1,43001
8	16,34301	261,488	2091,90	150617,20	1,63430
9	18,38588	294,174	2353,39	169444,35	1,83859
10	20,42876	326,860	2614,88	188271,50	2,04288

TABLE pour convertir les monnaies anciennes en monnaies nouvelles, et réciproquement.

N.	Livres en francs.	Sous en francs.	Deniers en francs.	Francs en Livres.
1	0,987 650 942	0,049 382 547	0,004 115 212	1,012 503 463
2	1,975 301 885	0,098 765 094	0,008 230 424	2,025 006 926
3	2,962 952 827	0,148 147 641	0,012 345 636	3,037 510 390
4	3,950 603 770	0,197 530 188	0,016 460 849	4,050 013 853
5	4,938 254 713	0,246 912 735	0,020 576 061	5,062 517 316
6	5,925 905 655	0,296 295 282	0,024 691 273	6,075 020 780
7	6,913 556 598	0,345 677 829	0,028 806 485	7,087 524 432
8	7,901 207 541	0,395 060 377	0,032 921 698	8,100 027 706
9	8,888 858 483	0,444 442 924	0,037 036 910	9,112 531 170

TABLE

DES LOGARITHMES,

DEPUIS 1 JUSQU'À 10,000.

LOGARITHMES DES NOMBRES DE 1 A 10 000.

N.	Log.	N.	Log.	N.	Log.	N.	Log.	N.	Log.
1	00000	51	70757	101	00432	151	17898	201	30320
2	30103	52	71600	102	00860	152	18184	202	30535
3	47712	53	72428	103	01284	153	18469	203	30750
4	60206	54	73239	104	01703	154	18752	204	30963
5	69897	55	74036	105	02119	155	19033	205	31175
6	77815	56	74819	106	02531	156	19312	206	31387
7	84510	57	75587	107	02938	157	19590	207	31597
8	90309	58	76343	108	03342	158	19866	208	31806
9	95424	59	77085	109	03743	159	20140	209	32015
10	00000	60	77815	110	04139	160	20412	210	32222
11	04139	61	78533	111	04532	161	20683	211	32428
12	07918	62	79239	112	04922	162	20952	212	32634
13	11394	63	79934	113	05308	163	21219	213	32838
14	14613	64	80618	114	05690	164	21484	214	33041
15	17609	65	81291	115	06070	165	21748	215	33244
16	20412	66	81954	116	06446	166	22011	216	33445
17	23045	67	82607	117	06819	167	22272	217	33646
18	25527	68	83251	118	07188	168	22531	218	33846
19	27875	69	83885	119	07555	169	22789	219	34044
20	30103	70	84510	120	07918	170	23045	220	34242
21	32222	71	85126	121	08279	171	23300	221	34439
22	34242	72	85733	122	08636	172	23553	222	34635
23	36173	73	86332	123	08991	173	23805	223	34830
24	38021	74	86923	124	09342	174	24055	224	35025
25	39794	75	87506	125	09691	175	24304	225	35218
26	41497	76	88081	126	10037	176	24551	226	35411
27	43136	77	88649	127	10380	177	24797	227	35603
28	44716	78	89209	128	10721	178	25042	228	35793
29	46240	79	89763	129	11059	179	25285	229	35984
30	47712	80	90309	130	11394	180	25527	230	36173
31	49136	81	90849	131	11727	181	25768	231	36361
32	50515	82	91381	132	12057	182	26007	232	36549
33	51851	83	91908	133	12385	183	26245	233	36736
34	53148	84	92428	134	12710	184	26482	234	36922
35	54407	85	92942	135	13033	185	26717	235	37107
36	55630	86	93450	136	13354	186	26951	236	37291
37	56820	87	93952	137	13672	187	27184	237	37475
38	57978	88	94448	138	13988	188	27416	238	37658
39	59106	89	94939	139	14301	189	27646	239	37840
40	60206	90	95424	140	14613	190	27875	240	38021
41	61278	91	95904	141	14922	191	28103	241	38202
42	62325	92	96379	142	15229	192	28330	242	38382
43	63347	93	96848	143	15534	193	28556	243	38561
44	64345	94	97313	144	15836	194	28780	244	38739
45	65321	95	97772	145	16137	195	29003	245	38917
46	66276	96	98227	146	16435	196	29226	246	39094
47	67210	97	98677	147	16732	197	29447	247	39270
48	68124	98	99123	148	17026	198	29667	248	39445
49	69020	99	99564	149	17319	199	29885	249	39620
50	69897	100	00000	150	17609	200	30103	250	39794

N.	Log.	N.	Log.	N.	Log.	N.	Log.	N.	Log.
251	39967	301	47857	351	54531	401	60314	451	65418
252	40140	302	48001	352	54654	402	60423	452	65514
253	40312	303	48144	353	54777	403	60531	453	65610
254	40483	304	48287	354	54900	404	60638	454	65706
255	40654	305	48430	355	55023	405	60746	455	65801
256	40824	306	48572	356	55145	406	60853	456	65896
257	40993	307	48714	357	55267	407	60959	457	65992
258	41162	308	48855	358	55388	408	61066	458	66087
259	41330	309	48996	359	55509	409	61172	459	66181
260	41497	310	49136	360	55630	410	61278	460	66276
261	41664	311	49276	361	55751	411	61384	461	66370
262	41830	312	49415	362	55871	412	61490	462	66464
263	41996	313	49554	363	55991	413	61595	463	66558
264	42160	314	49693	364	56110	414	61700	464	66652
265	42325	315	49831	365	56229	415	61805	465	66745
266	42488	316	49969	366	56348	416	61909	466	66839
267	42651	317	50106	367	56467	417	62014	467	66932
268	42813	318	50243	368	56585	418	62118	468	67025
269	42975	319	50379	369	56703	419	62221	469	67117
270	43136	320	50515	370	56820	420	62325	470	67210
271	43297	321	50651	371	56937	421	62428	471	67302
272	43457	322	50786	372	57054	422	62531	472	67394
273	43616	323	50920	373	57171	423	62634	473	67486
274	43775	324	51055	374	57287	424	62737	474	67578
275	43933	325	51188	375	57403	425	62839	475	67669
276	44091	326	51322	376	57519	426	62941	476	67761
277	44248	327	51455	377	57634	427	63043	477	67852
278	44404	328	51587	378	57749	428	63144	478	67943
279	44560	329	51720	379	57864	429	63246	479	68034
280	44716	330	51851	380	57978	430	63347	480	68124
281	44871	331	51983	381	58092	431	63448	481	68215
282	45025	332	52114	382	58206	432	63548	482	68305
283	45179	333	52244	383	58320	433	63649	483	68395
284	45332	334	52375	384	58433	434	63749	484	68485
285	45484	335	52504	385	58546	435	63849	485	68574
286	45637	336	52634	386	58659	436	63949	486	68664
287	45788	337	52763	387	58771	437	64048	487	68753
288	45939	338	52892	388	58883	438	64147	488	68842
289	46090	339	53020	389	58995	439	64246	489	68931
290	46240	340	53148	390	59106	440	64345	490	69020
291	46389	341	53275	391	59218	441	64444	491	69108
292	46538	342	53403	392	59329	442	64542	492	69197
293	46687	343	53529	393	59439	443	64640	493	69285
294	46835	344	53656	394	59550	444	64738	494	69373
295	46982	345	53782	395	59660	445	64836	495	69461
296	47129	346	53908	396	59770	446	64933	496	69548
297	47276	347	54033	397	59879	447	65031	497	69636
298	47422	348	54158	398	59988	448	65128	498	69723
299	47567	349	54283	399	60097	449	65225	499	69810
300	44712	350	54407	400	60206	450	65321	500	69897

N.	Log.	N.	Log.	N.	Log.	N.	Log.	N.	Log.
501	69984	551	74115	601	77887	651	81358	701	84572
502	70070	552	74194	602	77960	652	81425	702	84634
503	70157	553	74273	603	78032	653	81491	703	84696
504	70243	554	74351	604	78104	654	81558	704	84757
505	70329	555	74429	605	78176	655	81624	705	84819
506	70415	556	74507	606	78247	656	81690	706	84880
507	70501	557	74586	607	78319	657	81757	707	84942
508	70586	558	74663	608	78390	658	81823	708	85003
509	70672	559	74741	609	78462	659	81889	709	85065
510	70757	560	74819	610	78533	660	81954	710	85126
511	70842	561	74896	611	78604	661	82020	711	85187
512	70927	562	74974	612	78675	662	82086	712	85248
513	71012	563	75051	613	78746	663	82151	713	85309
514	71096	564	75128	614	78817	664	82217	714	85370
515	71181	565	75205	615	78888	665	82282	715	85431
516	71265	566	75282	616	78958	666	82347	716	85491
517	71349	567	75358	617	79029	667	82413	717	85552
518	71433	568	75435	618	79099	668	82478	718	85612
519	71517	569	75511	619	79169	669	82543	719	85673
520	71600	570	75587	620	79239	670	82607	720	85733
521	71684	571	75664	621	79309	671	82672	721	85794
522	71767	572	75740	622	79379	672	82737	722	85854
523	71850	573	75815	623	79449	673	82802	723	85914
524	71933	574	75891	624	79518	674	82866	724	85974
525	72016	575	75967	625	79588	675	82930	725	86034
526	72099	576	76042	626	79657	676	82995	726	86094
527	72181	577	76118	627	79727	677	83059	727	86153
528	72263	578	76193	628	79796	678	83123	728	86213
529	72346	579	76268	629	79865	679	83187	729	86273
530	72428	580	76343	630	79934	680	83251	730	86332
531	72509	581	76418	631	80003	681	83315	731	86392
532	72591	582	76492	632	80072	682	83378	732	86451
533	72673	583	76567	633	80140	683	83442	733	86510
534	72754	584	76641	634	80209	684	83506	734	86570
535	72835	585	76716	635	80273	685	83569	735	86629
536	72916	586	76790	636	80346	686	83632	736	86688
537	72997	587	76864	637	80414	687	83696	737	86747
538	73078	588	76938	638	80482	688	83759	738	86806
539	73159	589	77012	639	80550	689	83822	739	86864
540	73239	590	77085	640	80618	690	83885	740	86923
541	73320	591	77159	641	80686	691	83948	741	86982
542	73400	592	77232	642	80754	692	84011	742	87040
543	73480	593	77305	643	80821	693	84073	743	87099
544	73560	594	77379	644	80889	694	84136	744	87157
545	73640	595	77452	645	80956	695	84198	745	87216
546	73719	596	77525	646	81023	696	84261	746	87274
547	73799	597	77597	647	81090	697	84323	747	87332
548	73878	598	77670	648	81158	698	84386	748	87390
549	73957	599	77743	649	81224	699	84448	749	87448
550	74036	600	77815	650	81291	700	84510	750	87506

N.	Log.	N.	Log.	N.	Log.	N.	Log.	N.	Log.
751	87564	801	90363	851	92993	901	95472	951	97818
752	87622	802	90417	852	93044	902	95521	952	97864
753	87679	803	90472	853	93095	903	95569	953	97909
754	87737	804	90526	854	93146	904	95617	954	97955
755	87795	805	90580	855	93197	905	95665	955	98000
756	87852	806	90634	856	93247	906	95713	956	98046
757	87910	807	90687	857	93298	907	95761	957	98091
758	87967	808	90741	858	93349	908	95809	958	98137
759	88024	809	90795	859	93399	909	95856	959	98182
760	88081	810	90849	860	93450	910	95904	960	98227
761	88138	811	90902	861	93500	911	95952	961	98272
762	88195	812	90956	862	93551	912	95999	962	98318
763	88252	813	91009	863	93601	913	96047	963	98363
764	88309	814	91062	864	93651	914	96095	964	98408
765	88366	815	91116	865	93702	915	96142	965	98453
766	88423	816	91169	866	93752	916	96190	966	98498
767	88480	817	91222	867	93802	917	96237	967	98543
768	88536	818	91275	868	93852	918	96284	968	98588
769	88593	819	91328	869	93902	919	96332	969	98632
770	88649	820	91381	870	93952	920	96379	970	98677
771	88705	821	91434	871	94002	921	96426	971	98722
772	88762	822	91487	872	94052	922	96473	972	98767
773	88818	823	91540	873	94101	923	96520	973	98811
774	88874	824	91593	874	94151	924	96567	974	98856
775	88930	825	91645	875	94201	925	96614	975	98900
776	88986	826	91698	876	94250	926	96661	976	98945
777	89042	827	91751	877	94300	927	96708	977	98989
778	89098	828	91803	878	94349	928	96755	978	99034
779	89154	829	91855	879	94399	929	96802	979	99078
780	89209	830	91908	880	94448	930	96848	980	99123
781	89265	831	91960	881	94498	931	96895	981	99167
782	89321	832	92012	882	94547	932	96942	982	99211
783	89376	833	92065	883	94596	933	96988	983	99255
784	89432	834	92117	884	94645	934	97035	984	99300
785	89487	835	92169	885	94694	935	97081	985	99344
786	89542	836	92221	886	94743	936	97128	986	99388
787	89597	837	92273	887	94792	937	97174	987	99432
788	89653	838	92324	888	94841	938	97220	988	99476
789	89708	839	92376	889	94890	939	97267	989	99520
790	89763	840	92428	890	94939	940	97313	990	99564
791	89818	841	92480	891	94988	941	97359	991	99607
792	89873	842	92531	892	95036	942	97405	992	99651
793	89927	843	92583	893	95085	943	97451	993	99695
794	89982	844	92634	894	95134	944	97497	994	99739
795	90037	845	92686	895	95182	945	97543	995	99782
796	90091	846	92737	896	95231	946	97589	996	99826
797	90146	847	92788	897	95279	947	97635	997	99870
798	90200	848	92840	898	95328	948	97681	998	99913
799	90255	849	92891	899	95376	949	97727	999	99957
800	90309	850	92942	900	95424	950	97772	1000	00000

N.	Log.	D	N.	Log.	D	N.	Log.	D	N.	Log.	D	N.	Log.	D
					41			40			38			36
1001	00043	44	1051	02160	42	1101	04179	39	1151	06108	37	1201	07954	36
1002	00087	43	1052	02202	41	1102	04218	40	1152	06145	38	1202	07990	37
1003	00130	43	1053	02243	41	1103	04258	39	1153	06183	38	1203	08027	36
1004	00173	44	1054	02284	41	1104	04297	39	1154	06221	37	1204	08063	36
1005	00217	43	1055	02325	41	1105	04336	40	1155	06258	38	1205	08099	36
1006	00260	43	1056	02366	41	1106	04376	39	1156	06296	37	1206	08135	36
1007	00303	43	1057	02407	42	1107	04415	39	1157	06333	38	1207	08171	36
1008	00346	43	1058	02449	41	1108	04454	39	1158	06371	37	1208	08207	36
1009	00389	43	1059	02490	41	1109	04493	39	1159	06408	38	1209	08243	36
1010	00432	43	1060	02531	41	1110	04532	39	1160	06446	37	1210	08279	35
1011	00475	43	1061	02572	40	1111	04571	39	1161	06483	38	1211	08314	36
1012	00518	43	1062	02612	41	1112	04610	40	1162	06521	37	1212	08350	36
1013	00561	43	1063	02653	41	1113	04650	39	1163	06558	37	1213	08386	36
1014	00604	43	1064	02694	41	1114	04689	38	1164	06595	38	1214	08422	36
1015	00647	42	1065	02735	41	1115	04727	39	1165	06633	37	1215	08458	35
1016	00689	43	1066	02776	40	1116	04766	39	1166	06670	37	1216	08493	36
1017	00732	43	1067	02816	41	1117	04805	39	1167	06707	37	1217	08529	36
1018	00775	42	1068	02857	41	1118	04844	39	1168	06744	37	1218	08565	35
1019	00817	43	1069	02898	40	1119	04883	39	1169	06781	38	1219	08600	36
1020	00860	43	1070	02938	41	1120	04922	39	1170	06819	37	1220	08636	36
1021	00903	42	1071	02979	40	1121	04961	38	1171	06856	37	1221	08672	35
1022	00945	43	1072	03019	41	1122	04999	39	1172	06893	37	1222	08707	36
1023	00988	42	1073	03060	40	1123	05038	39	1173	06930	37	1223	08743	35
1024	01030	42	1074	03100	41	1124	05077	38	1174	06967	37	1224	08778	36
1025	01072	43	1075	03141	40	1125	05115	39	1175	07004	37	1225	08814	35
1026	01115	42	1076	03181	41	1126	05154	38	1176	07041	37	1226	08849	35
1027	01157	42	1077	03222	40	1127	05192	39	1177	07078	37	1227	08884	36
1028	01199	43	1078	03262	40	1128	05231	38	1178	07115	36	1228	08920	35
1029	01242	42	1079	03302	40	1129	05269	39	1179	07151	37	1229	08955	36
1030	01284	42	1080	03342	41	1130	05308	38	1180	07188	37	1230	08991	35
1031	01326	42	1081	03383	40	1131	05346	39	1181	07225	37	1231	09026	35
1032	01368	42	1082	03423	40	1132	05385	38	1182	07262	36	1232	09061	35
1033	01410	42	1083	03463	40	1133	05423	38	1183	07298	37	1233	09096	36
1034	01452	42	1084	03503	40	1134	05461	39	1184	07335	37	1234	09132	35
1035	01494	42	1085	03543	40	1135	05500	38	1185	07372	36	1235	09167	35
1036	01536	42	1086	03583	40	1136	05538	38	1186	07408	37	1236	09202	35
1037	01578	42	1087	03623	40	1137	05576	38	1187	07445	37	1237	09237	35
1038	01620	42	1088	03663	40	1138	05614	38	1188	07482	36	1238	09272	35
1039	01662	41	1089	03703	40	1139	05652	38	1189	07518	37	1239	09307	35
1040	01703	42	1090	03743	39	1140	05690	39	1190	07555	36	1240	09342	35
1041	01745	42	1091	03782	40	1141	05729	38	1191	07591	37	1241	09377	35
1042	01787	41	1092	03822	40	1142	05767	38	1192	07628	36	1242	09412	35
1043	01828	42	1093	03862	40	1143	05805	38	1193	07664	36	1243	09447	35
1044	01870	42	1094	03902	39	1144	05843	38	1194	07700	37	1244	09482	35
1045	01912	41	1095	03941	40	1145	05881	37	1195	07737	36	1245	09517	35
1046	01953	42	1096	03981	40	1146	05918	38	1196	07773	36	1246	09552	35
1047	01995	41	1097	04021	39	1147	05956	38	1197	07809	37	1247	09587	34
1048	02036	42	1098	04060	40	1148	05994	38	1198	07846	36	1248	09621	35
1049	02078	41	1099	04100	39	1149	06032	38	1199	07882	36	1249	09656	35
1050	02119		1100	04139		1150	06070		1200	07918		1250	09691	

N.	Log.	D	N.	Log.	D	N.	Log.	D	N.	Log.	D	N.	Log.	D
1751	24329	25	1801	25551	24	1851	26741	24	1901	27898	23	1951	29026	23
1752	24353	24	1802	25575	24	1852	26764	23	1902	27921	23	1952	29048	22
1753	24378	25	1803	25600	25	1853	26788	24	1903	27944	23	1953	29070	22
1754	24403	25	1804	25624	24	1854	26811	23	1904	27967	23	1954	29092	22
1755	24428	25	1805	25648	24	1855	26834	23	1905	27989	22	1955	29115	23
1756	24452	24	1806	25672	24	1856	26858	24	1906	28012	23	1956	29137	22
1757	24477	25	1807	25696	24	1857	26881	23	1907	28035	23	1957	29159	22
1758	24502	25	1808	25720	24	1858	26905	24	1908	28058	23	1958	29181	22
1759	24527	25	1809	25744	24	1859	26928	23	1909	28081	23	1959	29203	22
1760	24551	24	1810	25768	24	1860	26951	23	1910	28103	22	1960	29226	23
1761	24576	25	1811	25792	24	1861	26975	24	1911	28126	23	1961	29248	22
1762	24601	25	1812	25816	24	1862	26998	23	1912	28149	23	1962	29270	22
1763	24625	24	1813	25840	24	1863	27021	23	1913	28171	22	1963	29292	22
1764	24650	25	1814	25864	24	1864	27045	24	1914	28194	23	1964	29314	22
1765	24674	24	1815	25888	24	1865	27068	23	1915	28217	23	1965	29336	22
1766	24699	25	1816	25912	24	1866	27091	23	1916	28240	23	1966	29358	22
1767	24724	25	1817	25935	23	1867	27114	23	1917	28262	22	1967	29380	22
1768	24748	24	1818	25959	24	1868	27138	24	1918	28285	23	1968	29403	23
1769	24773	25	1819	25983	24	1869	27161	23	1919	28307	22	1969	29425	22
1770	24797	24	1820	26007	24	1870	27184	23	1920	28330	23	1970	29447	22
1771	24822	25	1821	26031	24	1871	27207	23	1921	28353	23	1971	29469	22
1772	24846	24	1822	26055	24	1872	27231	24	1922	28375	22	1972	29491	22
1773	24871	25	1823	26079	24	1873	27254	23	1923	28398	23	1973	29513	22
1774	24895	24	1824	26102	23	1874	27277	23	1924	28421	23	1974	29535	22
1775	24920	25	1825	26126	24	1875	27300	23	1925	28443	22	1975	29557	22
1776	24944	24	1826	26150	24	1876	27323	23	1926	28466	23	1976	29579	22
1777	24969	25	1827	26174	24	1877	27346	23	1927	28488	22	1977	29601	22
1778	24993	24	1828	26198	24	1878	27370	24	1928	28511	23	1978	29623	22
1779	25018	25	1829	26221	23	1879	27393	23	1929	28533	22	1979	29645	22
1780	25042	24	1830	26245	24	1880	27416	23	1930	28556	23	1980	29667	22
1781	25066	24	1831	26269	24	1881	27439	23	1931	28578	22	1981	29688	21
1782	25091	25	1832	26293	24	1882	27462	23	1932	28601	23	1982	29710	22
1783	25115	24	1833	26316	23	1883	27485	23	1933	28623	22	1983	29732	22
1784	25139	24	1834	26340	24	1884	27508	23	1934	28646	23	1984	29754	22
1785	25164	25	1835	26364	24	1885	27531	23	1935	28668	22	1985	29776	22
1786	25188	24	1836	26387	23	1886	27554	23	1936	28691	23	1986	29798	22
1787	25212	24	1837	26411	24	1887	27577	23	1937	28713	22	1987	29820	22
1788	25237	25	1838	26435	24	1888	27600	23	1938	28735	22	1988	29842	22
1789	25261	24	1839	26458	23	1889	27623	23	1939	28758	23	1989	29863	21
1790	25285	24	1840	26482	24	1890	27646	23	1940	28780	22	1990	29885	22
1791	25310	25	1841	26505	23	1891	27669	23	1941	28803	23	1991	29907	22
1792	25334	24	1842	26529	24	1892	27692	23	1942	28825	22	1992	29929	22
1793	25358	24	1843	26553	24	1893	27715	23	1943	28847	22	1993	29951	22
1794	25382	24	1844	26576	23	1894	27738	23	1944	28870	23	1994	29973	22
1795	25406	24	1845	26600	24	1895	27761	23	1945	28892	22	1995	29994	21
1796	25431	25	1846	26623	23	1896	27784	23	1946	28914	22	1996	30016	22
1797	25455	24	1847	26647	24	1897	27807	23	1947	28937	23	1997	30038	22
1798	25479	24	1848	26670	23	1898	27830	23	1948	28959	22	1998	30060	22
1799	25503	24	1849	26694	24	1899	27852	22	1949	28981	22	1999	30081	21
1800	25527	24	1850	26717	23	1900	27875	23	1950	29003	22	2000	30103	22

N.	Log.	D	N.	Log.	D	N.	Log.	D	N.	Log.	D	N.	Log	D
1251	09726	35	1301	11428	34	1351	13066	33	1401	14644	31	1451	16167	30
1252	09760	34	1302	11461	33	1352	13098	32	1402	14675	31	1452	16197	30
1253	09795	35	1303	11494	33	1353	13130	32	1403	14706	31	1453	16227	30
1254	09830	35	1304	11528	34	1354	13162	32	1404	14737	31	1454	16256	29
1255	09864	34	1305	11561	33	1355	13194	32	1405	14768	31	1455	16286	30
1256	09899	35	1306	11594	33	1356	13226	32	1406	14799	31	1456	16316	30
1257	09934	35	1307	11628	34	1357	13258	32	1407	14829	30	1457	16346	30
1258	09968	34	1308	11661	33	1358	13290	32	1408	14860	31	1458	16376	30
1259	10003	35	1309	11694	33	1359	13322	32	1409	14891	31	1459	16406	30
1260	10037	34	1310	11727	33	1360	13354	32	1410	14922	31	1460	16435	29
1261	10072	35	1311	11760	33	1361	13386	32	1411	14953	31	1461	16465	30
1262	10106	34	1312	11793	33	1362	13418	32	1412	14983	30	1462	16495	30
1263	10140	34	1313	11826	33	1363	13450	32	1413	15014	31	1463	16524	29
1264	10175	35	1314	11860	34	1364	13481	31	1414	15045	31	1464	16554	30
1265	10209	34	1315	11893	33	1365	13513	32	1415	15076	31	1465	16584	30
1266	10243	34	1316	11926	33	1366	13545	32	1416	15106	30	1466	16613	29
1267	10278	35	1317	11959	33	1367	13577	32	1417	15137	31	1467	16643	30
1268	10312	34	1318	11992	33	1368	13609	32	1418	15168	31	1468	16673	30
1269	10346	34	1319	12024	32	1369	13640	31	1419	15198	30	1469	16702	29
1270	10380	34	1320	12057	33	1370	13672	32	1420	15229	31	1470	16732	30
1271	10415	35	1321	12090	33	1371	13704	32	1421	15259	30	1471	16761	29
1272	10449	34	1322	12123	33	1372	13735	31	1422	15290	31	1472	16791	30
1273	10483	34	1323	12156	33	1373	13767	32	1423	15320	30	1473	16820	29
1274	10517	34	1324	12189	33	1374	13799	32	1424	15351	31	1474	16850	30
1275	10551	34	1325	12222	33	1375	13830	31	1425	15381	30	1475	16879	29
1276	10585	34	1326	12254	32	1376	13862	32	1426	15412	31	1476	16909	30
1277	10619	34	1327	12287	33	1377	13893	31	1427	15442	30	1477	16938	29
1278	10653	34	1328	12320	33	1378	13925	32	1428	15473	31	1478	16967	29
1279	10687	34	1329	12352	32	1379	13956	31	1429	15503	30	1479	16997	30
1280	10721	34	1330	12385	33	1380	13988	32	1430	15534	31	1480	17026	29
1281	10755	34	1331	12418	33	1381	14019	31	1431	15564	30	1481	17056	30
1282	10789	34	1332	12450	32	1382	14051	32	1432	15594	30	1482	17085	29
1283	10823	34	1333	12483	33	1383	14082	31	1433	15625	31	1483	17114	29
1284	10857	34	1334	12516	33	1384	14114	32	1434	15655	30	1484	17143	29
1285	10890	33	1335	12548	32	1385	14145	31	1435	15685	30	1485	17173	30
1286	10924	34	1336	12581	33	1386	14176	31	1436	15715	30	1486	17202	29
1287	10958	34	1337	12613	32	1387	14208	32	1437	15746	31	1487	17231	29
1288	10992	34	1338	12646	33	1388	14239	31	1438	15776	30	1488	17260	29
1289	11025	33	1339	12678	32	1389	14270	31	1439	15806	30	1489	17289	29
1290	11059	34	1340	12710	32	1390	14301	31	1440	15836	30	1490	17319	30
1291	11093	34	1341	12743	33	1391	14333	32	1441	15866	30	1491	17348	29
1292	11126	33	1342	12775	32	1392	14364	31	1442	15897	31	1492	17377	29
1293	11160	34	1343	12808	33	1393	14395	31	1443	15927	30	1493	17406	29
1294	11193	33	1344	12840	32	1394	14426	31	1444	15957	30	1494	17435	29
1295	11227	34	1345	12872	32	1395	14457	31	1445	15987	30	1495	17464	29
1296	11261	34	1346	12905	33	1396	14489	32	1446	16017	30	1496	17493	29
1297	11294	33	1347	12937	32	1397	14520	31	1447	16047	30	1497	17522	29
1298	11327	33	1348	12969	32	1398	14551	31	1448	16077	30	1498	17551	29
1299	11361	34	1349	13001	32	1399	14582	31	1449	16107	30	1499	17580	29
1300	11394	33	1350	13033	32	1400	14613	31	1450	16137	30	1500	17609	29

N.	Log.	D	N.	Log.	D	N.	Log.	D	N.	Log.	D	N.	Log.	D
1501	17638	29	1551	19061	28	1601	20439	27	1651	21775	27	1701	23070	25
1502	17667	29	1552	19089	28	1602	20466	27	1652	21801	26	1702	23096	26
1503	17696	29	1553	19117	28	1603	20493	27	1653	21827	26	1703	23121	25
1504	17725	29	1554	19145	28	1604	20520	27	1654	21854	27	1704	23147	26
1505	17754	29	1555	19173	28	1605	20548	28	1655	21880	26	1705	23172	25
1506	17782	28	1556	19201	28	1606	20575	27	1656	21906	26	1706	23198	26
1507	17811	29	1557	19229	28	1607	20602	27	1657	21932	26	1707	23223	25
1508	17840	29	1558	19257	28	1608	20629	27	1658	21958	26	1708	23249	26
1509	17869	29	1559	19285	28	1609	20656	27	1659	21985	27	1709	23274	25
1510	17898	29	1560	19312	27	1610	20683	27	1660	22011	26	1710	23300	26
1511	17926	28	1561	19340	28	1611	20710	27	1661	22037	26	1711	23325	25
1512	17955	29	1562	19368	28	1612	20737	27	1662	22063	26	1712	23350	25
1513	17984	29	1563	19396	28	1613	20763	26	1663	22089	26	1713	23376	26
1514	18013	29	1564	19424	28	1614	20790	27	1664	22115	26	1714	23401	25
1515	18041	28	1565	19451	27	1615	20817	27	1665	22141	26	1715	23426	25
1516	18070	29	1566	19479	28	1616	20844	27	1666	22167	26	1716	23452	26
1517	18099	29	1567	19507	28	1617	20871	27	1667	22194	27	1717	23477	25
1518	18127	28	1568	19535	28	1618	20898	27	1668	22220	26	1718	23502	25
1519	18156	29	1569	19562	27	1619	20925	27	1669	22246	26	1719	23528	26
1520	18184	28	1570	19590	28	1620	20952	27	1670	22272	26	1720	23553	25
1521	18213	29	1571	19618	28	1621	20978	26	1671	22298	26	1721	23578	25
1522	18241	28	1572	19645	27	1622	21005	27	1672	22324	26	1722	23603	25
1523	18270	29	1573	19673	28	1623	21032	27	1673	22350	26	1723	23629	26
1524	18298	28	1574	19700	27	1624	21059	27	1674	22376	26	1724	23654	25
1525	18327	29	1575	19728	28	1625	21085	26	1675	22401	25	1725	23679	25
1526	18355	28	1576	19756	28	1626	21112	27	1676	22427	26	1726	23704	25
1527	18384	29	1577	19783	27	1627	21139	27	1677	22453	26	1727	23729	25
1528	18412	28	1578	19811	28	1628	21165	26	1678	22479	26	1728	23754	25
1529	18441	29	1579	19838	27	1629	21192	27	1679	22505	26	1729	23779	25
1530	18469	28	1580	19866	28	1630	21219	27	1680	22531	26	1730	23805	26
1531	18498	29	1581	19893	27	1631	21245	26	1681	22557	26	1731	23830	25
1532	18526	28	1582	19921	28	1632	21272	27	1682	22583	26	1732	23855	25
1533	18554	28	1583	19948	27	1633	21299	27	1683	22608	25	1733	23880	25
1534	18583	29	1584	19976	28	1634	21325	26	1684	22634	26	1734	23905	25
1535	18611	28	1585	20003	27	1635	21352	27	1685	22660	26	1735	23930	25
1536	18639	28	1586	20030	27	1636	21378	26	1686	22686	26	1736	23955	25
1537	18667	28	1587	20058	28	1637	21405	27	1687	22712	26	1737	23980	25
1538	18696	29	1588	20085	27	1638	21431	26	1688	22737	25	1738	24005	25
1539	18724	28	1589	20112	27	1639	21458	27	1689	22763	26	1739	24030	25
1540	18752	28	1590	20140	28	1640	21484	26	1690	22789	26	1740	24055	25
1541	18780	28	1591	20167	27	1641	21511	27	1691	22814	25	1741	24080	25
1542	18808	28	1592	20194	27	1642	21537	26	1692	22840	26	1742	24105	25
1543	18837	28	1593	20222	28	1643	21564	27	1693	22866	26	1743	24130	25
1544	18865	29	1594	20249	27	1644	21590	26	1694	22891	25	1744	24155	25
1545	18893	28	1595	20276	27	1645	21617	27	1695	22917	26	1745	24180	25
1546	18921	28	1596	20303	27	1646	21643	26	1696	22943	26	1746	24204	24
1547	18949	28	1597	20330	27	1647	21669	26	1697	22968	25	1747	24229	25
1548	18977	28	1598	20358	28	1648	21696	27	1698	22994	26	1748	24254	25
1549	19005	28	1599	20385	27	1649	21722	26	1699	23019	25	1749	24279	25
1550	19033	28	1600	20412	27	1650	21748	26	1700	23045	26	1750	24304	25

N.	Log.	D	N.	Log.	D	N.	Log.	D	N.	Log.	D	N.	Log.	D
2001	30125	22	2051	31197	22	2101	32243	21	2151	33264	20	2201	34262	20
2002	30146	21	2052	31218	21	2102	32263	20	2152	33284	20	2202	34282	20
2003	30168	22	2053	31239	21	2103	32284	21	2153	33304	20	2203	34301	19
2004	30190	22	2054	31260	21	2104	32305	21	2154	33325	21	2204	34321	20
2005	30211	21	2055	31281	21	2105	32325	20	2155	33345	20	2205	34341	20
2006	30233	22	2056	31302	21	2106	32346	21	2156	33365	20	2206	34361	20
2007	30255	22	2057	31323	21	2107	32366	20	2157	33385	20	2207	34380	19
2008	30276	21	2058	31345	22	2108	32387	21	2158	33405	20	2208	34400	20
2009	30298	22	2059	31366	21	2109	32408	21	2159	33425	20	2209	34420	20
2010	30320	22	2060	31387	21	2110	32428	20	2160	33445	20	2210	34439	19
2011	30341	21	2061	31408	21	2111	32449	21	2161	33465	20	2211	34459	20
2012	30363	22	2062	31429	21	2112	32469	20	2162	33486	21	2212	34479	20
2013	30384	21	2063	31450	21	2113	32490	21	2163	33506	20	2213	34498	19
2014	30406	22	2064	31471	21	2114	32510	20	2164	33526	20	2214	34518	20
2015	30428	22	2065	31492	21	2115	32531	21	2165	33546	20	2215	34537	19
2016	30449	21	2066	31513	21	2116	32552	21	2166	33566	20	2216	34557	20
2017	30471	22	2067	31534	21	2117	32572	20	2167	33586	20	2217	34577	20
2018	30492	21	2068	31555	21	2118	32593	21	2168	33606	20	2218	34596	19
2019	30514	22	2069	31576	21	2119	32613	20	2169	33626	20	2219	34616	20
2020	30535	21	2070	31597	21	2120	32634	21	2170	33646	20	2220	34635	19
2021	30557	22	2071	31618	21	2121	32654	20	2171	33666	20	2221	34655	20
2022	30578	21	2072	31639	21	2122	32675	21	2172	33686	20	2222	34674	19
2023	30600	22	2073	31660	21	2123	32695	20	2173	33706	20	2223	34694	20
2024	30621	21	2074	31681	21	2124	32715	20	2174	33726	20	2224	34713	19
2025	30643	22	2075	31702	21	2125	32736	21	2175	33746	20	2225	34733	20
2026	30664	21	2076	31723	21	2126	32756	20	2176	33766	20	2226	34753	20
2027	30685	21	2077	31744	21	2127	32777	21	2177	33786	20	2227	34772	19
2028	30707	22	2078	31765	21	2128	32797	20	2178	33806	20	2228	34792	20
2029	30728	21	2079	31785	20	2129	32818	21	2179	33826	20	2229	34811	19
2030	30750	22	2080	31806	21	2130	32838	20	2180	33846	20	2230	34830	19
2031	30771	21	2081	31827	21	2131	32858	20	2181	33866	20	2231	34850	20
2032	30792	21	2082	31848	21	2132	32879	21	2182	33885	19	2232	34869	19
2033	30814	22	2083	31869	21	2133	32899	20	2183	33905	20	2233	34889	20
2034	30835	21	2084	31890	21	2134	32919	20	2184	33925	20	2234	34908	19
2035	30856	21	2085	31911	21	2135	32940	21	2185	33945	20	2235	34928	20
2036	30878	22	2086	31931	20	2136	32960	20	2186	33965	20	2236	34947	19
2037	30899	21	2087	31952	21	2137	32980	20	2187	33985	20	2237	34967	20
2038	30920	21	2088	31973	21	2138	33001	21	2188	34005	20	2238	34986	19
2039	30942	22	2089	31994	21	2139	33021	20	2189	34025	20	2239	35005	19
2040	30963	21	2090	32015	21	2140	33041	20	2190	34044	19	2240	35025	20
2041	30984	21	2091	32035	20	2141	33062	21	2191	34064	20	2241	35044	19
2042	31006	22	2092	32056	21	2142	33082	20	2192	34084	20	2242	35064	20
2043	31027	21	2093	32077	21	2143	33102	20	2193	34104	20	2243	35083	19
2044	31048	21	2094	32098	21	2144	33122	20	2194	34124	20	2244	35102	19
2045	31069	21	2095	32118	20	2145	33143	21	2195	34143	19	2245	35122	20
2046	31091	22	2096	32139	21	2146	33163	20	2196	34163	20	2246	35141	19
2047	31112	21	2097	32160	21	2147	33183	20	2197	34183	20	2247	35160	19
2048	31133	21	2098	32181	21	2148	33203	20	2198	34203	20	2248	35180	20
2049	31154	21	2099	32201	20	2149	33224	21	2199	34223	20	2249	35199	19
2050	31175	21	2100	32222	21	2150	33244	20	2200	34242	19	2250	35218	19

N.	Log.	D	N.	Log.	D	N.	Log.	D	N.	Log.	D	N.	Log.	D
2251	35238	20	2301	36192	19	2351	37125	18	2401	38039	18	2451	38934	17
2252	35257	19	2302	36211	19	2352	37144	19	2402	38057	18	2452	38952	18
2253	35276	19	2303	36229	18	2353	37162	18	2403	38075	18	2453	38970	18
2254	35295	19	2304	36248	19	2354	37181	19	2404	38093	18	2454	38987	17
2255	35315	20	2305	36267	19	2355	37199	18	2405	38112	19	2455	39005	18
2256	35334	19	2306	36286	19	2356	37218	19	2406	38130	18	2456	39023	18
2257	35353	19	2307	36305	19	2357	37236	18	2407	38148	18	2457	39041	18
2258	35372	19	2308	36324	19	2358	37254	18	2408	38166	18	2458	39058	17
2259	35392	20	2309	36342	18	2359	37273	19	2409	38184	18	2459	39076	18
2260	35411	19	2310	36361	19	2360	37291	18	2410	38202	18	2460	39094	18
2261	35430	19	2311	36380	19	2361	37310	19	2411	38220	18	2461	39111	17
2262	35449	19	2312	36399	19	2362	37328	18	2412	38238	18	2462	39129	18
2263	35468	19	2313	36418	19	2363	37346	18	2413	38256	18	2463	39146	17
2264	35488	20	2314	36436	18	2364	37365	19	2414	38274	18	2464	39164	18
2265	35507	19	2315	36455	19	2365	37383	18	2415	38292	18	2465	39182	18
2266	35526	19	2316	36474	19	2366	37401	18	2416	38310	18	2466	39199	17
2267	35545	19	2317	36493	19	2367	37420	19	2417	38328	18	2467	39217	18
2268	35564	19	2318	36511	18	2368	37438	18	2418	38346	18	2468	39235	18
2269	35583	19	2319	36530	19	2369	37457	19	2419	38364	18	2469	39252	17
2270	35603	20	2320	36549	19	2370	37475	18	2420	38382	18	2470	39270	18
2271	35622	19	2321	36568	19	2371	37493	18	2421	38399	17	2471	39287	17
2272	35641	19	2322	36586	18	2372	37511	18	2422	38417	18	2472	39305	18
2273	35660	19	2323	36605	19	2373	37530	19	2423	38435	18	2473	39322	17
2274	35679	19	2324	36624	19	2374	37548	18	2424	38453	18	2474	39340	18
2275	35698	19	2325	36642	18	2375	37566	18	2425	38471	18	2475	39358	18
2276	35717	19	2326	36661	19	2376	37585	19	2426	38489	18	2476	39375	17
2277	35736	19	2327	36680	19	2377	37603	18	2427	38507	18	2477	39393	18
2278	35755	19	2328	36698	18	2378	37621	18	2428	38525	18	2478	39410	17
2279	35774	19	2329	36717	19	2379	37639	18	2429	38543	18	2479	39428	18
2280	35793	19	2330	36736	19	2380	37658	19	2430	38561	18	2480	39445	17
2281	35813	20	2331	36754	18	2381	37676	18	2431	38578	17	2481	39463	18
2282	35832	19	2332	36773	19	2382	37694	18	2432	38596	18	2482	39480	17
2283	35851	19	2333	36791	18	2383	37712	18	2433	38614	18	2483	39498	18
2284	35870	19	2334	36810	19	2384	37731	19	2434	38632	18	2484	39515	17
2285	35889	19	2335	36829	19	2385	37749	18	2435	38650	18	2485	39533	18
2286	35908	19	2336	36847	18	2386	37767	18	2436	38668	18	2486	39550	17
2287	35927	19	2337	36866	19	2387	37785	18	2437	38686	18	2487	39568	18
2288	35946	19	2338	36884	18	2388	37803	18	2438	38703	17	2488	39585	17
2289	35965	19	2339	36903	19	2389	37822	19	2439	38721	18	2489	39602	17
2290	35984	19	2340	36922	19	2390	37840	18	2440	38739	18	2490	39620	18
2291	36003	19	2341	36940	18	2391	37858	18	2441	38757	18	2491	39637	17
2292	36021	18	2342	36959	19	2392	37876	18	2442	38775	18	2492	39655	18
2293	36040	19	2343	36977	18	2393	37894	18	2443	38792	17	2493	39672	17
2294	36059	19	2344	36996	19	2394	37912	18	2444	38810	18	2494	39690	18
2295	36078	19	2345	37014	18	2395	37931	19	2445	38828	18	2495	39707	17
2296	36097	19	2346	37033	19	2396	37949	18	2446	38846	18	2496	39724	17
2297	36116	19	2347	37051	18	2397	37967	18	2447	38863	17	2497	39742	18
2298	36135	19	2348	37070	19	2398	37985	18	2448	38881	18	2498	39759	17
2299	36154	19	2349	37088	18	2399	38003	18	2449	38899	18	2499	39777	18
2300	36173	19	2350	37107	19	2400	38021	18	2450	38917	18	2500	39794	17

N.	Log.	D	N.	Log.	D	N.	Log.	D	N.	Log.	D	N.	Log.	D
2501	39811	17	2551	40671	17	2601	41514	17	2651	42341	16	2701	43152	16
2502	39829	18	2552	40688	17	2602	41531	17	2652	42357	16	2702	43169	17
2503	39846	17	2553	40705	17	2603	41547	16	2653	42374	17	2703	43185	16
2504	39863	17	2554	40722	17	2604	41564	17	2654	42390	16	2704	43201	16
2505	39881	18	2555	40739	17	2605	41581	17	2655	42406	16	2705	43217	16
2506	39898	17	2556	40756	17	2606	41597	16	2656	42423	17	2706	43233	16
2507	39915	17	2557	40773	17	2607	41614	17	2657	42439	16	2707	43249	16
2508	39933	18	2558	40790	17	2608	41631	17	2658	42455	16	2708	43265	16
2509	39950	17	2559	40807	17	2609	41647	16	2659	42472	17	2709	43281	16
2510	39967	17	2560	40824	17	2610	41664	17	2660	42488	16	2710	43297	16
2511	39985	18	2561	40841	17	2611	41681	17	2661	42504	16	2711	43313	16
2512	40002	17	2562	40858	17	2612	41697	16	2662	42521	17	2712	43329	16
2513	40019	17	2563	40875	17	2613	41714	17	2663	42537	16	2713	43345	16
2514	40037	18	2564	40892	17	2614	41731	17	2664	42553	16	2714	43361	16
2515	40054	17	2565	40909	17	2615	41747	16	2665	42570	17	2715	43377	16
2516	40071	17	2566	40926	17	2616	41764	17	2666	42586	16	2716	43393	16
2517	40088	17	2567	40943	17	2617	41780	16	2667	42602	16	2717	43409	16
2518	40106	18	2568	40960	17	2618	41797	17	2668	42619	17	2718	43425	16
2519	40123	17	2569	40976	16	2619	41814	17	2669	42635	16	2719	43441	16
2520	40140	17	2570	40993	17	2620	41830	16	2670	42651	16	2720	43457	16
2521	40157	17	2571	41010	17	2621	41847	17	2671	42667	16	2721	43473	16
2522	40175	18	2572	41027	17	2622	41863	16	2672	42684	17	2722	43489	16
2523	40192	17	2573	41044	17	2623	41880	17	2673	42700	16	2723	43505	16
2524	40209	17	2574	41061	17	2624	41896	16	2674	42716	16	2724	43521	16
2525	40226	17	2575	41078	17	2625	41913	17	2675	42732	16	2725	43537	16
2526	40243	17	2576	41095	17	2626	41929	16	2676	42749	17	2726	43553	16
2527	40261	18	2577	41111	16	2627	41946	17	2677	42765	16	2727	43569	16
2528	40278	17	2578	41128	17	2628	41963	17	2678	42781	16	2728	43584	15
2529	40295	17	2579	41145	17	2629	41979	16	2679	42797	16	2729	43600	16
2530	40312	17	2580	41162	17	2630	41996	17	2680	42813	16	2730	43616	16
2531	40329	17	2581	41179	17	2631	42012	16	2681	42830	17	2731	43632	16
2532	40346	17	2582	41196	17	2632	42029	17	2683	42846	16	2732	43648	16
2533	40364	18	2583	41212	16	2633	42045	16	2683	42862	16	2733	43664	16
2534	40381	17	2584	41229	17	2634	42062	17	2684	42878	16	2734	43680	16
2535	40398	17	2585	41246	17	2635	42078	16	2685	42894	16	2735	43696	16
2536	40415	17	2586	41263	17	2636	42095	17	2686	42911	17	2736	43712	16
2537	40432	17	2587	41280	17	2637	42111	16	2687	42927	16	2737	43727	15
2538	40449	17	2588	41296	16	2638	42127	16	2688	42943	16	2738	43743	16
2539	40466	17	2589	41313	17	2639	42144	17	2689	42959	16	2739	43759	16
2540	40483	17	2590	41330	17	2640	42160	16	2690	42975	16	2740	43775	16
2541	40500	17	2591	41347	17	2641	42177	17	2691	42991	16	2741	43791	16
2542	40518	18	2592	41363	16	2642	42193	16	2692	43008	17	2742	43807	16
2543	40535	17	2593	41380	17	2643	42210	17	2693	43024	16	2743	43823	16
2544	40552	17	2594	41397	17	2644	42226	16	2694	43040	16	2744	43838	15
2545	40569	17	2595	41414	17	2645	42243	17	2695	43056	16	2745	43854	16
2546	40586	17	2596	41430	16	2646	42259	16	2696	43072	16	2746	43870	16
2547	40603	17	2597	41447	17	2647	42275	16	2697	43088	16	2747	43886	16
2548	40620	17	2598	41464	17	2648	42292	17	2698	43104	16	2748	43902	16
2549	40637	17	2599	41481	17	2649	42308	16	2699	43120	16	2749	43917	15
2550	40654	17	2600	41497	16	2650	42325	17	2700	43136	16	2750	43933	16

N.	Log.	D	N.	Log.	D	N.	Log.	D	N.	Log.	D	N.	Log.	D
2751	43949	16	2801	44731	15	2851	45500	16	2901	46255	15	2951	46997	15
2752	43965	16	2802	44747	16	2852	45515	15	2902	46270	15	2952	47012	15
2753	43981	16	2803	44762	15	2853	45530	15	2903	46285	15	2953	47026	14
2754	43996	15	2804	44778	16	2854	45545	15	2904	46300	15	2954	47041	15
2755	44012	16	2805	44793	15	2855	45561	16	2905	46315	15	2955	47056	15
2756	44028	16	2806	44809	16	2856	45576	15	2906	46330	15	2956	47070	14
2757	44044	16	2807	44824	15	2857	45591	15	2907	46345	15	2957	47085	15
2758	44059	15	2808	44840	16	2858	45606	15	2908	46359	14	2958	47100	15
2759	44075	16	2809	44855	15	2859	45621	15	2909	46374	15	2959	47114	14
2760	44091	16	2810	44871	16	2860	45637	16	2910	47389	15	2960	47129	15
2761	44107	16	2811	44886	15	2861	45652	15	2911	46404	15	2961	47144	15
2762	44122	15	2812	44902	16	2862	45667	15	2912	46419	15	2962	47159	15
2763	44138	16	2813	44917	15	2863	45682	15	2913	46434	15	2963	47173	14
2764	44154	16	2814	44932	15	2864	45697	15	2914	46449	15	2964	47188	15
2765	44170	16	2815	44948	16	2865	45712	15	2915	46464	15	2965	47202	14
2766	44185	15	2816	44963	15	2866	45728	16	2916	46479	15	2966	47217	15
2767	44201	16	2817	44979	16	2867	45743	15	2917	46494	15	2967	47232	15
2768	44217	16	2818	44994	15	2868	45758	15	2918	46509	15	2968	47246	14
2769	44232	15	2819	45010	16	2869	45773	15	2919	46523	14	2969	47261	15
2770	44248	16	2820	45025	15	2870	45788	15	2920	46538	15	2970	47276	15
2771	44264	16	2821	45040	15	2871	45803	15	2921	46553	15	2971	47290	14
2772	44279	15	2822	45056	16	2872	45818	15	2922	46568	15	2972	47305	15
2773	44295	16	2823	45071	15	2873	45834	16	2923	46583	15	2973	47319	14
2774	44311	16	2824	45086	15	2874	45849	15	2924	46598	15	2974	47334	15
2775	44326	15	2825	45102	16	2875	45864	15	2925	46613	15	2975	47349	15
2776	44342	16	2826	45117	15	2876	45879	15	2926	46627	14	2976	47363	14
2777	44358	16	2827	45133	16	2877	45894	15	2927	46642	15	2977	47378	15
2778	44373	15	2828	45148	15	2878	45909	15	2928	46657	15	2978	47392	14
2779	44389	16	2829	45163	15	2879	45924	15	2929	46672	15	2979	47407	15
2780	44404	15	2830	45179	16	2880	45939	15	2930	46687	15	2980	47422	15
2781	44420	16	2831	45194	15	2881	45954	15	2931	46702	15	2981	47436	14
2782	44436	16	2832	45209	15	2882	45969	15	2932	46716	14	2982	47451	15
2783	44451	15	2833	45225	16	2883	45984	15	2933	46731	15	2983	47465	14
2784	44467	16	2834	45240	15	2884	46000	16	2934	46746	15	2984	47480	15
2785	44483	16	2835	45255	15	2885	46015	15	2935	46761	15	2985	47494	14
2786	44498	15	2836	45271	16	2886	46030	15	2936	46776	15	2986	47509	15
2787	44514	16	2837	45286	15	2887	46045	15	2937	46790	14	2987	47524	15
2788	44529	15	2838	45301	15	2888	46060	15	2938	46805	15	2988	47538	14
2789	44545	16	2839	45317	16	2889	46075	15	2939	46820	15	2989	47553	15
2790	44560	15	2840	45332	15	2890	46090	15	2940	46835	15	2990	47567	14
2791	44576	16	2841	45347	15	2891	46105	15	2941	46850	15	2991	47582	15
2792	44592	16	2842	45362	15	2892	46120	15	2942	46864	14	2992	47596	14
2793	44607	15	2843	45378	16	2893	46135	15	2943	46879	15	2993	47611	15
2794	44623	16	2844	45393	15	2894	46150	15	2944	46894	15	2994	47625	14
2795	44638	15	2845	45408	15	2895	46165	15	2945	46909	15	2995	47640	15
2796	44654	16	2846	45423	15	2896	46180	15	2946	46923	14	2996	47654	14
2797	44669	15	2847	45439	16	2897	46195	15	2947	46938	15	2997	47669	15
2798	44685	16	2848	45454	15	2898	46210	15	2948	46953	15	2998	47683	14
2799	44700	15	2849	45469	15	2899	46225	15	2949	46967	14	2999	47698	15
2800	44716	16	2850	45484	15	2900	46240	15	2950	46982	15	3000	47712	14

N.	Log.	D	N.	Log.	D	N.	Log.	D	N.	Log.	D	N.	Log.	D
3001	47727	15	3051	48444	14	3101	49150	14	3151	49845	14	3201	50529	14
3002	47741	14	3052	48458	14	3102	49164	14	3152	49859	14	3202	50542	13
3003	47756	15	3053	48473	15	3103	49178	14	3153	49872	13	3203	50556	14
3004	47770	14	3054	48487	14	3104	49192	14	3154	49886	14	3204	50569	13
3005	47784	14	3055	48501	14	3105	49206	14	3155	49900	14	3205	50583	14
3006	47799	15	3056	48515	14	3106	49220	14	3156	49914	14	3206	50596	13
3007	47813	14	3057	48530	15	3107	49234	14	3157	49927	13	3207	50610	14
3008	47828	15	3058	48544	14	3108	49248	14	3158	49941	14	3208	50623	13
3009	47842	14	3059	48558	14	3109	49262	14	3159	49955	14	3209	50637	14
3010	47857	15	3060	48572	14	3110	49276	14	3160	49969	14	3210	50651	14
3011	47871	14	3061	48586	14	3111	49290	14	3161	49982	13	3211	50664	13
3012	47885	14	3062	48601	15	3112	49304	14	3162	49996	14	3212	50678	14
3013	47900	15	3063	48615	14	3113	49318	14	3163	50010	14	3213	50691	13
3014	47914	14	3064	48629	14	3114	49332	14	3164	50024	14	3214	50705	14
3015	47929	15	3065	48643	14	3115	49346	14	3165	50037	13	3215	50718	13
3016	47943	14	3066	48657	14	3116	49360	14	3166	50051	14	3216	50732	14
3017	47958	15	3067	48671	14	3117	49374	14	3167	50065	14	3217	50745	13
3018	47972	14	3068	48686	15	3118	49388	14	3168	50079	14	3218	50759	14
3019	47986	14	3069	48700	14	3119	49402	14	3169	50092	13	3219	50772	13
3020	48001	15	3070	48714	14	3120	49415	13	3170	50106	14	3220	50786	14
3021	48015	14	3071	48728	14	3121	49429	14	3171	50120	14	3221	50799	13
3022	48029	14	3072	48742	14	3122	49443	14	3172	50133	13	3222	50813	14
3023	48044	15	3073	48756	14	3123	49457	14	3173	50147	14	3223	50826	13
3024	48058	14	3074	48770	14	3124	49471	14	3174	50161	14	3224	50840	14
3025	48073	15	3075	48785	15	3125	49485	14	3175	50174	13	3225	50853	13
3026	48087	14	3076	48799	14	3126	49499	14	3176	50188	14	3226	50866	13
3027	48101	14	3077	48813	14	3127	49513	14	3177	50202	14	3227	50880	14
3028	48116	15	3078	48827	14	3128	49527	14	3178	50215	13	3228	50893	13
3029	48130	14	3079	48841	14	3129	49541	14	3179	50229	14	3229	50907	14
3030	48144	14	3080	48855	14	3130	49554	13	3180	50243	14	3230	50920	13
3031	48159	15	3081	48869	14	3131	49568	14	3181	50256	13	3231	50934	14
3032	48173	14	3082	48883	14	3132	49582	14	3182	50270	14	3232	50947	13
3033	48187	14	3083	48897	14	3133	49596	14	3183	50284	14	3233	50961	14
3034	48202	15	3084	48911	14	3134	49610	14	3184	50297	13	3234	50974	13
3035	48216	14	3085	48926	15	3135	49624	14	3185	50311	14	3235	50987	13
3036	48230	14	3086	48940	14	3136	49638	14	3186	50325	14	3236	51001	14
3037	48244	14	3087	48954	14	3137	49651	13	3187	50338	13	3237	51014	13
3038	48259	15	3088	48968	14	3138	49665	14	3188	50352	14	3238	51028	14
3039	48273	14	3089	48982	14	3139	49679	14	3189	50365	13	3239	51041	13
3040	48287	14	3090	48996	14	3140	49693	14	3190	50379	14	3240	51055	14
3041	48302	15	3091	49010	14	3141	49707	14	3191	50393	14	3241	51068	13
3042	48316	14	3092	49024	14	3142	49721	14	3192	50406	13	3242	51081	13
3043	48330	14	3093	49038	14	3143	49734	13	3193	50420	14	3243	51095	14
3044	48344	14	3094	49052	14	3144	49748	14	3194	50433	13	3244	51108	13
3045	48359	15	3095	49066	14	3145	49762	14	3195	50447	14	3245	51121	13
3046	48373	14	3096	49080	14	3146	49776	14	3196	50461	14	3246	51135	14
3047	48387	14	3097	49094	14	3147	49790	14	3197	50474	13	3247	51148	13
3048	48401	14	3098	49108	14	3148	49803	13	3198	50488	14	3248	51162	14
3049	48416	15	3099	49122	14	3149	49817	14	3199	50501	13	3249	51175	13
3050	48430	14	3100	49136	14	3150	49831	14	3200	50515	14	3250	51188	13

N.	Log.	D	N.	Log.	D	N.	Log.	D	N.	Log.	D	N.	Log.	D
3251	51202	14	3301	51865	14	3351	52517	13	3401	53161	13	3451	53794	12
3252	51215	13	3302	51878	13	3352	52530	13	3402	53173	12	3452	53807	13
3253	51228	13	3303	51891	13	3353	52543	13	3403	53186	13	3453	53820	13
3254	51242	14	3304	51904	13	3354	52556	13	3404	53199	13	3454	53832	12
3255	51255	13	3305	51917	13	3355	52569	13	3405	53212	13	3455	53845	13
		13			13			13			12			12
3256	51268		3306	51930		3356	52582		3406	53224		3456	53857	
3257	51282	14	3307	51943	13	3357	52595	13	3407	53237	13	3457	53870	13
3258	51295	13	3308	51957	14	3358	52608	13	3408	53250	13	3458	53882	12
3259	51308	13	3309	51970	13	3359	52621	13	3409	53263	13	3459	53895	13
3260	51322	14	3310	51983	13	3360	52634	13	3410	53275	12	3460	53908	13
		13			13			13			13			12
3261	51335		3311	51996		3361	52647		3411	53288		3461	53920	
3262	51348	13	3312	52009	13	3362	52660	13	3412	53301	13	3462	53933	13
3263	51362	14	3313	52022	13	3363	52673	13	3413	53314	13	3463	53945	12
3264	51375	13	3314	52035	13	3364	52686	13	3414	53326	12	3464	53958	13
3265	51388	13	3315	52048	13	3365	52699	13	3415	53339	13	3465	53970	12
		14			13			12			13			13
3266	51402		3316	52061		3366	52711		3416	53352		3466	53983	
3267	51415	13	3317	52075	14	3367	52724	13	3417	53364	12	3467	53995	12
3268	51428	13	3318	52088	13	3368	52737	13	3418	53377	13	3468	54008	13
3269	51441	13	3319	52101	13	3369	52750	13	3419	53390	13	3469	54020	12
3270	51455	14	3320	52114	13	3370	52763	13	3420	53403	13	3470	54033	13
		13			13			13			12			12
3271	51468		3321	52127		3371	52776		3421	53415		3471	54045	
3272	51481	13	3322	52140	13	3372	52789	13	3422	53428	13	3472	54058	13
3273	51495	14	3323	52153	13	3373	52802	13	3423	53441	13	3473	54070	12
3274	51508	13	3324	52166	13	3374	52815	13	3424	53453	12	3474	54083	13
3275	51521	13	3325	52179	13	3375	52827	12	3425	53466	13	3475	54095	12
		13			13			13			13			13
3276	51534		3326	52192		3376	52840		3426	53479		3476	54108	
3277	51548	14	3327	52205	13	3377	52853	13	3427	53491	12	3477	54120	12
3278	51561	13	3328	52218	13	3378	52866	13	3428	53504	13	3478	54133	13
3279	51574	13	3329	52231	13	3379	52879	13	3429	53517	13	3479	54145	12
3280	51587	13	3330	52244	13	3380	52892	13	3430	53529	12	3480	54158	13
		14			13			13			13			12
3281	51601		3331	52257		3381	52905		3431	53542		3481	54170	
3282	51614	13	3332	52270	13	3382	52917	12	3432	53555	13	3482	54183	13
3283	51627	13	3333	52284	14	3383	52930	13	3433	53567	12	3483	54195	12
3284	51640	13	3334	52297	13	3384	52943	13	3434	53580	13	3484	54208	13
3285	51654	14	3335	52310	13	3385	52956	13	3435	53593	13	3485	54220	12
		13			13			13			12			13
3286	51667		3336	52323		3386	52969		3436	53605		3486	54233	
3287	51680	13	3337	52336	13	3387	52982	13	3437	53618	13	3487	54245	12
3288	51693	13	3338	52349	13	3388	52994	12	3438	53631	13	3488	54258	13
3289	51706	13	3339	52362	13	3389	53007	13	3439	53643	12	3489	54270	12
3290	51720	14	3340	52375	13	3390	53020	13	3440	53656	13	3490	54283	13
		13			13			13			12			12
3291	51733		3341	52388		3391	53033		3441	53668		3491	54295	
3292	51746	13	3342	52401	13	3392	53046	13	3442	53681	13	3492	54307	12
3293	51759	13	3343	52414	13	3393	53058	12	3443	53694	13	3493	54320	13
3294	51772	13	3344	52427	13	3394	53071	13	3444	53706	12	3494	54332	12
3295	51786	14	3345	52440	13	3395	53084	13	3445	53719	13	3495	54345	13
		13			13			13			13			12
3296	51799		3346	52453		3396	53097		3446	53732		3496	54357	
3297	51812	13	3347	52466	13	3397	53110	13	3447	53744	12	3497	54370	13
3298	51825	13	3348	52479	13	3398	53122	12	3448	53757	13	3498	54382	12
3299	51838	13	3349	52492	13	3399	53135	13	3449	53769	12	3499	54394	12
3300	51851	13	3350	52504	12	3400	53148	13	3450	53782	13	3500	54407	13

N.	Log.	D	N.	Log.	D	N.	Log.	D	N.	Log.	D	N.	Log.	D
3501	54419	12	3551	55035	12	3601	55642	12	3651	56241	12	3701	56832	12
3502	54432	13	3552	55047	12	3602	55654	12	3652	56253	12	3702	56844	12
3503	54444	12	3553	55060	13	3603	55666	12	3653	56265	12	3703	56855	11
3504	54456	12	3554	55072	12	3604	55678	12	3654	56277	12	3704	56867	12
3505	54469	13	3555	55084	12	3605	55691	13	3655	56289	12	3705	56879	12
3506	54481	12	3556	55096	12	3606	55703	12	3656	56301	12	3706	56891	12
3507	54494	13	3557	55108	12	3607	55715	12	3657	56312	11	3707	56902	11
3508	54506	12	3558	55121	13	3608	55727	12	3658	56324	12	3708	56914	12
3509	54518	12	3559	55133	12	3609	55739	12	3659	56336	12	3709	56926	12
3510	54531	13	3560	55145	12	3610	55751	12	3660	56348	12	3710	56937	11
3511	54543	12	3561	55157	12	3611	55763	12	3661	56360	12	3711	56949	12
3512	54555	12	3562	55169	12	3612	55775	12	3662	56372	12	3712	56961	12
3513	54568	13	3563	55182	13	3613	55787	12	3663	56384	12	3713	56972	11
3514	54580	12	3564	55194	12	3614	55799	12	3664	56396	12	3714	56984	12
3515	54593	13	3565	55206	12	3615	55811	12	3665	56407	11	3715	56996	12
3516	54605	12	3566	55218	12	3616	55823	12	3666	56419	12	3716	57008	12
3517	54617	12	3567	55230	12	3617	55835	12	3667	56431	12	3717	57019	11
3518	54630	13	3568	55242	12	3618	55847	12	3668	56443	12	3718	57031	12
3519	54642	12	3569	55255	13	3619	55859	12	3669	56455	12	3719	57043	12
3520	54654	12	3570	55267	12	3620	55871	12	3670	56467	12	3720	57054	11
3521	54667	13	3571	55279	12	3621	55883	12	3671	56478	11	3721	57066	12
3522	54679	12	3572	55291	12	3622	55895	12	3672	56490	12	3722	57078	12
3523	54691	12	3573	55303	12	3623	55907	12	3673	56502	12	3723	57089	11
3524	54704	13	3574	55315	12	3624	55919	12	3674	56514	12	3724	57101	12
3525	54716	12	3575	55328	13	3625	55931	12	3675	56526	12	3725	57113	12
3526	54728	12	3576	55340	12	3626	55943	12	3676	56538	12	3726	57124	11
3527	54741	13	3577	55352	12	3627	55955	12	3677	56549	11	3727	57136	12
3528	54753	12	3578	55364	12	3628	55967	12	3678	56561	12	3728	57148	12
3529	54765	12	3579	55376	12	3629	55979	12	3679	56573	12	3729	57159	11
3530	54777	12	3580	55388	12	3630	55991	12	3680	56585	12	3730	57171	12
3531	54790	13	3581	55400	12	3631	56003	12	3681	56597	12	3731	57183	12
3532	54802	12	3582	55413	13	3632	56015	12	3682	56608	11	3732	57194	11
3533	54814	12	3583	55425	12	3633	56027	12	3683	56620	12	3733	57206	12
3534	54827	13	3584	55437	12	3634	56038	11	3684	56632	12	3734	57217	11
3535	54839	12	3585	55449	12	3635	56050	12	3685	56644	12	3735	57229	12
3536	54851	12	3586	55461	12	3636	56062	12	3686	56656	12	3736	57241	12
3537	54864	13	3587	55473	12	3637	56074	12	3687	56667	11	3737	57252	11
3538	54876	12	3588	55485	12	3638	56086	12	3688	56679	12	3738	57264	12
3539	54888	12	3589	55497	12	3639	56098	12	3689	56691	12	3739	57276	12
3540	54900	12	3590	55509	12	3640	56110	12	3690	56703	12	3740	57287	11
3541	54913	13	3591	55522	13	3641	56122	12	3691	56714	11	3741	57299	12
3542	54925	12	3592	55534	12	3642	56134	12	3692	56726	12	3742	57310	11
3543	54937	12	3593	55546	12	3643	56146	12	3693	56738	12	3743	57322	12
3544	54949	12	3594	55558	12	3644	56158	12	3694	56750	12	3744	57334	12
3545	54962	13	3595	55570	12	3645	56170	12	3695	56761	11	3745	57345	11
3546	54974	12	3596	55582	12	3646	56182	12	3696	56773	12	3746	57357	12
3547	54986	12	3597	55594	12	3647	56194	12	3697	56785	12	3747	57368	11
3548	54998	12	3598	55606	12	3648	56205	11	3698	56797	12	3748	57380	12
3549	55011	13	3599	55618	12	3649	56217	12	3699	56808	11	3749	57392	12
3550	55023	12	3600	55630	12	3650	56229	12	3700	56820	12	3750	57403	11

N.	Log.	D	N.	Log.	D	N.	Log.	D	N.	Log.	D	N.	Log.	D
3751	57415	12	3801	57990	12	3851	58557	11	3901	59118	12	3951	59671	11
3752	57426	11	3802	58001	11	3852	58569	12	3902	59129	11	3952	59682	11
3753	57438	12	3803	58013	12	3853	58580	11	3903	59140	11	3953	59693	11
3754	57449	11	3804	58024	11	3854	58591	11	3904	59151	11	3954	59704	11
3755	57461	12	3805	58035	11	3855	58602	11	3905	59162	11	3955	59715	11
3756	57473	12	3806	58047	12	3856	58614	12	3906	59173	11	3956	59726	11
3757	57484	11	3807	58058	11	3857	58625	11	3907	59184	11	3957	59737	11
3758	57496	12	3808	58070	12	3858	58636	11	3908	59195	11	3958	59748	11
3759	57507	11	3809	58081	11	3859	58647	11	3909	59207	12	3959	59759	11
3760	57519	12	3810	58092	11	3860	58659	12	3910	59218	11	3960	59770	11
3761	57530	11	3811	58104	12	3861	58670	11	3911	59229	11	3961	59780	10
3762	57542	12	3812	58115	11	3862	58681	11	3912	59240	11	3962	59791	11
3763	57553	11	3813	58127	12	3863	58692	11	3913	59251	11	3963	59802	11
3764	57565	12	3814	58138	11	3864	58704	12	3914	59262	11	3964	59813	11
3765	57576	11	3815	58149	11	3865	58715	11	3915	59273	11	3965	59824	11
3766	57588	12	3816	58161	12	3866	58726	11	3916	59284	11	3966	59835	11
3767	57600	12	3817	58172	11	3867	58737	11	3917	59295	11	3967	59846	11
3768	57611	11	3818	58184	12	3868	58749	12	3918	59306	11	3968	59857	11
3769	57623	12	3819	58195	11	3869	58760	11	3919	59318	12	3969	59868	11
3770	57634	11	3820	58206	11	3870	58771	11	3920	59329	11	3970	59879	11
3771	57646	12	3821	58218	12	3871	58782	11	3921	59340	11	3971	59890	11
3772	57657	11	3822	58229	11	3872	58794	12	3922	59351	11	3972	59901	11
3773	57669	12	3823	58240	11	3873	58805	11	3923	59362	11	3973	59912	11
3774	57680	11	3824	58252	12	3874	58816	11	3924	59373	11	3974	59923	11
3775	57692	12	3825	58263	11	3875	58827	11	3925	59384	11	3975	59934	11
3776	57703	11	3826	58274	11	3876	58838	11	3926	59395	11	3976	59945	11
3777	57715	12	3827	58286	12	3877	58850	12	3927	59406	11	3977	59956	11
3778	57726	11	3828	58297	11	3878	58861	11	3928	59417	11	3978	59966	10
3779	57738	12	3829	58309	12	3879	58872	11	3929	59428	11	3979	59977	11
3780	57749	11	3830	58320	11	3880	58883	11	3930	59439	11	3980	59988	11
3781	57761	12	3831	58331	11	3881	58894	11	3931	59450	11	3981	59999	11
3782	57772	11	3832	58343	12	3882	58906	12	3932	59461	11	3982	60010	11
3783	57784	12	3833	58354	11	3883	58917	11	3933	59472	11	3983	60021	11
3784	57795	11	3834	58365	11	3884	58928	11	3934	59483	11	3984	60032	11
3785	57807	12	3835	58377	12	3885	58939	11	3935	59494	11	3985	60043	11
3786	57818	11	3836	58388	11	3886	58950	11	3936	59506	12	3986	60054	11
3787	57830	12	3837	58399	11	3887	58961	11	3937	59517	11	3987	60065	11
3788	57841	11	3838	58410	11	3888	58973	12	3938	59528	11	3988	60076	11
3789	57852	11	3839	58422	12	3889	58984	11	3939	59539	11	3989	60086	10
3790	57864	12	3840	58433	11	3890	58995	11	3940	59550	11	3990	60097	11
3791	57875	11	3841	58444	11	3891	59006	11	3941	59561	11	3991	60108	11
3792	57887	12	3842	58456	12	3892	59017	11	3942	59572	11	3992	60119	11
3793	57898	11	3843	58467	11	8393	59028	11	3943	59583	11	3993	60130	11
3794	57910	12	3844	58478	11	3894	59040	12	3944	59594	11	3994	60141	11
3795	57921	11	3845	58490	12	3895	59051	11	3945	59605	11	3995	60152	11
3796	57933	12	3846	58501	11	3896	59062	11	3946	59616	11	3996	60163	11
3797	57944	11	3847	85512	11	3897	59073	11	3947	59627	11	3997	60173	10
3798	57955	11	3848	58524	12	3898	59084	11	3948	59638	11	3998	60184	11
3799	57967	12	3849	58535	11	3899	59095	11	3949	59649	11	3999	60195	11
3800	57978	11	3850	58546	11	3900	59106	11	3950	59660	11	4000	60206	11

N.	Log.	D	N.	Log.	D	N.	Log.	D	N.	Log.	D	N.	Log.	D
4001	60217	11	4051	60756	10	4101	61289	11	4151	61815	10	4201	62335	10
4002	60228	11	4052	60767	11	4102	61300	11	4152	61826	11	4202	62346	11
4003	60239	11	4053	60778	11	4103	61310	10	4153	61836	10	4203	62356	10
4004	60249	10	4054	60788	10	4104	61321	11	4154	61847	11	4204	62366	10
4005	60260	11	4055	60799	11	4105	61331	10	4155	61857	10	4205	62377	11
4006	60271	11	4056	60810	11	4106	61342	11	4156	61868	11	4206	62387	10
4007	60282	11	4057	60821	11	4107	61352	10	4157	61878	10	4207	62397	10
4008	60293	11	4058	60831	10	4108	61363	11	4158	61888	10	4208	62408	11
4009	60304	11	4059	60842	11	4109	61374	11	4159	61899	11	4209	62418	10
4010	60314	10	4060	60853	11	4110	61384	10	4160	61909	10	4210	62428	10
4011	60325	11	4061	60863	10	4111	61395	11	4161	61920	11	4211	62439	11
4012	60336	11	4062	60874	11	4112	61405	10	4162	61930	10	4212	62449	10
4013	60347	11	4063	60885	11	4113	61416	11	4163	61941	11	4213	62459	10
4014	60358	11	4064	60895	10	4114	61426	10	4164	61951	10	4214	62469	10
4015	60369	11	4065	60906	11	4115	61437	11	4165	61962	11	4215	62480	11
4016	60379	10	4066	60917	11	4116	61448	11	4166	61972	10	4216	62490	10
4017	60390	11	4067	60927	10	4117	61458	10	4167	61982	10	4217	62500	10
4018	60401	11	4068	60938	11	4118	61469	11	4168	61993	11	4218	62511	11
4019	60412	11	4069	60949	11	4119	61479	10	4169	62003	10	4219	62521	10
4020	60423	11	4070	60959	10	4120	61490	11	4170	62014	11	4220	62531	10
4021	60433	10	4071	60970	11	4121	61500	10	4171	62024	10	4221	62542	11
4022	60444	11	4072	60981	11	4122	61511	11	4172	62034	10	4222	62552	10
4023	60455	11	4073	60991	10	4123	61521	10	4173	62045	11	4223	62562	10
4024	60466	11	4074	61002	11	4124	61532	11	4174	62055	10	4224	62572	10
4025	60477	11	4075	61013	11	4125	61542	10	4175	62066	11	4225	62583	11
4026	60487	10	4076	61023	10	4126	61553	11	4176	62076	10	4226	62593	10
4027	60498	11	4077	61034	11	4127	61563	10	4177	62086	10	4227	62603	10
4028	60509	11	4078	61045	11	4128	61574	11	4178	62097	11	4228	62613	10
4029	60520	11	4079	61055	10	4129	61584	10	4179	62107	10	4229	62624	11
4030	60531	11	4080	61066	11	4130	61595	11	4180	62118	11	4230	62634	10
4031	60541	10	4081	61077	11	4131	61606	11	4181	62128	10	4231	62644	10
4032	60552	11	4082	61087	10	4132	61616	10	4182	62138	10	4232	62655	11
4033	60563	11	4083	61098	11	4133	61627	11	4183	62149	11	4233	62665	10
4034	60574	11	4084	61109	11	4134	61637	10	4184	62159	10	4234	62675	10
4035	60584	10	4085	61119	10	4135	61648	11	4185	62170	11	4235	62685	10
4036	60595	11	4086	61130	11	4136	61658	10	4186	62180	10	4236	62696	11
4037	60606	11	4087	61140	10	4137	61669	11	4187	62190	10	4237	62706	10
4038	60617	11	4088	61151	11	4138	61679	10	4188	62201	11	4238	62716	10
4039	60627	10	4089	61162	11	4139	61690	11	4189	62211	10	4239	62726	10
4040	60638	11	4090	61172	10	4140	61700	10	4190	62221	10	4240	62737	11
4041	60649	11	4091	61183	11	4141	61711	11	4191	62232	11	4241	62747	10
4042	60660	11	4092	61194	11	4142	61721	10	4192	62242	10	4242	62757	10
4043	60670	10	4093	61204	10	4143	61731	10	4193	62252	10	4243	62767	10
4044	60681	11	4094	61215	11	4144	61742	11	4194	62263	11	4244	62778	11
4045	60692	11	4095	61225	10	4145	61752	10	4195	62273	10	4245	62788	10
4046	60703	11	4096	61236	11	4146	61763	11	4196	62284	11	4246	62798	10
4047	60713	10	4097	61247	11	4147	61773	10	4197	62294	10	4247	62808	10
4048	60724	11	4098	61257	10	4148	61784	11	4198	62304	10	4248	62818	10
4049	60735	11	4099	61268	11	4149	61794	10	4199	62315	11	4249	62829	11
4050	60746	11	4100	61278	10	4150	61805	11	4200	62325	10	4250	62839	10

N.	Log.	D	N.	Log.	D	N.	Log.	D	N.	Log.	D	N.	Log.	D
4251	62849	10	4301	63357	10	4351	63859	10	4401	64355	10	4451	64846	10
4252	62859	10	4302	63367	10	4352	63869	10	4402	64365	10	4452	64856	10
4253	62870	11	4303	63377	10	4353	63879	10	4403	64375	10	4453	64865	9
4254	62880	10	4304	63387	10	4354	63889	10	4404	64385	10	4454	64875	10
4255	62890	10	4305	63397	10	4355	63899	10	4405	64395	10	4455	64885	10
4256	62900	10	4306	63407	10	4356	63909	10	4406	64404	9	4456	64895	10
4257	62910	10	4307	63417	10	4357	63919	10	4407	64414	10	4457	64904	9
4258	62921	11	4308	63428	11	4358	63929	10	4408	64424	10	4458	64914	10
4259	62931	10	4309	63438	10	4359	63939	10	4409	64434	10	4459	64924	10
4260	62941	10	4310	63448	10	4360	63949	10	4410	64444	10	4460	64933	9
4261	62951	10	4311	63458	10	4361	63959	10	4411	64454	10	4461	64943	10
4262	62961	10	4312	63468	10	4362	63969	10	4412	64464	10	4462	64953	10
4263	62972	11	4313	63478	10	4363	63979	10	4413	64473	9	4463	64963	10
4264	62982	10	4314	63488	10	4364	63988	9	4414	64483	10	4464	64972	9
4265	62992	10	4315	63498	10	4365	63998	10	4415	64493	10	4465	64982	10
4266	63002	10	4316	63508	10	4366	64008	10	4416	64503	10	4466	64992	10
4267	63012	10	4317	63518	10	4367	64018	10	4417	64513	10	4467	65002	10
4268	63022	10	4318	63528	10	4368	64028	10	4418	64523	10	4468	65011	9
4269	63033	11	4319	63538	10	4369	64038	10	4419	64532	9	4469	65021	10
4270	63043	10	4320	63548	10	4370	64048	10	4420	64542	10	4470	65031	10
4271	63053	10	4321	63558	10	4371	64058	10	4421	64552	10	4471	65040	9
4272	63063	10	4322	63568	10	4372	64068	10	4422	64562	10	4472	65050	10
4273	63073	10	4323	63579	11	4373	64078	10	4423	64572	10	4473	65060	10
4274	63083	10	4324	63589	10	4374	64088	10	4424	64582	10	4474	65070	10
4275	63094	11	4325	63599	10	4375	64098	10	4425	64591	9	4475	65079	9
4276	63104	10	4326	63609	10	4376	64108	10	4426	64601	10	4476	65089	10
4277	63114	10	4327	63619	10	4377	64118	10	4427	64611	10	4477	65099	10
4278	63124	10	4328	63629	10	4378	64128	10	4428	64621	10	4478	65108	9
4279	63134	10	4329	63639	10	4379	64137	9	4429	64631	10	4479	65118	10
4280	63144	10	4330	63649	10	4380	64147	10	4430	64640	9	4480	65128	10
4281	63155	11	4331	63659	10	4381	64157	10	4431	64650	10	4481	65137	9
4282	63165	10	4332	63669	10	4382	64167	10	4432	64660	10	4482	65147	10
4283	63175	10	4333	63679	10	4383	64177	10	4433	64670	10	4483	65157	10
4284	63185	10	4334	63689	10	4384	64187	10	4434	64680	10	4484	65167	10
4285	63195	10	4335	63699	10	4385	64197	10	4435	64689	9	4485	65176	9
4286	63205	10	4336	63709	10	4386	64207	10	4436	64699	10	4486	65186	10
4287	63215	10	4337	63719	10	4387	64217	10	4437	64709	10	4487	65196	10
4288	63225	10	4338	63729	10	4388	64227	10	4438	64719	10	4488	65205	9
4289	63236	11	4339	63739	10	4389	64237	10	4439	64729	10	4489	65215	10
4290	63246	10	4340	63749	10	4390	64246	9	4440	64738	9	4490	65225	10
4291	63256	10	4341	63759	10	4391	64256	10	4441	64748	10	4491	65234	9
4292	63266	10	4342	63769	10	4392	64266	10	4442	64758	10	4492	65244	10
4293	63276	10	4343	63779	10	4393	64276	10	4443	64768	10	4493	65254	10
4294	63286	10	4344	63789	10	4394	64286	10	4444	64777	9	4494	65263	9
4295	63296	10	4345	63799	10	4395	64296	10	4445	64787	10	4495	65273	10
4296	63306	10	4346	63809	10	4396	64306	10	4446	64797	10	4496	65283	10
4297	63317	11	4347	63819	10	4397	64316	10	4447	64807	10	4497	65292	9
4298	63327	10	4348	63829	10	4398	64326	10	4448	64816	9	4498	65302	10
4299	63337	10	4349	63839	10	4399	64335	9	4449	64826	10	4499	65312	10
4300	63347	10	4350	63849	10	4400	64345	10	4450	64836	10	4500	65321	9

N.	Log.	D	N.	Log.	D	N.	Log.	D	N.	Log.	D	N.	Log.	D
4501	65331	10	4551	65811	10	4601	66285	9	4651	66755	10	4701	67219	9
4502	65341	10	4552	65820	9	4602	66295	10	4652	66764	9	4702	67228	9
4503	65350	9	4553	65830	10	4603	66304	9	4653	66773	9	4703	67237	9
4504	65360	10	4554	65839	9	4604	66314	10	4654	66783	10	4704	67247	10
4505	65369	9	4555	65849	10	4605	66323	9	4655	66792	9	4705	67256	9
4506	65379	10	4556	65858	9	4606	66332	9	4656	66801	9	4706	67265	9
4507	65389	10	4557	65868	10	4607	66342	10	4657	66811	10	4707	67274	9
4508	65398	9	4558	65877	9	4608	66351	9	4658	66820	9	4708	67284	10
4509	65408	10	4559	65887	10	4609	66361	10	4659	66829	9	4709	67293	9
4510	65418	10	4560	65896	9	4610	66370	9	4660	66839	10	4710	67302	9
4511	65427	9	4561	65906	10	4611	66380	10	4661	66848	9	4711	67311	9
4512	65437	10	4562	65916	10	4612	66389	9	4662	66857	9	4712	67321	10
4513	65447	10	4563	65925	9	4613	66398	9	4663	66867	10	4713	67330	9
4514	65456	9	4564	65935	10	4614	66408	10	4664	66876	9	4714	67339	9
4515	65466	10	4565	65944	9	4615	66417	9	4665	66885	9	4715	67348	9
4516	65475	9	4566	65954	10	4616	66427	10	4666	66894	9	4716	67357	9
4517	65485	10	4567	65963	9	4617	66436	9	4667	66904	10	4717	67367	10
4518	65495	10	4568	65973	10	4618	66445	9	4668	66913	9	4718	67376	9
4519	65504	9	4569	65982	9	4619	66455	10	4669	66922	9	4719	67385	9
4520	65514	10	4570	65992	10	4620	66464	9	4670	66932	10	4720	67394	9
4521	65523	9	4571	66001	9	4621	66474	10	4671	66941	9	4721	67403	9
4522	65533	10	4572	66011	10	4622	66483	9	4672	66950	9	4722	67413	10
4523	65543	10	4573	66020	9	4623	66492	9	4673	66960	10	4723	67422	9
4524	65552	9	4574	66030	10	4624	66502	10	4674	66969	9	4724	67431	9
4525	65562	10	4575	66039	9	4625	66511	9	4675	66978	9	4725	67440	9
4526	65571	9	4576	66049	10	4626	66521	10	4676	66987	9	4726	67449	9
4527	65581	10	4577	66058	9	4627	66530	9	4677	66997	10	4727	67459	10
4528	65591	10	4578	66068	10	4628	66539	9	4678	67006	9	4728	67468	9
4529	65600	9	4579	66077	9	4629	66549	10	4679	67015	9	4729	67477	9
4530	65610	10	4580	66087	10	4630	66558	9	4680	67025	10	4730	67486	9
4531	65619	9	4581	66096	9	4631	66567	9	4681	67034	9	4731	67495	9
4532	65629	10	4582	66106	10	4632	66577	10	4682	67043	9	4732	67504	9
4533	65639	10	4583	66115	9	4633	66586	9	4683	67052	9	4733	67514	10
4534	65648	9	4584	66124	9	4634	66596	10	4684	67062	10	4734	67523	9
4535	65658	10	4585	66134	10	4635	66605	9	4685	67071	9	4735	67532	9
4536	65667	9	4586	66143	9	4636	66614	9	4686	67080	9	4736	67541	9
4537	65677	10	4587	66153	10	4637	66624	10	4687	67089	9	4737	67550	9
4538	65686	9	4588	66162	9	4638	66633	9	4688	67099	10	4738	67560	10
4539	65696	10	4589	66172	10	4639	66642	9	4689	67108	9	4739	67569	9
4540	65706	10	4590	66181	9	4640	66652	10	4690	67117	9	4740	67578	9
4541	65715	9	4591	66191	10	4641	66661	9	4691	67127	10	4741	67587	9
4542	65725	10	4592	66200	9	4642	66671	10	4692	67136	9	4742	67596	9
4543	65734	9	4593	66210	10	4643	66680	9	4693	67145	9	4743	67605	9
4544	65744	10	4594	66219	9	4644	66689	9	4694	67154	9	4744	67614	9
4545	65753	9	4595	66229	10	4645	66699	10	4695	67164	10	4745	67624	10
4546	65763	10	4596	66238	9	4646	66708	9	4696	67173	9	4746	67633	9
4547	65772	9	4597	66247	9	4647	66717	9	4697	67182	9	4747	67642	9
4548	65782	10	4598	66257	10	4648	66727	10	4698	67191	9	4748	67651	9
4549	65792	10	4599	66266	9	4649	66736	9	4699	67201	10	4749	67660	9
4550	65801	9	4600	66276	10	4650	66745	9	4700	67210	9	4750	67669	9

N.	Log.	D	N.	Log.	D	N.	Log.	D	N.	Log.	D	N.	Log.	D
4751	67679	10	4801	68133	9	4851	68583	9	4901	69028	8	4951	69469	8
4752	67688	9	4802	68142	9	4852	68592	9	4902	69037	9	4952	69478	9
4753	67697	9	4803	68151	9	4853	68601	9	4903	69046	9	4953	69487	9
4754	67706	9	4804	68160	9	4854	68610	9	4904	69055	9	4954	69496	9
4755	67715	9	4805	68169	9	4855	68619	9	4905	69064	9	4955	69504	8
4756	67724	9	4806	68178	9	4856	68628	9	4906	69073	9	4956	69513	9
4757	67733	9	4807	68187	9	4857	68637	9	4907	69082	9	4957	69522	9
4758	67742	9	4808	68196	9	4858	68646	9	4908	69090	8	4958	69531	9
4759	67752	10	4809	68205	9	4859	68655	9	4909	69099	9	4959	69539	8
4760	67761	9	4810	68215	10	4860	68664	9	4910	69108	9	4960	69548	9
4761	67770	9	4811	68224	9	4861	68673	9	4911	69117	9	4961	69557	9
4762	67779	9	4812	68233	9	4862	68681	8	4912	69126	9	4962	69566	9
4763	67788	9	4813	68242	9	4863	68690	9	4913	69135	9	4963	69574	8
4764	67797	9	4814	68251	9	4864	68699	9	4914	69144	9	4964	69583	9
4765	67806	9	4815	68260	9	4865	68708	9	4915	69152	8	4965	69592	9
4766	67815	9	4816	68269	9	4866	68717	9	4916	69161	9	4966	69601	9
4767	67825	10	4817	68278	9	4867	68726	9	4917	69170	9	4967	69609	8
4768	67834	9	4818	68287	9	4868	68735	9	4918	69179	9	4968	69618	9
4769	67843	9	4819	68296	9	4869	68744	9	4919	69188	9	4969	69627	9
4770	67852	9	4820	68305	9	4870	68753	9	4920	69197	9	4970	69636	9
4771	67861	9	4821	68314	9	4871	68762	9	4921	69205	8	4971	69644	8
4772	67870	9	4822	68323	9	4872	68771	9	4922	69214	9	4972	69653	9
4773	67879	9	4823	68332	9	4873	68780	9	4923	69223	9	4973	69662	9
4774	67888	9	4824	68341	9	4874	68789	9	4924	69232	9	4974	69671	9
4775	67897	9	4825	68350	9	4875	68797	8	4925	69241	9	4975	69679	8
4776	67906	9	4826	68359	9	4876	68806	9	4926	69249	8	4976	69688	9
4777	67916	10	4827	68368	9	4877	68815	9	4927	69258	9	4977	69697	9
4778	67925	9	4828	68377	9	4878	68824	9	4928	69267	9	4978	69705	8
4779	67934	9	4829	68386	9	4879	68833	9	4929	69276	9	4979	69714	9
4780	67943	9	4830	68395	9	4880	68842	9	4930	69285	9	4980	69723	9
4781	67952	9	4831	68404	9	4881	68851	9	4931	69294	9	4981	69732	9
4782	67961	9	4832	68413	9	4882	68860	9	4932	69302	8	4982	69740	8
4783	67970	9	4833	68422	9	4883	68869	9	4933	69311	9	4983	69749	9
4784	67979	9	4834	68431	9	4884	68878	9	4934	69320	9	4984	69758	9
4785	67988	9	4835	68440	9	4885	68886	8	4935	69329	9	4985	69767	9
4786	67997	9	4836	68449	9	4886	68895	9	4936	69338	9	4986	69775	8
4787	68006	9	4837	68458	9	4887	68904	9	4937	69346	8	4987	69784	9
4788	68015	9	4838	68467	9	4888	68913	9	4938	69355	9	4988	69793	9
4789	68024	9	4839	68476	9	4889	68922	9	4939	69364	9	4989	69801	8
4790	68034	10	4840	68485	9	4890	68931	9	4940	69373	9	4990	69810	9
4791	68043	9	4841	68494	9	4891	68940	9	4941	69381	8	4991	69819	9
4792	68052	9	4842	68502	8	4892	68949	9	4942	69390	9	4992	69827	8
4793	68061	9	4843	68511	9	4893	68958	9	4943	69399	9	4993	69836	9
4794	68070	9	4844	68520	9	4894	68966	8	4944	69408	9	4994	69845	9
4795	68079	9	4845	68529	9	4895	68975	9	4945	69417	9	4995	69854	9
4796	68088	9	4846	68538	9	4896	68984	9	4946	69425	8	4996	69862	8
4797	68097	9	4847	68547	9	4897	68993	9	4947	69434	9	4997	69871	9
4798	68106	9	4848	68556	9	4898	69002	9	4948	69443	9	4998	69880	9
4799	68115	9	4849	68565	9	4899	69011	9	4949	69452	9	4999	69888	8
4800	68124	9	4850	68574	9	4900	69020	9	4950	69461	9	5000	69897	9

N.	Log.	D	N.	Log.	D	N.	Log.	D	N.	Log.	D	N.	Log.	D
5001	69906	9	5051	70338	9	5101	70766	9	5151	71189	8	5201	71609	9
5002	69914	8	5052	70346	8	5102	70774	8	5152	71198	9	5202	71617	8
5003	69923	9	5053	70355	9	5103	70783	9	5153	71206	8	5203	71625	8
5004	69932	9	5054	70364	9	5104	70791	8	5154	71214	8	5204	71634	9
5005	69940	8	5055	70372	8	5105	70800	9	5155	71223	9	5205	71642	8
5006	69949	9	5056	70381	9	5106	70808	8	5156	71231	8	5206	71650	8
5007	69958	9	5057	70389	8	5107	70817	9	5157	71240	9	5207	71659	9
5008	69966	8	5058	70398	9	5108	70825	8	5158	71248	8	5208	71667	8
5009	69975	9	5059	70406	8	5109	70834	9	5159	71257	9	5209	71675	8
5010	69984	9	5060	70415	9	5110	70842	8	5160	71265	8	5210	71684	9
5011	69992	8	5061	70424	9	5111	70851	9	5161	71273	8	5211	71692	8
5012	70001	9	5062	70432	8	5112	70859	8	5162	71282	9	5212	71700	8
5013	70010	9	5063	70441	9	5113	70868	9	5163	71290	8	5213	71709	9
5014	70018	8	5064	70449	8	5114	70876	8	5164	71299	9	5214	71717	8
5015	70027	9	5065	70458	9	5115	70885	9	5165	71307	8	5215	71725	8
5016	70036	9	5066	70467	9	5116	70893	8	5166	71315	8	5216	71734	9
5017	70044	8	5067	70475	8	5117	70902	9	5167	71324	9	5217	71742	8
5018	70053	9	5068	70484	9	5118	70910	8	5168	71332	8	5218	71750	8
5019	70062	9	5069	70492	8	5119	70919	9	5169	71341	9	5219	71759	9
5020	70070	8	5070	70501	9	5120	70927	8	5170	71349	8	5220	71767	8
5021	70079	9	5071	70509	8	5121	70935	8	5171	71357	8	5221	71775	8
5022	70088	9	5072	70518	9	5122	70944	9	5172	71366	9	5222	71784	9
5023	70096	8	5073	70526	8	5123	70952	8	5173	71374	8	5223	71792	8
5024	70105	9	5074	70535	9	5124	70961	9	5174	71383	9	5224	71800	8
5025	70114	9	5075	70544	9	5125	70969	8	5175	71391	8	5225	71809	9
5026	70122	8	5076	70552	8	5126	70978	9	5176	71399	8	5226	71817	8
5027	70131	9	5077	70561	9	5127	70986	8	5177	71408	9	5227	71825	8
5028	70140	9	5078	70569	8	5128	70995	9	5178	71416	8	5228	71834	9
5029	70148	8	5079	70578	9	5129	71003	8	5179	71425	9	5229	71842	8
5030	70157	9	5080	70586	8	5130	71012	9	5180	71433	8	5230	71850	8
5031	70165	8	5081	70595	9	5131	71020	8	5181	71441	8	5231	71858	8
5032	70174	9	5082	70603	8	5132	71029	9	5182	71450	9	5232	71867	9
5033	70183	9	5083	70612	9	5133	71037	8	5183	71458	8	5233	71875	8
5034	70191	8	5084	70621	9	5134	71046	9	5184	71466	8	5234	71883	8
5035	70200	9	5085	70629	8	5135	71054	8	5185	71475	9	5235	71892	9
5036	70209	9	5086	70638	9	5136	71063	9	5186	71483	8	5236	71900	8
5037	70217	8	5087	70646	8	5137	71071	8	5187	71492	9	5237	71908	8
5038	70226	9	5088	70655	9	5138	71079	8	5188	71500	8	5238	71917	9
5039	70234	8	5089	70663	8	5139	71088	9	5189	71508	8	5239	71925	8
5040	70243	9	5090	70672	9	5140	71096	8	5190	71517	9	5240	71933	8
5041	70252	9	5091	70680	8	5141	71105	9	5191	71525	8	5241	71941	8
5042	70260	8	5092	70689	9	5142	71113	8	5192	71533	8	5242	71950	9
5043	70269	9	5093	70697	8	5143	71122	9	5193	71542	9	5243	71958	8
5044	70278	9	5094	70706	9	5144	71130	8	5194	71550	8	5244	71966	8
5045	70286	8	5095	70714	8	5145	71139	9	5195	71559	9	5245	71975	9
5046	70295	9	5096	70723	9	5146	71147	8	5196	71567	8	5246	71983	8
5047	70303	8	5097	70731	8	5147	71155	8	5197	71575	8	5247	71991	8
5048	70312	9	5098	70740	9	5148	71164	9	5198	71584	9	5248	71999	8
5049	70321	9	5099	70749	9	5149	71172	8	5199	71592	8	5249	72008	8
5050	70329	8	5100	70757	8	5150	71181	9	5200	71600	9	5250	72016	9

N.	Log.	D	N.	Log.	D	N.	Log.	D	N.	Log.	D	N.	Log.	D
5251	72024	8	5301	72436	8	5351	72843	8	5401	73247	8	5451	73648	8
5252	72032	8	5302	72444	8	5352	72852	9	5402	73255	8	5452	73656	8
5253	72041	9	5303	72452	8	5353	72860	8	5403	73263	8	5453	73664	8
5254	72049	8	5304	72460	8	5354	72868	8	5404	73272	9	5454	73672	8
5255	72057	8	5305	72469	9	5355	72876	8	5405	73280	8	5455	73679	7
5256	72066	9	5306	72477	8	5356	72884	8	5406	73288	8	5456	73687	8
5257	72074	8	5307	72485	8	5357	72892	8	5407	73296	8	5457	73695	8
5258	72082	8	5308	72493	8	5358	72900	8	5408	73304	8	5458	73703	8
5259	72090	8	5309	72501	8	5359	72908	8	5409	73312	8	5459	73711	8
5260	72099	9	5310	72509	8	5360	72916	8	5410	73320	8	5460	73719	8
5261	72107	8	5311	72518	9	5361	72925	9	5411	73328	8	5461	73727	8
5262	72115	8	5312	72526	8	5362	72933	8	5412	73336	8	5462	73735	8
5263	72123	8	5313	72534	8	5363	72941	8	5413	73344	8	5463	73743	8
5264	72132	9	5314	72542	8	5364	72949	8	5414	73352	8	5464	73751	8
5265	72140	8	5315	72550	8	5365	72957	8	5415	73360	8	5465	73759	8
5266	72148	8	5316	72558	8	5366	72965	8	5416	73368	8	5466	73767	8
5267	72156	8	5317	72567	9	5367	72973	8	5417	73376	8	5467	73775	8
5268	72165	9	5318	72575	8	5368	72981	8	5418	73384	8	5468	73783	8
5269	72173	8	5319	72583	8	5369	72989	8	5419	73392	8	5469	73791	8
5270	72181	8	5320	72591	8	5370	72997	8	5420	73400	8	5470	73799	8
5271	72189	8	5321	72599	8	5371	73006	9	5421	73408	8	5471	73807	8
5272	72198	9	5322	72607	8	5372	73014	8	5422	73416	8	5472	73815	8
5273	72206	8	5323	72616	9	5373	73022	8	5423	73424	8	5473	73823	8
5274	72214	8	5324	72624	8	5374	73030	8	5424	73432	8	5474	73830	7
5275	72222	8	5325	72632	8	5375	73038	8	5425	73440	8	5475	73838	8
5276	72230	8	5326	72640	8	5376	73046	8	5426	73448	8	5476	73846	8
5277	72239	9	5327	72648	8	5377	73054	8	5427	73456	8	5477	73854	8
5278	72247	8	5328	72656	8	5378	73062	8	5428	73464	8	5478	73862	8
5279	72255	8	5329	72665	9	5379	73070	8	5429	73472	8	5479	73870	8
5280	72263	8	5330	72673	8	5380	73078	8	5430	73480	8	5480	73878	8
5281	72272	9	5331	72681	8	5381	73086	8	5431	73488	8	5481	73886	8
5282	72280	8	5332	72689	8	5382	73094	8	5432	73496	8	5482	73894	8
5283	72288	8	5333	72697	8	5383	73102	8	5433	73504	8	5483	73902	8
5284	72296	8	5334	72705	8	5384	73111	9	5434	73512	8	5484	73910	8
5285	72304	8	5335	72713	8	5385	73119	8	5435	73520	8	5485	73918	8
5286	72313	9	5336	72722	9	5386	73127	8	5436	73528	8	5486	73926	8
5287	72321	8	5337	72730	8	5387	73135	8	5437	73536	8	5487	73933	7
5288	72329	8	5338	72738	8	5388	73143	8	5438	73544	8	5488	73941	8
5289	72337	8	5339	72746	8	5389	73151	8	5439	73552	8	5489	73949	8
5290	72346	9	5340	72754	8	5390	73159	8	5440	73560	8	5490	73957	8
5291	72354	8	5341	72762	8	5391	73167	8	5441	73568	8	5491	73965	8
5292	72362	8	5342	72770	8	5392	73175	8	5442	73576	8	5492	73973	8
5293	72370	8	5343	72779	9	5393	73183	8	5443	73584	8	5493	73981	8
5294	72378	8	5344	72787	8	5394	73191	8	5444	73592	8	5494	73989	8
5295	72387	9	5345	72795	8	5395	73199	8	5445	73600	8	5495	73997	8
5296	72395	8	5346	72803	8	5396	73207	8	5446	73608	8	5496	74005	8
5297	72403	8	5347	72811	8	5397	73215	8	5447	73616	8	5497	74013	8
5298	72411	8	5348	72819	8	5398	73223	8	5448	73624	8	5498	74020	7
5299	72419	8	5349	72827	8	5399	73231	8	5449	73632	8	5499	74028	8
5300	72428	9	5350	72835	8	5400	73239	8	5450	73640	8	5500	74036	8

N.	Log.	D	N.	Log.	D	N.	Log.	D	N.	Log.	D	N.	Log.	D
5501	74044	8	5551	74437	8	5601	74827	8	5651	75213	8	5701	75595	8
5502	74052	8	5552	74445	8	5602	74834	7	5652	75220	7	5702	75603	8
5503	74060	8	5553	74453	8	5603	74842	8	5653	75228	8	5703	75610	7
5504	74068	8	5554	74461	8	5604	74850	8	5654	75236	8	5704	75618	8
5505	74076	8	5555	74468	7	5605	74858	8	5655	75243	7	5705	75626	8
5506	74084	8	5556	74476	8	5606	74865	7	5656	75251	8	5706	75633	7
5507	74092	8	5557	74484	8	5607	74873	8	5657	75259	8	5707	75641	8
5508	74099	7	5558	74492	8	5608	74881	8	5658	75266	7	5708	75648	7
5509	74107	8	5559	74500	8	5609	74889	8	5659	75274	8	5709	75656	8
5510	74115	8	5560	74507	7	5610	74896	7	5660	75282	8	5710	75664	8
5511	74123	8	5561	74515	8	5611	74904	8	5661	75289	7	5711	75671	7
5512	74131	8	5562	74523	8	5612	74912	8	5662	75297	8	5712	75679	8
5513	74139	8	5563	74531	8	5613	74920	8	5663	75305	8	5713	75686	7
5514	74147	8	5564	74539	8	5614	74927	7	5664	75312	7	5714	75694	8
5515	74155	8	5565	74547	8	5615	74935	8	5665	75320	8	5715	75702	8
5516	74162	7	5566	74554	7	5616	74943	8	5666	75328	8	5716	75709	7
5517	74170	8	5567	74562	8	5617	74950	7	5667	75335	7	5717	75717	8
5518	74178	8	5568	74570	8	5618	74958	8	5668	75343	8	5718	75724	7
5519	74186	8	5569	74578	8	5619	74966	8	5669	75351	8	5719	75732	8
5520	74194	8	5570	74586	8	5620	74974	8	5670	75358	7	5720	75740	8
5521	74202	8	5571	74593	7	5621	74981	7	5671	75366	8	5721	75747	7
5522	74210	8	5572	74601	8	5622	74989	8	5672	75374	8	5722	75755	8
5523	74218	8	5573	74609	8	5623	74997	8	5673	75381	7	5723	75762	7
5524	74225	7	5574	74617	8	5624	75005	8	5674	75389	8	5724	75770	8
5525	74233	8	5575	74624	7	5625	75012	7	5675	75397	8	5725	75778	8
5526	74241	8	5576	74632	8	5626	75020	8	5676	75404	7	5726	75785	7
5527	74249	8	5577	74640	8	5627	75028	8	5677	75412	8	5727	75793	8
5528	74257	8	5578	74648	8	5628	75035	7	5678	75420	8	5728	75800	7
5529	74265	8	5579	74656	8	5629	75043	8	5679	75427	7	5729	75808	8
5530	74273	8	5580	74663	7	5630	75051	8	5680	75435	8	5730	75815	7
5531	74280	7	5581	74671	8	5631	75059	8	5681	75442	7	5731	75823	8
5532	74288	8	5582	74679	8	5632	75066	7	5682	75450	8	5732	75831	8
5533	74296	8	5583	74687	8	5633	75074	8	5683	75458	8	5733	75838	7
5534	74304	8	5584	74695	8	5634	75082	8	5684	75465	7	5734	75846	8
5535	74312	8	5585	74702	7	5635	75089	7	5685	75473	8	5735	75853	7
5536	74320	8	5586	74710	8	5636	75097	8	5686	75481	8	5736	75861	8
5537	74327	7	5587	74718	8	5637	75105	8	5687	75488	7	5737	75868	7
5538	74335	8	5588	74726	8	5638	75113	8	5688	75496	8	5738	75876	8
5539	74343	8	5589	74733	7	5639	75120	7	5689	75504	8	5739	75884	8
5540	74351	8	5590	74741	8	5640	75128	8	5690	75511	7	5740	75891	7
5541	74359	8	5591	74749	8	5641	75136	8	5691	75519	8	5741	75899	8
5542	74367	8	5592	74757	8	5642	75143	7	5692	75526	7	5742	75906	7
5543	74374	7	5593	74764	7	5643	75151	8	5693	75534	8	5743	75914	8
5544	74382	8	5594	74772	8	5644	75159	8	5694	75542	8	5744	75921	7
5545	74390	8	5595	74780	8	5645	75166	7	5695	75549	7	5745	75929	8
5546	74398	8	5596	74788	8	5646	75174	8	5696	75557	8	5746	75937	8
5547	74406	8	5597	74796	8	5647	75182	8	5697	75565	8	5747	75944	7
5548	74414	8	5598	74803	7	5648	75189	7	5698	75572	7	5748	75952	8
5549	74421	7	5599	74811	8	5649	75197	8	5699	75580	8	5749	75959	7
5550	74429	8	5600	74819	8	5650	75205	8	5700	75587	7	5750	75967	8

N.	Log.	D	N.	Log.	D	N.	Log.	D	N.	Log.	D	N.	Log.	D
5751	75974	7	5801	76350	7	5851	76723	7	5901	77093	8	5951	77459	7
5752	75982	8	5802	76358	8	5852	76730	7	5902	77100	7	5952	77466	7
5753	75989	7	5803	76365	7	5853	76738	8	5903	77107	7	5953	77474	8
5754	75997	8	5804	76373	8	5854	76745	7	5904	77115	8	5954	77481	7
5755	76005	8	5805	76380	7	5855	76753	8	5905	77122	7	5955	77488	7
5756	76012	7	5806	76388	8	5856	76760	7	5906	77129	7	5956	77495	7
5757	76020	8	5807	76395	7	5857	76768	8	5907	77137	8	5957	77503	8
5758	76027	7	5808	76403	8	5858	76775	7	5908	77144	7	5958	77510	7
5759	76035	8	5809	76410	7	5859	76782	7	5909	77151	7	5959	77517	7
5760	76042	7	5810	76418	8	5860	76790	8	5910	77159	8	5960	77525	8
5761	76050	8	5811	76425	7	5861	76797	7	5911	77166	7	5961	77532	7
5762	76057	7	5812	76433	8	5862	76805	8	5912	77173	7	5962	77539	7
5763	76065	8	5813	76440	7	5863	76812	7	5913	77181	8	5963	77546	7
5764	76072	7	5814	76448	8	5864	76819	7	5914	77188	7	5964	77554	8
5765	76080	8	5815	76455	7	5865	76827	8	5915	77195	7	5965	77561	7
5766	76087	7	5816	76462	7	5866	76834	7	5916	77203	8	5966	77568	7
5767	76095	8	5817	76470	8	5867	76842	8	5917	77210	7	5967	77576	8
5768	76103	8	5818	76477	7	5868	76849	7	5918	77217	7	5968	77583	7
5769	76110	7	5819	76485	8	5869	76856	7	5919	77225	8	5969	77590	7
5770	76118	8	5820	76492	7	5870	76864	8	5920	77232	7	5970	77597	7
5771	76125	7	5821	76500	8	5871	76871	7	5921	77240	8	5971	77605	8
5772	76133	8	5822	76507	7	5872	76879	8	5922	77247	7	5972	77612	7
5773	76140	7	5823	76515	8	5873	76886	7	5923	77254	7	5973	77619	7
5774	76148	8	5824	76522	7	5874	76893	7	5924	77262	8	5974	77627	8
5775	76155	7	5825	76530	8	5875	76901	8	5925	77269	7	5975	77634	7
5776	76163	8	5826	76537	7	5876	76908	7	5926	77276	7	5976	77641	7
5777	76170	7	5827	76545	8	5877	76916	8	5927	77283	7	5977	77648	7
5778	76178	8	5828	76552	7	5878	76923	7	5928	77291	8	5978	77656	8
5779	76185	7	5829	76559	7	5879	76930	7	5929	77298	7	5979	77663	7
5780	76193	8	5830	76567	8	5880	76938	8	5930	77305	7	5980	77670	7
5781	76200	7	5831	76574	7	5881	76945	7	5931	77313	8	5981	77677	7
5782	76208	8	5832	76582	8	5882	76953	8	5932	77320	7	5982	77685	8
5783	76215	7	5833	76589	7	5883	76960	7	5933	77327	7	5983	77692	7
5784	76223	8	5834	76597	8	5884	76967	7	5934	77335	8	5984	77699	7
5785	76230	7	5835	76604	7	5885	76975	8	5935	77342	7	5985	77706	7
5786	76238	8	5836	76612	8	5886	76982	7	5936	77349	7	5986	77714	8
5787	76245	7	5837	76619	7	5887	76989	7	5937	77357	8	5987	77721	7
5788	76253	8	5838	76626	7	5888	76997	8	5938	77364	7	5988	77728	7
5789	76260	7	5839	76634	8	5889	77004	7	5939	77371	7	5989	77735	7
5790	76268	8	5840	76641	7	5890	77012	8	5940	77379	8	5990	77743	8
5791	76275	7	5841	76649	8	5891	77019	7	5941	77386	7	5991	77750	7
5792	76283	8	5842	76656	7	5892	77026	7	5942	77393	7	5992	77757	7
5793	76290	7	5843	76664	8	5893	77034	8	5943	77401	8	5993	77764	7
5794	76298	8	5844	76671	7	5894	77041	7	5944	77408	7	5994	77772	8
5795	76305	7	5845	76678	7	5895	77048	7	5945	77415	7	5995	77779	7
5796	76313	8	5846	76686	8	5896	77056	8	5946	77422	7	5996	77786	7
5797	76320	7	5847	76693	7	5897	77063	7	5947	77430	8	5997	77793	7
5798	76328	8	5848	76701	8	5898	77070	7	5948	77437	7	5998	77801	8
5799	76335	7	5849	76708	7	5899	77078	8	5949	77444	7	5999	77808	7
5800	76343	8	5850	76716	8	5900	77085	7	5950	77452	8	6000	77815	7

N.	Log.	D	N.	Log.	D	N.	Log.	D	N.	Log.	D	N.	Log.	D
6001	77822	7	6051	78183	7	6101	78540	7	6151	78895	7	6201	79246	7
6002	77830	8	6052	78190	7	6102	78547	7	6152	78902	7	6202	79253	7
6003	77837	7	6053	78197	7	6103	78554	7	6153	78909	7	6203	79260	7
6004	77844	7	6054	78204	7	6104	78561	7	6154	78916	7	6204	79267	7
6005	77851	7	6055	78211	7	6105	78569	8	6155	78923	7	6205	79274	7
6006	77859	8	6056	78219	8	6106	78576	7	6156	78930	7	6206	79281	7
6007	77866	7	6057	78226	7	6107	78583	7	6157	78937	7	6207	79288	7
6008	77873	7	6058	78233	7	6108	78590	7	6158	78944	7	6208	79295	7
6009	77880	7	6059	78240	7	6109	78597	7	6159	78951	7	6209	79302	7
6010	77887	7	6060	78247	7	6110	78604	7	6160	78958	7	6210	79309	7
6011	77895	8	6061	78254	7	6111	78611	7	6161	78965	7	6211	79316	7
6012	77902	7	6062	78262	8	6112	78618	7	6162	78972	7	6212	79323	7
6013	77909	7	6063	78269	7	6113	78625	7	6163	78979	7	6213	79330	7
6014	77916	7	6064	78276	7	6114	78633	8	6164	78986	7	6214	79337	7
6015	77924	8	6065	78283	7	6115	78640	7	6165	78993	7	6215	79344	7
6016	77931	7	6066	78290	7	6116	78647	7	6166	79000	7	6216	79351	7
6017	77938	7	6067	78297	7	6117	78654	7	6167	79007	7	6217	79358	7
6018	77945	7	6068	78305	8	6118	78661	7	6168	79014	7	6218	79365	7
6019	77952	7	6069	78312	7	6119	78668	7	6169	79021	7	6219	79372	7
6020	77960	8	6070	78319	7	6120	78675	7	6170	79029	8	6220	79379	7
6021	77967	7	6071	78326	7	6121	78682	7	6171	79036	7	6221	79386	7
6022	77974	7	6072	78333	7	6122	78689	7	6172	79043	7	6222	79393	7
6023	77981	7	6073	78340	7	6123	78696	7	6173	79050	7	6223	79400	7
6024	77988	7	6074	78347	7	6124	78704	8	6174	79057	7	6224	79407	7
6025	77996	8	6075	78355	8	6125	78711	7	6175	79064	7	6225	79414	7
6026	78003	7	6076	78362	7	6126	78718	7	6176	79071	7	6226	79421	7
6027	78010	7	6077	78369	7	6127	78725	7	6177	79078	7	6227	79428	7
6028	78017	7	6078	78376	7	6128	78732	7	6178	79085	7	6228	79435	7
6029	78025	8	6079	78383	7	6129	78739	7	6179	79092	7	6229	79442	7
6030	78032	7	6080	78390	7	6130	78746	7	6180	79099	7	6230	79449	7
6031	78039	7	6081	78398	8	6131	78753	7	6181	79106	7	6231	79456	7
6032	78046	7	6082	78405	7	6132	78760	7	6182	79113	7	6232	79463	7
6033	78053	7	6083	78412	7	6133	78767	7	6183	79120	7	6233	79470	7
6034	78061	8	6084	78419	7	6134	78774	7	6184	79127	7	6234	79477	7
6035	78068	7	6085	78426	7	6135	78781	7	6185	79134	7	6235	79484	7
6036	78075	7	6086	78433	7	6136	78789	8	6186	79141	7	6236	79491	7
6037	78082	7	6087	78440	7	6137	78796	7	6187	79148	7	6237	79498	7
6038	78089	7	6088	78447	7	6138	78803	7	6188	79155	7	6238	79505	7
6039	78097	8	6089	78455	8	6139	78810	7	6189	79162	7	6239	79511	6
6040	78104	7	6090	78462	7	6140	78817	7	6190	79169	7	6240	79518	7
6041	78111	7	6091	78469	7	6141	78824	7	6191	79176	7	6241	79525	7
6042	78118	7	6092	78476	7	6142	78831	7	6192	79183	7	6242	79532	7
6043	78125	7	6093	78483	7	6143	78838	7	6193	79190	7	6243	79539	7
6044	78132	7	6094	78490	7	6144	78845	7	6194	79197	7	6244	79546	7
6045	78140	8	6095	78497	7	6145	78852	7	6195	79204	7	6245	79553	7
6046	78147	7	6096	78504	7	6146	78859	7	6196	79211	7	6246	79560	7
6047	78154	7	6097	78512	8	6147	78866	7	6197	79218	7	6247	79567	7
6048	78161	7	6098	78519	7	6148	78873	7	6198	79225	7	6248	79574	7
6049	78168	7	6099	78526	7	6149	78880	7	6199	79232	7	6249	79581	7
6050	78176	8	6100	78533	7	6150	78888	8	6200	79239	7	6250	79588	7

N.	Log.	D	N.	Log.	D	N.	Log.	D	N.	Log.	D	N.	Log.	D
6251	79595	7	6301	79941	7	6351	80284	7	6401	80625	7	6451	80963	7
6252	79602	7	6302	79948	7	6352	80291	7	6402	80632	7	6452	80969	6
6253	79609	7	6303	79955	7	6353	80298	7	6403	80638	6	6453	80976	7
6254	79616	7	6304	79962	7	6354	80305	7	6404	80645	7	6454	80983	7
6255	79623	7	6305	79969	7	6355	80312	7	6405	80652	7	6455	80990	7
6256	79630	7	6306	79975	6	6356	80318	6	6406	80659	7	6456	80996	6
6257	79637	7	6307	79982	7	6357	80325	7	6407	80665	6	6457	81003	7
6258	79644	7	6308	79989	7	6358	80332	7	6408	80672	7	6458	81010	7
6259	79650	6	6309	79996	7	6359	80339	7	6409	80679	7	6459	81017	7
6260	79657	7	6310	80003	7	6360	80346	7	6410	80686	7	6460	81023	6
6261	79664	7	6311	80010	7	6361	80353	7	6411	80693	7	6461	81030	7
6262	79671	7	6312	80017	7	6362	80359	6	6412	80699	6	6462	81037	7
6263	79678	7	6313	80024	7	6363	80366	7	6413	80706	7	6463	81043	6
6264	79685	7	6314	80030	6	6364	80373	7	6414	80713	7	6464	81050	7
6265	79692	7	6315	80037	7	6365	80380	7	6415	80720	7	6465	81057	7
6266	79699	7	6316	80044	7	6366	80387	7	6416	80726	6	6466	81064	7
6267	79706	7	6317	80051	7	6367	80393	6	6417	80733	7	6467	81070	6
6268	79713	7	6318	80058	7	6368	80400	7	6418	80740	7	6468	81077	7
6269	79720	7	6319	80065	7	6369	80407	7	6419	80747	7	6469	81084	7
6270	79727	7	6320	80072	7	6370	80414	7	6420	80754	7	6470	81090	6
6271	79734	7	6321	80079	7	6371	80421	7	6421	80760	6	6471	81097	7
6272	79741	7	6322	80085	6	6372	80428	7	6422	80767	7	6472	81104	7
6273	79748	7	6323	80092	7	6373	80434	6	6423	80774	7	6473	81111	7
6274	79754	6	6324	80099	7	6374	80441	7	6424	80781	7	6474	81117	6
6275	79761	7	6325	80106	7	6375	80448	7	6425	80787	6	6475	81124	7
6276	79768	7	6326	80113	7	6376	80455	7	6426	80794	7	6476	81131	7
6277	79775	7	6327	80120	7	6377	80462	7	6427	80801	7	6477	81137	6
6278	79782	7	6328	80127	7	6378	80468	6	6428	80808	7	6478	81144	7
6279	79789	7	6329	80134	7	6379	80475	7	6429	80814	6	6479	81151	7
6280	79796	7	6330	80140	6	6380	80482	7	6430	80821	7	6480	81158	7
6281	79803	7	6331	80147	7	6381	80489	7	6431	80828	7	6481	81164	6
6282	79810	7	6332	80154	7	6382	80496	7	6432	80835	7	6482	81171	7
6283	79817	7	6333	80161	7	6383	80502	6	6433	80841	6	6483	81178	7
6284	79824	7	6334	80168	7	6384	80509	7	6434	80848	7	6484	81184	6
6285	79831	7	6335	80175	7	6385	80516	7	6435	80855	7	6485	81191	7
6286	79837	6	6336	80182	7	6386	80523	7	6436	80862	7	6486	81198	7
6287	79844	7	6337	80188	6	6387	80530	7	6437	80868	6	6487	81204	6
6288	79851	7	6338	80195	7	6388	80536	6	6438	80875	7	6488	81211	7
6289	79858	7	6339	80202	7	6389	80543	7	6439	80882	7	6489	81218	7
6290	79865	7	6340	80209	7	6390	80550	7	6440	80889	7	6490	81224	6
6291	79872	7	6341	80216	7	6391	80557	7	6441	80895	6	6491	81231	7
6292	79879	7	6342	80223	7	6392	80564	7	6442	80902	7	6492	81238	7
6293	79886	7	6343	80229	6	6393	80570	6	6443	80909	7	6493	81245	7
6294	79893	7	6344	80236	7	6394	80577	7	6444	80916	7	6494	81251	6
6295	79900	7	6345	80243	7	6395	80584	7	6445	80922	6	6495	81258	7
6296	79906	6	6346	80250	7	6396	80591	7	6446	80929	7	6496	81265	7
6297	79913	7	6347	80257	7	6397	80598	7	6447	80936	7	6497	81271	6
6298	79920	7	6348	80264	7	6398	80604	6	6448	80943	7	6498	81278	7
6299	79927	7	6349	80271	7	6399	80611	7	6449	80949	6	6499	81285	7
6300	79934	7	6350	80277	6	6400	80618	7	6450	80956	7	6500	81291	6

N.	Log.	D	N.	Log.	D	N.	Log.	D	N.	Log.	D	N.	Log.	D
6501	81298	7	6551	81631	6	6601	81961	7	6651	82289	6	6701	82614	6
6502	81305	6	6552	81637	7	6602	81968	6	6652	82295	7	6702	82620	7
6503	81311	7	6553	81644	7	6603	81974	7	6653	82302	6	6703	82627	6
6504	81318	7	6554	81651	6	6604	81981	6	6654	82308	7	6704	82633	7
6505	81325	6	6555	81657	7	6605	81987	7	6655	82315	6	6705	82640	6
6506	81331	7	6556	81664	7	6606	81994	6	6656	82321	7	6706	82646	7
6507	81338	7	6557	81671	6	6607	82000	7	6657	82328	6	6707	82653	6
6508	81345	6	6558	81677	7	6608	82007	7	6658	82334	7	6708	82659	7
6509	81351	7	6559	81684	6	6609	82014	6	6659	82341	6	6709	82666	6
6510	81358	7	6560	81690	7	6610	82020	7	6660	82347	7	6710	82672	7
6511	81365	6	6561	81697	7	6611	82027	6	6661	82354	6	6711	82679	6
6512	81371	7	6562	81704	6	6612	82033	7	6662	82360	7	6712	82685	7
6513	81378	7	6563	81710	7	6613	82040	6	6663	82367	6	6713	82692	6
6514	81385	6	6564	81717	6	6614	82046	7	6664	82373	7	6714	82698	7
6515	81391	7	6565	81723	7	6615	82053	7	6665	82380	7	6715	82705	6
6516	81398	7	6566	81730	7	6616	82060	6	6666	82387	6	6716	82711	7
6517	81405	6	6567	81737	6	6617	82066	7	6667	82393	7	6717	82718	6
6518	81411	7	6568	81743	7	6618	82073	6	6668	82400	6	6718	82724	6
6519	81418	7	6569	81750	7	6619	82079	7	6669	82406	7	6719	82730	7
6520	81425	6	6570	81757	6	6620	82086	6	6670	82413	6	6720	82737	6
6521	81431	7	6571	81763	7	6621	82092	7	6671	82419	7	6721	82743	7
6522	81438	7	6572	81770	6	6622	82099	6	6672	82426	6	6722	82750	6
6523	81445	6	6573	81776	7	6623	82105	7	6673	82432	7	6723	82756	7
6524	81451	7	6574	81783	7	6624	82112	7	6674	82439	6	6724	82763	6
6525	81458	7	6575	81790	6	6625	82119	6	6675	82445	7	6725	82769	7
6526	81465	6	6576	81796	7	6626	82125	7	6676	82452	6	6726	82776	6
6527	81471	7	6577	81803	6	6627	82132	6	6677	82458	7	6727	82782	7
6528	81478	7	6578	81809	7	6628	82138	7	6678	82465	6	6728	82789	6
6529	81485	6	6579	81816	7	6629	82145	6	6679	82471	7	6729	82795	7
6530	81491	7	6580	81823	6	6630	82151	7	6680	82478	6	6730	82802	6
6531	81498	7	6581	81829	7	6631	82158	6	6681	82484	7	6731	82808	6
6532	81505	6	6582	81836	6	6632	82164	7	6682	82491	6	6732	82814	7
6533	81511	7	6583	81842	7	6633	82171	7	6683	82497	7	6733	82821	6
6534	81518	7	6584	81849	7	6634	82178	6	6684	82504	6	6734	82827	7
6535	81525	6	6585	81856	6	6635	82184	7	6685	82510	7	6735	82834	6
6536	81531	7	6586	81862	7	6636	82191	6	6686	82517	6	6736	82840	7
6537	81538	6	6587	81869	6	6637	82197	7	6687	82523	7	6737	82847	6
6538	81544	7	6588	81875	7	6638	82204	6	6688	82530	6	6738	82853	7
6539	81551	7	6589	81882	7	6639	82210	7	6689	82536	7	6739	82860	6
6540	81558	6	6590	81889	6	6640	82217	6	6690	82543	6	6740	82866	6
6541	81564	7	6591	81895	7	6641	82223	7	6691	82549	7	6741	82872	7
6542	81571	7	6592	81902	6	6642	82230	6	6692	82556	6	6742	82879	6
6543	81578	6	6593	81908	7	6643	82236	7	6693	82562	7	6743	82885	7
6544	81584	7	6594	81915	6	6644	82243	6	6694	82569	6	6744	82892	6
6545	81591	7	6595	81921	7	6645	82249	7	6695	82575	7	6745	82898	7
6546	81598	6	6596	81928	7	6646	82256	7	6696	82582	6	6746	82905	6
6547	81604	7	6597	81935	6	6647	82263	6	6697	82588	7	6747	82911	7
6548	81611	6	6598	81941	7	6648	82269	7	6698	82595	6	6748	82918	6
6549	81617	7	6599	81948	6	6649	82276	6	6699	82601	6	6749	82924	6
6550	81624	7	6600	81954	7	6650	82282	7	6700	82607	7	6750	82930	6

3..

N.	Log.	D	N.	Log.	D	N.	Log.	D	N.	Log.	D	N.	Log.	D
6751	82937	7	6801	83257	6	6851	83575	6	6901	83891	6	6951	84205	7
6752	82943	6	6802	83264	7	6852	83582	7	6902	83897	6	6952	84211	6
6753	82950	7	6803	83270	6	6853	83588	6	6903	83904	7	6953	84217	6
6754	82956	6	6804	83276	6	6854	83594	6	6904	83910	6	6954	84223	6
6755	82963	7	6805	83283	7	6855	83601	7	6905	83916	6	6955	84230	7
		6			6			6			7			6
6756	82969		6806	83289		6856	83607		6906	83923		6956	84236	
6757	82975	6	6807	83296	7	6857	83613	6	6907	83929	6	6957	84242	6
6758	82982	7	6808	83302	6	6858	83620	7	6908	83935	6	6958	84248	6
6759	82988	6	6809	83308	6	6859	83626	6	6909	83942	7	6959	84255	7
6760	82995	7	6810	83315	7	6860	83632	6	6910	83948	6	6960	84261	6
		6			6			7			6			6
6761	83001		6811	83321		6861	83639		6911	83954		6961	84267	
6762	83008	7	6812	83327	6	6862	83645	6	6912	83960	6	6962	84273	6
6763	83014	6	6813	83334	7	6863	83651	6	6913	83967	7	6963	84280	7
6764	83020	6	6814	83340	6	6864	83658	7	6914	83973	6	6964	84286	6
6765	83027	7	6815	83347	7	6865	83664	6	6915	83979	6	6965	84292	6
		6			6			6			6			6
6766	83033		6816	83353		6866	83670		6916	83985		6966	84298	
6767	83040	7	6817	83359	6	6867	83677	7	6917	83992	7	6967	84305	7
6768	83046	6	6818	83366	7	6868	83683	6	6918	83998	6	6968	84311	6
6769	83052	6	6819	83372	6	6869	83689	6	6919	84004	6	6969	84317	6
6770	83059	7	6820	83378	6	6870	83696	7	6920	84011	7	6970	84323	6
		6			7			6			6			7
6771	83065		6821	83385		6871	83702		6921	84017		6971	84330	6
6772	83072	7	6822	83391	6	6872	83708	6	6922	84023	6	6972	84336	6
6773	83078	6	6823	83398	7	6873	83715	7	6923	84029	6	6973	84342	6
6774	83085	7	6824	83404	6	6874	83721	6	6924	84036	7	6974	84348	6
6775	83091	6	6825	83410	6	6875	83727	6	6925	84042	6	6975	84354	
		6			7			7			6			7
6776	83097		6826	83417		6876	83734		6926	84048		6976	84361	6
6777	83104	7	6827	83423	6	6877	83740	6	6927	84055	7	6977	84367	6
6778	83110	6	6828	83429	6	6878	83746	6	6928	84061	6	6978	84373	6
6779	83117	7	6829	83436	7	6879	83753	7	6929	84067	6	6979	84379	7
6780	83123	6	6830	83442	6	6880	83759	6	6930	84073	6	6980	84386	
		6			6			6			7			6
6781	83129		6831	83448		6881	83765		6931	84080		6981	84392	6
6782	83136	7	6832	83455	7	6882	83771	6	6932	84086	6	6982	84398	6
6783	83142	6	6833	83461	6	6883	83778	7	6933	84092	6	6983	84404	6
6784	83149	7	6834	83467	6	6884	83784	6	6934	84098	6	6984	84410	
6785	83155	6	6835	83474	7	6885	83790	6	6935	84105	7	6985	84417	7
		6			6			7			6			6
6786	83161		6836	83480		6886	83797		6936	84111		6986	84423	6
6787	83168	7	6837	83487	7	6887	83803	6	6937	84117	6	6987	84429	6
6788	83174	6	6838	83493	6	6888	83809	6	6938	84123	6	6988	84435	7
6789	83181	7	6839	83499	6	6889	83816	7	6939	84130	7	6989	84442	6
6790	83187	6	6840	83506	7	6890	83822	6	6940	84136	6	6990	84448	
		6			6			6			6			6
6791	83193		6841	83512		6891	83828		6941	84142		6991	84454	6
6792	83200	7	6842	83518	6	6892	83835	7	6942	84148	6	6992	84460	6
6793	83206	6	6843	83525	7	6893	83841	6	6943	84155	7	6993	84466	7
6794	83213	7	6844	83531	6	6894	83847	6	6944	84161	6	6994	84473	6
6795	83219	6	6845	83537	6	6895	83853		6945	84167	6	6995	84479	
		6			7			7			6			6
6796	83225		6846	83544		6896	83860		6946	84173		6996	84485	6
6797	83232	7	6847	83550	6	6897	83866	6	6947	84180	7	6997	84491	6
6798	83238	6	6848	83556	6	6898	83872	6	6948	84186	6	6998	84497	7
6799	83245	7	6849	83563	7	6899	83879	7	6949	84192	6	6999	84504	6
6800	83251	6	6850	83569	6	6900	83885	6	6950	84198		7000	84510	

N.	Log.	D	N.	Log.	D	N.	Log.	D	N.	L g.	D	N.	Log.	D
7001	84516	6	7051	84825	6	7101	85132	6	7151	85437	6	7201	85739	6
7002	84522	6	7052	84831	6	7102	85138	6	7152	85443	6	7202	85745	6
7003	84528	6	7053	84837	6	7103	85144	6	7153	85449	6	7203	85751	6
7004	84535	7	7054	84844	7	7104	85150	6	7154	85455	6	7204	85757	6
7005	84541	6	7055	84850	6	7105	85156	6	7155	85461	6	7205	85763	6
7006	84547	6	7056	84856	6	7106	85163	7	7156	85467	6	7206	85769	6
7007	84553	6	7057	84862	6	7107	85169	6	7157	85473	6	7207	85775	6
7008	84559	6	7058	84868	6	7108	85175	6	7158	85479	6	7208	85781	6
7009	84566	7	7059	84874	6	7109	85181	6	7159	85485	6	7209	85788	7
7010	84572	6	7060	84880	6	7110	85187	6	7160	85491	6	7210	85794	6
7011	84578	6	7061	84887	7	7111	85193	6	7161	85497	6	7211	85800	6
7012	84584	6	7062	84893	6	7112	85199	6	7162	85503	6	7212	85806	6
7013	84590	6	7063	84899	6	7113	85205	6	7163	85509	6	7213	85812	6
7014	84597	7	7064	84905	6	7114	85211	6	7154	85516	7	7214	85818	6
7015	84603	6	7065	84911	6	7115	85217	6	7165	85522	6	7215	85824	6
7016	84609	6	7066	84917	6	7116	85224	7	7166	85528	6	7216	85830	6
7017	84615	6	7067	84924	7	7117	85230	6	7167	85534	6	7217	85836	6
7018	84621	6	7068	84930	6	7118	85236	6	7168	85540	6	7218	85842	6
7019	84628	7	7069	84936	6	7119	85242	6	7169	85546	6	7219	85848	6
7020	84634	6	7070	84942	6	7120	85248	6	7170	85552	6	7220	85854	6
7021	84640	6	7071	84948	6	7121	85254	6	7171	85558	6	7221	85860	6
7022	84646	6	7072	84954	6	7122	85260	6	7172	85564	6	7222	85866	6
7023	84652	6	7073	84960	6	7123	85266	6	7173	85570	6	7223	85872	6
7024	84658	6	7074	84967	7	7124	85272	6	7174	85576	6	7224	85878	6
7025	84665	7	7075	84973	6	7125	85278	6	7175	85582	6	7225	85884	6
7026	84671	6	7076	84979	6	7126	85285	7	7176	85588	6	7226	85890	6
7027	84677	6	7077	84985	6	7127	85291	6	7177	85594	6	7227	85896	6
7028	84683	6	7078	84991	6	7128	85297	6	7178	85600	6	7228	85902	6
7029	84689	6	7079	84997	6	7129	85303	6	7179	85606	6	7229	85908	6
7030	84696	7	7080	85003	6	7130	85309	6	7180	85612	6	7230	85914	6
7031	84702	6	7081	85009	6	7131	85315	6	7181	85618	6	7231	85920	6
7032	84708	6	7082	85016	7	7132	85321	6	7182	85625	7	7232	85926	6
7033	84714	6	7083	85022	6	7133	85327	6	7183	85631	6	7233	85932	6
7034	84720	6	7084	85028	6	7134	85333	6	7184	85637	6	7234	85938	6
7035	84726	6	7085	85034	6	7135	85339	6	7185	85643	6	7235	85944	6
7036	84733	7	7086	85040	6	7136	85345	6	7186	85649	6	7236	85950	6
7037	84739	6	7087	85046	6	7137	85352	7	7187	85655	6	7237	85956	6
7038	84745	6	7088	85052	6	7138	85358	6	7188	85661	6	7238	85962	6
7039	84751	6	7089	85058	6	7139	85364	6	7189	85667	6	7239	85968	6
7040	84757	6	7090	85065	7	7140	85370	6	7190	85673	6	7240	85974	6
7041	84763	6	7091	85071	6	7141	85376	6	7191	85679	6	7241	85980	6
7042	84770	7	7092	85077	6	7142	85382	6	7192	85685	6	7242	85986	6
7043	84776	6	7093	85083	6	7143	85388	6	7193	85691	6	7243	85992	6
7044	84782	6	7094	85089	6	7144	85394	6	7194	85697	6	7244	85998	6
7045	84788	6	7095	85095	6	7145	85400	6	7195	85703	6	7245	86004	6
7046	84794	6	7096	85101	6	7146	85406	6	7196	85709	6	7246	86010	6
7047	84800	6	7097	85107	6	7147	85412	6	7197	85715	6	7247	86016	6
7048	84807	7	7098	85114	7	7148	85418	6	7198	85721	6	7248	86022	6
7049	84813	6	7099	85120	6	7149	85425	7	7199	85727	6	7249	86028	6
7050	84819	6	7100	85126	6	7150	85431	6	7200	85733	6	7250	86034	6

N.	Log.	D	N.	Log.	D	N.	Log.	D	N.	Log.	D	N.	Log.	D
7251	86040	6	7301	86338	6	7351	86635	6	7401	86929	6	7451	87221	5
7252	86046	6	7302	86344	6	7352	86641	6	7402	86935	6	7452	87227	6
7253	86052	6	7303	86350	6	7353	86646	5	7403	86941	6	7453	87233	6
7254	86058	6	7304	86356	6	7354	86652	6	7404	86947	6	7454	87239	6
7255	86064	6	7305	86362	6	7355	86658	6	7405	86953	6	7455	87245	6
7256	86070	6	7306	86368	6	7356	86664	6	7406	86958	5	7456	87251	6
7257	86076	6	7307	86374	6	7357	86670	6	7407	86964	6	7457	87256	5
7258	86082	6	7308	86380	6	7358	86676	6	7408	86970	6	7458	87262	6
7259	86088	6	7309	86386	6	7359	86682	6	7409	86976	6	7459	87268	6
7260	86094	6	7310	86392	6	7360	86688	6	7410	86982	6	7460	87274	6
7261	86100	6	7311	86398	6	7361	86694	6	7411	86988	6	7461	87280	6
7262	86106	6	7312	86404	6	7362	86700	6	7412	86994	6	7462	87286	6
7263	86112	6	7313	86410	6	7363	86705	5	7413	86999	5	7463	87291	5
7264	86118	6	7314	86415	5	7364	86711	6	7414	87005	6	7464	87297	6
7265	86124	6	7315	86421	6	7365	86717	6	7415	87011	6	7465	87303	6
7266	86130	6	7316	86427	6	7366	86723	6	7416	87017	6	7466	87309	6
7267	86136	6	7317	86433	6	7367	86729	6	7417	87023	6	7467	87315	6
7268	86141	5	7318	86439	6	7368	86735	6	7418	87029	6	7468	87320	5
7269	86147	6	7319	86445	6	7369	86741	6	7419	87035	6	7469	87326	6
7270	86153	6	7320	86451	6	7370	86747	6	7420	87040	5	7470	87332	6
7271	86159	6	7321	86457	6	7371	86753	6	7421	87046	6	7471	87338	6
7272	86165	6	7322	86463	6	7372	86759	6	7422	87052	6	7472	87344	6
7273	86171	6	7323	86469	6	7373	86764	5	7423	87058	6	7473	87349	5
7274	86177	6	7324	86475	6	7374	86770	6	7424	87064	6	7474	87355	6
7275	86183	6	7325	86481	6	7375	86776	6	7425	87070	6	7475	87361	6
7276	86189	6	7326	86487	6	7376	86782	6	7426	87075	5	7476	87367	6
7277	86195	6	7327	86493	6	7377	86788	6	7427	87081	6	7477	87373	6
7278	86201	6	7328	86499	6	7378	86794	6	7428	87087	6	7478	87379	6
7279	86207	6	7329	86504	5	7379	86800	6	7429	87093	6	7479	87384	5
7280	86213	6	7330	86510	6	7380	86806	6	7430	87099	6	7480	87390	6
7281	86219	6	7331	86516	6	7381	86812	6	7431	87105	6	7481	87396	6
7282	86225	6	7332	86522	6	7382	86817	5	7432	87111	6	7482	87402	6
7283	86231	6	7333	86528	6	7383	86823	6	7433	87116	5	7483	87408	6
7284	86237	6	7334	86534	6	7384	86829	6	7434	87122	6	7484	87413	5
7285	86243	6	7335	86540	6	7385	86835	6	7435	87128	6	7485	87419	6
7286	86249	6	7336	86546	6	7386	86841	6	7436	87134	6	7486	87425	6
7287	86255	6	7337	86552	6	7387	86847	6	7437	87140	6	7487	87431	6
7288	86261	6	7338	86558	6	7388	86853	6	7438	87146	6	7488	87437	6
7289	86267	6	7339	86564	6	7389	86859	6	7439	87151	5	7489	87442	5
7290	86273	6	7340	86570	6	7390	86864	5	7440	87157	6	7490	87448	6
7291	86279	6	7341	86576	6	7391	86870	6	7441	87163	6	7491	87454	6
7292	86285	6	7342	86581	5	7392	86876	6	7442	87169	6	7492	87460	6
7293	86291	6	7343	86587	6	7393	86882	6	7443	87175	6	7493	87466	6
7294	86297	6	7344	86593	6	7394	86888	6	7444	87181	6	7494	87471	5
7295	86303	6	7345	86599	6	7395	86894	6	7445	87186	5	7495	87477	6
7296	86308	5	7346	86605	6	7396	86900	6	7446	87192	6	7496	87483	6
7297	86314	6	7347	86611	6	7397	86906	6	7447	87198	6	7497	87489	6
7298	86320	6	7348	86617	6	7398	86911	5	7448	87204	6	7498	87495	6
7299	86326	6	7349	86623	6	7399	86917	6	7449	87210	6	7499	87500	5
7300	86332	6	7350	86629	6	7400	86923	6	7450	87216	6	7500	87506	6

N.	Log.	D	N.	Log.	D	N.	Log.	D	N.	Log.	D	N.	Log.	D
7501	87512	6	7551	87800	5	7601	88087	6	7651	88372	6	7701	88655	6
7502	87518	6	7552	87806	6	7602	88093	6	7652	88377	5	7702	88660	5
7503	87523	5	7553	87812	6	7603	88098	5	7653	88383	6	7703	88666	6
7504	87529	6	7554	87818	6	7604	88104	6	7654	88389	6	7704	88672	6
7505	87535	6	7555	87823	5	7605	88110	6	7655	88395	6	7705	88677	5
7506	87541	6	7556	87829	6	7606	88116	6	7656	88400	5	7706	88683	6
7507	87547	6	7557	87835	6	7607	88121	5	7657	88406	6	7707	88689	6
7508	87552	5	7558	87841	6	7608	88127	6	7658	88412	6	7708	88694	5
7509	87558	6	7559	87846	5	7609	88133	6	7659	88417	5	7709	88700	6
7510	87564	6	7560	87852	6	7610	88138	5	7660	88423	6	7710	88705	5
7511	87570	6	7561	87858	6	7611	88144	6	7661	88429	6	7711	88711	6
7512	87576	6	7562	87864	6	7612	88150	6	7662	88434	5	7712	88717	6
7513	87581	5	7563	87869	5	7613	88156	6	7663	88440	6	7713	88722	5
7514	87587	6	7564	87875	6	7614	88161	5	7664	88446	6	7714	88728	6
7515	87593	6	7565	87881	6	7615	88167	6	7665	88451	5	7715	88734	6
7516	87599	6	7566	87887	6	7616	88173	6	7666	88457	6	7716	88739	5
7517	87604	5	7567	87892	5	7617	88178	5	7667	88463	6	7717	88745	6
7518	87610	6	7568	87898	6	7618	88184	6	7668	88468	5	7718	88750	5
7519	87616	6	7569	87904	6	7619	88190	6	7669	88474	6	7719	88756	6
7520	87622	6	7570	87910	6	7620	88195	5	7670	88480	6	7720	88762	6
7521	87628	6	7571	87915	5	7621	88201	6	7671	88485	5	7721	88767	5
7522	87633	5	7572	87921	6	7622	88207	6	7672	88491	6	7722	88773	6
7523	87639	6	7573	87927	6	7623	88213	6	7673	88497	6	7723	88779	6
7524	87645	6	7574	87933	6	7624	88218	5	7974	88502	5	7724	88784	5
7525	87651	6	7575	87938	5	7625	88224	6	7675	88508	6	7725	88790	6
7526	87656	5	7576	87944	6	7626	88230	6	7676	88513	5	7726	88795	5
7527	87662	6	7577	87950	6	7627	88235	5	7677	88519	6	7727	88801	6
7528	87668	6	7578	87955	5	7628	88241	6	7678	88525	6	7728	88807	6
7529	87674	6	7579	87961	6	7629	88247	6	7679	88530	5	7729	88812	5
7530	87679	5	7580	87967	6	7630	88252	5	7680	88536	6	7730	88818	6
7531	87685	6	7581	87973	6	7631	88258	6	7681	88542	6	7731	88824	6
7532	87691	6	7582	87978	5	7632	88264	6	7682	88547	5	7732	88829	5
7533	87697	6	7583	87984	6	7633	88270	6	7683	88553	6	7733	88835	6
7534	87703	6	7584	87990	6	7634	88275	5	7684	88559	6	7734	88840	5
7535	87708	5	7585	87996	6	7635	88281	6	7685	88564	5	7735	88846	6
7536	87714	6	7586	88001	5	7636	88287	6	7686	88570	6	7736	88852	6
7537	87720	6	7587	88007	6	7637	88292	5	7687	88576	6	7737	88857	5
7538	87726	6	7588	88013	6	7638	88298	6	7688	88581	5	7738	88863	6
7539	87731	5	7589	88018	5	7639	88304	6	7689	88587	6	7739	88868	5
7540	87737	6	7590	88024	6	7640	88309	5	7690	88593	6	7740	88874	6
7541	87743	6	7591	88030	6	7641	88315	6	7691	88598	5	7741	88880	6
7542	87749	6	7592	88036	6	7642	88321	6	7692	88604	6	7742	88885	5
7543	87754	5	7593	88041	5	7643	88326	5	7693	88610	6	7743	88891	6
7544	87760	6	7594	88047	6	7644	88332	6	7694	88615	5	7744	88897	6
7545	87766	6	7595	88053	6	7645	88338	6	7695	88621	6	7745	88902	5
7546	87772	6	7596	88058	5	7646	88343	5	7696	88627	6	7746	88908	6
7547	87777	5	7597	88064	6	7647	88349	6	7697	88632	5	7747	88913	5
7548	87783	6	7598	88070	6	7648	88355	6	7698	88638	6	7748	88919	6
7549	87789	6	7599	88076	6	7649	88360	5	7699	88643	5	7749	88925	6
7550	87795	6	7600	88081	5	7650	88366	6	7700	88649	6	7750	88930	5

N.	Log.	D	N.	Log.	D	N.	Log.	D	N.	Log.	D	N.	Log.	D
7751	88936	6	7801	89215	6	7851	89492	5	7901	89768	5	7951	90042	5
7752	88941	5	7802	89221	6	7852	89498	6	7902	89774	6	7952	90048	6
7753	88947	6	7003	89226	5	7853	89504	6	7903	89779	5	7953	90053	5
7754	88953	6	7804	89232	6	7854	89509	5	7904	89785	6	7954	90059	6
7755	88958	5	7805	89237	5	7855	89515	6	7905	89790	5	7955	90064	5
7756	88964	6	7806	89243	6	7856	89520	5	7906	89796	6	7956	90069	5
7757	88969	5	7807	89248	5	7857	89526	6	7907	89801	5	7957	90075	6
7758	88975	6	7808	89254	6	7858	89531	5	7908	89807	6	7958	90080	5
7759	88981	6	7809	89260	6	7859	89537	6	7909	89812	5	7959	90086	6
7760	88986	5	7810	89265	5	7860	89542	5	7910	89818	6	7960	90091	5
7761	88992	6	7811	89271	6	7861	89548	6	7911	89823	5	7961	90097	6
7762	88997	5	7812	89276	5	7862	89553	5	7912	89829	6	7962	90102	5
7763	89003	6	7813	89282	6	7863	89559	6	7913	89834	5	7963	90108	6
7764	89009	6	7814	89287	5	7864	89564	5	7914	89840	6	7964	90113	5
7765	89014	5	7815	89293	6	7865	89570	6	7915	89845	5	7965	90119	6
7766	89020	6	7816	89298	5	7866	89575	5	7916	89851	6	7966	90124	5
7767	89025	5	7817	89304	6	7867	89581	6	7917	89856	5	7967	90129	5
7768	89031	6	7818	89310	6	7868	89586	5	7918	89862	6	7968	90135	6
7769	89037	6	7819	89315	5	7869	89592	6	7919	89867	5	7969	90140	5
7770	89042	5	7820	89321	6	7870	89597	5	7920	89873	6	7970	90146	6
7771	89048	6	7821	80326	5	7871	89603	6	7921	89878	5	7971	90151	5
7772	89053	5	7822	89332	6	7872	89609	6	7922	89883	5	7972	90157	6
7773	89059	6	7823	89337	5	7873	89614	5	7923	89889	6	7973	90162	5
7774	89064	5	7824	89343	6	7874	89620	6	7924	89894	5	7974	90168	6
7775	89070	6	7825	89348	5	7875	89625	5	7925	89900	6	7975	90173	5
7776	89076	6	7826	89354	6	7876	89631	6	7926	89905	5	7976	90179	6
7777	89081	5	7827	89360	6	7877	89636	5	7927	89911	6	7977	90184	5
7778	89087	6	7828	89365	5	7878	89642	6	7928	89916	5	7978	90189	5
7779	89092	5	7829	89371	6	7879	89647	5	7929	89922	6	7979	90195	6
7780	89098	6	7830	89376	5	7880	89653	6	7930	89927	5	7980	90200	5
7781	89104	6	7831	89382	6	7881	89658	5	7931	89933	6	7981	90206	6
7782	89109	5	7832	89387	5	7882	89664	6	7932	89938	5	7982	90211	5
7783	89115	6	7833	89393	6	7883	89669	5	7933	89944	6	7983	90217	6
7784	89120	5	7834	89398	5	7884	89675	6	7934	89949	5	7984	90222	5
7785	89126	6	7835	89404	6	7885	89680	5	7935	89955	6	7985	90227	5
7786	89131	5	7836	89409	5	7886	89686	6	7936	89960	5	7986	90233	6
7787	89137	6	7837	89415	6	7887	89691	5	7937	89966	6	7987	90238	5
7788	89143	6	7838	89421	6	7888	89697	6	7938	89971	5	7988	90244	6
7789	89148	5	7839	89426	5	7889	89702	5	7939	89977	6	7989	90249	5
7790	89154	6	7840	89432	6	7890	89708	6	7940	89982	5	7990	90255	6
7791	89159	5	7841	89437	5	7891	89713	5	7941	89988	6	7991	90260	5
7792	89165	6	7842	89443	6	7892	89719	6	7942	89993	5	7992	90266	6
7793	89170	5	7843	89448	5	7893	89724	5	7943	89998	5	7993	90271	5
7794	89176	6	7844	89454	6	7894	89730	6	7944	90004	6	7994	90276	5
7795	89182	6	7845	89459	5	7895	89735	5	7945	90009	5	7995	90282	6
7796	89187	5	7846	89465	6	7896	89741	6	7946	90015	6	7996	90287	5
7797	89193	6	7847	89470	5	7897	89746	5	7947	90020	5	7997	90293	6
7798	89198	5	7848	89476	6	7898	89752	6	7948	90026	6	7998	90298	5
7799	89204	6	7846	89481	5	7899	89757	5	7949	90031	5	7999	90304	6
7800	89209	5	7850	89487	6	7900	89763	6	7950	90037	6	8000	90309	5

N.	Log.	D	N.	Log.	D	N.	Log.	D	N.	Log.	D	N.	Log.	D
8001	90314	5	8051	90585	5	8101	90854	5	8151	91121	5	8201	91387	6
8002	90320	6	8052	90590	5	8102	90859	5	8152	91126	5	8202	91392	5
8003	90325	5	8053	90596	6	8103	90865	6	8153	91132	6	8203	91397	5
8004	90331	6	8054	90601	5	8104	90870	5	8154	91137	5	8204	91403	6
8005	90336	5	8055	90607	6	8105	90875	5	8155	91142	5	8205	91408	5
8006	90342	6	8056	90612	5	8106	90881	6	8156	91148	6	8206	91413	5
8007	90347	5	8057	90617	5	8107	90886	5	8157	91153	5	8207	91418	5
8008	90352	5	8058	90623	6	8108	90891	5	8158	91158	5	8208	91424	6
8009	90358	6	8059	90628	5	8109	90897	6	8159	91164	6	8209	91429	5
8010	90363	5	8060	90634	6	8110	90902	5	8160	91169	5	8210	91434	5
8011	90369	6	8061	90639	5	8111	90907	5	8161	91174	5	8211	91440	6
8012	90374	5	8062	90644	5	8112	90913	6	8162	91180	6	8212	91445	5
8013	90380	6	8063	90650	6	8113	90918	5	8163	91185	5	8213	91450	5
8014	90385	5	8064	90655	5	8114	90924	6	8164	91190	5	8214	91455	5
8015	90390	5	8065	90660	5	8115	90929	5	8165	91196	6	8215	91461	6
8016	90396	6	8066	90666	6	8116	90934	5	8166	91201	5	8216	91466	5
8017	90401	5	8067	90671	5	8117	90940	6	8167	91206	5	8217	91471	5
8018	90407	6	8068	90677	6	8118	90945	5	8168	91212	6	8218	91477	6
8019	90412	5	8069	90682	5	8119	90950	5	8169	91217	5	8219	91482	5
8020	90417	5	8070	90687	5	8120	90956	6	8170	91222	5	8220	91487	5
8021	90423	6	8071	90693	6	8121	90961	5	8171	91228	6	8221	91492	5
8022	90428	5	8072	90698	5	8122	90966	5	8172	91233	5	8222	91498	6
8023	90434	6	8073	90703	5	8123	90972	6	8173	91238	5	8223	91503	5
8024	90439	5	8074	90709	6	8124	90977	5	8174	91243	5	8224	91508	5
8025	90445	6	8075	90714	5	8125	90982	5	8175	91249	6	8225	91514	6
8026	90450	5	8076	90720	6	8126	90988	6	8176	91254	5	8226	91519	5
8027	90455	5	8077	90725	5	8127	90993	5	8177	91259	5	8227	91524	5
8028	90461	6	8078	90730	5	8128	90998	5	8178	91265	6	8228	91529	5
8029	90466	5	8079	90736	6	8129	91004	6	8179	91270	5	8229	91535	6
8030	90472	6	8080	90741	5	8130	91009	5	8180	91275	5	8230	91540	5
8031	90477	5	8081	90747	6	8131	91014	5	8181	91281	6	8231	91545	5
8032	90482	5	8082	90752	5	8132	91020	6	8182	91286	5	8232	91551	6
8033	90488	6	8083	90757	5	8133	91025	5	8183	91291	5	8233	91556	5
8034	90493	5	8084	90763	6	8134	91030	5	8184	91297	6	8234	91561	5
8035	90499	6	8085	90768	5	8135	91036	6	8185	91302	5	8235	91566	5
8036	90504	5	8086	90773	5	8136	91041	5	8186	91307	5	8236	91572	6
8037	90509	5	8087	90779	6	8137	91046	5	8187	91312	5	8237	91577	5
8038	90515	6	8088	90784	5	8138	91052	6	8188	91318	6	8238	91582	5
8039	90520	5	8089	90789	5	8139	91057	5	8189	91323	5	8239	91587	5
8040	90526	6	8090	90795	6	8140	91062	5	8190	91328	5	8240	91593	6
8041	90531	5	8091	90800	5	8141	91068	6	8191	91334	6	8241	91598	5
8042	90536	5	8092	90806	6	8142	91073	5	8192	91339	5	8242	91603	5
8043	90542	6	8093	90811	5	8143	91078	5	8193	91344	5	8243	91609	6
8044	90547	5	8094	90816	5	8144	91084	6	8194	91350	6	8244	91614	5
8045	90553	6	8095	90822	6	8145	91089	5	8195	91355	5	8245	91619	5
8046	90558	5	8096	90827	5	8146	91094	5	8196	91360	5	8246	91624	5
8047	90563	5	8097	90832	5	8147	91100	6	8197	91365	5	8247	91630	6
8048	90569	6	8098	90838	6	8148	91105	5	8198	91371	6	8248	91635	5
8049	90574	5	8099	90843	5	8149	91110	5	8199	91376	5	8249	91640	5
8050	90580	6	8100	90849	6	8150	91116	6	8200	91381	5	8250	91645	5

N.	Log.	D	N.	Log.	D	N.	Log.	D	N.	Log.	D	N.	Log.	D
8251	91651	6	8301	91913	5	8351	92174	5	8401	92433	5	8451	92691	5
8252	91656	5	8302	91918	5	8352	92179	5	8402	92438	5	8452	92696	5
8253	91661	5	8303	91924	6	8353	92184	5	8403	92443	5	8453	92701	5
8254	91666	5	8304	91929	5	8354	92189	5	8404	92449	6	8454	92706	5
8255	91672	6	8305	91934	5	8355	92195	6	8405	92454	5	8455	92711	5
		5			5			5			5			5
8256	91677		8306	91939		8356	92200		8406	92459		8456	92716	
8257	91682	5	8307	91944	5	8357	92205	5	8407	92464	5	8457	92722	6
8258	91687	5	8308	91950	6	8358	92210	5	8408	92469	5	8458	92727	5
8259	91693	6	8309	91955	5	8359	92215	5	8409	92474	5	8459	92732	5
8260	91698	5	8310	91960	5	8360	92221	6	8410	92480	6	8460	92737	5
		5			5			5			5			5
8261	91703		8311	91965		8361	92226		8411	92485		8461	92742	
8262	91709	6	8312	91971	6	8362	92231	5	8412	92490	5	8462	92747	5
8263	91714	5	8313	91976	5	8363	92236	5	8413	92495	5	8463	92752	5
8264	91719	5	8314	91981	5	8364	92241	5	8414	92500	5	8464	92758	6
8265	91724	5	8315	91986	5	8365	92247	6	8415	92505	5	8465	92763	5
		6			5			5			6			5
8266	91730		8316	91991		8366	92252		8416	92511		8466	92768	
8267	91735	5	8317	91997	6	8367	92257	5	8417	92516	5	8467	92773	5
8268	91740	5	8318	92002	5	8368	92262	5	8418	92521	5	8468	92778	5
8269	91745	5	8319	92007	5	8369	92267	5	8419	92526	5	8469	92783	5
8270	91751	6	8320	92012	5	8370	92273	6	8420	92531	5	8470	92788	5
		5			6			5			5			5
8271	91756		8321	92018		8371	92278		8421	92536		8471	92793	
8272	91761	5	8322	92023	5	8372	92283	5	8422	92542	6	8472	92799	6
8273	91766	5	8323	92028	5	8373	92288	5	8423	92547	5	8473	92804	5
8274	91772	6	8324	92033	5	8374	92293	5	8424	92552	5	8474	92809	5
8275	91777	5	8325	92038	5	8375	92298	5	8425	92557	5	8475	92814	5
		5			6			6			5			5
8276	91782		8326	92044		8376	92304		8426	92562		8476	92819	
8277	91787	5	8327	92049	5	8377	92309	5	8427	92567	5	8477	92824	5
8278	91793	6	8328	92054	5	8378	92314	5	8428	92572	5	8478	92829	5
8279	91798	5	8329	92059	5	8379	92319	5	8429	92578	6	8479	92834	5
8280	91803	5	8330	92065	6	8380	92324	5	8430	92583	5	8480	92840	6
		5			5			6			5			5
8281	91808		8331	92070		8381	92330		8431	92588		8481	92845	
8282	91814	6	8332	92075	5	8382	92335	5	8432	92593	5	8482	92850	5
8283	91819	5	8333	92080	5	8383	92340	5	8433	92598	5	8483	92855	5
8284	91824	5	8334	92085	5	8384	92345	5	8434	92603	5	8484	92860	5
8285	91829	5	8335	92091	6	8385	92350	5	8435	92609	6	8485	92865	5
		5			5			5			5			5
8286	91834		8336	92096		8386	92355		8436	92614		8486	92870	
8287	91840	6	8337	92101	5	8387	92361	6	8437	92619	5	8487	92875	5
8288	91845	5	8338	92106	5	8388	92366	5	8438	92624	5	8488	92881	6
8289	91850	5	8339	92111	5	8389	92371	5	8439	92629	5	8489	92886	5
8290	91855	5	8340	92117	6	8390	92376	5	8440	92634	5	8490	92891	5
		6			5			5			5			5
8291	91861		8341	92122		8391	92381		8441	92639		8491	92896	
8292	91866	5	8342	92127	5	8392	92387	6	8442	92645	6	8492	92901	5
8293	91871	5	8343	92132	5	8393	92392	5	8443	92650	5	8493	92906	5
8294	91876	5	8344	92137	5	8394	92397	5	8444	92655	5	8494	92911	5
8295	91882	6	8345	92143	6	8395	92402	5	8445	92660	5	8495	92916	5
		5			5			5			5			5
8296	91887		8346	92148		8396	92407		8446	92665		8496	92921	
8297	91892	5	8347	92153	5	8397	92412	5	8447	92670	5	8497	92927	6
8298	91897	5	8348	92158	5	8398	92418	6	8448	92675	5	8498	92932	5
8299	91903	6	8349	92163	5	8399	92423	5	8449	92681	6	8499	92937	5
8300	91908	5	8350	92169	6	8400	92428	5	8450	92686	5	8500	92942	5

N.	Log.	D	N.	Log	D	N.	Log.	D	N.	Log.	D	N.	Log.	D
8501	92947	5	8551	93202	5	8601	93455	5	8651	93707	5	8701	93957	5
8502	92952	5	8552	93207	5	8602	93460	5	8652	93712	5	8702	93962	5
8503	92957	5	8553	93212	5	8603	93465	5	8653	93717	5	8703	93967	5
8504	92962	5	8554	93217	5	8604	93470	5	8654	93722	5	8704	93972	5
8505	92967	5	8555	93222	5	8605	93475	5	8655	93727	5	8705	93977	5
8506	92973	6	8556	93227	5	8606	93480	5	8656	93732	5	8706	93982	5
8507	92978	5	8557	93232	5	8607	93485	5	8657	93737	5	8707	93987	5
8508	92983	5	8558	93237	5	8608	93490	5	8658	93742	5	8708	93992	5
8509	92988	5	8559	93242	5	8609	93495	5	8659	93747	5	8709	93997	5
8510	92993	5	8560	93247	5	8610	93500	5	8660	93752	5	8710	94002	5
8511	92998	5	8561	93252	5	8611	93505	5	8661	93757	5	8711	94007	5
8512	93003	5	8562	93258	6	8612	93510	5	8662	93762	5	8712	94012	5
8513	93008	5	8563	93263	5	8613	93515	5	8663	93767	5	8713	94017	5
8514	93013	5	8564	93268	5	8614	93520	5	8664	93772	5	8714	94022	5
8515	93018	5	8565	93273	5	8615	93526	6	8665	93777	5	8715	94027	5
8516	93024	6	8566	93278	5	8616	93531	5	8666	93782	5	8716	94032	5
8517	93029	5	8567	93283	5	8617	93536	5	8667	93787	5	8717	94037	5
8518	93034	5	8568	93288	5	8618	93541	5	8668	93792	5	8718	94042	5
8519	93039	5	8569	93293	5	8619	93546	5	8669	93797	5	8719	94047	5
8520	93044	5	8570	93298	5	8620	93551	5	8670	93802	5	8720	94052	5
8521	93049	5	8571	93303	5	8621	93556	5	8671	93807	5	8721	94057	5
8522	93054	5	8572	93308	5	8622	93561	5	8672	93812	5	8722	94062	5
8523	93059	5	8573	93313	5	8623	93566	5	8673	93817	5	8723	94067	5
8524	93064	5	8574	93318	5	8624	93571	5	8674	93822	5	8724	94072	5
8525	93069	5	8575	93323	5	8625	93576	5	8675	93827	5	8725	94077	5
8526	93075	6	8576	93328	5	8626	93581	5	8676	93832	5	8726	94082	5
8527	93080	5	8577	93334	6	8627	93586	5	8677	93837	5	8727	94086	4
8528	93085	5	8578	93339	5	8628	93591	5	8678	93842	5	8728	94091	5
8529	93090	5	8579	93344	5	8629	93596	5	8679	93847	5	8729	94096	5
8530	93095	5	8580	93349	5	8630	93601	5	8680	93852	5	8730	94101	5
8531	93100	5	8581	93354	5	8631	93606	5	8681	93857	5	8731	94106	5
8532	93105	5	8582	93359	5	8632	93611	5	8682	93862	5	8732	94111	5
8533	93110	5	8583	93364	5	8633	93616	5	8683	93867	5	8733	94116	5
8534	93115	5	8584	93369	5	8634	93621	5	8684	93872	5	8734	94121	5
8535	93120	5	8585	93374	5	8635	93626	5	8685	93877	5	8735	94126	5
8536	93125	5	8586	93379	5	8636	93631	5	8686	93882	5	8736	94131	5
8537	93131	6	8587	93384	5	8637	93636	5	8687	93887	5	8737	94136	5
8538	93136	5	8588	93389	5	8638	93641	5	8688	93892	5	8738	94141	5
8539	93141	5	8589	93394	5	8639	93646	5	8689	93897	5	8739	94146	5
8540	93146	5	8590	93399	5	8640	93651	5	8690	93902	5	8740	94151	5
8541	93151	5	8591	93404	5	8641	93656	5	8691	93907	5	8741	94156	5
8542	93156	5	8592	93409	5	8642	93661	5	8692	93912	5	8742	94161	5
8543	93161	5	8593	93414	5	8643	93666	5	8693	93917	5	8743	94166	5
8544	93166	5	8594	93420	6	8644	93671	5	8694	93922	5	8744	94171	5
8545	93171	5	8595	93425	5	8645	93676	5	8695	93927	5	8745	94176	5
8546	93176	5	8596	93430	5	8646	93682	6	8696	93932	5	8746	94181	5
8547	93181	5	8597	93435	5	8647	93687	5	8697	93937	5	8747	94186	5
8548	93186	5	8598	93440	5	8648	93692	5	8698	93942	5	8748	94191	5
8549	93192	6	8599	93445	5	8649	93697	5	8699	93947	5	8749	94196	5
8550	93197	5	8600	93450	5	8650	93702	5	8700	93952	5	8750	94201	5

N.	Log.	D	N.	Log.	D	N.	Log.	D	N.	Log.	D	N.	Log.	D
8751	94206	5	8801	94453	5	8851	94699	5	8901	94944	5	8951	95187	5
8752	94211	5	8802	94458	5	8852	94704	5	8902	94949	5	8952	95192	5
8753	94216	5	8803	94463	5	8853	94709	5	8903	94954	5	8953	95197	5
8754	94221	5	8804	94468	5	8854	94714	5	8904	94959	5	8954	95202	5
8755	94226	5	8805	94473	5	8855	94719	5	8905	94963	4	8955	95207	5
8756	94231	5	8806	94478	5	8856	94724	5	8906	94968	5	8956	95211	4
8757	94236	5	8807	94483	5	8857	94729	5	8907	94973	5	8957	95216	5
8758	94240	4	8808	94488	5	8858	94734	5	8908	94978	5	8958	95221	5
8759	94245	5	8809	94493	5	8859	94738	4	8909	94983	5	8959	95226	5
8760	94250	5	8810	94498	5	8860	94743	5	8910	94988	5	8960	95231	5
8761	94255	5	8811	94503	5	8861	94748	5	8911	94993	5	8961	95236	5
8762	94260	5	8812	94507	4	8862	94753	5	8912	94998	5	8962	95240	4
8763	94265	5	8813	94512	5	8863	94758	5	8913	95002	4	8963	95245	5
8764	94270	5	8814	94517	5	8864	94763	5	8914	95007	5	8964	95250	5
8765	94275	5	8815	94522	5	8865	94768	5	8915	95012	5	8965	95255	5
8766	94280	5	8816	94527	5	8866	94773	5	8916	95017	5	8966	95260	5
8767	94285	5	8817	94532	5	8867	94778	5	8917	95022	5	8967	95265	5
8768	94290	5	8818	94537	5	8868	94783	5	8918	95027	5	8968	95270	5
8769	94295	5	8819	94542	5	8869	94787	4	8919	95032	5	8969	95274	4
8770	94300	5	8820	94547	5	8870	94792	5	8920	95036	4	8970	95279	5
8771	94305	5	8821	94552	5	8871	94797	5	8921	95041	5	8971	95284	5
8772	94310	5	8822	94557	5	8872	94802	5	8922	95046	5	8972	95289	5
8773	94315	5	8823	94562	5	8873	94807	5	8923	95051	5	8973	95294	5
8774	94320	5	8824	94567	5	8874	94812	5	8924	95056	5	8974	95299	5
8775	94325	5	8825	94571	4	8875	94817	5	8925	95061	5	8975	95303	4
8776	94330	5	8826	94576	5	8876	94822	5	8926	95066	5	8976	95308	5
8777	94335	5	8827	94581	5	8877	94827	5	8927	95071	5	8977	95313	5
8778	94340	5	8828	94586	5	8878	94832	5	8928	95075	4	8978	95318	5
8779	94345	5	8829	94591	5	8879	94836	4	8929	95080	5	8979	95323	5
8780	94349	4	8830	94596	5	8880	94841	5	8930	95085	5	8980	95328	5
8781	94354	5	8831	94601	5	8881	94846	5	8931	95090	5	8981	95332	4
8782	94359	5	8832	94606	5	8882	94851	5	8932	95095	5	8982	95337	5
8783	94364	5	8833	94611	5	8883	94856	5	8933	95100	5	8983	95342	5
8784	94369	5	8834	94616	5	8884	94861	5	8934	95105	5	8984	95347	5
8785	94374	5	8835	94621	5	8885	94866	5	8935	95109	4	8985	95352	5
8786	94379	5	8836	94626	5	8886	94871	5	8936	95114	5	8986	95357	5
8787	94384	5	8837	94630	4	8887	94876	5	8937	95119	5	8987	95361	4
8788	94389	5	8838	94635	5	8888	94880	4	8938	95124	5	8988	95366	5
8789	94394	5	8839	94640	5	8889	94885	5	8939	95129	5	8989	95371	5
8790	94399	5	8840	94645	5	8890	94890	5	8940	95134	5	8990	95376	5
8791	94404	5	8841	94650	5	8891	94895	5	8941	95139	5	8991	95381	5
8792	94409	5	8842	94655	5	8892	94900	5	8942	95143	4	8992	95386	5
8793	94414	5	8843	94660	5	8893	94905	5	8943	95148	5	8993	95390	4
8794	94419	5	8844	94665	5	8894	94910	5	8944	95153	5	8994	95395	5
8795	94424	5	8845	94670	5	8895	94915	5	8945	95158	5	8995	95400	5
8796	94429	5	8846	94675	5	8896	94919	4	8946	95163	5	8996	95405	5
8797	94433	4	8847	94680	5	8897	94924	5	8947	95168	5	8997	95410	5
8798	94438	5	8848	94685	5	8898	94929	5	8948	95173	5	8998	95415	5
8799	94443	5	8849	94689	4	8899	94934	5	8949	95177	4	8999	95419	4
8800	94448	5	8850	94694	5	8900	94939	5	8950	95182	5	9000	95424	5

N.	Log.	D	N.	Log.	D	N.	Log.	D	N.	Log.	D	N.	Log.	D
9001	95429	5	9051	95670	5	9101	95909	5	9151	96147	5	9201	96384	5
9002	95434	5	9052	95674	4	9102	95914	5	9152	96152	5	9202	96388	4
9003	95439	5	9053	95679	5	9103	95918	4	9153	96156	4	9203	96393	5
9004	95444	5	9054	95684	5	9104	95923	5	9154	96161	5	9204	96398	5
9005	95448	4	9055	95689	5	9105	95928	5	9155	96166	5	9205	96402	4
9006	95453	5	9056	95694	5	9106	95933	5	9156	96171	5	9206	96407	5
9007	95458	5	9057	95698	4	9107	95938	5	9157	96175	4	9207	96412	5
9008	95463	5	9058	95703	5	9108	95942	4	9158	96180	5	9208	96417	5
9009	95468	5	9059	95708	5	9109	95947	5	9159	96185	5	9209	96421	4
9010	95472	4	9060	95713	5	9110	95952	5	9160	96190	5	9210	96426	5
9011	95477	5	9061	95718	5	9111	95957	5	9161	96194	4	9211	96431	5
9012	95482	5	9062	95722	4	9112	95961	4	9162	96199	5	9212	96435	4
9013	95487	5	9063	95727	5	9113	95966	5	9163	96204	5	9213	96440	5
9014	95492	5	9064	95732	5	9114	95971	5	9164	96209	5	9214	96445	5
9015	95497	5	9065	95737	5	9115	95976	5	9165	96213	4	9215	96450	5
9016	95501	4	9066	95742	5	9116	95980	4	9166	96218	5	9216	96454	4
9017	95506	5	9067	95746	4	9117	95985	5	9167	96223	5	9217	96459	5
9018	95511	5	9068	95751	5	9118	95990	5	9168	96227	4	9218	96464	5
9019	95516	5	9069	95756	5	9119	95995	5	9169	96232	5	9219	96468	4
9020	95521	5	9070	95761	5	9120	95999	4	9170	96237	5	9220	96473	5
9021	95525	4	9071	95766	5	9121	96004	5	9171	96242	5	9221	96478	5
9022	95530	5	9072	95770	4	9122	96009	5	9172	96246	4	9222	96483	5
9023	95535	5	9073	95775	5	9123	96014	5	9173	96251	5	9223	96487	4
9024	95540	5	9074	95780	5	9124	96019	5	9174	96256	5	9224	96492	5
9025	95545	5	9075	95785	5	9125	96023	4	9175	96261	5	9225	96497	5
9026	95550	5	9076	95789	4	9126	96028	5	9176	96265	4	9226	96501	4
9027	95554	4	9077	95794	5	9127	96033	5	9177	96270	5	9227	96506	5
9028	95559	5	9078	95799	5	9128	96038	5	9178	96275	5	9228	96511	5
9029	95564	5	9079	95804	5	9129	96042	4	9179	96280	5	9229	96515	4
9030	95569	5	9080	95809	5	9130	96047	5	9180	96284	4	9230	96520	5
9031	95574	5	9081	95813	4	9131	96052	5	9181	96289	5	9231	96525	5
9032	95578	4	9082	95818	5	9132	96057	5	9182	96294	5	9232	96530	5
9033	95583	5	9083	95823	5	9133	96061	4	9183	96298	4	9233	96534	4
9034	95588	5	9084	95828	5	9134	96066	5	9184	96303	5	9234	96539	5
9035	95593	5	9085	95832	4	9135	96071	5	9185	96308	5	9235	96544	5
9036	95598	5	9086	95837	5	9136	96076	5	9186	96313	5	9236	96548	4
9037	95602	4	9087	95842	5	9137	96080	4	9187	96317	4	9237	96553	5
9038	95607	5	9088	95847	5	9138	96085	5	9188	96322	5	9238	96558	5
9039	95612	5	9089	95852	5	9139	96090	5	9189	96327	5	9239	96562	4
9040	95617	5	9090	95856	4	9140	96095	5	9190	96332	5	9240	96567	5
9041	95622	5	9091	95861	5	9141	96099	4	9191	96336	4	9241	96572	5
9042	95626	4	9092	95866	5	9142	96104	5	9192	96341	5	9242	96577	5
9043	95631	5	9093	95871	5	9143	96109	5	9193	96346	5	9243	96581	4
9044	95636	5	9094	95875	4	9144	96114	5	9194	96350	4	9244	96586	5
9045	95641	5	9095	95880	5	9145	96118	4	9195	96355	5	9245	96591	5
9046	95646	5	9096	95885	5	9146	96123	5	9196	96360	5	9246	96595	4
9047	95650	4	9097	95890	5	9147	96128	5	9197	96365	5	9247	96600	5
9048	95655	5	9098	95895	5	9148	96133	5	9198	96369	4	9248	96605	5
9049	95660	5	9099	95899	4	9149	96137	4	9199	96374	5	9249	96609	4
9050	95665	5	9100	95904	5	9150	96142	5	9200	96379	5	9250	96614	5

N.	Log.	D	N.	Log.	D	N.	Log.	D	N.	Log.	D	N.	Log.	D
9251	96619	5	9301	96853	5	9351	97086	5	9401	97317	4	9451	97548	5
9252	96624	5	9302	96858	5	9352	97090	4	9402	97322	5	9452	97552	4
9253	96628	4	9303	96862	4	9353	97095	5	9403	97327	5	9453	97557	5
9254	96633	5	9304	96867	5	9354	97100	5	9404	97331	4	9454	97562	5
9255	96638	5	9305	96872	5	9355	97104	4	9405	97336	5	9455	97566	4
9256	96642	4	9306	96876	4	9356	97109	5	9406	97340	4	9456	97571	5
9257	96647	5	9307	96881	5	9357	97114	5	9407	97345	5	9457	97575	4
9258	96652	5	9308	96886	5	9358	97118	4	9408	97350	5	9458	97580	5
9259	96656	4	9309	96890	4	9359	97123	5	9409	97354	4	9459	97585	5
9260	96661	5	9310	96895	5	9360	97128	5	9410	97359	5	9460	97589	4
9261	96666	5	9311	96900	5	9361	97132	4	9411	97364	5	9461	97594	5
9262	96670	4	9312	96904	4	9362	97137	5	9412	97368	4	9462	97598	4
9263	96675	5	9313	96909	5	9363	97142	5	9413	97373	5	9463	97603	5
9264	96680	5	9314	96914	5	9364	97146	4	9414	97377	4	9464	97607	4
9265	96685	5	9315	96918	4	9365	97151	5	9415	97382	5	9465	97612	5
9266	96689	4	9316	96923	5	9366	97155	4	9416	97387	5	9466	97617	5
9267	96694	5	9317	96928	5	9367	97160	5	9417	97391	4	9467	97621	4
9268	96699	5	9318	96932	4	9368	97165	5	9418	97396	5	9468	97626	5
9269	96703	4	9319	96937	5	9369	97169	4	9419	97400	4	9469	97630	4
9270	96708	5	9320	96942	5	9370	97174	5	9420	97405	5	9470	97635	5
9271	96713	5	9321	96946	4	9371	97179	5	9421	97410	5	9471	97640	5
9272	96717	4	9322	96951	5	9372	97183	4	9422	97414	4	9472	97644	4
9273	96722	5	9323	96956	5	9373	97188	5	9423	97419	5	9473	97649	5
9274	96727	5	9324	96960	4	9374	97192	4	9424	97424	5	9474	97653	4
9275	96731	4	9325	96965	5	9375	97197	5	9425	97428	4	9475	97658	5
9276	96736	5	9326	96970	5	9376	97202	5	9426	97433	5	9476	97663	5
9277	96741	5	9327	96974	4	9377	97206	4	9427	97437	4	9477	97667	4
9278	96745	4	9328	96979	5	9378	97211	5	9428	97442	5	9478	97672	5
9279	96750	5	9329	96984	5	9379	97216	5	9429	97447	5	9479	97676	4
9280	96755	5	9330	96988	4	9380	97220	4	9430	97451	4	9480	97681	5
9281	96759	4	9331	96993	5	9381	97225	5	9431	97456	5	9481	97685	4
9282	96764	5	9332	96997	4	9382	97230	5	9432	97460	4	9482	97690	5
9283	96769	5	9333	97002	5	9383	97234	4	9433	97465	5	9483	97695	5
9284	96774	5	9334	97007	5	9384	97239	5	9434	97470	5	9484	97699	4
9285	96778	4	9335	97011	4	9385	97243	4	9435	97474	4	9485	97704	5
9286	96783	5	9336	97016	5	9386	97248	5	9436	97479	5	9486	97708	4
9287	96788	5	9337	97021	5	9387	97253	5	9437	97483	4	9487	97713	5
9288	96792	4	9338	97025	4	9388	97257	4	9438	97488	5	9488	97717	4
9289	96797	5	9339	97030	5	9389	97262	5	9439	97493	5	9489	97722	5
9290	96802	5	9340	97035	5	9390	97267	5	9440	97497	4	9490	97727	5
9291	96806	4	9341	97039	4	9391	97271	4	9441	97502	5	9491	97731	4
9292	96811	5	9342	97044	5	9392	97276	5	9442	97506	4	9492	97736	5
9293	96816	5	9343	97049	5	9393	97280	4	9443	97511	5	9493	97740	4
9294	96820	4	9344	97053	4	9394	97285	5	9444	97516	5	9494	97745	5
9295	96825	5	9345	97058	5	9395	97290	5	9445	97520	4	9495	97749	4
9296	96830	5	9346	97063	5	9396	97294	4	9446	97525	5	9496	97754	5
9297	96834	4	9347	97067	4	9397	97299	5	9447	97529	4	9497	97759	5
9298	96839	5	9348	97072	5	9398	97304	5	9448	97534	5	9498	97763	4
9299	96844	5	9349	97077	5	9399	97308	4	9449	97539	5	9499	97768	5
9300	96848	4	9350	97081	4	9400	97313	5	9450	97543	4	9500	97772	4

N.	Log.	D	N.	Log.	D	N.	Log.	D	N.	Log.	D	N.	Log.	D
9501	97777	5	9551	98005	5	9601	98232	5	9651	98457	4	9701	98682	5
9502	97782	5	9552	98009	4	9602	98236	4	9652	98462	5	9702	98686	4
9503	97786	4	9553	98014	5	9603	98241	5	9653	98466	4	9703	98691	5
9504	97791	5	9554	98019	5	9604	98245	4	9654	98471	5	9704	98695	4
9505	97795	4	9555	98023	4	9605	98250	5	9655	98475	4	9705	98700	5
9506	97800	5	9556	98028	5	9606	98254	4	9656	98480	5	9706	98704	4
9507	97804	4	9557	98032	4	9607	98259	5	9657	98484	4	9707	98709	5
9508	97809	5	9558	98037	5	9608	98263	4	9658	98489	5	9708	98713	4
9509	97813	4	9559	98041	4	9609	98268	5	9659	98493	4	9709	98717	4
9510	97818	5	9560	98046	5	9610	98272	4	9660	98498	5	9710	98722	5
9511	97823	5	9561	98050	4	9611	98277	5	9661	98502	4	9711	98726	4
9512	97827	4	9562	98055	5	9612	98281	4	9662	98507	5	9712	98731	5
9513	97832	5	9563	98059	4	9613	98286	5	9663	98511	4	9713	98735	4
9514	97836	4	9564	98064	5	9614	98290	4	9664	98516	5	9714	98740	5
9515	97841	5	9565	98068	4	9615	98295	5	9665	98520	4	9715	98744	4
9516	97845	4	9566	98073	5	9616	98299	4	9666	98525	5	9716	98749	5
9517	97850	5	9567	98078	5	9617	98304	5	9667	98529	4	9717	98753	4
9518	97855	5	9568	98082	4	9618	98308	4	9668	98534	5	9718	98758	5
9519	97859	4	9569	98087	5	9619	98313	5	9669	98538	4	9719	98762	4
9520	97864	5	9570	98091	4	9620	98318	5	9670	98543	5	9720	98767	5
9521	97868	4	9571	98096	5	9621	98322	4	9671	98547	4	9721	98771	4
9522	97873	5	9572	98100	4	9622	98327	5	9672	98552	5	9722	98776	5
9523	97877	4	9573	98105	5	9623	98331	4	9673	98556	4	9723	98780	4
9524	97882	5	9574	98109	4	9624	98336	5	9674	98561	5	9724	98784	4
9525	97886	4	9575	98114	5	9625	98340	4	9675	98565	4	9725	98789	5
9526	97891	5	9576	98118	4	9626	98345	5	9676	98570	5	9726	98793	4
9527	97896	5	9577	98123	5	9627	98349	4	9677	98574	4	9727	98798	5
9528	97900	4	9578	98127	4	9628	98354	5	9678	98579	5	9728	98802	4
9529	97905	5	9579	98132	5	9629	98358	4	9679	98583	4	9729	98807	5
9530	97909	4	9580	98137	5	9630	98363	5	9680	98588	5	9730	98811	4
9531	97914	5	9581	98141	4	9631	98367	4	9681	98592	4	9731	98816	5
9532	97918	4	9582	98146	5	9632	98372	5	9682	98597	5	9732	98820	4
9533	97923	5	9583	98150	4	9633	98376	4	9683	98601	4	9733	98825	5
9534	97928	5	9584	98155	5	9634	98381	5	9684	98605	4	9734	98829	4
9535	97932	4	9585	98159	4	9635	98385	4	9685	98610	5	9735	98834	5
9536	97937	5	9586	98164	5	9636	98390	5	9686	98614	4	9736	98838	4
9537	97941	4	9587	98168	4	9637	98394	4	9687	98619	5	9737	98843	5
9538	97946	5	9588	98173	5	9638	98399	5	9688	98623	4	9738	98847	4
9539	97950	4	9589	98177	4	9639	98403	4	9689	98628	5	9739	98851	4
9540	97955	5	9590	98182	5	9640	98408	5	9690	98632	4	9740	98856	5
9541	97959	4	9591	98186	4	9641	98412	4	9691	98637	5	9741	98860	4
9542	97964	5	9592	98191	5	9642	98417	5	9692	98641	4	9742	98865	5
9543	97968	4	9593	98195	4	9643	98421	4	9693	98646	5	9743	98869	4
9544	97973	5	9594	98200	5	9644	98426	5	9694	98650	4	9744	98874	5
9545	97978	5	9595	98204	4	9645	98430	4	9695	98655	5	9745	98878	4
9546	97982	4	9596	98209	5	9646	98435	5	9696	98659	4	9746	98883	5
9547	97987	5	9597	98214	5	9647	98439	4	9697	98664	5	9747	98887	4
9548	97991	4	9598	98218	4	9648	98444	5	9698	98668	4	9748	98892	5
9549	97996	5	9599	98223	5	9649	98448	4	9699	98673	5	9749	98896	4
9550	98000	4	9600	98227	4	9650	98453	5	9700	98677	4	9750	98900	4

N.	Log.	D	N.	Log.	D	N.	Log.	D	N.	Log.	D	N.	Log.	D
9751	98905	5	9801	99127	4	9851	99348	4	9901	99568	4	9951	99787	5
9752	98909	4	9802	99131	4	9852	99352	4	9902	99572	4	9952	99791	4
9753	98914	5	9803	99136	5	9853	99357	5	9903	99577	5	9953	99795	4
9754	98918	4	9804	99140	4	9854	99361	4	9904	99581	4	9954	99800	5
9755	98923	5	9805	99145	5	9855	99366	5	9905	99585	4	9955	99804	4
9756	98927	4	9806	99149	4	9856	99370	4	9906	99590	5	9956	99808	4
9757	98932	5	9807	99154	5	9857	99374	4	9907	99594	4	9957	99813	5
9758	98936	4	9808	99158	4	9858	99379	5	9908	99599	5	9958	99817	4
9759	98941	5	9809	99162	4	9859	99383	4	9909	99603	4	9959	99822	5
9760	98945	4	9810	99167	5	9860	99388	5	9910	99607	4	9960	99826	4
9761	98949	4	9811	99171	4	9861	99392	4	9911	99612	5	9961	99830	4
9762	98954	5	9812	99176	5	9862	99396	4	9912	99616	4	9962	99835	5
9763	98958	4	9813	99180	4	9863	99401	5	9913	99621	5	9963	99839	4
9764	98963	5	9814	99185	5	9864	99405	4	9914	99625	4	9964	99843	4
9765	98967	4	9815	99189	4	9865	99410	5	9915	99629	4	9965	99848	5
9766	98972	5	9816	99193	4	9866	99414	4	9916	99634	5	9966	99852	4
9767	98976	4	9817	99198	5	9867	99419	5	9917	99638	4	9967	99856	4
9768	98981	5	9818	99202	4	9868	99423	4	9918	99642	4	9968	99861	5
9769	98985	4	9819	99207	5	9869	99427	4	9919	99647	5	9969	99865	4
9770	98989	4	9820	99211	4	9870	99432	5	9920	99651	4	9970	99870	5
9771	98994	5	9821	99216	5	9871	99436	4	9921	99656	5	9971	99874	4
9772	98998	4	9822	99220	4	9872	99441	5	9922	99660	4	9972	99878	4
9773	99003	5	9823	99224	4	9873	99445	4	9923	99664	4	9973	99883	5
9774	99007	4	9824	99229	5	9874	99449	4	9924	99669	5	9974	99887	4
9775	99012	5	9825	99233	4	9875	99454	5	9925	99673	4	9975	99891	4
9776	99016	4	9826	99238	5	9876	99458	4	9926	99677	4	9976	99896	5
9777	99021	5	9827	99242	4	9877	99463	5	9927	99682	5	9977	99900	4
9778	99025	4	9828	99247	5	9878	99467	4	9928	99686	4	9978	99904	4
9779	99029	4	9829	99251	4	9879	99471	4	9929	99691	5	9979	99909	5
9780	99034	5	9830	99255	4	9880	99476	5	9930	99695	4	9980	99913	4
9781	99038	4	9831	99260	5	9881	99480	4	9931	99699	4	9981	99917	4
9782	99043	5	9832	99264	4	9882	99484	4	9932	99704	5	9982	99922	5
9783	99047	4	9833	99269	5	9883	99489	5	9933	99708	4	9983	99926	4
9784	99052	5	9834	99273	4	9884	99493	4	9934	99712	4	9984	99930	4
9785	99056	4	9835	99277	4	9885	99498	5	9935	99717	5	9985	99935	5
9786	99061	5	9836	99282	5	9886	99502	4	9936	99721	4	9986	99939	4
9787	99065	4	9837	99286	4	9887	99506	4	9937	99726	5	9987	99944	5
9788	99069	4	9838	99291	5	9888	99511	5	9938	99730	4	9988	99948	4
9789	99074	5	9839	99295	4	9889	99515	4	9939	99734	4	9989	99952	4
9790	99078	4	9840	99300	5	9890	99520	5	9940	99739	5	9990	99957	5
9791	99083	5	9841	99304	4	9891	99524	4	9941	99743	4	9991	99961	4
9792	99087	4	9842	99308	4	9892	99528	4	9942	99747	4	9992	99965	4
9793	99092	5	9843	99313	5	9893	99533	5	9943	99752	5	9993	99970	5
9794	99096	4	9844	99317	4	9894	99537	4	9944	99756	4	9994	99974	4
9795	99100	4	9845	99322	5	9895	99542	5	9945	99760	4	9995	99978	4
9796	99105	5	9846	99326	4	9896	99546	4	9946	99765	5	9996	99983	5
9797	99109	4	9847	99330	4	9897	99550	4	9947	99769	4	9997	99987	4
9798	99114	5	9848	99335	5	9898	99555	5	9948	99774	5	9998	99991	4
9799	99118	4	9849	99339	4	9899	99559	4	9949	99778	4	9999	99996	5
9800	99123	5	9850	99344	5	9900	99564	5	9950	99782	4	10000	00000	4

FIN.

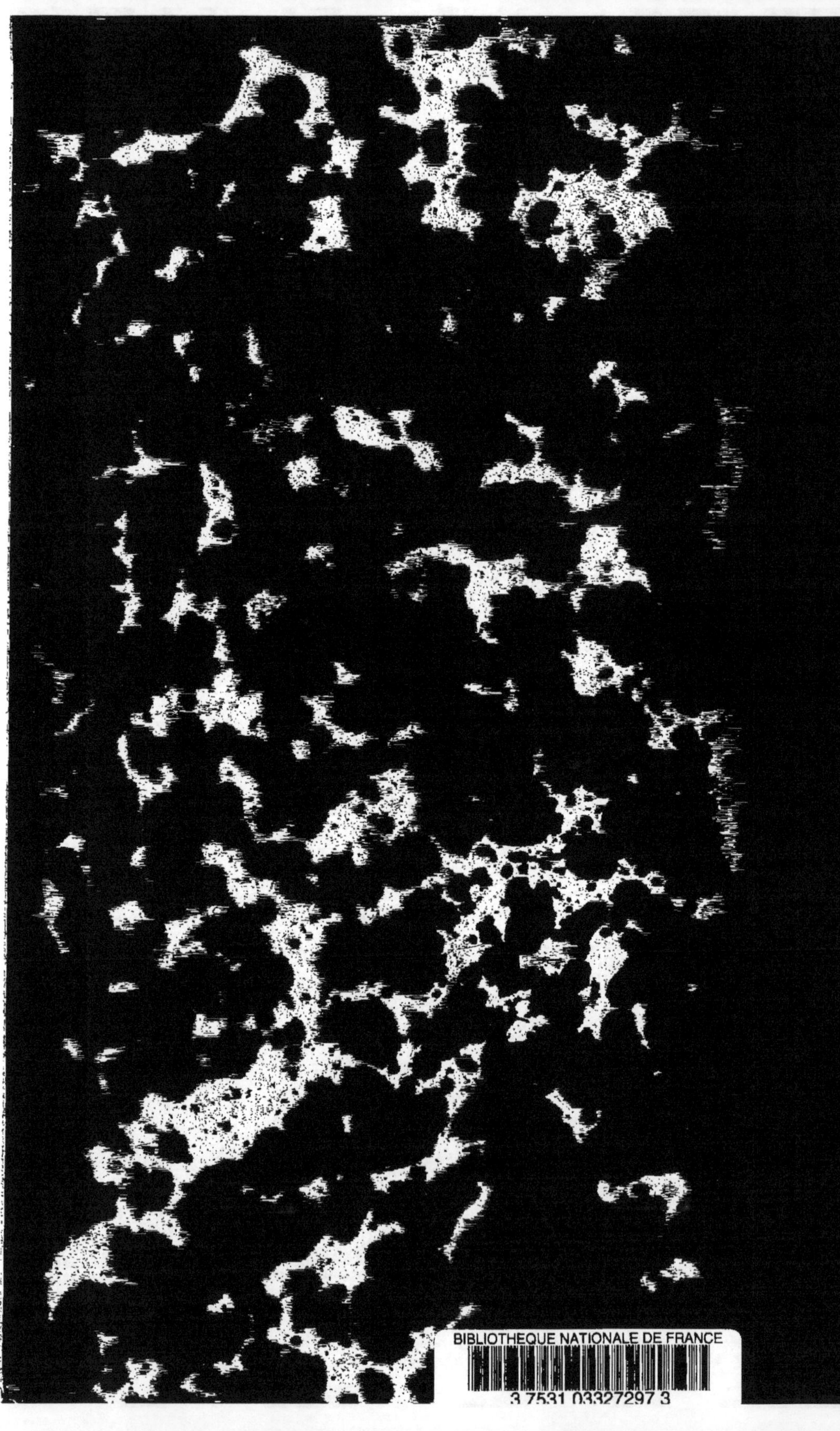

www.ingramcontent.com/pod-product-compliance
Ingram Content Group UK Ltd.
Pitfield, Milton Keynes, MK11 3LW, UK
UKHW020155250726
13967UKWH00003B/1074